カロテノイドの科学と最新応用技術
Carotenoid Science and Its Application for Current Practical Use
《普及版／Popular Edition》

監修 宮下和夫

シーエムシー出版

はじめに

　光合成におけるカロテノイドの重要性は良く知られている。光エネルギーを効率よく吸収するためには，クロロフィルだけでなく，カロテノイドやフィコビリンといった，いわゆる光合成色素が必要である。光合成色素は光の吸収効率が高い反面，励起寿命も短い。そこで，短い励起寿命の間に，獲得した光エネルギーを効率的に反応中心に伝えるために，複数の光合成色素が連携しながらエネルギーを保持するメカニズムが備わっている。カロテノイドが有する共役二重結合や共役したケトカルボニル基は，エネルギーの授受によく適した分子構造であり，この構造が光合成色素としてのカロテノイドの働きを支えている。

　生物界には，これまで，700種以上のカロテノイドが知られているが，光合成色素としての役割をはたしているものは限られており，生物によって光合成に関わるカロテノイドの種類も異なる。光合成は，地球上すべての生命を支えている最も重要な反応といるため，光合成色素としてのカロテノイドについての研究は常にホットな分野といえる。また，光合成色素としてだけでなく，カロテノイドは各種生物で様々な機能も示す。カロテノイドの各種生物中での分布，構造，化学的・物理的特性などを知ることは，こうしたカロテノイドと生物との関わりを解明する上で必須である。

　ところで，赤，橙，黄色などのカロテノイドの色は，わたしたちの食欲をそそる。特に赤は最も食欲をそそる色として知られている。カロテノイドを含む野菜や果物が美味しく見えるのはこのためである。また，美味しさだけでなく，カロテノイドがわたしたちのからだを維持する上で極めて重要なことも広く理解されている。特に，β-カロテン，α-カロテン，β-クリプトキサンチンなどは，吸収されるとビタミンAとなるため必須な栄養素である。一方，こうしたビタミンA前駆体としての役割（プロビタミンA活性）以外の生理作用（ノンプロビタミンA活性）もカロテノイドは示す。ノンプロビタミンA活性についても，活発な研究が行われており，新たな知見が次々と得られている。

　ただし，カロテノイドのノンプロビタミンA活性については，その栄養効果，機能性，疾病予防との関連などが明らかにされつつあるものの，ビタミンAのように，分子レベルでの解明までには至っていない。カロテノイドの食品・化粧品等への積極的な活用が期待される中，その栄養機能性や分子機構についての検討が強く求められている。同時に，効果が期待できるカロテノイドを，どこから求め，どのように消費者に供給していくかも大きな課題となっている。

　本書は，最新のカロテノイド科学の現状をまとめたものであり，カロテノイドの本質，生物中での機能，その利用について，様々な専門分野の第一線の研究者による解説がなされている。本書の内容は，カロテノイドに関する基本的なことから最新かつ先端の知見までを網羅しており，カロテノイドに関わる研究を行う上ではもちろん，カロテノイドを食品や化粧品の素材に利用する上でも必読の書であると確信する。

2009年9月

北海道大学　宮下和夫

普及版の刊行にあたって

　本書は2009年に『カロテノイドの科学と最新応用技術』として刊行されました。普及版の刊行にあたり，内容は当時のままであり加筆・訂正などの手は加えておりませんので，ご了承ください。

2015年12月

シーエムシー出版　編集部

―――― 執筆者一覧（執筆順） ――――

眞岡 孝至	㈶生産開発科学研究所　食物機能研究室　主任研究員	
梅野 太輔	千葉大学　大学院工学研究科　共生応用化学専攻　准教授	
古林 真衣子	千葉大学　大学院工学研究科　共生応用化学専攻	
三沢 典彦	石川県立大学　生物資源工学研究所　教授	
山野 由美子	神戸薬科大学　生命有機化学研究室　准教授	
都出 千里	神戸薬科大学　中央分析室　助教	
和田 昭盛	神戸薬科大学　生命有機化学研究室　教授	
藤井 律子	大阪市立大学　大学院理学研究科　数物系専攻　博士研究員	
橋本 秀樹	大阪市立大学　大学院理学研究科　数物系専攻　教授	
小澄 大輔	大阪市立大学　大学院理学研究科　数物系専攻　日本学術振興会特別研究員	
楠本 利行	大阪市立大学　大学院理学研究科　数物系専攻　リサーチアシスタント	
杉﨑 満	大阪市立大学　大学院理学研究科　数物系専攻　准教授	
吉澤 雅幸	東北大学　大学院理学研究科　物理学専攻　准教授	
柳 和宏	首都大学東京　都市教養学部　理工学系物理学コース　准教授	
宮下 和夫	北海道大学　大学院水産科学研究院　教授	
長尾 昭彦	㈳農研機構　食品総合研究所　食品素材科学研究領域　脂質素材ユニット　ユニット長	
山内 亮	岐阜大学　応用生物科学部　教授	
衛藤 英男	静岡大学　農学部　応用生物化学科　教授	
板東 紀子	徳島大学　大学院ヘルスバイオサイエンス研究部　食品機能学分野　教務員	
寺尾 純二	徳島大学　大学院ヘルスバイオサイエンス研究部　食品機能学分野　教授	
山西 倫太郎	徳島大学　大学院ヘルスバイオサイエンス研究部　食品機能学分野　准教授	
安井 由美子	金沢医科大学　腫瘍病理学　助教	
田中 卓二	金沢医科大学　腫瘍病理学　教授	
村越 倫明	ライオン㈱　研究開発本部　副主席研究員	

西野 輔翼	京都府立医科大学　特任教授：立命館大学　立命館グローバルイノベーション機構　教授	
稲熊 隆博	カゴメ㈱　総合研究所　自然健康研究部　主席研究員	
矢澤 一良	東京海洋大学　大学院海洋科学技術研究科　ヘルスフード科学（中島董一郎記念）寄附講座　客員教授	
髙橋 信之	京都大学　大学院農学研究科　食品生物科学専攻　食品分子機能学分野　助教	
大山 夏奈	京都大学　大学院農学研究科　食品生物科学専攻　食品分子機能学分野	
千田 真里	京都大学　大学院農学研究科　食品生物科学専攻　食品分子機能学分野	
西村 加奈子	京都大学　大学院農学研究科　食品生物科学専攻　食品分子機能学分野	
河田 照雄	京都大学　大学院農学研究科　食品生物科学専攻　食品分子機能学分野　教授	
前多 隼人	弘前大学　農学生命科学部　生物資源学科　助教	
細川 雅史	北海道大学　大学院水産科学研究院　機能性物質化学領域　准教授	
林 宏紀	カゴメ㈱　総合研究所　自然健康研究部　バイオジェニックス研究グループ	
坂本 秀樹	カゴメ㈱　富士見工場　工場長	
酒井 康	協和発酵バイオ㈱　ヘルスケア商品開発センター　主任研究員	
Donald R. Berdahl	Kalsec®, Inc. Executive Vice President/Laboratory Director	
山下 栄次	富士化学工業㈱　ライフサイエンス事業部　ＬＳ技術部長	
単 少傑	オリザ油化㈱　研究開発部　主任研究員	
海貝 尚史	理研ビタミン㈱　ヘルスケア部　企画開発グループ	
仲野 隆久	理研ビタミン㈱　ヘルスケア部　部長	
河合 博成	アークレイグループ　からだサポート研究所	
佐々木 貴生	アークレイグループ　からだサポート研究所　所長	
相澤 宏一	カゴメ㈱　総合研究所　自然健康研究部　バイオジェニックス研究グループ　主任	

執筆者の所属表記は，2009 年当時のものを使用しております。

目　　次

第1編　カロテノイドの科学

第1章　カロテノイドの構造と生物界における分布　　眞岡孝至

1　カロテノイドの構造研究の歴史……… 3
2　カロテノイドの構造と命名法………… 3
3　カロテノイドの構造による分類……… 4
　3.1　構成元素による分類………………… 4
　3.2　炭素数による分類…………………… 5
4　生物界におけるカロテノイドの分布と代表的なカロテノイド…………………… 5
　4.1　細菌…………………………………… 5
　4.2　菌類…………………………………… 6
　4.3　藻類…………………………………… 6
　4.4　陸上植物……………………………… 7
　4.5　動物…………………………………… 8

第2章　カロテノイドの分析と構造研究　　眞岡孝至

1　はじめに…………………………………15
2　抽出，前処理……………………………15
3　分離，精製………………………………16
4　HPLC……………………………………16
5　定量分析…………………………………17
6　カロテノイドの同定……………………17
7　カロテノイドの構造研究に用いられる化学的手法………………………………18
8　紫外可視（UV-VIS）と赤外（IR）スペクトル……………………………………18
9　MS（質量分析）…………………………18
　9.1　MS/MS………………………………19
　9.2　LC/MS ………………………………19
10　NMR（核磁気共鳴スペクトル）………20
　10.1　サンプル調整………………………20
　10.2　NMRによるカロテノイドの同定法…………………………………………21
　10.3　構造決定に用いられる各種NMR測定法……………………………………22
　10.4　LC/NMR ……………………………22
11　CD（円偏光二色性）スペクトル ……23
12　X線結晶解析……………………………23
13　カロテノイドの構造決定の例…………23
14　カロテノイドのスペクトル情報のWebサイト……………………………………25

第3章　カロテノイドの生合成　　梅野太輔，古林真衣子，三沢典彦

1　はじめに……………………………27
2　カロテノイド生合成の概要…………27
3　原料供給経路………………………28
4　基本骨格の形成……………………29
5　不飽和化反応………………………31
6　カロテノイドの修飾反応……………32
7　カロテノイド合成経路の進化………34

第4章　カロテノイドの有機合成　　山野由美子，都出千里，和田昭盛

1　はじめに……………………………38
2　Double bond formation 法 …………39
　2.1　アルドール縮合およびエノールエーテル縮合…………………………39
　2.2　低原子価チタンを用いるカルボニル化合物の二量化……………………40
　2.3　Wittig 反応および Emmons-Horner 反応…………………………………41
　2.4　スルホンを用いるカップリング法…43
3　Single bond formation 法 ……………44
4　複雑な構造をもつカロテノイドの全合成…………………………………46
5　おわりに……………………………47

第5章　光合成系におけるカロテノイドの機能と生理活性
藤井律子，橋本秀樹

1　はじめに……………………………49
2　光合成系の分子構築………………49
　2.1　紅色光合成細菌の光合成系の分子構築…………………………………51
3　光合成における生理機能……………56
　3.1　カロテノイドは光合成初期反応に必要不可欠な存在か？………………56
　3.2　カロテノイドは色素蛋白複合体の構造形成に関与しているのか？………57
　3.3　光捕穫作用………………………57
　3.4　光保護作用………………………57
　3.5　光合成調節機能…………………60
4　光機能と構造との関係（将来展望に代えて）……………………………………60

第6章　カロテノイドの物性Ⅰ：新しい電子状態を中心として
小澄大輔, 楠本利行, 杉﨑　満, 橋本秀樹

1　カロテノイドの超高速緩和過程：その概略 …………………………………… 63
2　フェムト秒分光計測の実際と課題 …… 66
　2.1　S_x ($3^1A_g^-$ 及び $1^1B_u^-$) ………… 67
　2.2　S^* 及び $S^‡$ ……………………… 70
　2.3　S_{ICT} ……………………………… 72
3　まとめと将来展望 …………………… 74

第7章　カロテノイドの物性Ⅱ：新しい分光法を用いたカロテノイドの振動状態の研究
杉﨑　満, 橋本秀樹, 吉澤雅幸

1　時間分解ラマン分光・二光子励起分光 ……………………………………… 78
　1.1　時間分解ラマン増幅・損失分光 …… 79
　1.2　二光子励起分光 ………………… 80
2　コヒーレント分光 …………………… 82
　2.1　n 光波混合信号のイメージ ……… 82
　2.2　四光波混合信号 ………………… 84
　2.3　Coherent anti-stokes Raman Scattering (CARS) ……………… 86
　2.4　pump-probe 分光法 …………… 87
　2.5　コヒーレントコントロール ……… 87

第8章　カロテノイド科学の新展開
楠本利行, 杉﨑　満, 橋本秀樹, 柳　和宏

1　Stark 分光 …………………………… 90
　1.1　Stark 分光測定装置 ……………… 90
　1.2　Stark スペクトルの解析 ………… 91
　1.3　ポリマーや有機溶媒に分散させたカロテノイドへの応用例 ……………… 92
　1.4　色素タンパク複合体中のカロテノイドへの応用例 …………………… 92
　1.5　まとめと展望 …………………… 93
2　3次高調波発生（THG）……………… 93
3　カロテノイド色素を用いた新たな人工ナノ複合体の創製；カロテノイド色素を内包したカーボンナノチューブの創製とその物性 ……………………………… 96
　3.1　カロテノイド色素を内包した単層カーボンナノチューブ複合体の作製方法とラマンスペクトル ………………… 97
　3.2　$β$-カロテンの配向制御 ………… 99
　3.3　$β$-カロテンの耐光性・耐熱性の改善 ……………………………………… 99
　3.4　電子顕微鏡観察による $β$-カロテンの実像観察 …………………………… 100
　3.5　SWCNT 内部における補助光捕集作

用：光励起状態の緩和過程……… 102　　｜　3.6　将来展望………………………… 102

第2編　カロテノイドの機能

第1章　プロビタミンA活性とノンプロビタミンA活性　　　宮下和夫

1　はじめに………………………… 107
2　プロビタミンA活性 ……………… 108
3　ノンプロビタミンA活性とカロテノイドの抗酸化能力…………………… 109
4　カロテノイドによる遺伝子制御…… 111
5　カロテノイドの機能と生体内分布… 112
6　おわりに………………………… 113

第2章　カロテノイドの吸収と代謝　　　長尾昭彦

1　はじめに………………………… 116
2　食品カロテノイドのバイオアクセシビリティ………………………………… 116
3　カロテノイドの腸管吸収………… 118
4　開裂酵素による酸化……………… 119
5　キサントフィルの代謝変換……… 120
6　活性酸素との反応と代謝………… 122
7　おわりに………………………… 123

第3章　カロテノイドの抗酸化作用機構　　　山内　亮

1　はじめに………………………… 125
2　一重項酸素分子の消去（予防的抗酸化剤としての役割）………………… 125
3　フリーラジカルの捕捉（連鎖切断型抗酸化剤としての役割）………………… 127
4　ビタミンEやビタミンCとの相互作用………………………………… 129
5　おわりに………………………… 130

第4章　カロテノイドによるペルオキシナイトライト消去の化学的機構

　　　衛藤英男

1　はじめに………………………… 132
2　ペルオキシナイトライト産生……… 132
3　生体内抗酸化物質によるペルオキシナイトライトの消去………………… 132
4　カロテノイドによる活性酸素の消去とその物理，化学機構………………… 133
5　β-カロテンおよびアスタキサンチンによるペルオキシナイトライトの消去…………………………………… 134
6　ルテインによるペルオキシナイトライト

	の消去 …………………………… 135	8	カプサンチンによるペルオキシナイトライトの消去 …………………… 136
7	リコピンによるペルオキシナイトライトの消去 ………………………… 135	9	おわりに ………………………… 136

第5章　カロテノイドの抗酸化活性（生理的側面）　　板東紀子，寺尾純二

1	はじめに ………………………… 138		テノイド介入試験 ……………… 140
2	皮膚に対する作用 ……………… 138	2.4	皮膚におけるカロテノイドのROS捕捉・消去作用（動物および細胞試験） ………………………………… 141
2.1	皮膚における活性酸素種（ROS）生成と紫外線傷害 ……………… 138		
2.2	カロテノイドの皮膚への蓄積 …… 139	3	視覚に対する作用 ……………… 143
2.3	皮膚紅斑の抑制作用を対象としたカロ	4	血管系疾患に対する作用 ……… 144

第6章　カロテノイドの抗アレルギー作用　　山西倫太郎

1	はじめに ………………………… 146	5	β-カロテンと抗原提示細胞の抗酸化性 ………………………………… 149
2	アレルギー応答に関係する免疫の仕組み ……………………………… 146		
3	免疫機能に対するカロテノイドの影響に関する研究報告 ………………… 147	6	抗原呈示細胞内の酸化還元状態とTh1/Th2バランス ………………… 150
4	β-カロテン摂取とIgE抗体産生ならびにTh1/Th2バランス …………… 149	7	炎症抑制物質としてのカロテノイド ………………………………… 151
		8	おわりに ………………………… 152

第7章　予防医学とカロテノイド　　安井由美子，田中卓二

1	はじめに ………………………… 153	4	抗慢性肝疾患作用 ……………… 157
2	抗動脈硬化作用 ………………… 154	5	抗糖尿病作用 …………………… 158
3	抗がん作用 ……………………… 156	6	おわりに ………………………… 159

第8章　カロテノイドとがん予防　　村越倫明，西野輔翼

1　はじめに …………………………… 161
2　β-カロテンのがん化学予防研究 … 161
3　パームフルーツカロテン（パーム油カロテン）…………………………… 163
4　マウス皮膚2段階発がんの抑制効果 ………………………………… 163
5　マウス肺2段階発がんの抑制効果… 165
6　マウス肺2段階発がんプロモーション過程におけるカロテン体内蓄積量の変化 ………………………………… 166
7　マウス自然発症肝がんの抑制効果… 168
8　おわりに …………………………… 169

第9章　野菜のカロテノイド　　稲熊隆博

1　はじめに …………………………… 172
2　野菜に含まれるカロテノイド含量… 173
3　カロテノイドの吸収 ……………… 175
4　野菜に含まれるカロテノイドの生理作用 ………………………………… 176
4.1　プロビタミンA作用 …………… 176
4.2　抗酸化作用……………………… 177
4.2.1　*in vitro* 試験 ……………… 177
4.2.2　*ex vivo* 試験 ……………… 178
4.2.3　*in vivo* 試験 ……………… 178

第10章　海洋性カロテノイドの機能性　　矢澤一良

1　はじめに …………………………… 183
2　アスタキサンチンの分布………… 183
3　アスタキサンチンの生理機能…… 184
3.1　抗酸化作用……………………… 184
3.2　糖尿病の予防…………………… 185
3.3　眼疾患の予防と改善…………… 185
3.4　持久力向上・抗疲労作用と抗肥満作用 ……………………………… 186
3.5　美肌・美容効果………………… 188
3.6　抗炎症作用……………………… 189
4　フコキサンチンの生理機能……… 190
4.1　フコキサンチンとその体内代謝… 190
4.2　フコキサンチンの抗メタボリックシンドローム作用…………………… 191
4.3　抗糖尿病作用…………………… 191
4.4　美容・美白作用………………… 192
5　おわりに…………………………… 193

第11章　カンキツ由来カロテノイドの機能性

高橋信之，大山夏奈，千田真里，西村加奈子，河田照雄

1　はじめに……………………… 195
2　カンキツ由来カロテノイドのターゲットとしてのPPAR………………… 196
3　カンキツ由来カロテノイドによる代謝制御……………………… 198
4　おわりに……………………… 200

第12章　アレンカロテノイドの機能性　　前多隼人，細川雅史

1　はじめに……………………… 201
2　フコキサンチンによる内臓脂肪減少作用……………………… 201
3　フコキサンチンの抗糖尿病作用…… 205
4　3T3-L1脂肪細胞に対するアレンカロテノイドの作用……………………… 206
5　フコキサンチンによる肝臓DHAの合成促進作用……………………… 207
6　おわりに……………………… 208

第3編　カロテノイドの食品・化粧品等への応用

第1章　カロテン　　村越倫明

1　はじめに……………………… 213
2　市販工業用カロテンの規格化……… 213
3　カロテンのビタミンA活性………… 215
4　カロテンの応用技術動向…………… 217
　4.1　流通形態…………………… 217
　4.2　着色用途…………………… 218
　4.3　栄養強化…………………… 219
　4.4　健康食品…………………… 219
5　おわりに……………………… 219

第2章　リコピン　　林　宏紀，坂本秀樹，稲熊隆博

1　はじめに……………………… 221
2　リコピンの構造と性質…………… 221
3　リコピンの摂取源………………… 221
4　リコピンの吸収，蓄積性………… 222
　4.1　トマト摂取による生体内のリコピン蓄積……………………… 222
　4.2　リコピン吸収と油………… 223
　4.3　リコピン吸収と牛乳……… 223
5　リコピンの生体調節作用………… 223
　5.1　リコピンの血中での抗酸化作用… 223
　5.2　肺気腫抑制………………… 224
　5.3　母乳とリコピン…………… 226

| 5.4 皮膚 …………………………… 226 | 6 おわりに ………………………… 227 |

第3章　マルチカロテノイド　　酒井　康

1 野菜摂取に関して ………………… 228	4.2 原料，製法，規格 …………… 232
2 マルチカロテノイド ……………… 230	4.3 「ナチュラルマルチカロチノイド20」
3 マルチカロテノイドの紫外線障害抑制作	の各カロテノイドの吸収性 ……… 232
用 …………………………………… 230	5 カロテノイドの相互作用 ………… 234
4 「ナチュラルマルチカロチノイド」… 232	6 おわりに ………………………… 234
4.1 製品設計 ……………………… 232	

第4章　ルテイン　　酒井　康

1 はじめに ………………………… 236	7 「水溶性ルテイン3.5」…………… 241
2 加齢黄斑変性症（Age related macular	7.1 「水溶性ルテイン3.5」のルテイン原料
degeneration；AMD）…………… 237	…………………………………… 241
3 白内障 …………………………… 237	7.2 「水溶性ルテイン3.5」の食品加工適
4 皮膚に対する作用 ………………… 238	性 ……………………………… 242
5 ルテイン含有食品 ………………… 238	7.3 「水溶性ルテイン3.5」のルテイン吸収
6 エステル体ルテインの生体利用性 … 239	性に関して …………………… 244
6.1 ヒトの知見 …………………… 239	8 おわりに ………………………… 244
6.2 動物試験 ……………………… 239	

第5章　ゼアキサンチン－ヒトの健康と特異的に関連した抗酸化・光保護剤　　Donald R. Berdahl

1 緒言および歴史 …………………… 246	4.2 膜 ……………………………… 252
2 構造および光学的特性 …………… 246	4.3 組織におけるゼアキサンチン異性体お
3 植物における機能 ………………… 248	よび代謝産物 ………………… 252
4 動物における機能 ………………… 250	4.4 結合蛋白質 …………………… 254
4.1 眼部組織におけるゼアキサンチン	5 ゼアキサンチンと眼の健康 ……… 254
………………………………… 252	5.1 *In Vitro* 動物研究 …………… 254

- 5.2 *In Vivo* 動物研究 …………… 256
- 5.3 ヒトを対象とした疫学および血清中濃度研究 …………………………… 256
- 5.4 黄斑色素密度 ……………………… 257
- 5.5 他の視覚パラメータへの影響 …… 258
- 5.6 AREDS および AREDS II ……… 259
- 6 キサントフィルと他の健康との関係 …………………………………………… 259
- 7 食事性ゼアキサンチンの植物供給源 …………………………………………… 260
- 7.1 モンゴリアン・ウルフベリー …… 261
- 7.2 パプリカ …………………………… 261
- 7.3 フラボバクテリア ………………… 261
- 7.4 マリーゴールド …………………… 261
- 7.5 遺伝子組み換えジャガイモ ……… 261
- 8 合成ゼアキサンチン ………………… 261
- 9 商業的供給源 ………………………… 262
- 10 結論 …………………………………… 262

第6章　アスタキサンチン　山下栄次

- 1 はじめに …………………………… 266
- 2 アスタキサンチンの特徴 ………… 266
- 3 アスタキサンチンの生産 ………… 267
- 4 アスタキサンチンの食品・化粧品への応用 …………………………………… 269
- 5 おわりに―今後の展望― ………… 270

第7章　フコキサンチン　単　少傑

- 1 概要 ………………………………… 272
- 2 フコキサンチンの抽出・濃縮方法 … 273
- 3 フコキサンチン製剤の物性および安定性 …………………………………… 273
- 4 フコキサンチンの生理活性 ……… 274
- 5 安全性 ……………………………… 277
- 6 機能性食品・化粧品への応用展望 … 278

第8章　クロセチン　海貝尚史, 仲野隆久

- 1 はじめに …………………………… 280
- 2 クロセチンの構造 ………………… 280
- 3 吸収・代謝 ………………………… 281
- 4 生理機能と作用機序 ……………… 281
  - 4.1 眼精疲労改善作用 ……………… 282
  - 4.2 血流改善作用 …………………… 283
  - 4.3 眼内炎症抑制効果 ……………… 284
  - 4.4 疲労緩和作用 …………………… 284
- 5 おわりに …………………………… 285

第9章　β-クリプトキサンチンを含有するミカンエキス飲料がメタボリックシンドローム予備群のヒトに及ぼす影響　　河合博成，佐々木貴生

1　はじめに……………………………287
2　方法…………………………………287
　2.1　試験食…………………………287
　2.2　対象……………………………287
　2.3　試験方法………………………288
　2.4　統計処理方法…………………289
3　結果…………………………………289
4　考察…………………………………293
5　結語…………………………………294

第10章　カプサンチン　　相澤宏一

1　はじめに……………………………296
2　カプサンチンの構造と性質………296
3　カプサンチンの摂取源……………297
4　カプサンチンの吸収，蓄積性……298
5　カプサンチンの生体調節作用……299
　5.1　抗酸化作用……………………299
　5.2　抗腫瘍活性……………………299
　5.3　老化への影響…………………300
　5.4　血中脂質への影響……………300
6　おわりに……………………………302

第1編
カロテノイドの科学

第1章　カロテノイドの構造と生物界における分布

眞岡孝至[*]

1　カロテノイドの構造研究の歴史

　カロテノイドの研究は古く，19世紀にニンジンからカロテン（carotene）が，紅葉した葉からキサントフィル（xanthophyll）が抽出されたことに端を発する。20世紀初頭にはこれらの物質の分子式がそれぞれ $C_{40}H_{56}$，$C_{40}H_{56}O_2$ と決定された。1930年代には β-カロテン，リコペンなどの構造が明らかにされた。さらに β-カロテンはビタミンAに変換する事がわかりこれらの研究でKarrerとKhunがノーベル化学賞を授賞している。1930年代後半からはルテイン，ゼアキサンチン，アスタキサンチンなどのキサントフィル類の構造が明らかになった。1950年代にはいくつかの天然カロテノイドの全合成がなされた。1960年後半にはアレン，ケトン，エポキシなどの官能基を持つフコキサンチンの構造決定が，1971年にはポリエン鎖にラクトン基がついた炭素数37の骨格を持つペリジニンの構造決定がそれぞれなされている[1]。このようにカロテノイドは数ある天然有機化合物のなかでも古くから研究されている化合物である。その後分析機器の発達に伴い天然に存在するカロテノイドの構造が次々に明らかになり，2004年までに750種以上のカロテノイドが報告されている[2]。これらの中には日本の研究グループが構造決定したカロテノイドも多数ある[2]。

2　カロテノイドの構造と命名法

　カロテノイドは8個のイソプレン単位（炭素5個から成るユニット）が結合して構成された炭素数40の基本骨格を持つ化合物群である。その基本構造は中央部分に9個の共役二重結合からなるポリエン部（炭素数22）とその両端に付くエンドグループ（炭素数9）から成り立っている（図1）。エンドグループは図1に示す7種がありこれに水酸基，カルボニル基，カルボキシル酸，エポキシ基，などが付く。ポリエン部は多くのカロテノイドが全トランス構造を持つが，中にはシス構造を持つものもある。ポリエン部の幾何異性体に加えエンドグループの不斉炭素およびアレン結合による光学異性体（立体異性体）が存在する。このようにエンドグループとポリエン部の組み合わせにより様々な構造のカロテノイドが存在する。図1にカロテノイドの基本構造とエンドグループの名称を示した。

---

[*]　Takashi Maoka　㈶生産開発科学研究所　食物機能研究室　主任研究員

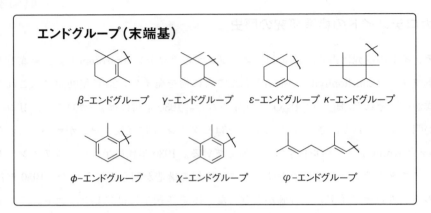

図1 カロテノイドの構造エンドグループ(末端基)の構造とその名称

　カロテノイドは慣用名と国際純粋および応用化学連合(IUPAC)と国際生化学連合(IUB)の規定によるシステマテックな名称(IUPAC名)を持っている。慣用名はその物質が発見された生物名にちなむ事が多い。IUPAC名はカロテノイドに含まれるエンドグループと置換基をシステマテックに示したものである。例えばα-カロテンとβ-カロテンはニンジン(carrot)に由来しIUPAC名ではそれぞれ$β, ε$-caroteneと$β, β$-caroteneになる。ゼアキサンチンはトウモロコシの学名(*Zea mays*)に由来しIUPAC名では$β, β$-carotene-3,3'-diolと,ルテインは卵黄に由来しIUPAC名では$β, ε$-carotene-3,3'-diolとなる。さらにポリエンの二重結合の幾何異性の配置を示すトランス,シス(またはE, Z)や不斉炭素やアレン結合による光学異性の絶対配置を示すR, S表示を加える。例えばフコキサンチンをIUPAC名で立体構造を含めて全て表示すると*all-E*($3S, 5R, 6S, 3'S, 5'R, 6'R$)-5,6-epoxy-3'-ethanoyloxy-3,5'-dihydroxy-6',7'-didehydro-5,6,7,8,5',6'-hexahydro-$β, β$-caroten-8-oneとなる。カロテノイドのIUPAC命名法の詳細については総説[1~3]を参照されたい。

3　カロテノイドの構造による分類

3.1　構成元素による分類

　カロテノイドは炭素と水素原子のみで構成される炭化水素化合物のカロテン類と分子内にアルコール,ケトン,アルデヒド,カルボキシル,エポキシ,ラクトンなどの酸素原子を含むキサン

トフィル類に分類される。

天然にはカロテン類が約60種，キサントフィルが700種以上存在する[2]。キサントフィル類は遊離型の他，脂肪酸エステル，配糖体，配糖体脂肪酸エステル，硫酸エステル体として存在もする。またタンパク質複合体（カロテノプロテイン）として存在するものもある。

3.2 炭素数による分類

炭素数40の化合物が大多数を占めるが炭素数40以上（45または50個）の化合物が40種余り，炭素数40個以下の化合物（アポカロテノイド）が120種余り存在する。その中で特に炭素数39個または38個の化合物をそれぞれノルカロテノイド，ジノルカロテノイドと称する[2]。

4　生物界におけるカロテノイドの分布と代表的なカロテノイド

カロテノイドは光合成をする微生物，藻類，植物およびそれらを食物連鎖により取り入れるほぼすべての動物に分布する。光合成細菌や植物とある種の酵母は，酢酸やメバロン酸から生体中でカロテノイドを合成できる（*de novo synthesis*）。それぞれの生物種により特有のカロテノイド生合成系を持っているので生物種ごとに特有のカロテノイドが存在する。このようにカロテノイドは生物分類上の指標ともなる（ケモタキソノミー，ケモシステマテクス）。一方，動物はカロテノイドの生合成能を持たないので食物からカロテノイドを取り込み蓄積，代謝変換している[4]。

カロテノイドの生物界における分布，生合性，代謝については多くの総説があるので参照されたい[3~7]。

4.1　細菌

細菌の分類は植物のような統一された基準が未だ存在しないが真正細菌類（バクテリア）と古細菌（アーキア）に大別される。

真正細菌類のなかで光合成細菌はカロテノイドの生合成経路が遺伝子レベルで解明されているものが多い。光合成細菌のうちで紅色細菌はリコペン(1)を基本骨格にその1位に水酸基が導入されたロドピン(2)やメトキシ基が導入されたスピリロキサンチン(3)，スフェロイデン(4)など非環状構造のカロテノイドを産生する。2位にカルボニル基が導入されたスフェロイデノン(5)や20位のメチル基がアルデヒドに酸化されたカロテナールを産生するものもある。緑色硫黄細菌ではイソレニエラテン(6)，クロロバクテン(7)など芳香環エンドグループを持つカロテノイドが存在する。一方ヘリオバクテリアでは炭素数30のアポカロテノイドを産生する。

シアノバクテリア類は従来藻類の一種（藍藻）として扱われてきたが今は細菌に分類されている。β-カロテン(8)，エキネノン(9)，カンタキサンチン(10)，ゼアキサンチン(11)に加えてカロテノイド配糖体であるミキソキサントフィル(12)が存在する。2位に水酸基が導入されたカロキサンチ

ン(13)やノストキサンチン(14)も報告されている。

古細菌のうち温泉や熱水噴出坑に生育する好熱菌ではゼアキサンチンの配糖体, 配糖体脂肪酸エステルなどが存在する。高濃度の塩類に生育する高度好塩菌には炭素数 50 のバクテリオルベリン(15)や炭素数 45 の高級カロテノイドとその配糖体が存在する。

4.2 菌類

一部の菌類ではカロテノイドの存在が報告されている。キノコ類ではカンタキサンチン(10)など, トルラ酵母ではファイファ酵母ではトルレン(16), トルラロデン(17)や (3R, 3'R)-アスタキサンチン(18)が知られている。

図2に細菌類と菌類の代表的なカロテノイドの構造式を示した。

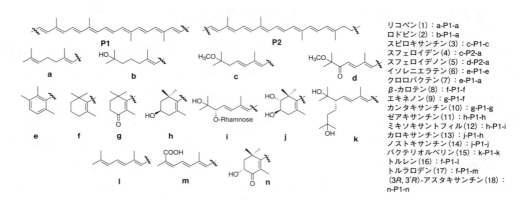

図2 細菌類と菌類の代表的なカロテノイド

4.3 藻類

藻類にはさまざまな構造バリエーションを持つカロテノイドが存在する。ノルウェーの Liaaen-Jensen らのグループにより藻類カロテノイドについてのケモシステマテクス的研究が行われている[4]。

灰色藻ではβ-カロテン(8)とゼアキサンチン(11), 紅藻のアサクサノリ, テングサではβ-カロテン(8), β-クリプトキサンチン(19), ゼアキサンチン(11)に加えα-カロテン(20), ルテイン(21)など ε-エンドグループを持つものもある。クリプト藻ではアセチレン結合（三重結合）を持つアロキサンチン(22), クロコキサンチン(23), モナドキサンチン(24)が存在する。黄金藻類, ラフィド藻, 珪藻, 褐藻, ハプト藻類にはアレン結合, エポキシ基, カルボニル基を持つフコキサンチン(25)が分布する。またビオラキサンチン(26)などのエポキシカロテノイドも存在する。さらにアセチレン結合を持つジアトキサンチン(27)なども存在する。渦鞭毛藻は赤潮の本体である, 炭素数 37 のアポカロテノイドであるペリジニン(28)やジアトキサンチン(27)が存在する。ペリジニンは渦鞭毛藻類に特徴的なカロテノイドである。ユーグレナ藻にはシフォナキサンチン(29)とその脂肪酸エステルが存在

第1章 カロテノイドの構造と生物界における分布

する。

　緑色植物門に含まれるプラシノ藻，緑藻（ドナリエラ，ヘマトコッカス），トレボウクシア藻（クロレラ），アオサ藻（アオサ，ミル），車軸藻（アオミドロ）のすべての藻類にはβ-カロテン(8)，ルテイン(21)，ビオラキサンチン(26)，9'-シス-ネオキサンチン(30)のように陸上植物の葉緑体と同じカロテノイドが含まれる。ルテインの19位に水酸基のついたロロキサンチン(31)とその脂肪酸エステルがプラシノ藻，緑藻，トレボウクシア藻，アオサ藻の一部に存在する。プラシノ藻と緑藻の一部にはシフォナキサンチン(29)とその脂肪酸エステルが存在する。またβ-カロテン-2-オール(32)などのβ-エンドグループの2位に水酸基がついた一連のカロテノイドも存在する。ヘマトコッカスでは光合成膜以外にカンタキサンチン(10)や（3S, 3'S）-アスタキサンチン(33)などのケトカロテノイドを蓄積する。軽油を作る緑藻として注目されているボトリオコッカスからはエキネノンやカンタキサンチンとスクアレンがケタール結合したボトリオキサンチンA(34)などのカロテノイド複合体が報告されている。

　図3に藻類の代表的なカロテノイドの構造式を示した。

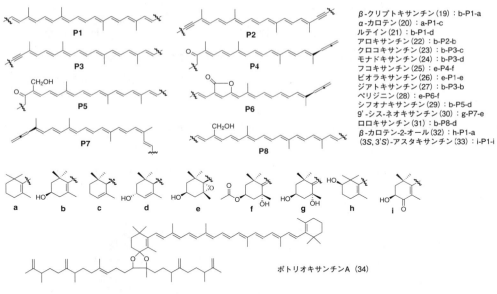

図3　藻類の代表的なカロテノイド
すでに構造式が示されているものは略した。

4.4　陸上植物

　コケ類および種子植物（高等植物）の光合成器官である葉緑体には主成分としてβ-カロテン(8)，ルテイン(21)，ビオラキサンチン(26)，9'-シス-ネオキサンチン(30)が含まれる。他にα-カロテン(20)，β-クリプトキサンチン(19)，ゼアキサンチン(11)，アンテラキサンチン(35)，ルテインエポキシド(36)などの生合成中間体が少量存在する。花弁，おしべ，種子，果実等の非光合成器官では様々な構

造のカロテノイドが存在する。トウガラシの果実にはカプサンチン(37)，カプソルビン(38)など五員環構造のκ-エンドグループを持つカロテノイドが存在する。なお，これらのカロテノイドはトウガラシの果実以外にはユリのオシベに存在するのみである。カボチャやトウガラシには3,6-エポキシ構造を持つククルビタキサンチンA(39)やシクロビオラキサンチン(40)が見られる。果実など非光合成器官に存在するネオキサンチン(41)は全トランス型で存在する。ラクツカキサンチン(42)はレタスのみに報告されている。トマトの果実にはリコペン(1)が主カロテノイドとして含まれるがタンジェリン種のトマトには7,9,7',9'-テトラシス構造を持つプロリコペン(43)が存在する。ウンシュウミカンではβ-クリプトキサンチン(19)が主成分として見られる。ニンジン，サツマイモの根にもβ-カロテン(8)などのカロテノイドが存在する。また果実にはカロテノイドが酸化分解して生成したと考えられるアポカロテナール類も見つかっている。種子や果皮はアントシアンやカロテノイドにより赤色を呈するものが多い。鳥などに食べられ種子を散布するためや，種子を光酸化から保護するためこれらの色素に覆われていると考えられる。イチイの果皮の赤色はロドキサンチン(44)である。これは通常のカロテノイドのポリエン部の単結合と二重結合の位置が一つずつ移動した構造をとる化合物で，通常のカロテノイドとは逆の向きに二重結合が並ぶことからレトロカロテノイドと呼ばれている。

種子類にも様々な構造のバリエーションを持つカロテノイドが存在する。トベラの種子からはβ-エンドグループの5,6（5',6'）位が酸化開裂して生成したと考えられる一連のセコカロテノイドのトベラキサンチンA(45)やカロテノイド-トコフェロール複合体のピトスポラムキサンチンA(46)が見つかっている。

図4に陸上植物に見られる代表的なカロテノイドの構造式を示した。

4.5 動物

動物は酢酸やメバロン酸からカロテノイドを生成する酵素系を持たない。従って動物のカロテ

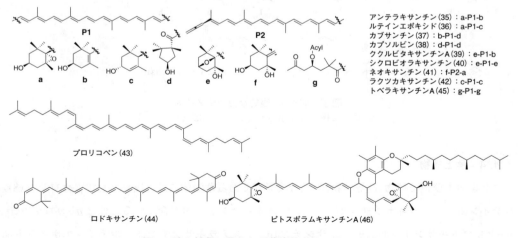

図4 陸上植物に見られる代表的なカロテノイド
すでに構造式が示されているものは略した。

第1章　カロテノイドの構造と生物界における分布

ノイドはすべて食物から摂取したものに由来する。動物は食物から吸収したカロテノイドをそのまま蓄積するか，あるいはその一部を体内で代謝変換している。動物で見られる主なカロテノイドの体内代謝はシス・トランス異性化，酸化，還元，二重結合の転移や二重結合の酸化開裂などである[4,5,7]。動物のカロテノイドについては京都薬科大学の松野らのグループにより比較生化学的な観点から幅広い研究がなされた。それらの詳細はMatuno[5]や津島[7]の総説があるので参照されたい。

以下動物の分類に従ってそれらに含まれる主なカロテノイドを述べる。

① 海綿動物

カイメンにはさまざまな構造バリエーションを持つカロテノイドが存在する。イソレニエラテン(6)，レニエラテン(47)，レニエラプルプリン(48)など芳香族エンドグループを持つカロテノイドが存在する事が特徴である。芳香族エンドグループを持つカロテノイドは他には緑色硫黄細菌に分布するのみである。なおこれらのカロテノイドは1950年代後半に九州大学の山口勝がダイダイイソカイメンより始めて分離構造決定したものである。またバスタキサンチン(49)などカロテノイド硫酸エステル体も存在する。

② 腔腸動物

イソギンチャクには2-ノルアスタキサンチン(50)，アクチニオエリスリン(51)などアスタキサンチンの2位または2'位の炭素が脱離したノルカロテノイド類が存在する。ペリジニン(28)を主成分で含むものもある。クラゲやサンゴからはアスタキサンチン(52)が報告されている。ヒドラからはカンタキサンチンの還元代謝産物であるピラルジキサンチン類（$5,6,5',6'$-テトラヒドロ-β,β-カロテンの誘導体）が報告されている。これは後述する巻貝のナガニシからも見つかっている。

③ 触手動物

ホンダワラコケムシからフコキサンチン(25)の代謝産物であるハロシンチアキサンチン(53)が報告されている。

④ 軟体動物

軟体動物はヒザラガイ類，巻貝類，二枚貝類，頭足類（イカ，タコ）に大別される。ヒザラガイ類は餌となる藻類に由来するルテイン(21)やゼアキサンチン(11)などのカロテノイドが見られる。アワビ，サザエなどの藻食性の巻貝ではβ-カロテン(8)やゼアキサンチン(11)が主成分で見られる。ナガニシではエキネノン(9)，カンタキサンチン(10)，$(3S,3'S)$-アスタキサンチン(33)などの一連のケトカロテノイドとそれらの還元体であるβ-エンドグループの$5,6(5',6')$位の飽和されたピラルジキサンチン類（54，55，56）が報告されている。ホラガイはヒトデ類を捕食するのでヒトデに由来するアスタキサンチンとそのアセチレン誘導体の7,8-ジデヒドロアスタキサンチン(57)，7,8,7',8'-テトラデヒドロアスタキサンチン(58)などが主成分で存在する。鮮やかな赤色を呈するアフリカ原産陸棲巻貝のスクミリンゴガイの卵には$(3S,3'S)$-アスタキサンチン(33)，フリッチエラキサンチン(59)が含まれる。これらは餌となる陸上植物のβ-カロテン(8)，ゼアキサンチン(11)やル

テイン(21)の酸化代謝産物である。ウミウシやアメフラシなどからはアポカロテノイドが報告されている。

フィルターフィーダーである二枚貝類には様々な構造のバリエーションを持つカロテノイドが含まれる。それらは摂取するプランクトンにより以下のグループに大別できる。すなわち珪藻類を主に摂取するものはジアトキサンチン(27)，フコキサンチン(25)とそれらの代謝産物，渦鞭毛藻を摂取するものはペリジニン(28)とそれらの代謝産物，緑藻を摂取するものはルテイン(21)やネオキサンチン(41)とそれらの代謝産物である。

ホタテガイ，アカガイではジアトキサンチン(27)，アロキサンチン(22)とそれらの4位の酸化体であるペクテノロン(60)，4-ケトアロキサンチン(61)が主成分で見られる。イガイやカキにはフコキサンチンの代謝産物であるハロシンチアキサンチン(53)，ミチロキサンチン(62)，イソミチロキサンチン(63)が主成分で含まれる。またマガキから新しいエンドグループを持つクラスオストレアキサンチンA(64)およびクラスオストレアキサンチンB(65)が報告されている。これらもフコキサンチンの代謝産物と考えられる。ハロシンチアキサンチン(53)，ミチロキサンチン(62)，クラスオストレアキサンチンA(64)およびB(65)は二枚貝のみならずプランクトンフィーダーである海産無脊椎動物に広く見られる。

アサリ，ハマグリ，バカガイ（アオヤギ）などにはフコキサンチノール(66)が脂肪酸エステルとして存在する。鮮やかな赤色を呈するスダレガイ，サツマアカガイにはアマロウシアキサンチンA(67)の脂肪酸エステルが主成分で含まれる。シジミには汽水域に棲息するヤマトシジミと淡水に棲息するセタシジミ，マシジミの3種がある。ヤマトシジミは渦鞭毛藻を主として摂取するのでペリジニン(28)とその一連の代謝産物が主成分で含まれる。一方，淡水棲のセタシジミやマシジミでは緑藻由来のルテイン(21)，ネオキサンチン(41)とそれらの代謝産物が主成分を占めている。頭足類のイカ，タコでは餌の甲殻類から吸収したアスタキサンチンが内臓や卵巣に蓄積している。

このように軟体動物のカロテノイドはその動物の食性（食物連鎖）をよく反映している。

⑤節足動物

甲殻類（エビ，カニ）のカロテノイドの代表的なものはアスタキサンチンである。甲殻類はβ-カロテンからアスタキサンチン(52)を代謝変換できるが3(3')位の水酸基導入に立体特異性がないためアスタキサンチンは3種の光学異性体の混合物で存在する。甲殻ではアスタキサンチンはタンパク質複合体（クラスタシアニン）として存在し黄，青，紫など様々な色調を呈している。さらにβ-カロテン(8)からアスタキサンチン(52)に至る一連の代謝中間体とルテイン(21)およびゼアキサンチン(11)の4位の酸化代謝産物も見られる。アカテガニ，ハナサキガニではルテインの酸化物であるフリッチエラキサンチン(59)やパピリオエリスリノン(68)が主成分で見られる。一方，カブトガニ，カブトエビ，フナムシ，ミジンコなどはβ-エンドグループの2位が水酸化されたβ-カロテン-2-オール(32)や2-ハイドロキシエキネノン(69)も見られる。

昆虫類も多彩なカロテノイドを持つ。そのなかで特徴的なのはナナフシ類に見られる2位に水

第1章　カロテノイドの構造と生物界における分布

酸基やケト基が導入された一連のカロテノイド（70, 71）である。蝶類ではルテイン(21)とその酸化代謝産物が存在する。

⑥棘皮動物

棘皮動物はウミユリ類，ヒトデ類，クモヒトデ類，ウニ類，ナマコ類に大別される。ウミユリ類にはアスタキサンチン(52)が見られる。ヒトデ類の代表的なカロテノイドはアスタキサンチン(52)，7,8-ジデヒドロアスタキサンチン(57)と7,8',7',8'-テトラデヒドロアスタキサンチン(58)である。これらは餌となる二枚貝類から取り込まれたβ-カロテン(8)，ジアトキサンチン(27)，アロキサンチン(22)の酸化代謝産物である。またミチロキサンチンの酸化代謝産物である4-ケトミチロキサンチン(72)などが見られる。クモヒトデではテトラヒドロキシピラルジキサンチン(55)の硫酸エステルが報告されている。ウニ類の生殖巣のオレンジ色はエキネノン(9)である。これは餌となる褐藻類から取り込んだβ-カロテン(8)の酸化代謝産物である。ナマコ類の生殖巣にはカンタキサンチン(10)，アスタキサンチンが見られる。キンコでは9,9'-シス構造を持つククマリアキサンチン(73)が存在する。

⑦原索動物

ホヤ類もフィルターフィーダーであり珪藻などに由来するフコキサンチン(25)，ジアトキサンチン(27)，アロキサンチン(22)とその代謝産物を蓄積している。ハロシンチアキサンチン(53)はマボヤから初めて単離されたカロテノイドでフコキサンチン(25)のアレン結合がアセチレン（三重結合）に変換された化合物であり，ホヤ類はもとより二枚貝類など広く海産無脊椎動物に分布する。ミチロキサンチン(61)とその酸化体のミチロキサンチノン(74)もホヤ類に広く見られる。マンジュウボヤからは同じくフコキサンチンの代謝産物であるアマロウシアキサンチンA(67)よびアマロウシアキサンチンB(75)が報告されている。イタボヤではペリジニン(28)が主成分で見られる。

これまで無脊椎動物で述べたカロテノイドの構造式を図5に示した。

脊椎動物

⑧魚類

魚類は一般に表皮や卵巣にカロテノイドを蓄積している。軟骨魚類（サメ，エイ）からはゼアキサンチン(11)が報告されている。硬骨魚類には多彩なカロテノイドが分布する。サケ，マス類は筋肉にアスタキサンチン(52)を蓄積する。サケ，マス類のアスタキサンチンは餌となる甲殻類プランクトンに由来するので3種の立体異性体の混合物で存在する。メスは産卵期になると筋肉のアスタキサンチンを卵に移行する。一方，オスは婚姻色として表皮にカロテノイドを移行する。サルモキサンチン(76)はシロザケの表皮から得られたエポキシカロテノイドである。おなじサケ目のアユは珪藻から吸収したゼアキサンチン(11)を表皮に蓄積する。コイ科の魚類（キンギョ，ニシキゴイ）は体内でゼアキサンチン(11)を($3S,3'S$)-アスタキサンチンに代謝変換することができる。このためニシキゴイなど観賞魚の色上げにはゼアキサンチンを多く含むスピルリナを与えている。また，キンギョやニシキゴイはルテイン(21)を3'-エピルテイン(77)をへてα-ドラデキサンチン

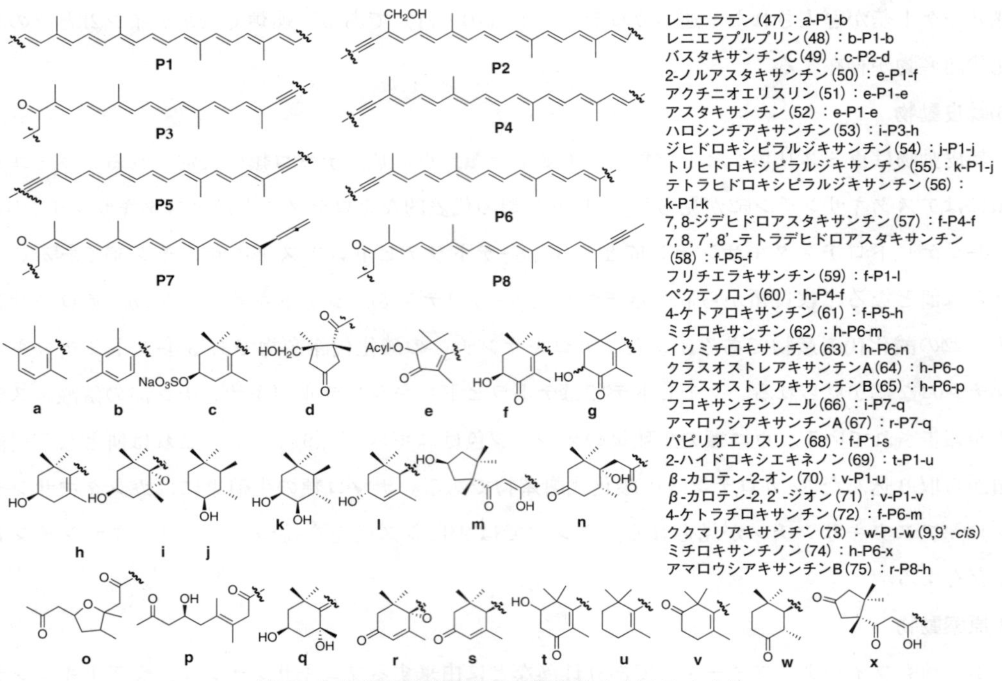

カロテノイドの科学と最新応用技術

図5 無脊椎動物に見られる代表的なカロテノイド
すでに構造式が示されているものは略した。

レニエラテン (47)：a-P1-b
レニエラプルプリン (48)：b-P1-b
バスタキサンチンC (49)：c-P2-d
2-ノルアスタキサンチン (50)：e-P1-f
アクチニオエリスリン (51)：e-P1-e
アスタキサンチン (52)：e-P1-e
ハロシンチアキサンチン (53)：i-P3-h
ジヒドロキシピラルジキサンチン (54)：j-P1-j
トリヒドロキシピラルジキサンチン (55)：k-P1-j
テトラヒドロキシピラルジキサンチン (56)：k-P1-k
7,8-ジデヒドロアスタキサンチン (57)：f-P4-f
7,8,7',8'-テトラデヒドロアスタキサンチン (58)：f-P5-f
フリチエラキサンチン (59)：f-P1-l
ペクテノロン (60)：h-P4-f
4-ケトアロキサンチン (61)：f-P5-h
ミチロキサンチン (62)：h-P6-m
イソミチロキサンチン (63)：h-P6-n
クラスオストレアキサンチンA (64)：h-P6-o
クラスオストレアキサンチンB (65)：h-P6-p
フコキサンチノール (66)：i-P7-q
アマロウシアキサンチンA (67)：r-P7-q
パピリオエリスリン (68)：f-P1-s
2-ハイドロキシエキネノン (69)：t-P1-u
β-カロテン-2-オン (70)：v-P1-u
β-カロテン-2,2'-ジオン (71)：v-P1-v
4-ケトラチロキサンチン (72)：f-P6-m
ククマリアキサンチン (73)：w-P1-w (9,9'-cis)
ミチロキサンチノン (74)：h-P6-x
アマロウシアキサンチンB (75)：r-P8-h

(78)に変換する。アフリカ原産のテラピアの表皮も赤色を呈するがこれはレトロカロテノイドのロドキサンチン(44)によるものでゼアキサンチン(11)から代謝変換される。ナマズ類にはゼアキサンチンの7',8'または7,8,7',8'位が還元されたパラシロキサンチン(79)および7,8-ジヒドロパラシロキサンチン(80)が存在する。これらは日本産ナマズのみに存在するカロテノイドである。

マダイなどに代表される赤色の海産魚の主色素はアスタキサンチンである。コイなどとは異なりマダイなどの海産魚はアスタキサンチンを他のカロテノイドから生成する事が出来ない。これらはすべて餌となる甲殻類プランクトンに由来する。養殖マダイでは色揚げのため飼料にアスタキサンチンを添加している。マグロやブリのヒレや側線の鮮やかな黄色はツナキサンチン(81-83)による。ツナキサンチンは名前の示すとおり平尾秀一らによりマグロから1950年後半にとられたカロテノイドでありスズキ目の魚類に広く分布する。なお、ツナキサンチンはアスタキサンチンから代謝変換されることが知られている。ブラックバスからは炭素数27のアポカロテノイド、ミクロプテラキサンチン(84)が報告されている。

⑨両生類

コスタリカ産の毒ガエルからキリキキサンチンA(85)、B(86)が報告されている。これらはツナキサンチンの立体異性体である。トノサマガエルにはルテイン(21)とゼアキサンチン(11)が含まれる。イモリの腹部の赤色はアスタキサンチンである。

第1章 カロテノイドの構造と生物界における分布

⑩爬虫類

ヘビ, トカゲなどでは肝臓, 卵にルテイン(21), ゼアキサンチン(11)などが存在する。

⑪鳥類

鳥類は婚姻色などとして羽毛やくちばしにカロテノイドを蓄積している。卵黄にもルテイン(21)はじめそれらの代謝産物が含まれている。ガロキサンチン(87)はニワトリのレチナから単離されたアポカロテノイドである。

⑫哺乳動物

動物種によってカロテノイドを蓄積する能力のあるものと, そうでないものとに二大別される。カロテノイドを蓄積する能力のある動物は, カロテンとキサントフィルのいずれも蓄積するヒトなどのタイプと, ウシなどのようにカロテンのみを主として蓄積する能力をもつタイプとに分けられる。ヒトの血液中には食物から吸収された20種類あまりのカロテノイドが存在する。そのうちβ-カロテン(8), α-カロテン(20), リコペン(1), ルテイン(21), ゼアキサンチン(11)およびβ-クリプトキサンチン(19)の6種が主成分でありこれらで血液中のカロテノイドの90%以上を占める。また微量成分であるがリコペン, ルテイン, ゼアキサンチンのヒト体内での酸化代謝物も存在する。カロテノイドは肝臓, 副腎, 睾丸, 卵巣, 皮膚, 脳などの臓器や脂肪組織などに存在している。

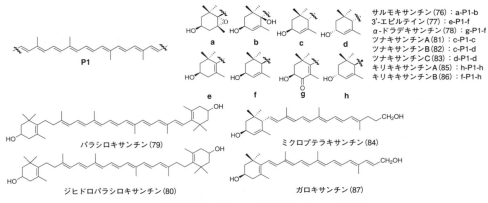

図6 脊椎動物に見られる代表的なカロテノイド
すでに構造式が出ているものは略した。

図6に脊椎動物に含まれる代表的カロテノイドを示した。

以上, 生物界におけるカロテノイドの分布について概説した。紙数の制約からその生物群に見られる代表的なカロテノイドの紹介にとどめた。個々の文献については先に紹介した総説などを参照されたい。なお最近, 陸上植物や動物から分離された新規カロテノイドについては著者の総説[8]を参照されたい。

文　　献

1) G. Britton *et al.*, Carotenoids Vol. 1A, Isolation and Analysis, Birkhäser Verlag, Basel (1995)
2) G. Britton *et al.*, Carotenoids Handbook, Birkhäser Verlag, Basel (2004)
3) 高市真一ほか，カロテノイド　－その多様性と生理活性－，裳華房 (2006)
4) G. Britton *et al.*, Carotenoids Vol. 3, Biosynthesis and Metabolism, Birkhäser Verlag, Basel (1998)
5) T. Matsuno, *Fisheries Science*, **67**, 771-783 (2001)
6) 高市真一，FFI ジャーナル，**212**, 524-531 (2007)
7) 津島己幸，FFI ジャーナル，**212**, 539-549 (2007)
8) T. Maoka, *Archiv. Biochem. Biophys.*, **483**, 191-195 (2009)

第2章　カロテノイドの分析と構造研究

眞岡孝至[*]

1　はじめに

カロテノイドの分析の目的として，①試料に含まれる総カロテノイドや特定のカロテノイドの定量，②試料に含まれる既知カロテノイドの同定とその定量分析，③天然から得られた新規カロテノイドの構造決定などがあげられる。①では吸光度法やHPLCによる定量，②ではTLCやHPLCで標品との一致，UV-VIS, MSなどのスペクトルによる同定，③の場合では目的物質の単離，UV-VIS, MS, NMR, CDなどのスペクトルや化学反応による構造解析が用いられる。本章ではこれらの分析方法について特にカロテノイドを扱う場合の注意点について述べる。それぞれの分析方法の詳細はBrittonらのCarotenoidシリーズ1A[1]および1B[2]高市[3]や著者[4]の総説があるので参照されたい。

2　抽出，前処理

カロテノイドは熱や光による分解や異性化，酸素による酸化分解や重合を受けやすいので抽出，分離などの操作は40℃以下で強い光を避けできるだけ速やかに行う。

生体材料からカロテノイドを抽出する溶媒として一般にメタノール，アセトン，メタノール-クロロホルム混液などが用いられる。動物組織からのカロテノイドの抽出にはアセトンが主に用いられている。酵母は硬い細胞壁を持つので溶媒が細胞内に浸透せず抽出しにくい。この場合はあらかじめ機械的な細胞の破砕や酵素による細胞壁の消化を行うと抽出しやすくなる。またジメチルスルホキシド中で60℃程度に加熱すると容易にカロテノイドを抽出できる。カロテノイドは酸化分解しやすいので抽出溶媒に抗酸化剤を添加する場合もある。抽出液の濃縮はエバポレーターを用い40℃以下ですみやかに行う。動物の組織の抽出物は水分が多く含まれるのでそのまま濃縮すると突沸する事がある。抽出液からカロテノイドを分液操作によりヘキサンやエーテルまたはその混合液に移行してから濃縮すると良い。調整された試料はできるだけすみやかに分析する。直ちに分析できない場合は窒素ガスを封入して－20℃，好ましくは－80℃で保存する。

カロテノイドの粗抽出物，特に動物からの抽出物には多くの脂質が含まれるのでクロマトグラフィーに供する前にできるだけ夾雑物を除いておく事が望ましい。ステロイドなどはメタノール

---

[*]　Takashi Maoka　㈶生産開発科学研究所　食物機能研究室　主任研究員

溶液にして冷却すると沈殿するので冷却ろ過によりかなり取り除くことが出来る。

多量のトリグリセリドなどの中性脂質を含む試料やカロテノイドが脂肪酸エステル体として存在する場合は5〜10%水酸化カリウムのメタノール溶液によるケン化により脂質の除去やエステル型カロテノイドから遊離型のカロテノイドへの変換ができる。ただしフコキサンチンやペリジニンなどはアルカリ中で分解する，またアスタキサンチンもアルカリ溶液中ではすみやかに酸化されアスタセンになるのでこの方法は適用できない。アルカリに不安定なカロテノイドエステルを遊離型に導くためにはコレステロールエステラーゼ[5]やリパーゼ[6]などの酵素で加水分解する。

3　分離，精製

まず粗抽出物に含まれるカロテノイドを薄層クロマトグラフィー（TLC）でチェックする。適当な標品があればおおよそのカロテノイドの組成を知る事ができる。

粗抽出物からのカロテノイドの分離にはシリカゲルを吸着剤とするカラムクロマトグラフィーや分取用（preparative-）TLCが主に用いられてきた。カラムクロマトグラフィーは大量のサンプル調整に適する。preparative-TLCは操作が簡便で目的とするカロテノイドを短時間で分取できる。しかしカロテノイドの回収率はカラムクロマトグラフィーに比べてやや劣る。かつては酸化アルミニウム，酸化マグネシウム，炭酸カルシウムなどもカラムクロマトグラフィーの吸着剤に用いられていたが酸化アルミニウムは異性化を起こすので今ではほとんど用いられない。構造の似かよったカロテノイドが混在する場合はカラムクロマトグラフィーやTLCだけでは単一に精製できないのでHPLCによりさらに精製する。量がある場合は再結晶により精製すると純度の高いサンプルが得られる。

動物組織から得られたカロテノイドからステロイドやトリグリセリドなどの脂質夾雑物がなかなか除けないことがある。カロテノイドとステロイドやトリグリセリドの分子量の差を利用してゲルろ過HPLC（GPC）を用いると効率よく精製できる場合がある。

HPLCで微量カロテノイドを分析するとき，特にLC/MSなどでは脂質など夾雑物由来のシグナルがカロテノイドのシグナルの検出を妨害する事がある。このような場合は夾雑物をHPLC前処理用の個相カートリッジなどでできるだけ除く必要がある。

4　HPLC

カロテノイドの分析，分取には対象とするカロテノイドに合わせ順相系や逆相系のHPLCが用いられる。順相系ではsilica gel, NH_2, CN，逆相系ではC_8, C_{18}（ODS），C_{30}などのカラムが使われている。順相系HPLCは極性の差により分離するのでカロテン，モノヒドロキシキサントフィル，ジヒドロキシキサントフィルなど極性基の数の異なるカロテノイドの分離に適して

いる。移動相もヘキサンをベースにアセトン，クロロホルム，イソプロパノールなどを添加した溶媒を用いるのでカロテノイドの溶解性が良く比較的大量のサンプルに対応できる。また，動物組織の抽出物など脂質の多いサンプルを扱う場合などに適している。

逆相系 HPLC は同じ極性のカロテノイドのうちで二重結合の位置異性体（α-カロテンとβ-カロテンやルテインとゼアキサンチンなど）の分離やシス，トランス異性体の分離などカロテノイドの微細な構造の違いの分離に適する。移動相はメタノールやアセトニトリルがベースになる。このため極性の低いカロテノイドでは溶解性が低くチャージできる量が順相系に比べて少ない。C_{30}-カラムは疎水性が高く高極性キサントフィルからカロテン類の幾何異性体まで含めた分離に適しており，カロテノイドカラムの商品名で市販されている。天然カロテノイドはカロテンのような低極性物質から高極性のキサントフィル類まで含まれるのでこれらを一括して分析する場合は移動相の溶媒の極性に勾配（グラジェント）をかける。

動物に含まれるアスタキサンチンなどのカロテノイドは光学異性体の混合物で存在する場合がある。この場合は Sumichiral OA-2000 などキラルな固定相を持つ HPLC[7~9] でそれぞれの光学異性体を分離する。

構造研究などの目的でカロテノイドを精製する場合はたとえ HPLC で単一のピークでも構造の似かよった化合物の混合物であったり脂質が混ざっている場合がある。この場合は系をかえた HPLC で再精製，たとえばはじめ順相の HPLC を行った場合は次には逆相 HPLC で精製すると良い。色々なカロテノイドの HPLC 分析例は総説を参照されたい[1,3]。

5 定量分析

多くのカロテノイドは 400~500nm に強い吸収帯を持ち，この領域に吸収帯をもつ妨害物質は比較的少ないので対象とするサンプルのカロテノイド組成がおおよそ分かっている場合，粗抽出物の 400~500nm の極大吸収の吸光度から総カロテノイド含量を求める事ができる。β-カロテンやキサントフィル類を主として含むものでは吸光係数 $E_{cm}^{1\%} = 2500$，主としてアスタキサンチンを含むものは $E_{cm}^{1\%} = 2100$ が用いられる[1]。

個々のカロテノイドの定量分析は HPLC 法が主に用いられる。標準品の検量線を用いてピーク面積から定量する。なお標準品が入手できないものでも吸光係数が知られていれば構造類似の標準品との比較からおおよその値を求められる。

6 カロテノイドの同定

一般にカロテノイドを同定する場合は既知カロテノイドと TLC の Rf 値または HPLC のリテンションタイムの一致，UV-VIS スペクトルの一致，MS スペクトルによる分子量の確認が必要

である[1,2]。フォトダイオードアレー検出器（PDA）を備えたLC-MSを用いればオンラインでこれらのすべての情報を得る事ができる。標準品の入手できるものはクロマトグラフィーで一致する事を確認する。標品の入手できないものや幾何異性，配糖体など複雑な構造のカロテノイドを同定する場合は上記に加えて^{1}H-NMRのデータが必要になる。さらに立体配置を含めて検討する場合はCDスペクトルやキラルカラムでの分析が必要である。

7 カロテノイドの構造研究に用いられる化学的手法

アセチル化，トリメチルシリル（TMS）化は水酸基の数を知るために良く用いられる。アセチル化では一級および二級の水酸化のTMS化では三級の水酸基を含めた総水酸基の数を知る事ができる。アセチル化は分離精製法としても用いられる。カロテノイド配糖体の混合物はアセテートに誘導すると分離しやすくなる。エポキシ-フラン転位反応や還元はエポキシ基やカルボニル基の検出に用いられる。

8 紫外可視（UV-VIS）と赤外（IR）スペクトル

UV-VISはカロテノイドの発色団の情報が得られる最もシンプルで感度の高い分光法である。極大吸収値とともにスペクトルのスタイルから共役二重結合の数，共役カルボニル基，シス構造などの情報が得られる。Brittonや高市により各種カロテノイドの吸収極大，吸収形状，分子吸光係数がまとめられている[2,3]。なお，UV-VISは使用する溶媒により極大吸収値やスペクトルの形状が変化するので文献値と比較する場合は同一溶媒で測定する。IRからは水酸基，カルボニル基，アセチレン，アレンなどの官能基の情報を得る事ができるがNMRやMSなどから同様の情報が得られるので最近はあまり使われていない。

9 MS（質量分析）

MSスペクトルは最も感度の高い分析法の一つである。1970年なかばまではもっぱら電子イオン化法（EI）が使われた。しかしEI法では水酸基を多く持つカロテノイドや配糖体，硫酸エステルなどでは分子イオン（M^+）の強度が極めて弱いか，検出されない事がある。その後，フィールドデソープション法（FD），高速原子衝撃法（FAB），大気圧化学イオン化法（APCI），エレクトロスプレーイオン化法（ESI），マトリックス支援レーザーイオン化法（MALDI）などのソフトイオン化が開発され，これらのイオン化法を用いればカロテノイドの分子量関連イオン（M^+，$M+H^+$，$M+Na^+$など）が顕著に観測される。

EI法では分子イオンに加え脱水，脱アセチル，ポリエン部からのトルエン（M-92）やキシレ

第2章 カロテノイドの分析と構造研究

ン（M-106）の脱離，エポキシ化合物の場合は M-80 などのフラグメントイオンが観測される。Enzell と Bach はいくつかのエンドグループやポリエン構造に特有に見られる EI MS のフラグメントイオンをまとめている[2]。FD 法では分子イオンのみが観測される。FAB 法では一般の有機化合物はプロトン化分子（M＋H$^+$）が検出されるが，カロテノイドの場合は分子イオン（M$^+$）が観測される事が多い。さらに脱水などのフラグメントイオンも観測される。APCI 法ではプロトン化分子とともにプロトン化分子からの脱水や脱アセチルしたフラグメントイオンが見られる。ESI 法ではプロトン化分子に加え Na や K などアルカリ金属の付加イオンが見られる。ESI，APCI は高感度で HPLC とも容易に接続できるので LC-MS のイオン化として用いられる。MALDI 法では分子イオンが観測される。

質量分析装置としては磁場型，四重極，飛行時間型などがある。磁場型や飛行時間型装置を用いれば質量数を小数点以下4桁の質量単位（ミリマス）まで測定する事ができる。高分解能質量分析（High resolution MS）で得られた精密質量数（ミリマス）を ^{12}C＝12，^{1}H＝1.007825，^{16}O＝15.994915 などの精密原子量から求められた分子式の理論値と比較することにより分子式を決める事ができる。例えば $C_{40}H_{56}$ の分子式をもつ化合物の理論値は 536.4382 なので高分解能質量分析で得られた分子イオンの精密質量がこの値と 5ppm（分子量 600 程度であれば 3 ミリマスユニット）以内の誤差であればその物質の分子式を $C_{40}H_{56}$ と決定できる。新規物質を報告する場合には高分解能質量分析は欠かせない。

9.1 MS/MS

一般にソフトイオン化法では分子量関連イオンが顕著に得られるがフラグメントイオンは少ない。そこで MS/MS 法が検討された。これは第一の質量分析装置で得られた分子イオンをプレカーサーイオンとしてこれをアルゴンなどの不活性ガスと衝突させ生じたプロダクトイオンを第二の質量分析装置で検出する方法である。FAB MS では分子量関連イオン情報以外はあまり得られないが FAB MS/MS 法を用いるとプロダクトイオンによる構造情報の豊富なスペクトルが得られる[10,11]。著者と秋元は 100 種あまりの天然カロテノイドの FAB MS/MS を測定し構造に特徴的なフラグメントイオンをまとめた。これらのデータは Web で公開している[12]。図1にカプサントン 3,6-エポキシドの FAB MS/MS を示した。エンドグループの置換基の脱離イオンに加えポリエン部分の開裂イオンが観測されている。

9.2 LC/MS

HPLC とオンラインで質量分析計を接続した LC/MS 法はさまざまな有機化合物の分析方法として普及している。イオン化法として Frit-FAB-MS，APCI，ESI 法などがある。フォトダイオードアレー検出器を組み込んだ LC/PDA/MS 法は UV-VIS スペクトルと MS スペクトルが同時に得られ，天然カロテノイドの分析に威力を発揮する[13]。また LC/MS/MS 法もある。MS/MS

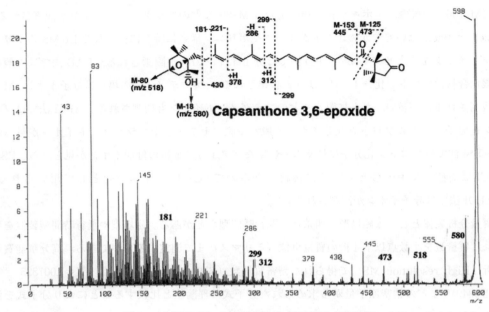

図1 カプサントン3,6-エポキシドのFAB MS/MS

により同一分子量のカロテノイドもそれぞれ区別することができる。さらに特定のイオンだけをモニタリングするセレクティブイオンモニタリング法は混合物中の特定カロテノイドの定量分析法として優れている。LC/APCI MSやESI MSでカロテノイドの検出感度はサブngオーダーまで向上している。

10　NMR（核磁気共鳴スペクトル）

NMRは有機化合物の構造情報を最も多く与える分光法である。パルスフーリエ変換や高磁場装置の開発により感度と分解能が飛躍的に向上した。400～500MHzの装置で5mm径標準サンプル管（溶液量0.6ml）を用いた場合，通常 ^{1}H-NMRは50μg，^{13}C-NMRは1～2mg，^{1}Hを検出する各種二次元NMRは500μg程度のサンプルがあれば充分測定できる。シゲミミクロサンプルチューブ（溶液量0.2ml）を用いれば数μgのサンプルでも ^{1}H-NMR測定が30分程度の積算でできる。さらに微量サンプルの ^{13}C-NMR測定専用プローブ（ナノプローブ：Varian社，サンプル溶液量30μl）を用いれば500μgのサンプルでも ^{13}C-NMRの測定が12時間程度の積算で可能である（図2）[4,14]。

10.1　サンプル調整

サンプル量が10μg以下になると測定溶媒やサンプル中に含まれる水や精製に用いた溶媒の微量残存物のシグナルにカロテノイドのシグナルがかくれてしまう事があるのでサンプルの調整，

第2章　カロテノイドの分析と構造研究

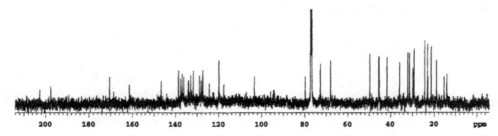

図2　マガキから得られた新規カロテノイド（500μg）のナノプローブを用いた ^{13}C-NMR スペクトル
500μg サンプルを 30μl の CDCl$_3$ に溶解して 18 時間積算、すべてのシグナルが明瞭に観測できる。構造は図5に示した。

乾燥には注意が必要である。カロテノイドは加熱して乾燥する事ができないので減圧下で乾燥させるか，窒素気流下で乾燥させる。

　重クロロホルム（CDCl$_3$）は最も多く用いられる溶媒であるが，分解してできる微量の酸によりカロテノイド（特にエポキシカロテノイド）が分解してしまうので注意が必要である。これを防ぐには銀箔などの安定剤が入ったものを使うと良い。銀箔の光沢が失われているものは酸が生成しているので使用できない。重ベンゼン（C$_6$D$_6$），重メタノール（CD$_3$OD），重アセトン（CD$_3$COCD$_3$）などの溶媒も用いられる。配糖体など高極性化合物には CDCl$_3$-CD$_3$OD 混合溶媒が用いられる。溶媒によりケミカルシフト値が変化するから文献値と比較する場合は同一の溶媒を使う。テトラメチルシラン（TMS）を内部標準（0ppm）に用いるが，CDCl$_3$ 溶液の場合残存するクロロホルムのシグナル（^{1}H：7.26ppm，^{13}C：77.0ppm）を標準に用いることもできる。

10.2　NMR によるカロテノイドの同定法

　カロテノイドは中央に長い共役二重結合部（ポリエン鎖）を持つので両端のエンドグループのシグナルはお互い影響を受けない[2]。既知のカロテノイドであるならば両端のエンドグループとポリエン部分のデータを文献値と比較することにより構造が解析できる。Englert により 160 種あまりのエンドグループと十数種のポリエン部分の CDCl$_3$ 溶液で測定した NMR のデータがまとめられている[2] のでこれらを参照すると良い。ポリエン部のシス構造は π 電子の遮蔽効果によりその近傍の水素および炭素のケミカルシフトに影響を与える。シス体とトランス体とのケミカルシフトの差を異性化シフト値（$\Delta\delta = \delta$シス$-\delta$トランス）といい，これは 9, 13, 15 位など特定の位置のシス構造によってそれぞれ固有の値をとる。Englert は十数種のシス異性体についての異性化シフト値ついての異性化シフト値をまとめている[2] のでこの値を利用してポリエン部の幾何異性を決定する事ができる。ポリエン部のシス-トランス構造の決定は後述の NOE（nuclear Overhauser effect）と併せて検討するとなお確実である。カロテノイド配糖体の糖部のシグナルはお互いオーバーラップして解析しにくい。このような場合はアセチル化するとシグナルが分離して解析しやすくなる。

10.3 構造決定に用いられる各種NMR測定法

NMRではスピン結合によって分子を構成する水素と水素,水素と炭素(炭素と炭素も可能)の結合を明らかにしてその構造を組み立てていく事ができる。^{1}H-^{1}Hデカップリングや^{1}H-^{1}H COSY (correlated spectroscopy) によりジェミナルおよびビシナル結合している水素が明らかになる。TOCSY (total correlation spectroscopy) は一つの水素からスピン結合している水素,さらにその水素とスピン結合している水素と一連のスピン結合した水素のつながりを明らかにできるのでエンドグループ内の水素のつながりや配糖体の糖の解析に用いられる。水素と炭素の直接結合情報はHSQC (heteronuclear singlet quantum coherence) から,二ないし三結合を隔てた水素と炭素の遠隔結合情報はHMBC (heteronuclear multiplet bond coherence) から得られる。カロテノイドはその構造に4級炭素を多く持つので水素と炭素の遠隔結合情報が得られるHMBCは構造解析上有効な手段である。

水素-水素間の空間距離情報は一次元のNOE差スペクトルか二次元のNOESY (nuclear Overhauser enhancement and exchange spectroscopy) またはROESY (rotating frame nuclear Overhauser effect spectroscopy) が主に用いられる。NOEは水素間の距離が3.5Å以内にあるとき観測される。NOEの強度はサンプルの分子量と測定装置の磁場強度に依存する。500MHzの装置では分子量600以下の化合物ではNOEがプラスの値をとるが,分子量が800~1000ぐらいになるとNOEが観測されない場合がある。この場合はROESYを測定する。NOEはエンドグループの相対立体配置,ポリエン部のシス,トランス構造などの情報を与える。

NMRで絶対構造を決定する事は原理的に不可能であるが,絶対配置既知の光学活性な化合物とジアステレオマーに誘導する事により絶対配置を決定できる。

二級アルコールを持つカロテノイドに絶対配置の異なる (R)- および (S)-α-メトキシα-(トリフルオロメチル)-フェニル酢酸 (MTPA) とエステル化して生成した二種のジアステレオマーの対応するケミカルシフトを比較することで二級アルコールの絶対配置を決定する事ができる(改良Mosher法)[15]。この方法で不斉炭素の近傍に発色団がないのでCDスペクトルでは絶対構造を決められない5,6-ジヒドロ-β-エンドグループやκ-エンドグループに置換する二級アルコールの絶対配置を決定する事ができた[16,17]。

なお新しい二次元NMRの詳細は「NMR分光法-原理から応用まで-」[18]などを参照されたい。

10.4 LC/NMR

HPLCとオンラインでNMRを接続した分光法でLC-MSとともに混合物のままで各カロテノイドを同定する事ができる。専用のプローブと移動相の溶媒の巨大なシグナルを消去するパルスプログラムが必要である。移動相を止めることによりCOSYなど二次元NMRを測定することもできる[19]。

11 CD（円偏光二色性）スペクトル

不斉炭素やアレン結合などのキラリティーを持つ光学活性物質は左および右回りの円偏光に対する吸収強度の差，円偏光二色性（circular dichroism；CD）を示す。多くの天然カロテノイドは不斉炭素やアレン結合を持ち光学活性体として存在する。光学活性なカロテノイドは主に紫外領域（200～400nm）にCD吸収を示す[2]。CDの吸収強度は強い温度依存性を示し，低温になるほどコンフォーメーションが固定されるのでその強度は増大する[2]。

BucheckerとNoackによって多くの天然カロテノイドのCDスペクトルデータがまとめられている[2]。CDスペクトルから未知カロテノイドの立体配置を決定するには，立体配置がすでに決定された化合物のCDスペクトルとの比較が必要である。たとえばアスタキサンチンなど共役カルボニル基を持つカロテノイドは還元により既知の化合物と同じ共役系を持つ物質に誘導してゼアキサンチンのCDスペクトルと比較し立体構造を決定している。また，励起子キラリティー則などにより立体配置を予測できるものもある[2,4]。

両端に非対称の末端基を持つカロテノイドの立体配置はそれぞれ対称な末端基を持つカロテノイドのCDスペクトルを加算したスペクトルから予想する事もできる（CDの加成性則）。例えばルテイン$(3R,3'R,6'R)$-β,ε-carotene-3,3'-diolのCDスペクトルはゼアキサンチン$(3R,3'R)$-β,β-carotene-3,3'-diolとラクツカキサンチン$(3R,6'R,3'R,6'R)$-β,ε-carotene-3,3'-diolのCDスペクトルを加算し強度を1/2にしたものに良く一致する（図3）。この方法により多くの非対称の末端基を持つカロテノイドの立体配置が決定された[2,4]。

ポリエン部の幾何異性もCDに影響を与える。同じ立体配置を持っていてもトランス体と9-シス体では反転したCDスペクトルを示す場合がある。CDを解析する場合はあらかじめポリエン部の構造をUV-VISかNMRにより確認しておく必要がある。

12 X線結晶解析

X線結晶解析は有機化合物の最も確かな構造決定方法である。しかしながらX線構造解析に供する単結晶を作ることの難しさからβ-カロテン，ルテイン，ゼアキサンチン，アスタキサンチンなど一部のカロテノイドにしか適用されていない。

13 カロテノイドの構造決定の例

ここではカロテノイドの構造研究の実例について述べる。2,3-ジデヒドロカンタキサンチンはイセエビの殻300gから数μg得られた新規カロテノイドである[20]。UV-VISはエーテル中で470nmに極大吸収を持ちその形状から共役カルボニル基を2つ持つと推定される。高分解能

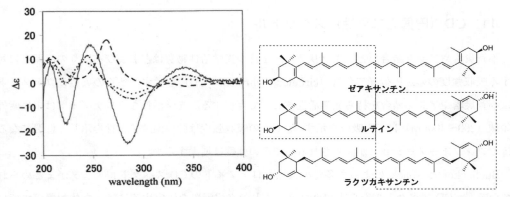

図3 ゼアキサンチン（──）、ラクツカキサンチン（――）、ルテイン（……）のエーテル中のCDスペクトルとゼアキサンチンとラクツカキサンチンの加算CDスペクトル（強度は1/2）（─·─）

FAB MSの分子イオン562.3804から分子式は$C_{40}H_{50}O_2$（理論値562.3810）と決定された。^{1}H-NMRをEnglertのデータと比較したところ2,3-ジデヒドロ-4-オキソエンドグループ，4-オキソ-β-エンドグループと全トランスのポリエン鎖の部分構造を持つ事が分かった。^{1}H-^{1}H COSYにより水素-水素の結合を確認してこの構造を図4に示すように決定する事ができた。このように既知のエンドグループの組み合わせで決まるものは数μg程度の量でも構造決定が可能である。

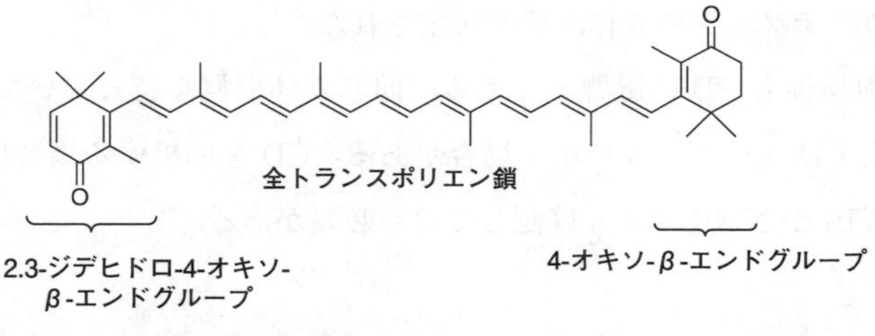

図4 イセエビから得られた新規カロテノイド 2,3-ジデヒドロカンタキサンチンの構造

次に未知の部分構造を持つカロテノイドの構造研究の例を図5に示す[14]。この化合物はマガキの可食部10kgから500μg得られたカロテノイドである。UV-VISはエーテル中で457nmに極大吸収を持ちその形状からペリジニン様の構造を持つことが推察される。高分解能FAB MSの分子イオン628.3995から分子式が$C_{39}H_{48}O_7$（理論値628.3394）と決定された。^{1}H-NMRのシグナルパターンからもペリジニン様のカロテノイドと推定される。^{13}C-NMRとDEPTの測定から39個の炭素のうち9個はメチル，3個はメチレン，13個はメチン，14個は四級炭素である事がわかる。また^{13}C-NMRのケミカルシフトからアレン，カルボニル基，カルボキシル基，水酸基の存在が分かる。ジェミナルおよびビシナルの水素-水素の結合と水素-炭素の直接結合はそれぞれCOSYとHSQCから明らかになり太線で示された部分構造が決まる。この構造には多く

の4級炭素があるのでHMBCから得られる水素-炭素の遠隔結合の情報により残り14個の四級炭素の位置が決定されこのカロテノイドの平面構造が確定された。エンドグループの置換基の相対立体配置とポリエン部の配置はNOE相関により図5に示すように決定された。さらにCDスペクトルをペリジニンとアマロウシアキサンチンAと比較することにより立体構造を図5に示すごとく決定できた。このように複雑な構造のカロテノイドでも最新の機器分析法を用いれば1mg以下の量でも構造を決定する事ができる。

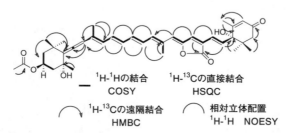

図5　NMRによるマガキから得られた新規カロテノイドの構造解析

14　カロテノイドのスペクトル情報のWebサイト

生理活性脂質データベース（http://lipidbank.jp/）に各種カロテノイドのUV-VIS, MS, NMR, CDなどのスペクトルデータとHPLC分析法などをMass Bank（http://www.massbank.jp/index.html）に100種あまりのカロテノイドのFAB MS/MSスペクトルを公開している。

文　　献

1) G. Britton *et al.*, Carotenoids Vol. 1A, Isolation and Analysis, Birkhäser Verlag, Basel (1995)
2) G. Britton *et al.*, Carotenoids Vol. 1B, Spectroscopy, Birkhäser Verlag, Basel (1995)
3) 高市真一ほか，カロテノイド　－その多様性と生理活性－，裳華房（2006）
4) T. Maoka, *Carotenoid Science*, **13**, 10-17 (2008)
5) P.B. Jacobs *et al*, *Comp. Biochem. Physiol.*, **72B**, 157-160 (1982)
6) T. Matsuno *et al.*, *Chem. Pharm. Bull.*, **32**, 4309-4315 (1984)
7) T. Maoka *et al.*, *J. Chromatography*, **318**, 122-124 (1985)
8) T. Maoka *et al.*, *Comp. Biochem. Physiol.*, **83B**, 121-124 (1986)
9) T. Maoka and T. Matsuno, *J. Chromatography*, **482**, 189-195 (1989)
10) N. Akimoto *et al.*, *J. Mass Spectrom. Soc. Jpn.*, **48**, 32-41 (2000)
11) T. Maoka, *et al.*, *Lipids*, **39**, 179-183 (2004)
12) Web site of Mass Bank. jp (http://www.massbank.jp/index.html)

13) T. Maoka *et al.*, *J. Oleo Sciences*, **51**, 1-9 (2002)
14) T. Maoka *et al.*, *J. Natur Prod.*, **64**, 578-581 (2001)
15) I. Ohtani *et al.*, *J. Am. Chem. Soc.*, **113**, 4092-4096 (1991)
16) M. Tsushima *et al.*, *J. Natural Prod.*, **64**, 1139-1142 (2001)
17) T. Maoka and Y. Fujiwara, *J. Jpn. Oil. Chem., Soc.*, **45**, 667-670 (1996)
18) 阿久津秀雄ほか, NMR分光法 原理から応用まで, 学会出版センター, 東京 (2003)
19) M. Dachtler *et al.*, *Anal. Chem.*, **73**, 667-674 (2001)
20) T. Maoka and N. Akimoto, *J. Oleo Science*, **57**, 145-152 (2008)

第3章　カロテノイドの生合成

梅野太輔[*1]，古林真衣子[*2]，三沢典彦[*3]

1　はじめに

　カロテノイドは長い共役二重結合をもつ天然色素であり，現在までに750余種が単離・同定されている。カロテノイドは植物や藻類，細菌やカビなど，さまざまな生物によって生合成される。動物はこれらを自ら合成することができず，経口で摂取したカロテノイドを適宜変換して利用している。

　1990年代に入って，カロテノイドの生合成を担う数多くの酵素の遺伝子が発見され，カロテノイドの生合成経路やそれを構成する酵素に関する知見は急速に拡大した。これらの知見をもとに，多くのカロテノイドの生合成経路が再構成できるようになりつつある[1,2)]。本章は，自然界のカロテノイド類の生合成経路をいくつかの段階にわけて概説する。さらに詳細については，書籍[3,4)]や総説などを参照いただきたい。

2　カロテノイド生合成の概要

　カロテノイドは，イソプレノイド（テルペノイド）のサブファミリーである。イソプレノイドの基本単位は炭素数5のイソペンテニルピロリン酸（IPP）に由来する。多くの植物や微生物は，炭素数20のゲラニルゲラニルピロリン酸（GGPP；IPPユニットが4つ縮合したもの）を2分子縮合して，炭素数40の炭化水素分子，フィトエンを合成する（図1）。フィトエンは不飽和化酵素（デサチュラーゼ）によって段階的に不飽和化される。この際，長い共役二重結合が形成されるため，カロテノイドの色素としての基本的特徴は，この段階で与えられる。その後，これらの直鎖状カロテン（炭素と水素のみからなるカロテノイドはカロテンと呼ばれる）は，末端の環化や酸化，及びイソプレノイド，糖，脂肪酸の更なる付加など，数々の修飾反応によって，多様なカロテノイドに変換される（図1）。

　細菌の中には，C30骨格をもつカロテノイドを生産しているものも知られている。これらは炭素数15のファルネシルピロリン酸（FPP；IPPユニットが3つ縮合したもの）の2分子縮合と

---

*1　Daisuke Umeno　千葉大学　大学院工学研究科　共生応用化学専攻　准教授
*2　Maiko Furubayashi　千葉大学　大学院工学研究科　共生応用化学専攻
*3　Norihiko Misawa　石川県立大学　生物資源工学研究所　教授

いう独立したルートで合成される[5,6]。その後は，C40 カロテノイド経路と同様，段階的不飽和化，そして種々の化学修飾へとすすむ（図1）。

カロテノイドの合成経路全体をみると，骨格合成と不飽和化までは種を超えてほぼ共通する過程である。一方，下流の化学変換（修飾）は種によってさまざまであり，カロテノイドの構造的な多様性はこの段階で生み出される。Armstrong らは，この末広がりなカロテノイド合成経路のかたちを "Inverted tree" と表現した[7]：共通する上流の反応を幹，多様な下流過程を枝葉とすれば，カロテノイド経路は，さながら広葉樹を逆さにしたような構成である。一方，カロテノイド合成にかかわる酵素を反応の種類で整理すると，比較的に少数のクラスに分類できる。カロテノイド経路は，限られた種類の酵素反応の組み合せるパターンによって，750 を超える化合物群を創りだしているわけである。

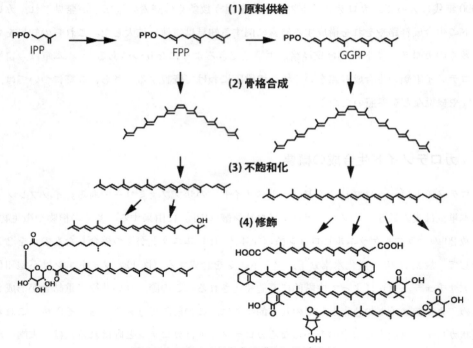

図1　カロテノイド合成のグランドデザイン

おおまかにカロテノイド経路は，原料（GGPP あるいは FPP）供給，骨格形成，不飽和化，化学修飾の4段階からなる。カロテノイドの多様性は，後段の化学修飾過程によって生み出される。

3　原料供給経路

前述したように，カロテノイドの直接の原料は，炭素数 15 または 20 のイソプレニルピロリン酸（FPP あるいは GGPP）であるが，これらは IPP（C5 ユニット）から合成される。IPP の供給経路には，2つの独立した経路が知られている（図2）。カビや酵母などは，アセチル CoA か

第3章 カロテノイドの生合成

ら 3-ヒドロキシ 3-メチルグルタリル CoA（HMG-CoA），メバロン酸を経て，合計 6 ステップの反応で IPP を合成する（メバロン酸経路）。一方，大腸菌に発見された非メバロン酸経路（この経路に特異的な物質である 2-C-メチル-D-エリトリトール 4-リン酸（MEP）を経由するので MEP 経路とも呼ばれる）では，ピルビン酸と D-グリセルアルデヒド 3-リン酸の縮合から始まり，合計 8 ステップを経て IPP とジメチルアリルピロリン酸（DMAPP，炭素数5）を合成する[8]。細菌や葉緑体など多くの生物（器官）のカロテノイドは，この非メバロン酸経路で作られた IPP（及び DMAPP）に由来する。

細胞の中の IPP は，IPP 異性化酵素（Idi）の存在により，DMAPP との平衡状態にある（図2）。この両者が 1：1 縮合してゲラニルピロリン酸（GPP, C10）ができる。更に IPP ユニットが付加されるたびに FPP（C15），GGPP（C20）と伸長していく[9]。FPP や GPP の合成を担当する酵素は，IPP を head-to-tail 様式で逐次的に縮合し，炭素数 5n（C5〜C2500）のさまざまなイソプレニルピロリン酸を産する[10]。どの酵素もユニークなサイズ特異性を持ち[11,12]，それぞれある決まった鎖長の前駆体をイソプレノイド経路に供給している。

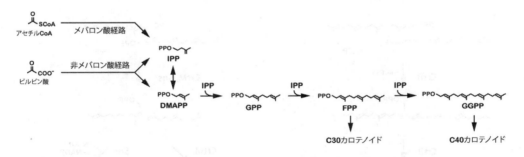

図2 カロテノイド前駆体の供給経路

メバロン酸経路，あるいは非メバロン酸経路によって供給されるイソペンテニルピロリン酸（IPP）とその異性化産物ジメチルアリルピロリン酸（DMAPP）の縮合によって，C10 骨格をもつゲラニル 2 リン酸（GPP）がつくられる。これに IPP ユニットを 1 つ付加すると，ファルネシルピロリン酸（FPP，C30 カロテノイドの原料）が，更にもう一つ付加すると，ゲラニルゲラニルピロリン酸（GGPP，C40 カロテノイドの原料）がつくられる。

4 基本骨格の形成

カロテノイド合成の最初のステップは，GGPP あるいは FPP の tail-to-tail 様式での 2 分子縮合による基本骨格の形成である。この反応は，区別可能な 2 つの反応過程を経て進行する[13,14]。第 1 段階目では，ひとつの GGPP からピロリン酸基が引き抜かれ，もうひとつの GGPP との 1-1' 縮合反応によってプロトンを失う。ここで生まれるシクロプロピル中間体（プレフィトエンピロリン酸；PPPP）は，第 2 段階で，2 つ目のピロリン酸をプロトンとともに失い，複雑な異性化を経て直鎖状の炭化水素化合物フィトエンを与える。この二つの反応過程は 1 種類の酵素に

より担われる。すなわち、フィトエン合成酵素（またはジアポフィトエン合成酵素）はGGPP（またはFPP）を基質としてフィトエン（または4,4'-ジアポフィトエン）を合成する（図3）。細菌由来のフィトエン合成酵素及び4,4'-ジアポフィトエン合成酵素はそれぞれ、CrtB[15,16]及びCrtM[17]と名付けられた。なお、このフィトエン合成反応は植物では、CrtBと相同性のある酵素PSYにより担われる[18,19]。

カロテノイドの骨格合成とスクアレン合成（コレステロール前駆体形成）の類似性は、古くから認識されていた。両者は第一段階までは同一であるが、2段階目に違いが見られる（図3(b)）：スクアレンの合成では、その縮合中間体（プレスクアレンピロリン酸；PSPP）における二番目の脱リン酸化が、NADPHの作用により還元的にすすむ。このため生成物の中央部は飽和結合となる。これに対して、カロテノイド合成酵素は非還元的にこの過程を進行させる。最終的に、二重結合を3つ連ねた特徴的な中心構造におちつく。スクアレン合成酵素をNADPHの欠乏下でFPPに作用させると、カロテノイド合成酵素（CrtM）と同様、4,4'-ジアポフィトエン（デヒドロスクアレン）に変換するという報告がある[13,14]。

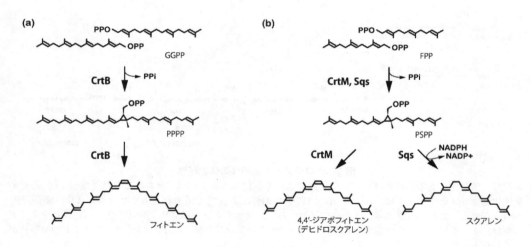

図3　カロテノイド骨格の形成反応
(a)フィトエン合成酵素CrtBは、2分子のGGPPを縮合してC40骨格をつくる。(b)ジアポフィトエン合成酵素CrtMは、2分子のFPPの縮合によってC30骨格を形成する。そのシクロプロピル中間体PSPPまではスクアレン合成と共通している。

生物にはさまざまなサイズのイソプレニルピロリン酸があるが、カロテノイド合成の原料となるのはFPPとGGPPだけである。カロテノイドを生合成する生物のほとんどは、フィトエン合成酵素（CrtBまたはPSY）を持ち、C20＋C20の縮合反応を特異的に行っている。一方、黄色ブドウ球菌など一部の細菌は、CrtMという酵素によってC15＋C15縮合反応を行い、C30カロテノイドを合成する。自然界にはC35、C50、C45などの骨格を持つカロテノイドが存在するが、いずれもC40カロテノイドをいったん作ったのち、そこからC5単位を削り取ったり[20]、逆に

第3章　カロテノイドの生合成

付加されたり[21]して作られたものである。

　一般に，骨格合成酵素のサイズ特異性は高い：たとえば，CrtBとCrtMは，互いの機能を相補することができない。しかし最近，GGPPが過剰に供給されると，CrtMはC20+C15=C35型の非対称骨格カロテノイドを主産物として合成することが示された[22]。また，1ないし2アミノ酸置換を与えることによって，そのサイズ特異性を変化させることが可能である。現在までに，C15+C25，C20+C25，C25+C25，C15+C25型のフィトエンを合成するCrtM変異体が創りだされている[2]。

5　不飽和化反応

　フィトエンや4,4'-ジアポフィトエンは，骨格の中心に共役した3つの二重結合を持つ。この共役する二重結合の数を増してゆくと，可視光（黄～赤）に極大吸収をもつクロモフォアが形成され，色素としての性質が与えられる。構造上，C40カロテノイドには，最大15個の共役二重結合を載せることができる。C30骨格には11個，そしてC50カロテノイド骨格には19個の共役二重結合を並べられる計算である。

　カロテノイド骨格上の共役系の拡張は，（カロテノイド）デサチュラーゼと呼ばれる酵素群が担当している。これらはフィトエン中央にある3つの共役二重結合を起点にして，骨格の外側にむかって1つずつ不飽和化（脱水素化）反応を行う[23]（図4）。一回の不飽和化のたびに共役系は二重結合2つ分広がる。光合成細菌 *Rhodobacter* は3ステップ型のフィトエンデサチュラーゼ（CrtI）の作用によって，ニューロスポレンを合成する[24,25]。土壌細菌 *Pantoea*（*Erwinia*）類のCrtIは4ステップ型であり，リコペンを与える[26,27]。赤色酵母 *Neurospora crassa* は5ステップ型のデサチュラーゼAl-1によって，3,4-ジデヒドロリコペンを合成する[28]。最終的に何回の不飽和化が施されるかは，生物によってかなり厳密に決まっている。興味深い例外は，最近見つかった紅色細菌 *Rubrivivax* 由来のCrtIである。この酵素は「3ないし4」ステップ型であり，細胞内でもニューロスポレンとリコペンを合成する[29,30]。その両者がそれぞれ別のカロテノイドの前駆体となる。

　デサチュラーゼの有効ステップ数は，おもに基質親和性の違いによって規定される[31]：3ステップ酵素は，ニューロスポレンに対するK_Mが4ステップ酵素よりも高く，ニューロスポレンからリコペンを合成する能力が低いわけである。ただし，CrtIの過剰発現やフィトエン供給量の低減などによって，みかけのステップ数を上げることは可能である[26,32,33]。また，1-2のアミノ酸置換によって，CrtI類の有効ステップ数を大きく変化させた報告もある[33,34]。

　細菌やカビでは全ての不飽和化ステップをひとつのCrtI酵素にゆだねている。一方，植物，藻類，シアノバクテリアでは，リコペンへの4つの不飽和化をフィトエンデサチュラーゼ（フィトエン→ζカロテン；植物ではPDS)[35,36]とζカロテンデサチュラーゼ（ζカロテン→リコペン；

カロテノイドの科学と最新応用技術

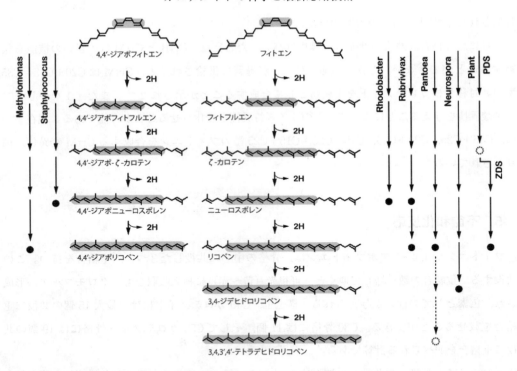

図4 カロテノイドの不飽和化
フィトエン骨格中央の共役二重結合は，デサチュラーゼによって逐次拡張される．ステップ数の異なるさまざまなデサチュラーゼが知られる．図中，自然界におけるそれぞれのデサチュラーゼの最終産物を黒丸，過剰発現などで副次的に現れるカロテノイドを白丸で示してある．

植物ではZDS)[37]の2つの酵素にわけて行なう．さらに，不飽和化反応時に生成するポリシス型のニューロスポレンやリコペンを全トランス型に変換するのに，更にもうひとつのイソメラーゼ酵素（植物ではCrtISO)[38,39]を働かせている．

6 カロテノイドの修飾反応

不飽和化によってクロモフォアを拡張したカロテノイド色素はさまざまな下流酵素によって化学修飾を受ける．その化学修飾の作用点は末端部位に集中している．

環化カロテノイドは植物，藻類，光合成細菌，土壌細菌など，多くのカロテノイド生物に見いだされる．様々なタイプの環構造があり，それぞれをつくる専門の酵素が同定されている[40]．いくつかの環構造の形成機構を図5(a)に示す．いずれの場合も，ψ末端（リコペン末端のもつ局所構造）のC-2にH$^+$が結合し，カルボカチオンを形成する．C-6位からH$^+$が離脱するとβ末端基が，C-4からH$^+$が離脱するとε末端基が，そしてC-18からH$^+$が離脱するとγ末端基ができる[4]．中間状態を共有するにもかかわらず，どの酵素も厳密に一つの型の環構造のみをつくり，そのほかの環構造は与えない．この完璧な作り分けがどのように実現しているかは不明であ

第3章 カロテノイドの生合成

る。最近，例外的にβ環化およびε環化の両方の機能を併せ持つ酵素が，海洋細菌から発見されている[41]。

環化酵素には，その片末端のみを環化するタイプと両末端に作用するタイプがある。γカロテンおよびβカロテンは，1ステップ型，および2ステップ型のβ環化酵素によって作られる。たとえばαカロテンは，まずリコペンの一方の片端がε環化されてδカロテンとなり，続いてもう片端がβ環化されて合成される（図5(b)）。多くのε環化酵素は1ステップ酵素であり，反対端が環化されたものには作用できない。その場合，γカロテンのε環化というルートは，基本的に禁制となる[42]。レタスは例外的に2ステップ型のε環化酵素を持っており，εカロテンをつくることができる。

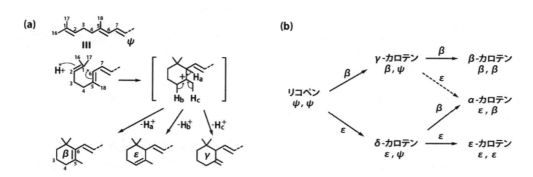

図5　カロテノイドの環化反応
(a)各種環構造の形成機構。リコペンなどのψ端のC-2位へのプロトン結合によって得られるカルボカチオン中間体を経て，β，ε，γ型の環構造がつくられる。(b)各種環化カロテノイドの合成経路。βおよびε末端の形成よって5種類のカロテノイドが形成される。

カロテノイドの環化端は，水酸化，ケト化，グリコシル化，メチル化，アシル転位など様々な修飾を受け，多様な「キサントフィル」群に変換される。βカロテンにおける両末端の3 (3')位を水酸化すると，ゼアキサンチンができる（図6）。この3(3')-水酸化β環の4位にさらにケト基が導入されたものは，シャケや甲殻類の養殖に使われるアスタキサンチンである。細菌では，アスタキサンチンは，カロテノイド 3,3'-水酸化酵素（CrtZ）及びカロテノイド 4,4'-ケトラーゼ（CrtW）の2つの酵素によりβ-カロテンから合成される（図6）[43]。

緑色植物は暗所におかれるとゼアキサンチンの3-水酸化β端を5-6エポキシ化し，ビオラキサンチンを蓄積する。ビオラキサンチンはクロロフィルの集光効率をあげる光アンテナ機能を持つことが知られる。強光下では光障害を防ぐためにビオラキサンチンの脱エポキシ化がすすむ。ゼアキサンチンは，クロロフィルのエネルギー放散を助ける性質がある[44]。ビオラキサンチンやアンテラキサンチンのエポキシ化β環は，CCSという酵素によってκ末端基に転換され，カプソルビンやカプサンチンが合成される[45]。これらは赤ピーマンの赤色色素の正体である。ビオラキサンチンにネオキサンチン合成酵素（NSY）が作用すると，アレン構造（C＝C＝C）が

カロテノイドの科学と最新応用技術

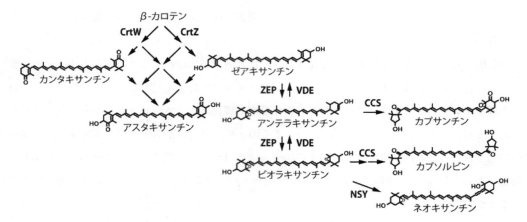

図6　環化キサントフィルの合成経路
βカロテンの末端の水酸化およびケト化によって、数々の重要なカロテノイドがつくられる。緑色植物ではゼアキサンチンは可逆的にエポキシ化され、ビオラキサンチンとなる。更に数多くの修飾酵素によって特徴的な構造をもつさまざまな環状キサントフィルが合成される。

導入される[46]（図6）。このアレン構造は，その他の生体成分にはいっさい見られない，特徴的な構造である。

　紅色細菌類などには直鎖状のキサントフィルが数多くみられる。中でもよく見られるスピロキサンチン経路では，リコペンの片側のψ末端にC-1水酸化酵素（CrtC），C-3,4デサチュラーゼ（CrtD），メトキシ化酵素（CrtF）が作用し，アンヒドロロドビブリンを合成する（図7）。ついで反対端も同じ修飾反応を受け，スピロキサンチンとなる。最初に片末端の修飾反応を集中的に完了させ，次いでもう一端に作用する：この順序がどのようにして実現されているかは分かっていない。*Rhodobacter*は，リコペンではなくニューロスポレンを起点とした類似の経路を持ち，OH-スフェロイデノンを産する[47]（図7）。なお，3/4ステップCrtIを持つ*Rubrivivax*（前述）は，スフェロイデンとスピリロキサンチンの両者を合成する[48]。

　一部の生物はC40カロテノイドの骨格の一部を削り込むことにより，ニューロスポラキサンチン（炭素数35）などの「アポカロテノイド」を合成する[20]。いくつかの生物は，C40カロテノイドにイソプレン単位を追加することでC45，C50などの「ホモカロテノイド」類を合成する。*Corynebacterium*などが行なうフラブキサンチン（C45）やデカプレノキサンチン（C50）などがそれである[21]。

7　カロテノイド合成経路の進化

　カロテノイド生合成についての記述は飛躍的に精密化しつつある。解明されたカロテノイド経路どうしの比較，そしてカロテノイド酵素の機能解析の進展によって，カロテノイド生合成経路がいかにして多様化していったかについても，多くのことが云えるようになりつつある。

第3章　カロテノイドの生合成

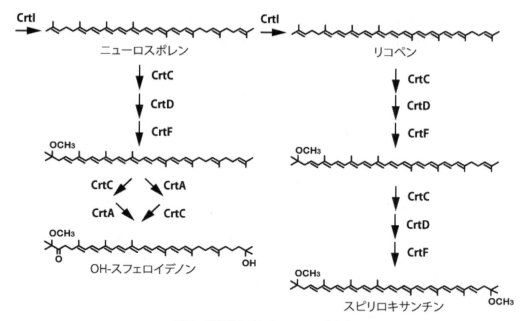

図7　直鎖状キサントフィルの生合成
紅色細菌は、リコペンを起点とした非環状キサントフィルの合成経路を持っていることが多い。このスピロキサンチン経路とその変化型が最も多く見られるが，ニューロスポレンを起点としたスフェロイデン経路をもつ細菌も知られる。

　第一に，カロテノイド酵素はポータブル性が高い：エポキシ化酵素などわずかな例外を除けば，ほとんどのカロテノイド酵素は異種細胞に導入されても機能を発現する[43]。そして個々の酵素機能は，周囲の環境におおきく影響を受けないようである。この酵素機能のモジュール性は，出自の異なるカロテノイド酵素をよせ集めて経路を組立てるうえでたいへん都合がよい。第二に，カロテノイド酵素は新しい基質に対する受容性が高い。カロテノイド酵素の多くが，基質のある局所構造のみを認識して作用することが知られている[4]。つまり，局所構造さえ条件を満たしていれば新規な基質も容易に受け入れる。そして最後に，カロテノイド酵素は容易に新機能を獲得する。前駆体合成酵素[12]，骨格合成酵素[49]，デサチュラーゼ[33,34]，ヒドロキシラーゼ[50]，環化酵素[42]，ケトラーゼ[51]など，様々なカロテノイド酵素が，わずか1，2のアミノ酸変異によって新しい酵素機能を獲得することが示されている。テルペノイド合成酵素全てが高い進化能（わずかな遺伝子変化で新しい反応触媒機能を獲得する確率）を持つという指摘もある[2,52,53]。

　高いモジュール性と受容性，そして進化能を持つ酵素で構成されるカロテノイド経路は，幾つかの遺伝子の貸し借りや一部の機能進化によって効率的に多くの新規カロテノイド構造を発明できると期待される。実際，由来の異なるカロテノイド遺伝子を組み合わせでつくった「ハイブリッド経路」からは，様々な新規カロテノイドが見いだされる[54~60]。

　一方で，自然界には必要なカロテノイド「だけ」を特異的に生産する生物も多く見られる[4]。基質受容性の高い酵素から構成されているにもかかわらず，経路全体の秩序と特異性は，どのよう

35

カロテノイドの科学と最新応用技術

にして実現・保証されているのだろうか。カロテノイド経路の特異性は、どのように獲得された（あるいはされうる）のだろう。これらの疑問に答えを探すこともまた、カロテノイド生合成の重要な研究領域となるに違いない。

文　　献

1) N. Misawa, *FFI, Journal*, **212**, 532 (2007)
2) D. Umeno *et al.*, *Microbiol, Mol, Biol Rev.*, **69**, 51 (2005)
3) 高市真一ほか，"カロテノイド －その多様性と生理活性－"，裳華房 (2006)
4) G. Britton, "Overview of carotenoid biosynthesis", Birkhauser Verlag Basel (1998)
5) R. F. Taylor, *Microbiol. Rev.*, **48**, 181 (1984)
6) A. Pelz *et al.*, *J. Biol. Chem.*, **280**, 32493 (2005)
7) G. A. Armstrong *et al.*, *Faseb. J.*, **10**, 228 (1996)
8) W. N. Hunter, *J. Biol. Chem.*, **282**, 21573 (2007)
9) 高木基樹ほか，蛋白質核酸酵素，**47**，58（2002）
10) T. Koyama, *Biosci. Biotechnol. Biochem.*, **63**, 1671 (1999)
11) P. H. Liang *et al.*, *Eur. J. Biochem.*, **269**, 3339 (2002)
12) K. Wang *et al.*, *Trends. Biochem. Sci.*, **24**, 445 (1999)
13) B. S. Blagg *et al.*, *J. Am. Chem. Soc.*, **124**, 8846 (2002)
14) M. B. Jarstfer *et al.*, *J. Am. Chem. Soc.*, **124**, 8834 (2002)
15) G. A. Armstrong *et al.*, *Mol. Gen. Genet.*, **216**, 254 (1989)
16) G. Sandmann *et al.*, *FEMS. Microbiol. Lett.*, **69**, 253 (1992)
17) B. Wieland *et al.*, *J. Bacteriol.*, **176**, 7719 (1994)
18) J. Ray *et al.*, *Nucleic. Acids. Res.*, **15**, 10587 (1987)
19) N. Misawa *et al.*, *J. Biochem.*, **116**, 980 (1994)
20) W. Rau *et al.*, *Methods Enzymol.*, **110**, 253 (1985)
21) L. Tao *et al.*, *Gene*, **386**, 90 (2007)
22) D. Umeno *et al.*, *Appl. Environ. Microbiol.*, **69**, 3573 (2003)
23) G. Garcia-Asua *et al.*, *Trends Plant. Sci.*, **3**, 445 (1998)
24) G. Giuliano *et al.*, *J. Biol. Chem.*, **261**, 12925 (1986)
25) G. E. Bartley *et al.*, *J. Biol. Chem.*, **264**, 13109 (1989)
26) P. D. Fraser *et al.*, *J. Biol. Chem.*, **267**, 19891 (1992)
27) N. Misawa *et al.*, *J. Bacteriol.*, **172**, 6704 (1990)
28) T. J. Schmidhauser *et al.*, *Mol. Cell. Biol.*, **10**, 5064 (1990)
29) P. Stickforth *et al.*, *Arch. Biochem. Biophys.*, **461**, 235 (2007)
30) J. Harada *et al.*, *Plant. Cell Physiol.*, **42**, 1112 (2001)
31) G. Sandmann, *Arch. Biochem. Biophys.*, **483**, 169 (2009)
32) A. Raisig *et al.*, *Biochim. Biophys. Acta*, **1533**, 164 (2001)
33) C. Schmidt-Dannert *et al.*, *Nat. Biotechnol.*, **18**, 750 (2000)
34) C. W. Wang *et al.*, *J. Biol. Chem.*, **276**, 41161 (2001)
35) G. E. Bartley *et al.*, *Proc. Natl. Acad. Sci. U S A*, **88**, 6532 (1991)

36) I. Pecker *et al.*, *Proc. Natl. Acad. Sci. U S A*, **89**, 4962 (1992)
37) M. Albrecht *et al.*, *FEBS. Lett.*, **372**, 199 (1995)
38) H. Park *et al.*, *Plant Cell*, **14**, 321 (2002)
39) T. Isaacson *et al.*, *Plant Cell*, **14**, 333 (2002)
40) P. Krubasik *et al.*, *Biochem. Soc. Trans.*, **28**, 806 (2000)
41) P. Stickforth *et al.*, *Arch. Microbiol.*, **179**, 409 (2003)
42) F. X. Cunningham, Jr. *et al.*, *Proc. Natl. Acad. Sci. U S A*, **98**, 2905 (2001)
43) N. Misawa, *Plant. Biotechnol.*, **26**, 93 (2009)
44) A. J. Young *et al.*, *Pure & Appl. Chem.*, **69**, 2126 (1997)
45) F. Bouvier *et al.*, *Plant. J.*, **6**, 45 (1994)
46) F. Bouvier *et al.*, *Eur. J. Biochem.*, **267**, 6346 (2000)
47) H. P. Lang *et al.*, *J. Bacteriol.*, **177**, 2064 (1995)
48) S. Steiger *et al.*, *Biochem. J.*, **349**, 635 (2000)
49) D. Umeno *et al.*, *J. Bacteriol.*, **186**, 1531 (2004)
50) Z. Sun *et al.*, *J. Biol. Chem.*, **271**, 24349 (1996)
51) B. N. Mijts *et al.*, *Chem. Biol.*, **12**, 453 (2005)
52) J. C. Sacchettini *et al.*, *Science*, **277**, 1788 (1997)
53) M. B. Austin *et al.*, *Nat Chem. Biol.*, **4**, 217 (2008)
54) P. C. Lee *et al.*, *Chem. Biol.*, **10**, 453 (2003)
55) A. V. Tobias *et al.*, *Biochim. Biophys. Acta.*, **1761**, 235 (2006)
56) M. Albrecht *et al.*, *J. Biotechnol.*, **58**, 177 (1997)
57) M. Albrecht *et al.*, *Nat. Biotechnol.*, **18**, 843 (2000)
58) A. Yokoyama *et al.*, *Tetrahedron. Lett.*, **39**, 3709 (1998)
59) Y. Nishida *et al.*, *Appl. Environ. Microbiol.*, **71**, 4286 (2005)
60) K. Shindo *et. al.*, *Tetrahedron Lett.*, **49**, 3294 (2008)

第4章　カロテノイドの有機合成

山野由美子[*1]，都出千里[*2]，和田昭盛[*3]

1　はじめに

　自然界には単離・構造決定されているものだけでも700種類以上ものカロテノイドが存在するが，その多くは様々に官能基化された末端部がポリエンで繋がれた炭素数40（C_{40}）を基本骨格とする化合物である。これらカロテノイド合成の一般的な考え方を"Carotenoids Volume 2: Synthesis"[1]から引用・改変して図1に示した。

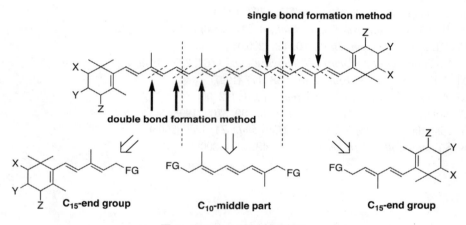

図1　カロテノイド合成の概念

　カロテノイドを合成する場合，まずカロテノイド分子を適当な位置で分割し，それらをどのような方法で繋げるのかカップリング方法を選ぶ。図1に示した分割例は，C_{40}-カロテノイドを2つの C_{15}-末端部と C_{10}-中央部に分割した最も典型的な例である。左右対称のカロテノイドであれば，C_{10}-中央部に両端から C_{15}-末端部を一挙にカップリングさせることができるが，非対称の場合には段階的にカップリングさせることになる。カップリング方法によって，分割した端の官能基（FG：functional group）が異なってくる。カップリング方法としては，末端部に存在する置換基（X, Y, Z）に影響を与えない方法を選ばねばならない。あるいは，その置換基を適当に

[*1]　Yumiko Yamano　神戸薬科大学　生命有機化学研究室　准教授
[*2]　Chisato Tode　神戸薬科大学　中央分析室　助教
[*3]　Akimori Wada　神戸薬科大学　生命有機化学研究室　教授

第4章　カロテノイドの有機合成

保護した後カップリングさせる手法を取る。

　ポリエン部を構築するためのカップリング方法には大きく分けて2つのタイプがある。ひとつは二重結合が形成される位置で2つのパートをカップリングさせる"double bond formation 法"で，もうひとつは単結合で2つのアルケンパートを直接カップリングさせる"single bond formation 法"である。

　この章ではカロテノイドの有機合成について，ポリエン構築法に焦点を当てて，代表的なカップリング方法を著者らのカロテノイド全合成例を含めて概説する。

2　Double bond formation 法

　この手法に属するものは数多くあるが，主な手法は図2に示す2つに大別することができる。ひとつは炭素－炭素結合の後，活性基（AG：activating group）の脱離を伴わずに脱水という形で二重結合が形成されるタイプのもので，これにはアルドール縮合などが属する。活性基となるのは，ケトン，エステル，ニトリルなどの電子求引基である。もうひとつは炭素－炭素結合の後，活性基の脱離を伴いながら二重結合が形成されるタイプのもので，Wittig 反応や Julia オレフィン化などがこれに属する。これらのうちのいくつかを以下に紹介する。

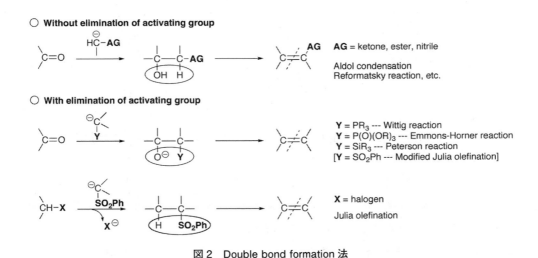

図2　Double bond formation 法

2.1　アルドール縮合およびエノールエーテル縮合

　アルドール縮合は2つのカルボニル化合物間の脱水を伴う反応で，α, β-不飽和カルボニル化合物を合成するための有用な反応である。カロテノイド骨格全体を構築する手法というよりは，図3(1)式のようにカロテノイドの building block を合成する手法として広く利用されている。試薬が安価で実験操作が簡単なことから大量合成に向いている。(2)，(3)式に示す末端部に共役ケト

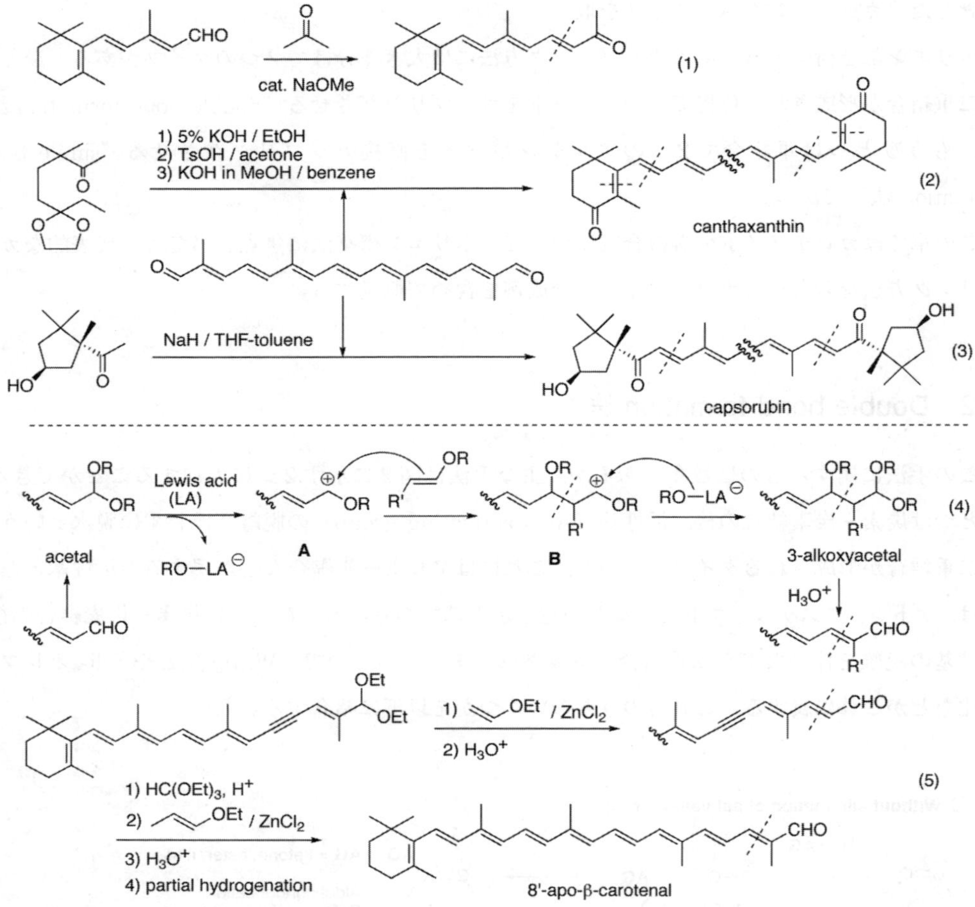

図3 アルドールおよびエノールエーテル縮合

ン構造をもつcanthaxanthin[2]やcapsorubin[3]の合成においては，アルドール縮合により一挙にカロテノイド骨格が構築されている。

エノールエーテル縮合はポリエン炭素を2つあるいは3つ延長する手法として，古くからカロテノイドの原料合成に工業スケールで応用されてきた。図3(4)式に示すように，対応するアルデヒドから容易に調製できるアセタールにルイス酸存在下エノールエーテルを作用させ，カルボカチオン中間体AおよびBを経由して生成したアルコキシアセタールを酸で処理して共役鎖を延長したアルデヒドを得る手法である。(5)式には2度のエノールエーテル縮合により2炭素，次いで3炭素を延長して8'-apo-β-carotenalを合成した例[4]を示した。

2.2 低原子価チタンを用いるカルボニル化合物の二量化

カルボニル化合物を低原子価チタンで処理すると，還元的な二量化が進行して対称アルケンが生成する。この反応は図4式(1)に示すように，カルボニル化合物2分子がケチルラジカルを経

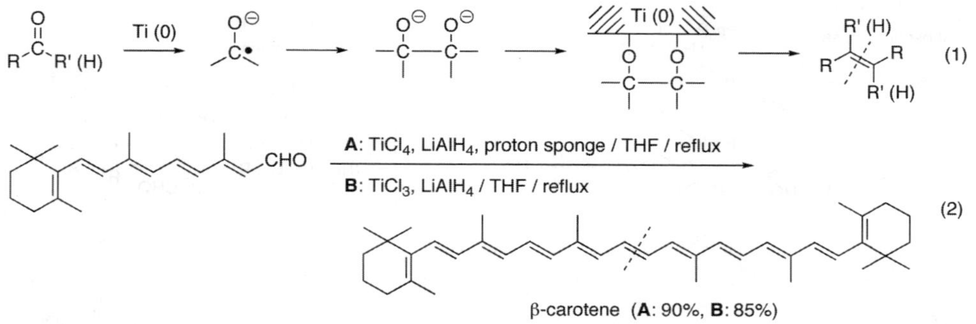

第4章 カロテノイドの有機合成

図4 低原子価チタンを用いるカロテノイド合成

由して二量化し，生じたピナコール中間体がチタン表面で還元されてアルケンを与えるものと考えられている。ケトンからは異性体の混合物となるが，アルデヒドからは (E)-体が優先的に得られる。左右対称のカロテノイド骨格を一挙に構築できる優れた方法ではあるが，反応性に富む試薬を用いるために官能基を持つカロテノイド合成には応用しにくい。低原子価チタンの調製法によって反応性に差が見られるようであるが，(2)式に示した β-carotene[5,6] 合成法においては，いずれの調製法でも高収率である。

2.3 Wittig 反応および Emmons-Horner 反応

Wittig 反応は図5(1)式に示すように，ホスホニウム塩を塩基で処理して生成するイリドとカルボニル化合物，主としてアルデヒドとの反応によりアルケンを合成する反応である。原料となるホスホニウム塩は対応するアルコールをハロゲン化物に変換後トリフェニルホスフィンで処理するか，あるいはアルコールを直接トリフェニルホスフィンヒドロブロミドで処理すると容易に調製でき，実験操作が簡便で反応条件も温和なことから，カロテノイド合成において最も汎用されている合成法である。イリドの R^1 置換基がエステルのような電子求引基である安定イリドの場合には，オキサホスフェタン間の速い平衡があるために，熱力学的に安定な (E)-アルケンが主として得られるが，一般には立体選択性に乏しく異性体の混合物となり，分離が不可欠となる。2置換アルケンの場合には両異性体間の安定性の差が大きいので，カロテノイド合成においては，生成した異性体混合物を熱などにより (Z) から (E) へと異性化させる手法が取られている。

Wittig 反応では副生するホスフィンオキシドが水に不溶であるため，しばしば後処理を難しくしているが，ホスホニウム塩の代わりにホスホネートを用いる Emmons-Horner 反応［(2)式］では，副生物が水に可溶なリン酸エステルになるので抽出操作により容易に除去することができる。これらいずれの反応も，付加に続く活性基の脱離反応が one pot で一挙に進行するため，簡便なアルケンの合成法となっている。

Wittig 反応を利用したカロテノイド合成例を式(3), (4)に示した。Zeaxanthin の合成[7] では，

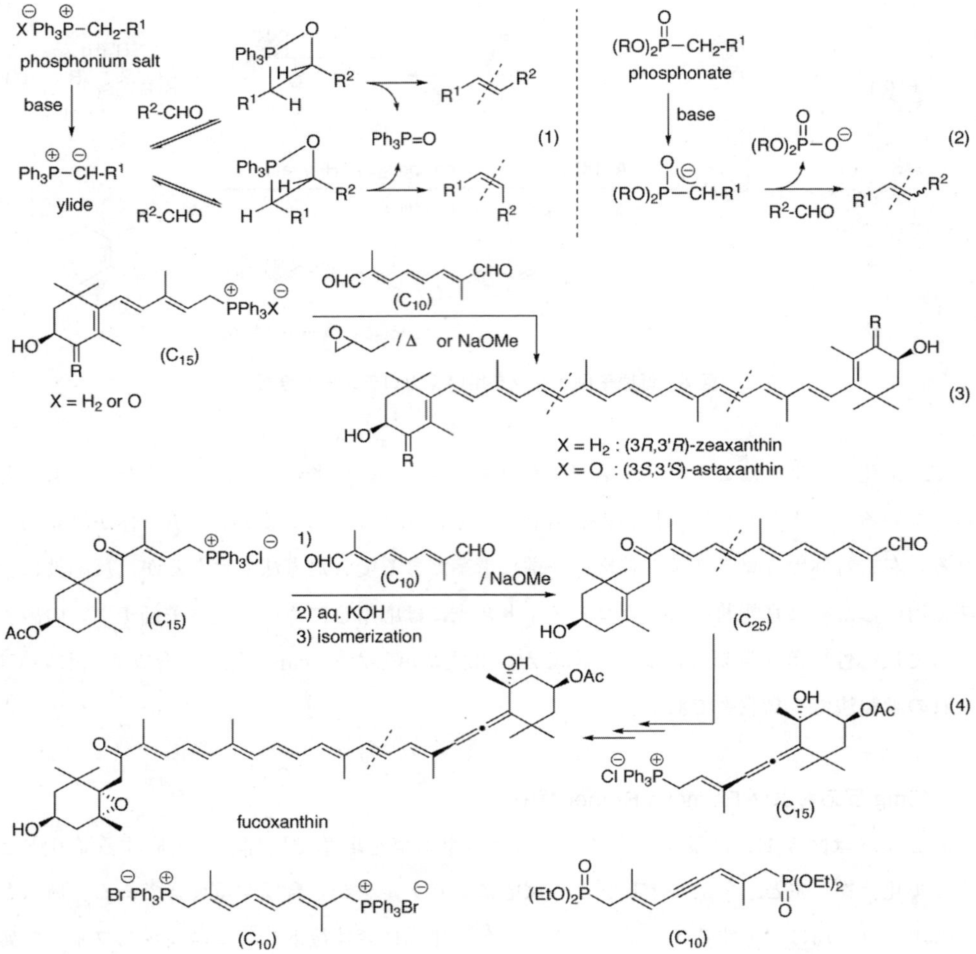

図5 Wittig 反応および Emmons-Horner 反応を用いるカロテノイド合成

ブチレンオキシドを溶媒兼塩基として用い，C_{10}-ジアルデヒドに両側から C_{15}-ホスホニウム塩を縮合させている。加熱還流下で反応を行っているため，安定な (E)-体が主異性体として得られている。Astaxanthin の合成[8]においても同様の手法が用いられている。また，著者らの fucoxanthin 合成[9]においては，異なる C_{15}-ホスホニウム塩を用いた段階的な2度の Wittig 反応により C_{40}-骨格を構築した。初めの Wittig 反応では，やや過剰の C_{10}-ジアルデヒドを用いることにより C_{25}-アポカロテナールの段階で反応を止めており，2つめの Wittig 反応では，ケトンとアルデヒドとの反応性の差を利用して，アルデヒド側にのみ選択的にホスホニウム塩を縮合させている。

C_{10}-中央部のビスホスホニウム塩あるいはジホスホネートを用いて C_{15}-末端部のアルデヒドと縮合させるカロテノイド合成もいくつか知られている[10]。

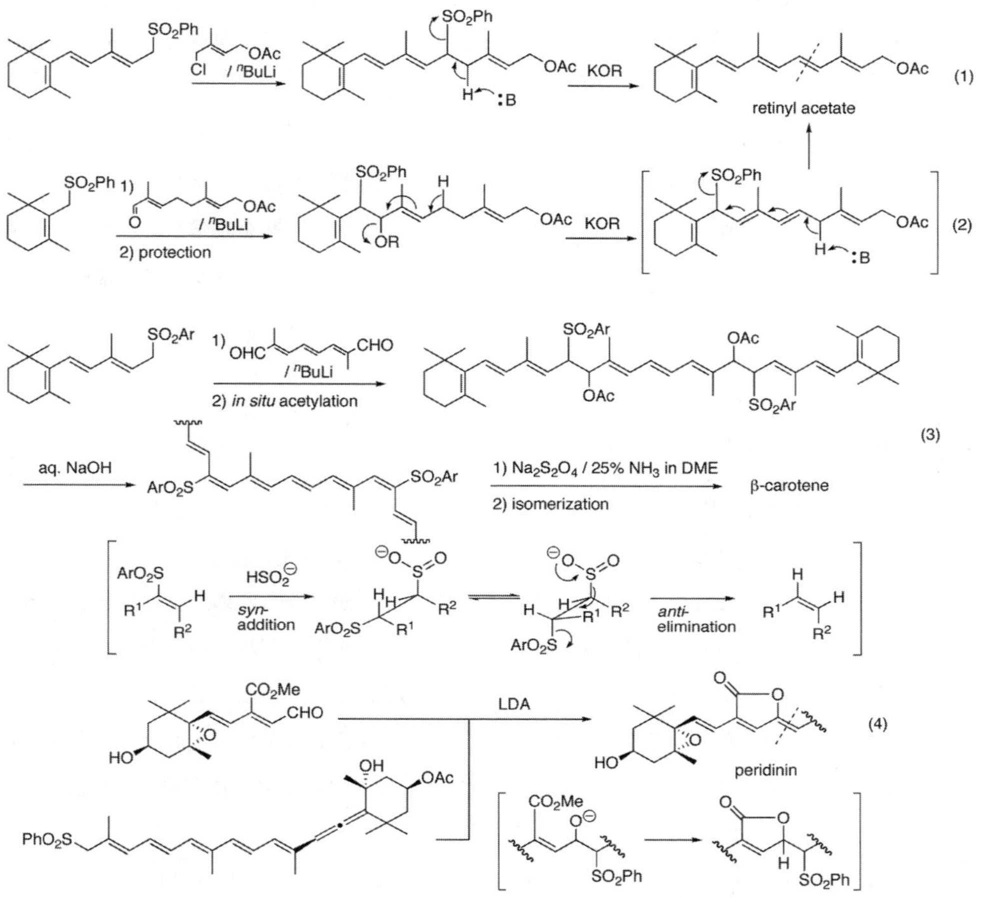

第4章　カロテノイドの有機合成

図6　スルホンカップリングを用いるカロテノイド合成

2.4　スルホンを用いるカップリング法

Double bond formation 法として，最後にスルホニル基を活性基として用いるカップリング法を紹介する。これには3つのタイプがある。

ひとつはカップリングの相手がハロゲン化アルキルの場合で，スルホンの α-カルバニオンがハロゲン化アルキルによりアルキル化された後，スルホニル基がスルフィン酸として脱離して二重結合が形成されるタイプである。図6式(1)に，この手法による retinyl acetate の合成例[11]を示した。

2つめは式(2)の合成例[12]のように，スルホンのカルバニオンが側鎖にメチレン水素をもつアルデヒドに付加した後，スルホニル基とアルコシ基がスルフィン酸およびアルコールの形で同時に脱離するタイプのものである。

3つめは式(3)の β-carotene の合成例[13]のように，共役アルデヒドとの付加反応後，まず酸素官能基を脱離させ，さらにスルホニル基を還元的に脱離させる方法である。還元剤として亜硫酸

水素ナトリウム（$Na_2S_2O_4$）を用いると，[　]に示したように，スルフィナートのシン付加と続くスルホニル基とのアンチ脱離を経て，ビニルスルホンの立体配置を保持したアルケンが生成する。

著者らの peridinin 合成[14]においても，イリデンブテノリド構築法にスルホンカップリングを用いた。式(4)に示すようなホルミルエステルにアレン末端部をもつスルホンのカルバニオンを付加させると，生じたアルコラートが分子内のエステルカルボニル基を攻撃してブテノリド環が形成され，次いでスルフィン酸の脱離が進行して，イリデンブテノリド部が一挙に構築できるというものである。

3　Single bond formation 法

Single bond formation 法は，パラジウム触媒を用いたアルケニルハライドとアルケニルメタルとのクロスカップリング反応が進展してから急速にポリエン合成に応用され始めた方法で，2つのアルケンパートをそれらの立体配置を保持して繋ぐことができるため，立体選択的なポリエン合成という点で大変魅力的な方法である。数多くのメタルが用いられているが，ホウ素とスズの試薬が比較的調製しやすく反応性にも富むことから主流になっている。触媒サイクルを図7に示した。まず，アルケニルハライドが0価のパラジウムに酸化的に付加し，次いでアルケニルメタルとの間でトランスメタル化が進行する。このものからカップリング体が還元的に脱離して0価のパラジウムが再生される。

図8(1)式は，Negishi ら[15]によりクロスカップリング反応が retinol 合成に応用された最初の例である。β-Ionone から Zr-catalized carboalumination を経由して立体選択的に合成したアルケニル亜鉛と側鎖側のアルケニルハライドとのクロスカップリング反応により高立体選択的に

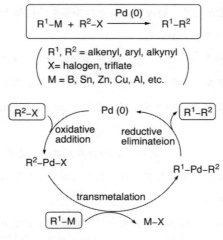

図7　クロスカップリング反応の触媒サイクル

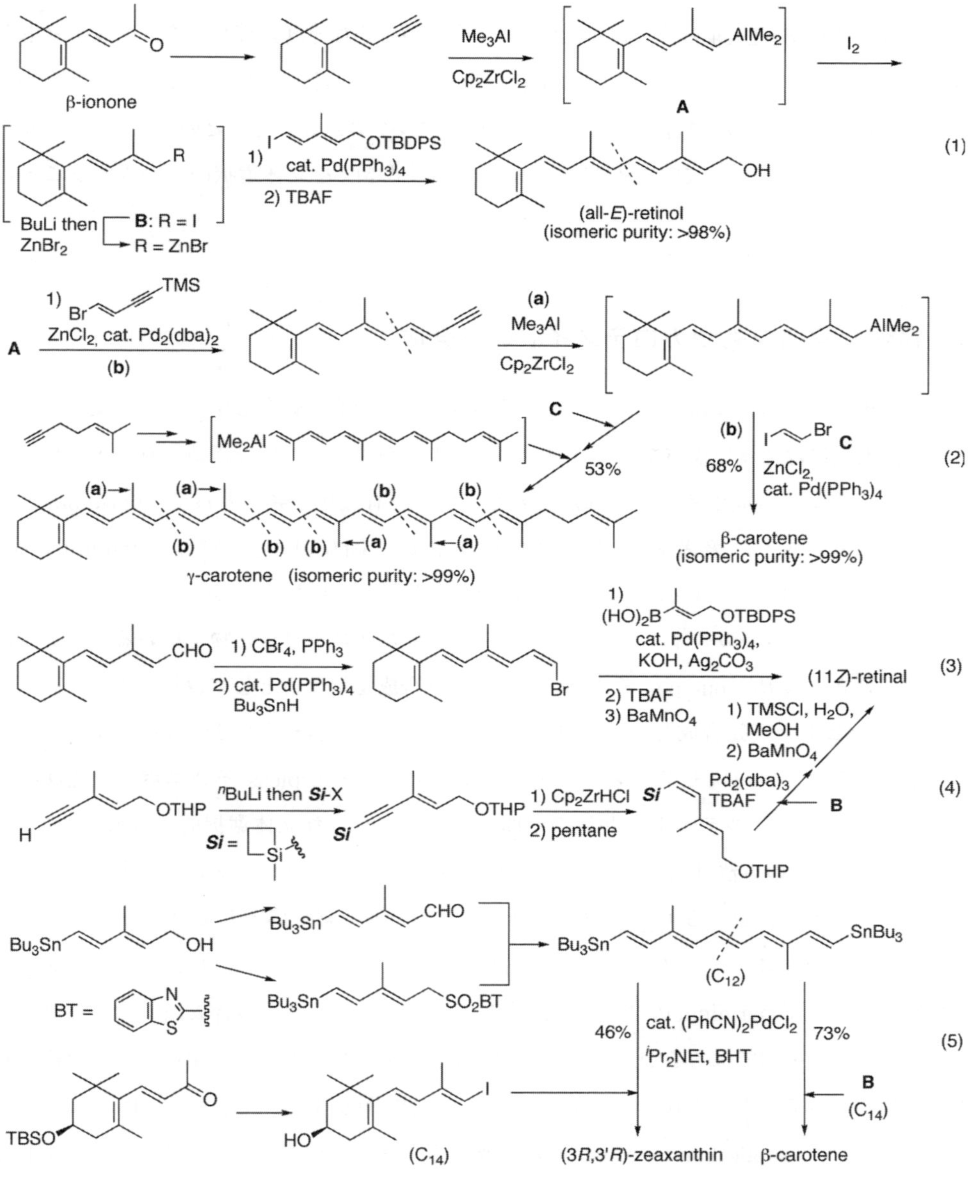

第4章 カロテノイドの有機合成

図8 パラジウム触媒を用いたクロスカップリング法によるカロテノイド合成

(all-E)-retinol の合成が行われた。彼ら[16]はさらに，この共役エンイン化合物の carboalumination［式(2)中(a)］とパラジウムと亜鉛を触媒とするクロスカップリング反応［(b)］を巧みに用いて，β-carotne および γ-carotene の高立体選択的合成へと展開させた。式(3)，(4)に示すように，非常に不安定な (11Z)-retinal の合成にもパラジウム触媒を用いたクロスカップリング反応は効果的である。Uenishi ら[17]は鍵中間体となる (Z)-アルケニルブロミドをジブロモアルケンのスズヒドリドを用いる水素化分解により，López ら[18]は (Z)-アルケニルシラ

ンを末端アルキンのシリル化と続くヒドロジルコニウム化を経由して，それぞれ立体選択的に合成している。また de Lera ら[19] は，スズジエノールからそれぞれ誘導したスズアルデヒドとスズベンゾチアゾイル（BT）スルホンとの縮合により C_{12}-中央部のビススズ化合物を合成し，別途 Negishi らと同様の手法で合成した C_{14}-末端部のアルケニルヨウ化物との Stille カップリングを行って，β-carotene および （$3R,3'R$）-zeaxanthin ［式(5)］を立体選択的に合成することに成功している。

4 複雑な構造をもつカロテノイドの全合成

カロテノイドの有機合成についてポリエン部の合成法を中心に紹介してきたが，文頭にも述べたように，天然には様々な構造をもつカロテノイドが存在する。複雑な構造を有するカロテノイドをいかに効率よく合成するかがこれからの鍵である。有機化学者にとって，peridinin は最高のターゲットであり，著者ら[9] の初めての全合成［図6(4)式］の後，Katsumura ら[20]，Brückner ら[21] および de Lera ら[22] による全合成が報告された。Katsumura らの方法［図9(1)式］は，C_{16}-エチニルカルボン酸アリルエステルとアルケニルヨウ化物を用いるパラジウム触媒存在下での立体選択的 one-pot イリデンブテノリド合成を鍵反応としており，これより得られる C_{20}-アルデヒドと別途合成した C_{17}-アレニックスルホンとの縮合により peridinin の全合成を達成している。これら両セグメントは（−）-actinol から Sharpless 不斉エポキシ化反応を経由して合成した C_{10}-アルデヒドを共通の中間体としてそれぞれ立体選択的に合成されている。一方，Brückner らの方法［図9(2)式］は，（＋）-酒石酸から誘導したブロモエステルのアンチ優先的な脱水反応を経由する C_{11}-ブロモブテノリドの合成を鍵反応としている。これと C_{11}-アルケニルスズとのクロスカップリングにより合成した C_{22}-セグメントと C_{15}-アレニックスルホンとの縮合を行って peridinin の全合成を達成している。これら2つの合成法では，各セグメントの合成は立体選択的ではあるが，最終段階でスルホンカップリング法を用いているため，異性体の混合物となっている。これに対し，de Lera らの方法［図9(3)式］では，3つのセグメント（C_{11}, C_8, C_{18}）をすべて single bond formation 法で繋げる手法を用いているが，C_{18}-セグメント合成の立体選択性には欠けている。有機化学者によるチャレンジは続くようである。

最後に，著者らが最近報告したカロテノイドの生合成を模倣した全合成例［図10］を紹介する。6位にアルケニル基をもつエポキシドの開環反応を種々検討した結果，エポキシ環の開裂方向が共役系の長さと共役鎖に直結する官能基の電子吸引性の強さに左右されることを見いだした。その知見を基に，3位に酸素官能基を持つエポキシジエナールの位置選択的な開裂反応と続く立体選択的な縮環反応を利用してパプリカの主色素である capsanthin など κ-end gourp をもつカロテノイドの全合成[23] を達成した。また，3位に水酸基を持つエポキシジエノエートまたはジエノニトリルの開裂反応と続く架橋反応を利用して 3,6-エポキシカロテノイド類の全合成[24] も

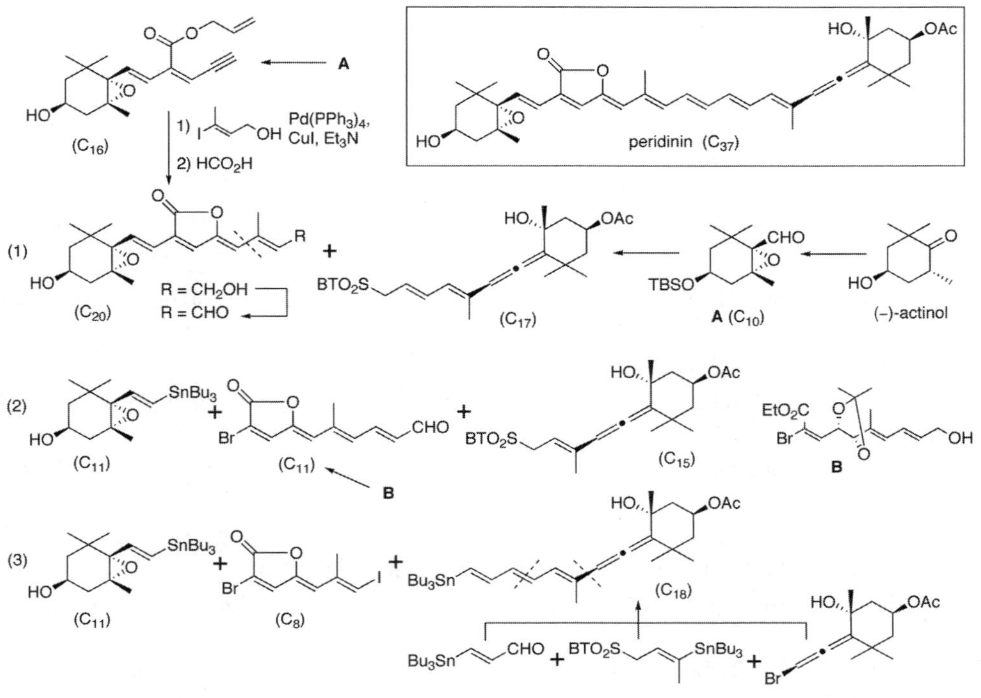

第4章　カロテノイドの有機合成

図9　Peridinin の全合成

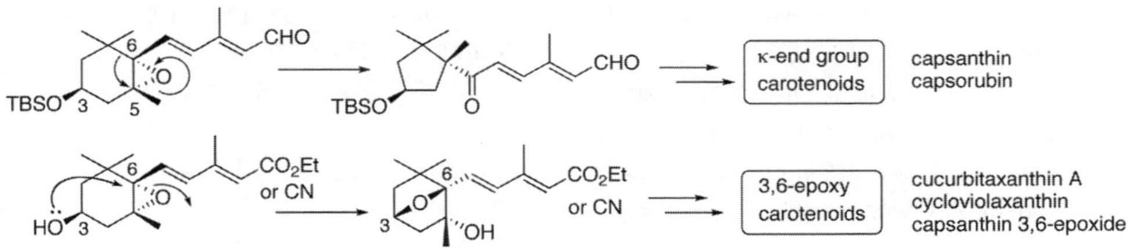

図10　エポキシドの位置選択的な開環反応を利用したカロテノイド合成

達成した。

5　おわりに

　この章ではカロテノイドの合成法について，ポリエン部を構築するためのカップリング方法を中心として述べてきた。以前は double bond formation 法による炭素骨格の構築が中心であったものが，現在では double bond formation 法でより安定なトランス体が生成するところはそのまま活用し，異性体が生成しやすい部分では single bond formation 法を使うなど，適時その特徴を組み合わせて合成する方法が主流となっているように思われる。今後カロテノイドの二重結合に関する異性体の新たな機能評価や薬効などが明らかになれば，より立体選択的な合成法が必要

となり，single bond formation 法を中心とした合成がより活発になってくることが予想される。

文　献

1) M. Soukup, P. Spurr, E. Widmer, "Carotenids Vol. 2 : Synthesis," Birkhäuser Verlag, Basel, p.7 (1996)
2) C. K. Warren, B. C. L. Weedon, *J. Chem. Soc.*, 3986 (1958)
3) A. Rüttimann, G. Englert, H. Mayer, G. P. Moss, B. C. L. Weedon, *Helv. Chim. Acta*, **66**, 1939 (1983)
4) R. Rüegg, M. Montavon, G. Ryser, G. Saucy, U. Schwieter, O. Isler, *Helv. Chim. Acta*, **42**, 854 (1959)
5) A. Ishida, T. Mukaiyama, *Chem. Lett.*, 1127 (1976)
6) J. E. McMurry, M. P. Fleming, *J. Am. Chem. Soc.*, **96**, 4708 (1974)
7) E. Widmer, M. Soukup, R. Zell, E. Broger, H. P. Wagner, M. Imfeld, *Helv. Chim. Acta*, **73**, 861 (1990)
8) E. Widmer, R. Zell, T. Lukác, M. Casadei, P. Schönholzer, E. A. Broger, *Helv. Chim. Acta*, **64**, 2405 (1981)
9) Y. Yamano, C. Tode, M. Ito, *J. Chem. Soc., Perkin Trans. 1*, 1895 (1995)
10) M. Acemoglu, P. Uebelhart, M. Rey, C. H. Eugster, *Helv. Chim. Acta*, **71**, 931 (1988) ; K. Bernhard, F. Kienzle, H. Mayer, R. K. Müller, *Helv. Chim. Acta*, **63**, 1473 (1980)
11) P. Chabardes, J. P. Decor, J. Varagnat, *Tetrahedron*, **33**, 2799 (1977)
12) J. Otera, H. Misawa, T. Onishi, S. Suzuki, Y. Fujita, *J. Org. Chem.*, **51**, 3834 (1986)
13) K. Bernhard, H. Mayer, *Pure Appl. Chem.*, **63**, 35 (1991)
14) Y. Yamano, M. Ito, *J. Chem. Soc., Perkin Trans. 1*, 1599 (1993)
15) E. Negishi, Z. Owczarczyk, *Tetrahedron Lett.*, **32**, 6683 (1991)
16) F. Zeng, E. Negishi, *Org. Lett.*, **3**, 719 (2001)
17) J. Uenishi, R. Kawahama, O. Yonemitsu, A. Wada, M. Ito, *Angew. Chem. Int. Ed.*, **37**, 320 (1998)
18) J. Montenegro, J. Bergueiro, C. Saá, S. López, *Org. Lett.*, **11**, 141 (2009)
19) B. Vaz, R. Alvarez, A. R. de Lera, *J. Org. Chem.*, **67**, 5040 (2002)
20) N. Furuichi, H. Hara, T. Osaki, M. Nakano, H. Mori, S. Katsumura, *J. Org. Chem.*, **69**, 7949 (2004)
21) T. Olpp, R. Brückner, *Angew. Chem. Int. Ed.*, **45**, 4023 (2006)
22) B. Vaz, M. Domínguez, R. Alvarez, A. R. de Lera, *Chem. Eur. J.*, **13**, 1273 (2007)
23) Y. Yamano, M. Ito, *Org. Biomol. Chem.*, **5**, 3207 (2007)
24) Y. Yamano, M. Ito, A. Wada, *Org. Biomol. Chem.*, **6**, 3421 (2008)

第5章 光合成系におけるカロテノイドの機能と生理活性

藤井律子[*1], 橋本秀樹[*2]

1 はじめに

　地球上におけるカロテノイドの一次生産は光合成生物によってなされている[1]。SeaWiFS人工衛星データを元にしたクロロフィル量（吸収換算）によると，地球上の光合成生物が年間に生産するクロロフィル量はおよそ10億トンと推定されており[2]，カロテノイドはその約10分の1と考えると，年間約1億トン生産されている事になる[1]。では，光合成においてカロテノイドはどのような役割を担っているのだろうか？

　光合成に主たる役割を担うクロロフィル類（バクテリオクロロフィル，クロロフィル等）は環状共役系を持ち，太陽光の輻射分布プロファイル（太陽光スペクトル）の最も強い450～550nmに吸収帯がない。カロテノイドはこの波長の光を吸収するので，これをクロロフィルに伝達する（補助集光作用）[3,4]。この役割は，紅色光合成細菌，不等毛植物（珪藻や褐藻類など），渦鞭毛植物には顕著であるが，緑色植物ではカロテノイドが吸収した光子の約3分の1しか実際には光反応中心に伝達されていない[4]。また，フィコビリン類など他の色素がカロテノイドの代わりをなす例がある[3,4]。よって，カロテノイドが光合成に不可欠であるのは，カロテノイドが直接的あるいは間接的に光障害に対する保護の性質をも兼ね備えているためであると考えられる[4]。図1に原核光合成生物および真核光合成生物のアンテナ系の模式図をまとめて示す。

2 光合成系の分子構築

　光合成といえば，緑色植物が二酸化炭素を取り込み酸素を吐き出す反応と思われがちであるが，原核光合成生物には酸素発生系を持たないものも存在する[5]。すなわち広義の光合成とは，光エネルギーを化学エネルギーに変換するエネルギー変換機構を指す。光合成の最も初期に起こる反応とは，光を吸収して電子の流れに変換し，膜の内外におけるプロトン濃度勾配を作るという，まさに太陽電池のような機構である。この濃度勾配を用いてATP合成酵素を駆動し，ATP（アデノシン三リン酸）という，いわゆる「生体エネルギー通貨」を作り出している[6]。これらの反

---

* 1　Ritsuko Fujii　大阪市立大学　大学院理学研究科　数物系専攻　博士研究員
* 2　Hideki Hashimoto　大阪市立大学　大学院理学研究科　数物系専攻　教授

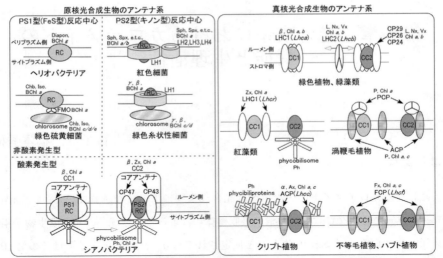

図1　原核光合成生物および真核光合成生物のアンテナ系の模式図
文献[4]をもとに改変。

応は，光合成明反応と呼ばれ，光合成膜と呼ばれる脂質二重層膜内に氷山のように浮かんでいる色素蛋白複合体という膜蛋白質によって担われている。この色素蛋白複合体に結合して機能を果たす色素を光合成色素と総称し，それは主としてクロロフィルとカロテノイドである。

光合成色素蛋白複合体は，周辺アンテナ，コアアンテナと光反応中心という3種類の機能ユニットに分類できる。周辺アンテナで集光した光エネルギーは，光反応中心に強く結合したコアアンテナに集められ，光反応中心に安定したエネルギー供給を行うことにより，光反応中心での光電変換反応を効率よく行う仕組みになっている。図1に，主たる光合成生物のアンテナ系蛋白質の構成及び色素組成の概要を模式的に示す。非酸素発生型原核生物は鉄－硫黄型あるいはキノン型のどちらか一方の反応中心を持ち，シアノバクテリアや真核生物は両者を併せ持つ[3,5,7]。アンテナは種に依存して非常に多様な形態や色素組成を持ち，生育環境による適応を物語っている一方で，光反応中心は類似性が非常に高く，光電変換反応機構はおよそ完成の域に達していると考えられる。すなわち，本来，絶縁体である蛋白質内部に電流応答を生み出す機構には，構造上の制限から，いくつもの解があるわけではないことが読み取れる。これらの色素蛋白複合体は，ほとんどが疎水性の膜蛋白質であるために，一般に結晶化が困難である。1985年にようやく紅色光合成細菌の光反応中心の単結晶X線結晶構造解析の第一報を発表した[8]，Michel，Deisenhofer，Hüberという3人のドイツ人研究者が1988年にノーベル化学賞を受賞した。それ以来，光合成関連蛋白質の三次元結晶化の試みが次々になされ，現在では2Åを切る高分解能のデータも報告されている。しかしながら，三次元結晶化に成功して，しかも高分解能X線結晶

第 5 章　光合成系におけるカロテノイドの機能と生理活性

構造解析が本当に達成されているのは非常に限られた種であり，本質的に蛋白質の色素組成や高次構造が揺らいでいるため，そもそも結晶化しないと考えられているものも存在する。また，単離した蛋白質ではなく，光合成膜内におけるそれぞれの配置を知ることが重要であるため，透過型電子顕微鏡（TEM）による観測や，高分解能原子間力顕微鏡（AFM）による光合成膜の観測を併用して，光合成器官の全貌解明の研究が行われている渦中である[9,10]。

図1のカロテノイド組成を見てみると，シアノバクテリアと真核光合成生物では，光反応中心（RC）とコアアンテナ（CC1，CC2）にはほとんど β-カロテンが結合している。一方，光化学系2周辺アンテナでは，LHC2 スーパーファミリーと呼ばれる遺伝子群を持つもの（縦長の楕円形で示したアンテナ）でも，緑色植物ではルテイン，ネオキサンチン，ヴィオラキサンチンを結合する一方，渇藻，珪藻を含む不等毛植物ではフコキサンチン，渦鞭毛植物ではペリジニンを結合していることが分かっている。また，渦鞭毛植物ではペリジニンを結合するペリジニン-クロロフィル a 蛋白質，紅藻，クリプト植物ではフィコビリン類を結合するフィコビリ蛋白質や，その高次構造体であるフィコビリソーム，緑色細菌ではバクテリオクロロフィルの会合体が脂質一重膜で覆われたクロロソームといった，様々な色素を結合した水溶性アンテナを発達させている[1,3,4]。

2.1　紅色光合成細菌の光合成系の分子構築

ここでは，光合成初期過程のエネルギーと電子の流れを紅色光合成細菌を例にとって説明する[6,11,12]。紅色光合成細菌の光合成反応は，*Rhodobacter*(*Rba.*)*sphaeroides* や *Rhodospirillum*(*Rsp.*)*rubrum* などでは，形質膜の一部が変化し，球状ベシクルを形成したクロマトフォアと呼ばれる光合成膜（光合成反応に特化した生体膜）上で営まれている。一方，*Rhodopseudomonas*(*Rps.*) *acidophila*，*Rps. palustris*，及び *Rps. viridis* などでは，扁平な細胞膜が積層した構造がその役割を果たしている[5,7]。図2に *Rba. sphaeroides* 2.4.1 株のクロマトフォア膜の吸収スペクトルを示した。紫外・

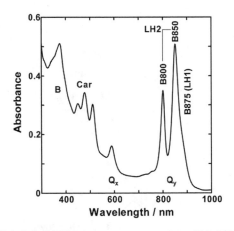

図2　紅色光合成細菌 *Rba. sphaeroides* 2.4.1 株から調製した
クロマトフォア膜（光合成膜）の吸収スペクトル

可視・近赤外の幅広い波長域に渡る特徴的な構造を伴った吸収バンドが存在する。これらは全て光合成色素，カロテノイドとバクテリオクロロフィル（Bchl）によるものである。図3に $Rba.$ $sphaeroides$ 2.4.1 株に結合しているスフェロイデンとバクテリオクロロフィル a（Bchl a）の化学構造式を示す。図2の中でCarと記したものがカロテノイド（スフェロイデン）の吸収バンドでB，Q_x 及び Q_y と記したものがBchl a の吸収バンドに対応する。カロテノイド色素は直鎖状の共役ポリエン骨格を有する炭化水素化合物（図3(a)参照）で，共役鎖長の違いにより吸収帯の位置が変化し，そのことが光合成細菌の色調の違いに反映される（図7参照，後述）。Bchl a の Q_y 吸収帯は蛋白内における構造の違いに敏感で，800，850及び880nmの3つの吸収帯として観測されている。光合成系の機能発現，特に明反応には上述の光合成色素がアポ蛋白質と結合した色素蛋白複合体が密接に関係している。紅色光合成細菌の光合成系には一般的に周辺アンテナ色素蛋白複合体（LH2），コアアンテナ複合体（LH1），及び光反応中心複合体（RC）の3つの色素蛋白複合体が存在する。アンテナ色素蛋白複合体は，文字通り光エネルギーを捕獲するアンテナとしての機能を有する色素蛋白複合体で，捕まえた光エネルギーを励起エネルギーと言う形で各アンテナ色素蛋白複合体間（LH2→LH2 及び LH2→LH1）を受け渡し，最終的にRCに伝達する働きを担っている（図5参照，後述）。RCは，伝達された励起エネルギーを用いて電荷分離（発電）し，電子伝達反応を駆動する役割を担っている。

近年の光合成研究のおけるブレークスルーの一つは，非常に高度な生化学技術を要する光合成

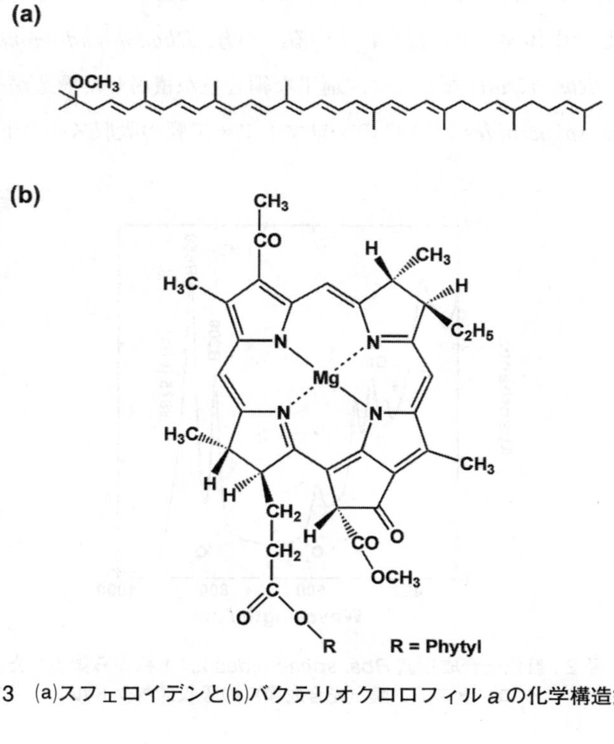

図3 (a)スフェロイデンと(b)バクテリオクロロフィル a の化学構造式

第 5 章　光合成系におけるカロテノイドの機能と生理活性

膜蛋白質（脂溶性蛋白質）の結晶化及び単結晶 X 線構造解析が達成されて，上述の色素蛋白複合体の構造が，場合によっては原子スケールで解明されつつあることである。RC の結晶構造解析に関しては 1985 年に第一報が報じられ[8]，その功績により Michel, Deisenhofer, Hüber の 3 人のドイツ人研究者に 1988 年度ノーベル化学賞が授与されたことは上で記述した。図 4 に *Rba. sphaeroides* の RC 内における色素分子の配置[13] を示した。図中 P と記した Bchl *a* 二量体（スペシャルペアー Bchl *a*），B と記した Bchl *a* 単量体，H と記したバクテリオフェオフィチン，Q と記したキノン（ユビキノン）が擬 2 回対称の形で配置している。アンテナ複合体で集められた光エネルギーは Bchl *a* 二量体に励起エネルギー伝達され，そこで電荷分離を起こし，以後は電子伝達反応となる。RC は擬 2 回対称の構造を持っているが，図中 A の添字で記したルートのみを使って電子伝達が起こる。Bchl *a* 二量体で電荷分離を起こしてから約 200 ピコ秒でキノン A（Q_A）まで電子が伝達される。カロテノイドは電子伝達とは無関係なブランチ（B ブランチ）に，分子の中央で折れ曲がった 15-シス型の構造を取って結合しており，光合成系に過剰な光エネルギーが供給された場合に光合成系を光破壊から保護する役割（光保護作用）を果たしている[14]。

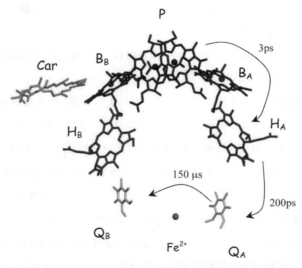

図 4　紅色光合成細菌 *Rba. sphaeroides* の光反応中心複合体内部での色素配列と電子伝達過程
　　　PDB：1RGN よりプログラムパッケージ VMD を用いて作画。

Q_A に伝達された電子はキノン B（Q_B）に受け渡される。Q_B は 2 電子還元を受け，H^+ と結合してハイドロキノン（Q_BH_2）となり RC から外れる。図 5 に模式的に記したとおり，RC から遊離した Q_BH_2 は光合成膜内に存在するキノンプールに蓄積された後，電子伝達蛋白質であるシトクローム bc_1 複合体を駆動する。その際，Q_BH_2 は酸化されてもとの Q_B に戻り，ペリプラズム側に電子が放出される。放出された電子はシトクローム c_2 により運搬され，RC の Bchl 二量体にできた正孔（ホール）を埋めるのに活用される。つまり，電子伝達に関する閉回路が完成する。

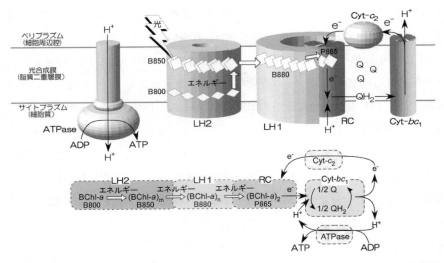

図5 紅色光合成細菌の光合成膜内におけるエネルギー・電子・プロトン伝達系の模式図

シトクローム bc_1 複合体は，電子を放出するのと同時に光合成膜内外にプロトンの濃度勾配（ΔpH）を形成する役割も果たしている。このΔpHを用いてATPaseを駆動することにより，最も重要な生体エネルギーであるATP（アデノシン三リン酸）を合成する。シトクローム bc_1[15]，シトクローム c_2[16] 及びATPase[17] のいずれの膜蛋白も，その構造が単結晶X線構造解析を用いた研究により明らかにされている。

アンテナ色素蛋白複合体の結晶構造解析に関する第1報はRCから遅れること10年で，英国グラスゴー大学のグループにより1995年に発表された[18]。図6（右）に同グループが決定した光合成細菌 Rps. acidophila 10050株のLH2複合体の構造を示した。LH2複合体は一対のα及びβポリペプチドに単量体 Bchl a（B800-Bchl a），二量体 Bchl a（B850-Bchl a），1分子のカロテノイド（ロドピングルコシド）がサンドイッチされたユニットにより構成されている。このユニットが9回対称性を持ち会合した非常に美しい構造を取っている。図2及び図7に記したとおり，LH2複合体には800nm及び850nmに Q_y 吸収帯を持つ2種類の Bchl a が存在する。前者が単量体 Bchl a，後者が二量体 Bchl a の吸収に対応している。B850 Bchl a は，二量体化することで励起子相互作用により励起状態のエネルギーが安定化されて，Q_y 吸収帯が単量体の場合に比べて50nm長波長側にシフトしている[19]。カロテノイドはB800及びB850 Bchl a とファン・デル・ワールス相互作用により結合しており，Bchl a が吸収できない波長域の光を吸収し，B800及びB850 Bchl に励起エネルギー伝達を行っている（カロテノイドの光捕穫作用）[14]。さらに，このカロテノイド分子は，B800 Bchl a と隣接するユニットに存在する B850 Bchl a とを繋ぎ，会合体構造を安定化する役割も果たしている[14]。

もう一つのアンテナ複合体であるLH1の構造に関しては，二次元結晶に対する電子線回折[20] 及び原子間力顕微鏡[21] を用いた研究によりLH2と類似した16回対称のリング状の構造を持つ

第 5 章　光合成系におけるカロテノイドの機能と生理活性

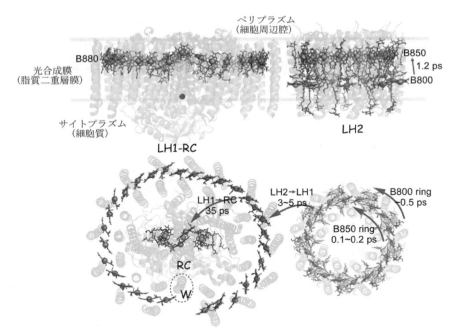

図 6　紅色光合成細菌 *Rps. acidophila* 10050 株の LH2 アンテナ色素蛋白複合体（右）
及び *Rps. pulstris* の RC-LH1 コア複合体（左）の構造と配置の模式図
光合成膜に平行な方向（上）及びサイトプラズム側（下）から眺めた場合の図を示す。
それぞれ PSB 1KZU 及び 1PYH よりプログラムパッケージ PyMol を用いて作図。

ことが示唆されていた。その後，英国グラスゴー大学の研究グループにより，光合成細菌 *Rps. palustris* の RC-LH1 コア複合体の三次元結晶を用いた 4.8 Å 分解能の X 線結晶構造解析の結果が報告された[22]。図 6（左）に示したとおり，LH1 複合体は 15 対の膜貫通 α，β-ポリペプチドが RC の周りを楕円状に取り囲んだ構造を取っており，一つの膜貫通ポリペプチド（図 6 では W と表記）によりリングが完全に閉じるのを阻止されていることが明らかになった。この W-ポリペプチドが，Q_B が RC-LH1 系外に抜け出す際に重要な役割を果たしていると推定されている[22]。

　近年の超高速レーザー分光法を用いた研究により，光合成色素蛋白複合体の各ユニット内及びユニット間の励起エネルギー移動の実時間観測が可能となっている[23]。現在までに得られている知見を要約して図 6 に記した。LH2 複合体内における励起エネルギー移動は，B800 Bchl *a* 間が〜500fs（= 〜5×10^{-13} 秒），B850 Bchl *a* 間が 100〜200fs，B800 → B850 が 1.2ps（= 1.2×10^{-12} 秒）と言う驚くべき超高速の過程である。しかもほぼ 100% の励起エネルギー移動効率が達成されている。LH2 リング内に蓄積された励起エネルギーは，隣接する LH1 複合体に 3〜5ps の時間で伝達される。LH1 に伝達された励起エネルギーは 35ps と言う比較的ゆっくりとした時間スケールで RC 内のスペシャルペアー Bchl に伝達される。この最終段階の励起エネルギー移動が律速になっている理由は，B850 Bchl *a* とスペシャルペアー Bchl *a* の空間的な距離が隔たっ

ているためと，LH1 → RC のエネルギー伝達過程がアップヒル（吸熱型）になっているためである。一見，非効率的に見えるこのエネルギー伝達が，スペシャルペアーBchl a に生じる正孔がLH1 に逆戻りして，不必要なトラップになるのを防ぐ重要な役割を果たしている。つまり，自然が創造したエネルギー伝達の素過程には無駄が全くないのである。

3 光合成における生理機能

3.1 カロテノイドは光合成初期反応に必要不可欠な存在か？

紅色光合成細菌では，*Rba. sphaeroides* R26/R26.1 及び *Rsp. rubrum* G9$^+$ というカロテノイド欠損突然変異株が光合成的に成育することより，カロテノイドが欠落していても（完全な無酸素状態では）光合成的に生育する。すなわち，これらの種でも光合成初期反応を実現するための主要因である RC-LH1 コア複合体は形成される。また，*Rba. sphaeroides* R26.1 では，カロテノイドなしでも，LH2 周辺アンテナが形成される。これらのことは，カロテノイド色素の存在が光合成色素蛋白複合体の形成への絶対必要条件ではないことを示唆しているように思わせる。また，RC 内での電子伝達速度が，カロテノイドの有無にかかわらず，ほぼ変化がないことより，カロテノイドは光合成電子伝達反応には関与しないことが分かっている。すなわち，カロテノイドなしでも光合成生物はそのインテグリティーを保ちながら一応生きていけるわけである。しかしながら上記のカロテノイド欠損種は，強光条件及び酸素濃度の上昇に非常に敏感であり，カロテノイドを含む野生株では生き延びる程度のストレスに際しても簡単に死滅することが知られている。つまり，カロテノイドは前述した補助集光機能以外に光保護作用の観点から極めて重要な色素であることが分かる。

カロテノイド生合成遺伝子を改変した *Rubrivivax gelatinosus* という紅色光合成細菌について，強光ストレス及び酸素ストレスに対する生存率を比較することにより，カロテノイドの持つ光保護作用の発現の有無を評価すると，共役二重結合数が3のフィトエン，5のフィトフルエンではほぼ行なわれないが，生合成的にそれ以降に現れる共役二重結合数7〜13の直鎖状カロテノイドではほぼ等しく観測され，カルボニル基を持つカロテノイドでは更に顕著に観測されている。より穏やかな条件下では，直鎖共役二重結合数の伸長によりカロテノイドの三重項励起状態のエネルギーレベルが下がるため，バクテリオクロロフィル類や一重項酸素などの活性エネルギーを受け取り，消去する効率が上がると考えられている[1,24]。

一方，その他の光合成生物についてはカロテノイド欠損種が光合成的に生育したという報告はないため，カロテノイドは光合成に必須の色素であるといえる。また，藻類や高等植物の光化学系2（PS2）の光反応中心に結合した β-カロテンは，二次電子供与体としてクロロフィル二量体に電子を供与することにより，電子伝達系にも主要な役割を果たしているのではないかと考えられている[25]。

第5章　光合成系におけるカロテノイドの機能と生理活性

3.2　カロテノイドは色素蛋白複合体の構造形成に関与しているのか？

　まず，紅色光合成細菌について述べる。カロテノイド欠損株 *Rba. sphaeroides* R26.1 の LH2 には，B800 BChl *a* が存在していない[26]。しかし，この LH2 複合体にカロテノイド及び BChl *a* を再構成すると，野生株と同様な LH2 複合体を再現する。したがって，カロテノイドは LH2 複合体における B800 BChl *a* の結合に主要な役割を果たしていると考えられる。しかしながら，もともと B800 BChl *a* に相当する BChl *a* を持たない LH1 においては，例えば *Rsp. rubrum* 由来の LH1 の再構成はカロテノイドなしでも一応，実践可能ではあるが[27]，完全な LH1 複合体の再構成には，カロテノイドの存在が必須である[28]。したがって，カロテノイドが蛋白質自身の会合体形成及び自己集積に与える影響は大きくはないが，光合成機能をより柔軟にするための構造構築に一役買っていることは事実であると考えられる。

　次に緑色植物について述べる。高等植物の LHC2 アンテナは，PS2 の光反応中心にエネルギーを供給する周辺アンテナであり，三量体構造で光合成アンテナ機能を担っている[3]。この三量体の形成には，ネオキサンチンが必須であると報告されている[1]。ネオキサンチンは緑色植物にのみ存在するカロテノイドであり，光合成器官内では 9-シス構造をとっていることが知られている[1]。従って，緑色植物の周辺アンテナ複合体の機能発現のために，カロテノイド色素は重要な構造安定化要因となっていると考えられる。

3.3　光捕穫作用

　カロテノイドは，500nm 付近の青から緑色の波長の光を吸収し，一重項励起エネルギー伝達により，捕まえた光エネルギーを（バクテリオ）クロロフィルに伝達する。上述したとおり，カロテノイドの共役系の長さに依存するが，このエネルギー伝達は，数百フェムト秒～数十ピコ秒で完結する。共役二重結合の数が少ないカロテノイドは，より高いエネルギーの光を吸収する。これをアンテナとして用いる生物はより短波長側の光を効率よく光合成に用いることが出来る（図7参照）。逆に，共役二重結合の数が多いカロテノイドは，より長波長の光を吸収するので，これをアンテナとして用いる生物はより長波長の光を効率よく光合成に用いることができる。共役二重結合数の違いにより少しずつ異なる波長の光を効率よく光合成に用いることにより，上層の光合成生物が利用しなかった波長（エネルギー）の光を下層に生息する生物が利用して生き延びるという，光合成生物の生存領域の住み分けが行なわれてきたと考えられている（図8参照）。

3.4　光保護作用

　カロテノイド欠損株は強光ストレス，酸素ストレスに対する耐性が極端に低くなり，カロテノイドを含む野生株が通常に生育する条件においても死滅していく。この生存率という総合的な観点から考えると，カロテノイドの一つの重要な役割は「生体を光破壊から保護すること」であると考えられる。この働きは，以下の2種類に大別される[1,24]（図9参照）。

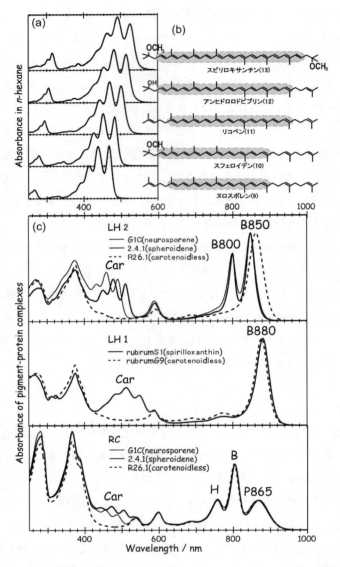

図7 紅色光合成細菌に存在するカロテノイドの(a)ヘキサン溶液中の吸収スペクトル及び(b)化学構造式と(c)色素蛋白複合体の吸収スペクトル

① 光保護作用（物理的過程）

（バクテリオ）クロロフィルの三重項励起状態を三重項エネルギー伝達によりクエンチし，カロテノイドの三重項励起状態が生成する。これが基底状態に緩和する際に熱エネルギーとして放出されることにより生体系を光破壊から保護する。アンテナおよび光反応中心のいずれの色素蛋白複合体に結合したカロテノイドもこの機能を担っている[29]。

第 5 章　光合成系におけるカロテノイドの機能と生理活性

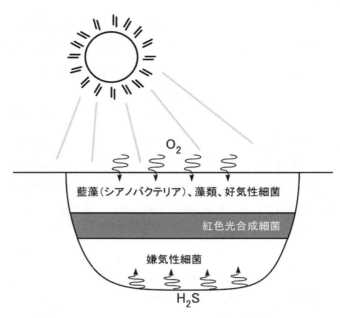

図 8　水中における光合成生物の棲み分けの様子を示す模式図

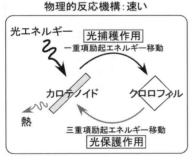 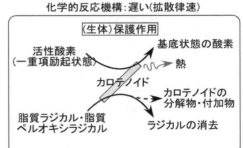

図 9　カロテノイドの機能

② 生体保護作用（化学反応的過程）

　活性酸素（一重項酸素）消去，ラジカル（特にカロテノイドが活性を示すのは脂質ラジカル及び脂質ペルオキシラジカル）消去反応。前者では，活性酸素とカロテノイドの衝突により，カロテノイドの三重項励起状態が生成し，基底状態に緩和する際に熱エネルギーとして余剰エネルギーを安全に放出する。後者では，共役二重結合のπ電子系が直接ラジカルと反応するため，カロテノイドの付加物が出来たり，カロテノイドが分解したりする副産物ができ，基本的にカロテノイドは不可逆的に壊れると考えられている[1, 24]。

3.5 光合成調節機能

カロテノイドには，上述した集光作用，光保護作用，および二次電子移動の他に，光合成調節機能と呼ばれる，光反応中心への光エネルギー供給を調節するという形での光保護機能が備わっている。この機能は，特に藻類や高等植物において重要な役割であり，表1にまとめたように大きく3種類に分類できる。光化学系1と2を有する光合成生物では，両者へのバランス良いエネルギー供給が要求され，どちらか一方を有する光合成生物では，周辺アンテナと反応中心の量比が調節される。表1で示した全ての過程を，古くから，クロロフィル a の蛍光の消去により観測されてきたという歴史的背景により，NPQ（Non-photochemical quenching）と言う一括りのキーワードとして分類されることが多いが，ここで示した各々の反応機構の解明に現在注目が集まっている。特に単細胞緑藻であるクラミドモナスのステート遷移については詳細が解明されつつある[30,31]。

表1 光合成調節機能の分類

光合成調節機能の名称	対応時間	概要	分布
キサントフィルサイクル	数分程度	酵素反応によるアンテナ内のカロテノイドの可逆的な構造変化によるクロロフィル a の蛍光（一重項励起状態）の消去能の最適化	高等植物，緑藻（類似の反応）珪藻，褐藻，渦鞭毛藻，ユーグレナ藻
ステート遷移（state transition）	数分程度	アンテナ蛋白質の再編成による集光アンテナ機能の最適化	高等植物，緑藻類，紅藻類，シアノバクテリアなど
光化学系1／光化学系2の存在量の最適化	数時間〜数日	遺伝子の発現量の最適化	高等植物，緑藻類，紅藻類，シアノバクテリアなど
周辺アンテナ／RCの存在量の最適化	数時間？	遺伝子の発現量の最適化	紅色細菌，緑色細菌など

4 光機能と構造との関係（将来展望に代えて）

光合成系においてカロテノイドは，光捕穫作用と光保護作用を担っている。ここで大変興味深いことに，紅色光合成細菌や緑色光合成細菌の場合，これら2種類の機能を果たすために，カロテノイドの特定のシス・トランス異性体が自然選択されている[32]。すなわち，アンテナ色素蛋白複合体には真っ直ぐに伸びたポリエン骨格を持つ全トランス型のカロテノイドが結合していることが，またRCには分子の中央で折れ曲がった15シス型のカロテノイドが結合していることが明らかにされている。このように特定の機能を果たすために特定の構造が選択された理由を解明するために，①光励起状態におけるカロテノイド異性体の分子構造や異性化反応に代表される分子動力学に関する知見，及び②光励起状態における準位エネルギーについての知見を得ることが本質的である。これまでに，時間分解ラマン分光や超高速時間分解吸収・発光分光に代表され

第5章 光合成系におけるカロテノイドの機能と生理活性

る様々な分光学的研究が行われて来ているが,最終結論を得るには至っていない[32]。そもそも,RCにおけるカロテノイドの結合サイトは15シス構造を持つカロテノイドしか許容できない構造となっている[22]こと,およびカロテノイドの光保護機能は,アンテナとRCの両方で発現しているので,シス・トランス構造の差異はさほど重要ではないのではないかと考える研究者もいる。しかしながら,カロテノイドの根源的な生理機能に関係する,この興味深い課題に対する本質的な理解を達成することは極めて重要である。そのためには,近年脚光を浴びつつある時間分解X線結晶構造解析[33]等の革新的新手法を導入して行く必要があると考えられる。

文　献

1) 高市真一,"カロテノイド－その多様性と生理活性－",裳華房（2006）
2) S. W. Jeffrey, *et al.*, "Phtoplankton Pigments in Oceanography; Guidelines to Modern Methods (2nd ed.)", UNESCO, Paris (2005)
3) P. Fromme, "Photosynthetic Protein Complexes; A Structural Approach", Wiley-Blackwell, Weinheim (2008)
4) B. R. Green and W. W. Parson, "Light-Harvesting Antennas in Photosynthesis", Advances in Photosynthesis and Respiration 13, Kluwer Academic Publishers, Dordrecht/Boston/London (2003)
5) 佐藤公行,"光合成",朝倉植物生理学講座3,朝倉書店（2002）
6) H. Hashimoto and K. Yanagi, *Electrochemistry,* **71**, 960 (2003)
7) R. K. Clayton, "Photosynthesis : physical mechanisms and chemical patterns", Cambridge University Press, Cambridge (1980)
8) J. Deisenhofer, *et al., Nature,* **318**, 618 (1985)
9) S. Scheuring and J. N. Sturgis, *Photosynth. Res.,* Online First (2009)
10) T. J. Aartsma and J. Matysik, "Biophysical Techniques in Photosynthesis Volume II", Advances in Photosynthesis and Respiration 26, Springer, Dordrecht (2008)
11) H. Hashimoto, *et al., Rev. Laser Engineer.,* **32**, 701 (2004)
12) 上原赫,"光合成微生物の機能と応用",シーエムシー出版,（2006）
13) K. E. McAuley, *et al., Proc. Natl. Acad. Sci. U.S.A.,* **96**, 14706 (1999)
14) N. J. Fraser, *et al., Photosynth. Res.,* **70**, 249 (2001)
15) D. Xia, *et al., Science,* **277**, 60 (1997)
16) M. M. Benning, *et al., J. Mol. Biol.,* **220**, 673 (1991)
17) D. Stock, *et al., Science,* **286**, 1700 (1999)
18) G. McDermott, *et al., Nature,* **374**, 517 (1995)
19) H. van Amerongen, *et al.,* "Photosynthetic Excitons", World Scientific, Singapore (2000)
20) S. Karrasch, *et al., EMBO J.,* **14**, 631 (1995)
21) S. Scheuring, *et al., Proc. Natl. Acad. Sci. U.S.A.,* **100**, 1690 (2003)
22) A. W. Roszak, *et al., Science,* **302**, 1969 (2003)
23) V. Sundström, *et al., J. Phys. Chem. B,* **103**, 2327 (1999)

24) 眞岡孝至, 食品・臨床栄養, **2**, 3 (2007)
25) H. A. Frank and G. W. Brudvig, *Biochemistry*, **43**, 8607 (2004)
26) A. Young and G. Britton, "Carotenoids in Photosynthesis", Chapman & Hall, London (1993)
27) R. Ghosh, *et al.*, *Biochemistry*, **27**, 1004 (1988)
28) K. Nakagawa, *et al.*, *J. Phys. Chem. B*, **112**, 9467 (2008)
29) H. A. Frank and R. J. Cogdell, *"Carotenoids in Photosynthesis"*, Young, A. ; Britton, G., Eds. Chapman & Hall : London, p 253 (1993)
30) M. Iwai, *et al.*, *Plant Cell*, **20**, 2177 (2008)
31) H. Takahashi, *et al.*, *Proc. Natl. Acad. Sci. U. S. A.*, **103**, 477 (2006)
32) Y. Koyama, *et al.*, *"Primary Processes of Photosynthesis – Part 1 : Principles and Apparatus"*, Renger, G., Ed. RSC Publishing: Cambridge, p 151 (2008)
33) A. Tomita, *et al.*, *Proc. Natl. Acad. Sci. U.S.A*, **106**, 2612 (2009)

第6章 カロテノイドの物性I：新しい電子状態を中心として

小澄大輔[*1], 楠本利行[*2], 杉﨑 満[*3], 橋本秀樹[*4]

1 カロテノイドの超高速緩和過程：その概略

アンテナ色素蛋白複合体におけるカロテノイドからバクテリオクロロフィル（Bchl）への励起エネルギーの伝達効率は，光合成細菌の種類に依存して，30%からほぼ100%まで変化する[1]。つい最近まで，カロテノイドからBchlへの励起エネルギー移動の機構は，図1に示したエネルギーダイアグラムに基づいて完全に説明できると考えられていた[2]。カロテノイドには基底状態からの一光子遷移に対して許容なS_2状態と禁制なS_1状態の2種類の一重項励起状態が存在する[3]。S_2状態は青〜緑スペクトル領域の強い吸収バンドと関係しており，ポリエン部分の対称性をC_{2h}対称と仮定して，その電子状態は$1^1B_u^+$状態に帰属されている[4]。一方，S_1状態は$2^1A_g^-$状態に帰属されている[4]。これら2つの励起状態の寿命は，ポリエン部分の共役性の程度に依存する。例えば，典型的なカロテノイドの一種であるβ-カロテンの場合，S_2状態の寿命は100fs程度と極めて短いのに比べて，S_1状態の寿命は10ps程度の長さを持つ[5]。

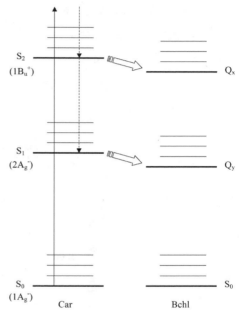

図1 典型的なカロテノイド分子のS_1及びS_2励起状態のエネルギー準位とバクテリオクロロフィルaのQ_x及びQ_y遷移との相対関係

このエネルギー準位図は共役二重結合数（n）が10個までのカロテノイド分子に対して成り立つ。

[*1] Daisuke Kosumi 大阪市立大学 大学院理学研究科 数物系専攻 日本学術振興会特別研究員
[*2] Toshiyuki Kusumoto 大阪市立大学 大学院理学研究科 数物系専攻 リサーチアシスタント
[*3] Mitsuru Sugisaki 大阪市立大学 大学院理学研究科 数物系専攻 准教授
[*4] Hideki Hashimoto 大阪市立大学 大学院理学研究科 数物系専攻 教授

サブピコ秒の時間分解能を持つ時間分解蛍光分光を用いた研究により，S_2，S_1 何れの励起状態からも Bchl へのエネルギー移動が起こることが示されている[6]。したがって，カロテノイドから Bchl へのエネルギー伝達効率は，S_2，S_1 の各々の励起状態がいかに効率よく光エネルギーを捕獲するかに依存することになる。

しかしながら，近年になり，上述した S_1 状態とは別の一光子禁制な一重項励起状態が S_2 状態と S_1 状態との間に中間励起状態として存在することが確認され，状況がより複雑になっている。このことは，図2に示した Tavan と Schulten による理論計算の結果により象徴的に示すことができる[7,8]。彼らの計算によれば，共役二重結合数（n）が5個よりも多いポリエン分子の場合，$1^1B_u^-$ 状態と帰属される別の一光子禁制な一重項励起状態が，中間励起状態として存在することが予測されている。理論予測をさらに共役二重結合数が多くなる方向に補外すると，n が10個よりも多いポリエン分子では，もう一つ別の $^1A_g^-$ 状態が中間励起状態として存在することになる。

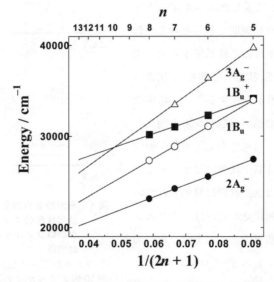

図2　Tavan と Schulten が PPP-MRD-CI 法を用いて計算した，共役二重結合数（n）が5から8のモデルポリエン分子の一重項励起状態のエネルギー準位図

溶液中のフリーなカロテノイド分子及びアンテナ色素蛋白複合体に結合したカロテノイドについて，S^* 状態と命名される他の中間励起状態が発見され，さらに状況が複雑になっている[9~13]。$S_1 \rightarrow S_n$ 吸収の高エネルギー側に現れる過渡吸収バンドが，時間分解吸収スペクトルの測定とそれに続く SVD 及びグローバル・フィッティングを用いた解析により検出された[9~11,14]。この新たな吸収バンドが S^* 状態からの遷移に帰属されている。S^* 状態は，カロテノイドがアンテナ複合体に結合しているか否かに依存して，5~12ps の寿命を持つ。カロテノイドが LH2 複合体に

第6章 カロテノイドの物性 I：新しい電子状態を中心として

結合している場合，S^*状態は三重項励起状態への緩和を示す。これに対して，溶液中のフリーなカロテノイドの場合，S^*状態は直接 S_0 状態へ緩和する。β-カロテン，リコペン，ゼアキサンチンに対して，過渡吸収スペクトルの測定に際して pump-dump-probe 分光法を適用することにより，Wohlleben らは溶液中のフリーなカロテノイドの S^* 状態（S^*_{sol}）を再調査した[13]。彼らは，S^*_{sol} 状態が，電子基底状態の振動励起状態に帰属されること（S^*_{sol} = hot S_0）を提案している。彼らはアンテナタンパクに結合したカロテノイドの S^* 状態も検出しており，こちらは S^*_T と再命名している。

β-カロテンの $S_0 \to S_2$ 吸収の高エネルギー側を光励起することにより，$S^\ddagger$ 状態と命名される，さらに別の中間励起状態が発見されている[15]。$S^\ddagger$ 状態と S_1 状態が，S_2 状態からの緩和の際に，独立に存在することから，$S^\ddagger$ 状態は振動励起状態ではなく，電子励起状態であることが示唆された。

ペリジニン及びフコキサンチン等の極性カロテノイド類では，$S_2 \to S_1$ の緩和過程において，電荷移動型の中間励起状態（S_{CT}）が介在することが明らかにされている[16〜19]。この電荷移動型の中間励起状態に関しては，Polívka と Sundström による卓越したレビュー記事が存在する[20]。

最後に，まとめとして，図3に上で議論したカロテノイドの一重項励起状態の相対的なエネルギー準位と S_2 状態からの緩和過程を模式的に記す。S_2 と S_1 の中間にある励起状態に関して，Polívka と Sundström が，最近教育的なレビュー記事を発表している[21]。カロテノイドの一重項励起状態の寿命は極端に短いため，カロテノイドからクロロフィルへの励起エネルギー移動の詳細を調べるには，超高速レーザー分光計測の活用が必須となる。以下にその実際について紹介する。

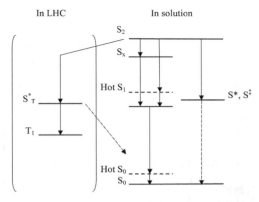

図3　カロテノイドのエネルギー準位と S_2 状態に光励起した後の緩和過程を示した模式図

LHC はアンテナ複合体に結合した場合を示している。破線で記した準位は振動励起状態に対応する。破線矢印は，現在のところ，まだ明らかにされていない緩和過程を示している。

カロテノイドの科学と最新応用技術

2 フェムト秒分光計測の実際と課題

モード同期 Ti:Sapphire レーザーの出現以来，比較的容易に超高速分光測定が行われるようになり，化学，生物，物理の幅広い分野においてそれまで観測することが困難であった非平衡状態におけるダイナミクスを観測することが可能となった。Ti:Sapphire レーザーを用いた超高速分光では，100 フェムト秒（フェムト秒 = 10^{-15} 秒）という極めて短い時間領域で物質の状態をスナップショットとして記録することが可能である。このような技術の進歩により，分子の固有振動の実時間観測からピコ秒時間分解 X 線構造解析に至るまで，様々な分野において重大なブレークスルーをもたらした[22～27]。カロテノイドの分光学的研究においても，それまでは時間的に平均化された定常状態としての情報のみが得られ，光という外場に対してカロテノイドの電子状態がどのように時間変化するのかということについての知見は得られなかった。フェムト秒分光の発達により，カロテノイドにおける超高速現象という分野が飛躍的に発達した。

超高速分光の適用により，カロテノイドの光学許容状態 S_2 を励起すると，100 フェムト秒程度でより低い励起状態である S_1 へ内部転換し，さらにピコ～ナノ秒で基底状態 S_0 へ緩和することが明らかになった。このことから，超高速分光で観測されたカロテノイドの励起状態ダイナミクスは基底状態 S_0 を含む3準位で説明されてきた（図4(a)）[20]。一方，上述したように Tavan と Schulten は2電子励起全配置間相互作用を取り入れた Pariser-Perr-Pople（PPP-MRD-CI）ハミルトニアンによる全トランスポリエンの励起状態エネルギーの計算を行った結果，共役二重結合数（n）が5よりも多い場合は，S_2 と S_1 の間に中間状態 $1^1B_u^-$ が存在し，10 よりも多い場合は更に $3^1A_g^-$ が存在することを示した[7,8,28]。また，この理論計算で予測された中間状態とは別に，共役二重結合数が11以上のカロテノイドでは S^*，$S^{\ddagger}$ とラベルされた状態が存在するこ

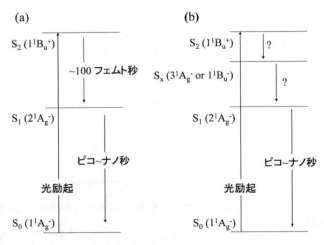

図4 カロテノイドのエネルギー準位
(a)中間状態を含まない3準位と(b)中間状態を含む場合。

第6章 カロテノイドの物性Ⅰ:新しい電子状態を中心として

とが報告され,この状態の起源については現在も議論が行われている[11,13,15,29,30]。さらに,カルボニル基といった電子吸引基を持つ極性カロテノイドでは,分子内電荷移動状態(S_{ICT})[20,31～33],あるいはポリエン骨格に非局在化した$π$電子ではなく,カルボニル基に局在した$π$電子の励起に相当する($nπ^*$)状態[34,35]が存在することが示されている。

このように,従来3準位系で考えられてきたカロテノイド類の励起状態ダイナミクスであったが,近年のレーザー技術の発展によりさまざまな状態が存在することが報告され,カロテノイドの超高速現象における重要なトピックスのひとつとなっている[20,36]。本節では,特に理論計算で存在が予測されている$1^1B_u^-$と$3^1A_g^-$(S_x)に焦点を当て,現在までのフェムト秒分光における現状と問題について重点的に記述する[21]。

2.1 S_x ($3^1A_g^-$及び$1^1B_u^-$)

Koyamaらのグループは,Tavanらにより予測された中間状態S_xにいち早く着目し,共鳴ラマン分光,高感度定常発光分光を用いて中間状態の検出に成功した[37]。また,異なる共役2重結合数を持つカロテノイド類を系統的に調べ,Tavanらの計算結果を参照することにより,$3^1A_g^-$と$1^1B_u^-$のエネルギーと共役2重結合数の関係について定式化を行った[38～41]。さらに中間状態に関する研究を時間分解分光に拡張し,サブピコ秒時間分解吸収分光(以後pump-probe分光と記述),時間分解発光分光,時間分解誘導ラマン分光で得られた結果を特異値分解解析(SVD)とグローバル・フィッティングを用いることで各時間成分を分離し,Tavanらの計算結果を参照することで,得られた結果に中間状態が含まれていることを主張している[42～46]。Cerulloらのグループは,非同軸光パラメトリック増幅器(NOPA)を用いて,サブ10フェムト秒という極めて短い光パルスを発生させ,$β$-カロテン及びリコペンに対し世界に先駆け初めて極限高分解能なpump-probe分光を成功させた[47]。サブ10フェムト秒という極超短光パルスを用いることで,これまでの100フェムト秒pump-probe分光で観測された赤外領域の過渡吸収よりも早い時間領域に新しい過渡吸収信号が観測されたことを報告している。この新しく観測された過渡吸収信号は10フェムト秒という極めて短い寿命を持ち,この減衰とともにこれまでも観測されている赤外領域の過渡吸収信号が立ち上がり,この信号は150フェムト秒で減衰することを報告している。ここで注目すべきは観測された信号の起源であるが,CerulloらはS_2を共鳴励起直後に現れた10フェムト秒で減衰する信号をS_2,S_2の減衰に伴い現れ150フェムト秒で減衰する信号をS_xと同定している。また,同グループは共役二重結合数(n)が異なる$β$-カロテン同属体($n=5, 13, 11, 15$)及びヌロスポレン($n=9$)に対しても同様の測定を行った結果,共役二重結合数が11以上のカロテノイドではS_xを含む4準位($S_2→S_x→S_1→S_0$),10以下のカロテノイドではS_xを含まない3準位($S_2→S_1→S_0$)モデルでダイナミクスが説明できることを示している[36,48]。さらに,Kobayashiらのグループにより同様の研究が行われ,スピリロキサンチン($n=13$),アンヒドロロドビブリン($n=12$)においても中間状態が存在することが示さ

カロテノイドの科学と最新応用技術

表1 10フェムト秒の極超短パルス光を用いたpump-probe分光により観測されたS$_2$及びS$_x$の寿命

試　　料	S$_2$寿命	S$_x$寿命
M15-カロテン（$n=15$）	< 5 fs[48]	42 fs[48]
スピリロキサンチン（$n=13$）	50 fs[49,50]	36 fs($3^1A_g^-$), 203 fs($1^1B_u^-$)[49,50]
M13-カロテン（$n=13$）	7 fs[48]	105 fs[48]
アンヒドロロドビブリン（$n=12$）	28 fs[49,50]	36 fs($3^1A_g^-$), 203 fs($1^1B_u^-$)[49,50]
リコペン（$n=11$）	9 fs[47] 15 fs[49,50]	90 fs[47] 43 fs($3^1A_g^-$), 319 fs($1^1B_u^-$)[49,50]
$β$-カロテン（$n=11$）	10 fs[47]	150 fs[47]
ヌロスポレン（$n=9$）	20 fs[48]	400 fs[48]
m5-カロテン（$n=5$）	45 fs[48]	-

れている[49,50]。極超短パルスpump-probe分光により得られたS$_2$とS$_x$の寿命を表1に示す。

　NOPAを用いた20フェムト秒以下の極超短パルスが時間分解分光に応用されるようになり，カロテノイドの励起状態ダイナミクスに新たな発展が現れたかのように見えたが，上記の研究結果には疑問が残された。それは，これまで行われてきた時間分解発光分光との矛盾である。フェムト秒時間分解発光分光には和周波発生法（up-conversion）または光Kerr-gate法などが用いられ，カロテノイド類のS$_2$の寿命は100フェムト秒程度であることが報告されている[6,51～61]。Cerulloらが報告しているS$_x$の寿命は，それまで報告されてきた時間分解発光分光で観測されたS$_2$の寿命とよく一致する。10フェムト秒のpump-probe分光で観測されたS$_x$と理論計算により予測されている電子状態を比較すると，S$_x$の起源は$3^1A_g^-$あるいは$1^1B_u^-$であることが考えられるが，いずれの状態も基底状態への1光子遷移は禁制である[7,8,28]。時間分解発光分光で観測されている信号の帰属がS$_2$であるとすると，10フェムト秒pump-probe分光における信号の寿命と大きな矛盾が生じる。しかしながら，これまでの研究では時間分解発光分光とpump-probe分光はそれぞれが異なる研究グループにより行われたため，励起エネルギー，溶媒，装置関数などの測定条件が異なり，結果を直接比較できない状況にあった。このような問題に対処すべく，100フェムト秒の分解能を持つ時間分解発光及びpump-probe分光を同一条件下で測定するという研究が筆者らのグループにより行われた[60,62]。図5は$β$-カロテンにおいて，フェムト秒時間分解発光分光とpump-probe分光を同一条件下で測定した結果である。図5(a)は，発光と赤外過渡吸収信号の時間依存性を表し，2つの信号が同一の時間変化を示すことが示された。図5(b)は，光励起後100フェムト秒後の時間分解発光スペクトル及びpump-probe分光で観測された赤外過渡吸収信号を表す。発光信号の起源はS$_2$であるので，この結果からpump-probe分光で観測された赤外過渡吸収信号の起源はS$_2$によるものであることが示された。

　次なる問題は，10フェムト秒pump-probe分光で観測された超高速応答（5～20フェムト秒）を示す成分の起源である。観測された信号の寿命が装置関数と同程度（～10フェムト秒）であ

第6章 カロテノイドの物性Ⅰ：新しい電子状態を中心として

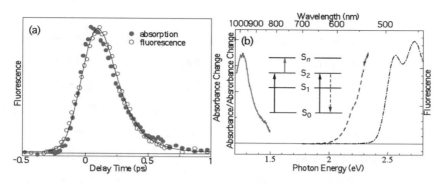

図5 β-カロテンを試料とした時間分解発光及び吸収分光の同一条件下での測定結果
(a)発光信号と赤外過渡吸収の時間依存性と(b)光励起後100 fs後の時間分解発光スペクトル（破線）と赤外過渡吸収スペクトル（実線）。

ることから，非線形光学信号であることに着目した研究が行われた[61,63]。その結果，筆者らのグループはβ-カロテンにおいてS_2に対して非共鳴励起光による光学応答を調べたところ，可視領域において励起エネルギーに依存した$S_n(n^1A_g^-$，4.0eV)への2光子吸収信号が現れることが確認された。また，非共鳴励起光を用いた光学応答スペクトルに対して，摂動展開による3次の非線形光学効果とフランク・コンドン効果を取り入れた数値計算を行ったところ，実験結果をよく再現する計算結果が得られ（図6を参照），極超短光パルスを用いて観測された信号の起源がS_2への実励起による分布生成ではなく，S_nへの2光子吸収信号であることが明らかになった[62〜64]。2光子吸収のようなコヒーレント信号は励起状態の実励起を伴わないため，信号の時間変化は装

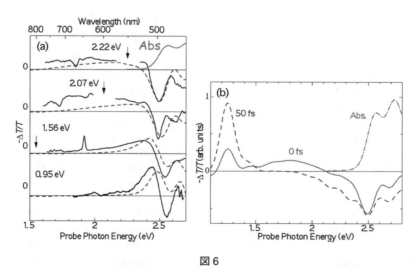

図6
(a)β-カロテンを試料とした非共鳴励起条件下での非線形光学応答。実線は時間原点における実測スペクトル，破線は計算結果。一点鎖線は定常吸収スペクトルを表す。
(b)数値計算を用いた極超短光パルス励起によるβ-カロテンの光学応答のシミュレーション。中心波長510nm，パルス幅20 fsを仮定。

置関数と一致する。

　このように，これまでの研究で中間状態を直接観測したという報告はいくつかあるが，いずれの研究も他のグループとの比較で矛盾なく包括的に説明できた例はない。中間状態に関する研究として，異なる共役二重結合数を持つカロテノイドを測定しその結果を比較するという試みが行われている。時間分解発光分光及び pump-probe 分光において，ある共役二重結合数のカロテノイドで S_2 の寿命が最も長くなるという結果が示されている[29,55,61]。また，フェムト秒時間分解誘導ラマン分光では，S_1 の振動緩和過程においても同様な結果が報告されている[62]。これらの結果は，共役二重結合数が多い（$n \geq 10$）カロテノイドでは中間状態が存在することを示唆しているものの，中間状態に関する詳細な知見は得られていない。カロテノイドは，植物及び細菌類の光合成において光アンテナ及び光保護作用を担っているため，その励起状態ダイナミクスを理解することは非常に重要な課題である。そのため，この中間状態を検出し，カロテノイドの励起状態ダイナミクスおける役割を解明することが重要な課題となる。

2.2　S^* 及び $S^\ddagger$

　S^* と帰属された信号は van Grondelle のグループにより報告され，溶液中におけるフリーなカロテノイドではなく LH1 色素蛋白複合体 *Rsp. rubrum* に結合したスピリロキサンチンにおいて

表2　フェムト秒時間分解発光分光により決定された S_2 の寿命

試　料	励起波長	溶　媒	S_2 寿命
M15-カロテン（$n=15$）	520nm	cyclohexane	70 fs[61]
スピリロキサンチン（$n=13$）	490nm	*n*-hexane	69 fs[58]
M13-カロテン（$n=13$）	530nm	cyclohexane	90 fs[61]
リコペン（$n=11$）	520nm	*n*-hexane	90 fs[60]
	520nm	cyclohexane	100 fs[61]
ロドピングルコシド（$n=11$）	490nm	benzyl alcohol	124 fs[6]
ゼアキサンチン（$n=11$）	490nm	toluene	146 fs[58]
β-カロテン（$n=11$）	395nm	benzene	230 fs[60]
	395nm	*n*-hexane	220 fs[60]
	400nm	*n*-hexane	210 fs[56]
	420nm	MTHF	150〜165 fs[57]
	425nm	*n*-hexane	190〜200 fs[51]
	500nm	benzene	130 fs[60]
	490nm	*n*-hexane	140 fs[60]
	490nm	cyclohexane	150 fs[61]
スフェロイデン（$n=10$）	400nm	*n*-hexane	260 fs[59]
	490nm	*n*-pentane	240 fs[53]
m9-カロテン（$n=9$）	400nm	cyclohexane	210 fs[61]
ヌロスポレン（$n=9$）	420nm	*n*-hexane	195〜280 fs[54]
	400nm	*n*-hexane	260 fs[59]
m7-カロテン（$n=7$）	400nm	cyclohexane	160 fs[61]

第6章 カロテノイドの物性Ⅰ：新しい電子状態を中心として

初めて観測され，続いて $Rba.\ sphaeroids$ 2.4.1 の LH2 に結合したスフェロイデン，$Rps.\ acidophila$ の LH2 に結合したロドピングルコシドにおいて同様の状態が検出された[9,11,12,65]。van Grondelle らは，この S^* を新たな電子状態であると帰属し，特に色素蛋白複合体中において三重項状態の生成に重要な役割を果たしていると報告している[11]。続いて同グループは，溶液中のフリーな β-カロテンにおいて励起状態ダイナミクスの励起エネルギー依存性を調べたところ，高エネルギー励起を行った場合に S_1-S_n 過渡吸収の高エネルギー端に新たな過渡吸収信号（図7(a)を参照）が現れることを報告している[15]。この溶液中の β-カロテンにおいて観測された信号は，色素蛋白複合体に結合したカロテノイドで検出された S^* とよく似ているが，蛋白に結合した状態と区別し $S^\ddagger$ とラベルされた。van Grondelle らは S^* 及び $S^\ddagger$ が新たな電子状態であり，その寿命は10ピコ秒程度であると主張している。これに対し，溶液中におけるフリーな状態の M19-β-カロテンにおいて S_1-S_n 過渡吸収の高エネルギー端に基底状態の振動励起状態による過渡吸収信号が現れることが報告されている[66]。基底状態における振動励起状態の過渡吸収信号は，S^* 及び $S^\ddagger$ が現れるエネルギー領域と一致し（図7(a)を参照），フェムト秒時間分解ラマン分光から振動励起状態の寿命は10ピコ秒程度であることが明らかにされている[66~69]。Motzukus のグループは，多重パルス励起分光を用いて β-カロテン及びその同属体を調べたところ，溶液中においては S^* 及び $S^\ddagger$ が新たな電子状態ではなく，基底状態の振動励起状態であると報告している[29]。また，Frank らは量子化学計算を行い，計算結果に基づきスペクトル解析を行ったところ，S^* 及び $S^\ddagger$ の起源が異性体の S_1 信号であると主張している[70~72]。図7(b)~(d)にこれまで

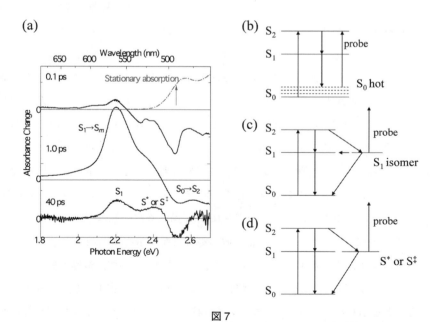

図7
(a) β-カロテンを試料とした pump-probe 分光で観測された光誘起吸収スペクトルの時間変化。光励起後40ピコ秒のスペクトルは10倍に拡大している。(b)~(d) S^* 及び $S^\ddagger$ の帰属において示された緩和モデル。

提唱された緩和モデルを示す。このように各グループにより全く異なる緩和モデルが提唱されており，統一的な見解は得られていない。このような見解の不一致が生じた原因として，ターゲットとなる試料とそれを取り巻く環境の違いがあげられる。主な要因としては，①試料となるカロテノイドの共役二重結合数，②試料となるカロテノイドが溶液中でフリーな状態か色素蛋白複合体に結合しているかである。共役二重結合数が異なると，各電子励起状態エネルギー状態が変化するため，異なる共役二重結合数を持つカロテノイドの励起状態ダイナミクスは単純に比較できない。また，色素蛋白複合体に結合したカロテノイドは，比較的三重項状態を形成しやすいのに対し，溶液中ではS_1から三重項状態への項間交差量子効率は極めて低いことが知られている（10^{-5}程度[73]）。色素蛋白複合体に結合したカロテノイドで観測されたS^*が，三重項状態へ高効率で項間交差するための前駆的状態であるのであれば，カロテノイドを取り巻く環境はS^*を検出する上で重要な因子である。

S^*及び$S^{\ddagger}$の起源を統一的に解釈するためには，同一の試料を同じ実験条件下で測定することが必要であると考えられる。S^*及び$S^{\ddagger}$が光合成励起エネルギー移動においてどのような役割を果たすかという点について，明確な見解は得られていないが，カロテノイドの励起状態ダイナミクスを理解する上で，これらの状態の起源を明らかにすることは重要な課題である。

2.3 S_{ICT}

Mimuroらは，極性基を持たない無極性カロテノイドとカルボニル基またはヒドロキシル基を持つ極性カロテノイドにおいて，定常発光によるS_1発光強度，及び時間分解発光を用いたS_2寿命の溶媒依存性を測定した[74〜76]。S_2の緩和寿命の溶媒依存性が，無極性カロテノイドではほとんど見られないのに対し，極性カロテノイドでは非常に大きくなることを明らかにした。これは，S_2から1光子遷移禁制準位である$2A_g^-$状態（S_1）に直接緩和していると考えると実験結果を理解することができず，極性カロテノイドの持つカルボニル基またはヒドロキシル基と極性溶媒分子との間で大きな相互作用があると示唆している。また，S_1発光スペクトルの溶媒極性依存性からも同様な結果が示されている。その後，Frankらによりアレン基を持つ極性カロテノイドの一つであるペリジニン[77]や，他のカルボニル基を持つ極性カロテノイド（化学構造式については図8参照）のpump-probe分光の溶媒依存性が測定され[31]，ペリジニン及び他の極性カロテノイドでは，無極性溶媒中で可視領域に観測されるS_1過渡吸収の低エネルギー側に，極性溶媒中では新たな過渡吸収帯が現れ，S_1寿命は溶媒の極性に強く依存することが示された。このことから，カルボニル基を持つ極性カロテノイドが極性溶媒中において，溶媒の極性依存性を示さない無極性カロテノイドのS_1状態（$2A_g^-$状態）とは異なる状態（ICT状態，以後S_{ICT}と呼ぶ）が生成されることを示した。この極性カロテノイド特有の状態は，カルボニル基が電子吸引基となり分子内電荷移動を誘起した結果，生成される状態であると解釈されている。極性溶媒中では，このS_{ICT}が生成されることにより，S_1の寿命が短くなっていることが示唆されている。さらに，

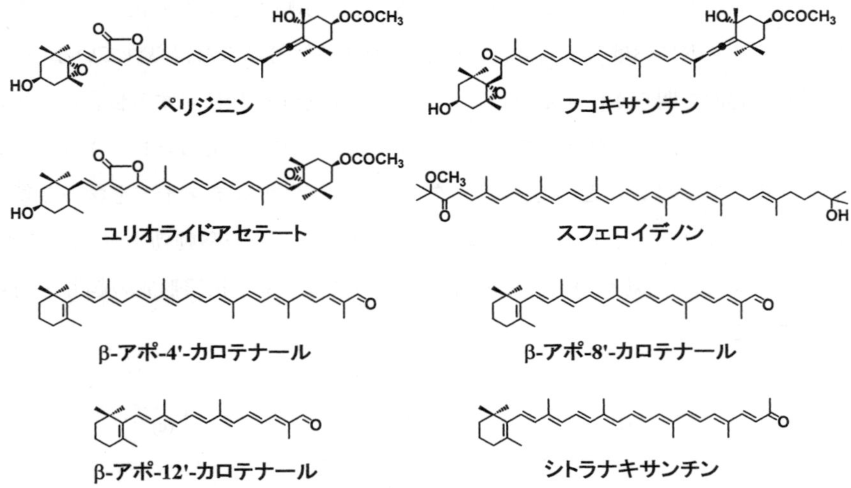

第6章　カロテノイドの物性Ⅰ：新しい電子状態を中心として

図8　S_{ICT} 状態を示す極性カロテノイドの化学構造式

アポカロテナールの同族体（化学構造式については図8参照）を用いて S_{ICT} ダイナミクスの共役鎖長依存性が観測されている[78,79]。それによると，無極性溶媒中では共役鎖長が長いほど S_1 の寿命が短くなり，無極性カロテノイドの共役鎖長依存性と一致する結果が得られている。しかしながら，極性溶媒中では S_1 寿命の共役鎖長依存性を示さなかった。Lenzer らは，カルボニル基を持つカロテノイドの一つであるシトラナキサンチン（化学構造式については図8参照）について過渡レンズ測定を行い，この実験においても極性溶媒中での S_1 の寿命が無極性溶媒中の寿命よりも短くなることを示した[80,81]。これらの結果は，極性カロテノイドの極性溶媒中における S_{ICT} は S_1（$2A_g^-$ 状態）とは異なる状態であることを支持している。

現在までにフェムト秒分光を用いた研究により，極性カロテノイドにおいて S_{ICT} が生成されているという結果が多く示されているものの，この S_{ICT} 形成の起源については現在も議論が続いている。代表的な例としてペリジニンにおける S_{ICT} に関する研究をあげる。Time Dependent Density Functional Theory（TDDFT）法による計算から，S_{ICT} 状態は S_1 状態とは区別される電荷移動状態であるという解釈がなされている[82]。一方，Modified Neglect of Differential Overlap including Partial Single and Double Configuration Interaction（MNDO-PSDCI）法による計算では，S_{ICT} は電荷移動(CT)特性を持つ S_1 状態そのものであるという解釈がなされている[83]。また，実験による結果では，2光子励起分光[84]及び pump-probe 分光測定の励起波長依存性[85,86]から，S_{ICT} 状態は S_1 状態と強く結合している状態であるという解釈がなされている。一方，pump-probe 分光測定の溶媒依存性[77]及び pump-dump-probe 分光測定[33,87]によると，S_{ICT} 状態と S_1 状態は区別される状態であるという解釈がされている。これまで示された極性溶媒中における極性カロテノイドのエネルギーダイアグラムを図9に示す。さらに，Fleming らのグループは，実験[84]および理論計算[82]の結果から，Mimuro らのグループは時間分解発光測定[76]

から S_2 ($1^1B_u^+$) 近傍にも ICT 状態が存在していることを示唆する結果を報告している。このように，極性カロテノイドにおける S_{ICT} 状態の起源に対する解答は未だ得られていない。

S_{ICT} 状態形成の起源を明らかにするためには，光応答の分子構造に対する依存性と溶媒に対する依存性に着目し，その両方を制御しながら測定することが重要である。フコキサンチン，シフォナキサンチンやペリジニンなどの S_{ICT} 状態を形成する極性カロテノイドを含む藻類，高等植物の光捕集系では，カロテノイドからクロロフィルへのエネルギー移動効率が 85〜100% と非常に高効率である[20]。この高効率の起源を理解するためには，S_{ICT} 状態形成の起源を明らかにすることが重要である。

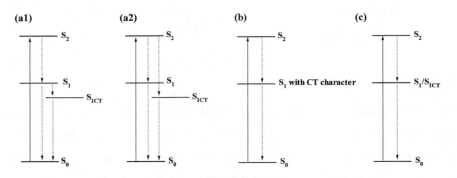

図9　極性カロテノイドにおける S_{ICT} を含む緩和モデル
(a1) と (a2) S_1 状態とは独立な場合。(b) CT 特性を示す S_1 の場合。(c) S_1 と強く結合した場合。点線は光励起後の内部変換による緩和過程を示している。

3　まとめと将来展望

フェムト秒分光がカロテノイドにおける励起状態ダイナミクスの観測に応用されて以降，定常分光では明らかにされなかった点が多く解決された。しかしそれと同時に，測定精度の飛躍的な向上により，これまで観測されなかった微弱な信号も観測され，励起状態ダイナミクスはさらに複雑化している。フェムト秒分光の中でも幅広く用いられている pump-probe 分光は，測定が比較的容易に行えるため，励起状態ダイナミクスを観測するために幅広く用いられている。この方法は，広帯域な領域を一度に観測できる非常に有力な手法であるが，超高速緩和を示す物質は幅広いスペクトルをもつため様々な信号が重なってしまうという欠点を持つ。そのため，pump-probe 分光で観測された励起状態ダイナミクスを正しく理解するためには，他の分光手法による相補的情報が必要である。最近では，カロテノイドにおいて四光波混合測定（過渡回折，過渡レンズ，3パルスフォトンエコー，フォトンエコーピークシフト，コヒーレントラマン分光）をはじめとする，数多くの非線形分光測定が行われている[88〜97]。これらの測定結果と pump-probe 分光の結果を包括的に解釈することが，次の世代の課題となるであろう。また，超高速分光の結

第6章 カロテノイドの物性Ⅰ：新しい電子状態を中心として

果の検証のためには，理論研究のサポートは不可欠である．近年では，計算機の処理能力の飛躍的な進歩により，Tavan らが1970～1980 年代にかけて行った計算よりも多くの共役二重結合数について（Tavan らは $n=8$ までであるのに対し，Kurashige らは $n=14$ まで計算を行った[98]）より精密な電子相関（多電子効果による補正）を取り入れた計算が可能となっている．特に，近年では量子化学計算のアルゴリズムが確立され，時間依存摂動及び複雑な電子相関を取り入れた計算が行われている[98～100]．現在のところ複雑分子の電子励起状態エネルギーを正確に計算できる手法は開発されていないが，近い将来カロテノイドのような分子においても電子励起状態の厳密計算が行われることを期待する．

文　　献

1) H. A. Frank and R. J. Cogdell, *Photochem. Photobiol.*, **63**, 257 (1996)
2) R. Z. B. Desamero, *et al.*, *J. Phys. Chem. B*, **102**, 8151 (1998)
3) 橋本秀樹, 日本物理学会誌, **50**, 555（1995）
4) R. Pariser, *J. Chem. Phys.*, **24**, 250 (1956)
5) H. A. Frank, *Arch. Biochem. Biophys.*, **385**, 53 (2001)
6) A. N. Macpherson, *et al.*, *Biophys. J.*, **80**, 923 (2001)
7) P. Tavan and K. Schulten, *J. Chem. Phys.*, **85**, 6602 (1986)
8) P. Tavan and K. Schulten, *Phys. Rev. B*, **36**, 4337 (1987)
9) C. C. Gradinaru, *et al.*, *Proc. Natl. Acad. Sci. U.S.A.*, **98**, 2364 (2001)
10) E. Papagiannakis, *et al.*, *J. Phys. Chem. B*, **107**, 5642 (2003)
11) E. Papagiannakis, *et al.*, *Proc. Natl. Acad. Sci. U.S.A.*, **99**, 6017 (2002)
12) E. Papagiannakis, *et al.*, *J. Phys. Chem. B*, **107**, 11216 (2003)
13) W. Wohlleben, et al., *J. Phys. Chem. B*, **108**, 3320 (2004)
14) E. Papagiannakis, *et al.*, *J. Phys.Chem. B*, **107**, 11216 (2003)
15) D. S. Larsen, *et al.*, *Chem. Phys. Lett.*, **381**, 733 (2003)
16) J. A. Bautista, *et al.*, *J. Phys.Chem. B*, **103**, 8751 (1999)
17) H. A. Frank, *et al.*, *J. Phys.Chem. B*, **104**, 4569 (2000)
18) D. Zigmantas, *et al.*, *J. Phys. Chem. A*, **105**, 10296 (2001)
19) D. Zigmantas, *et al.*, *Proc. Natl. Acad. Sci. U.S.A*, **99**, 16760 (2002)
20) T. Polívka and V. Sundström, *Chem. Rev.*, **104**, 2021 (2004)
21) T. Polívka and V. Sundström, *Chem. Phys. Lett.*, **477**, 1 (2009)
22) M. H. Vos, *et al.*, *Nature*, **363**, 320 (1993)
23) A. H. Zewail, *J. Phys. Chem. A*, **104** (2000)
24) M. Hentschel, *et al.*, *Nature*, **414**, 509 (2001)
25) T. Kobayashi, *et al.*, *Nature*, **414**, 531 (2001)
26) C. Bressler, *et al.*, *Science*, **323**, 489 (2009)
27) J. Zheng, *et al.*, *Science*, **309**, 1338 (2005)
28) P. Tavan and K. Schulten, *J. Chem. Phys.*, **70**, 5407 (1979)

29) T. Buckup, et al., *J. Chem. Phys.*, **125**, 194505 (2006)
30) D. M. Niedzwiedzki, et al., *J. Phys. Chem. B*, **110**, 22872 (2006)
31) H. A. Frank, et al., *J. Phys. Chem. B*, **104**, 4569 (2000)
32) D. Zigmantas, et al., *Phys. Chem. Chem. Phys.*, **6**, 3009 (2004)
33) E. Papagiannakis, et al., *J. Phys. Chem. B*, **110**, 512 (2006)
34) S. Akimoto, et al., *Photochem. Photobiol. Sci.*, **7**, 1206 (2008)
35) S. Takeuchi and T. Tahara, *J. Phys. Chem.*, **101**, 3052 (1997)
36) H. Hashimoto, et al., *Arch. Biochem. Biophys.*, **430**, 61 (2004)
37) Y. Koyama, et al., in *Primary Processes of Photosynthesis - Part 1 : Principles and Apparatus*, edited by G. Renger p. 151 RSC Publishing, Cambridge (2008)
38) T. Sashima, et al., *Chem. Phys. Lett.*, **299**, 187 (1999)
39) K. Furuichi, et al., *Chem. Phys. Lett.*, **356**, 547 (2002)
40) T. Sashima, et al., *J. Phys. Chem. B*, **104**, 5011 (2000)
41) R. Fujii, et al., *J. Phys. Chem. A*, **105**, 5348 (2001)
42) J.-P. Zhang, et al., *Chemical Physics Letters*, **332**, 351 (2000)
43) F. S. Rondonuwu, et al., *Chem. Phys. Lett.*, **357**, 376 (2002)
44) R. Fujii, et al., *Chem. Phys. Lett.*, **369**, 165 (2003)
45) R. Fujii, et al., *Chem. Phys. Lett.*, **384**, 9 (2004)
46) A. Sutresno, et al., *Chem. Phys. Lett.*, **447**, 127 (2007)
47) G. Cerullo, et al., *Science*, **298**, 2395 (2002)
48) D. Polli, et al., *Phys. Rev. Lett.*, **93**, 163002 (2004)
49) K. Nishimura, et al., *Chem. Phys. Lett.*, **392**, 68 (2004)
50) M. Ikuta, et al., *Chem. Phys. Lett.*, **422**, 95 (2006)
51) H. Kandori, et al., *J. Am. Chem. Soc.*, **116**, 2671 (1994)
52) A. N. Macpherson and T. Gillbro, *J. Phys. Chem. A*, **102** (1998)
53) M. Ricci, et al., *Chem. Phys. Lett.*, **259**, 381 (1996)
54) S. Akimoto, et al., *Chem. Phys. Lett.*, **313**, 63 (1999)
55) S. Akimoto, et al., *J. Lumin.*, **87-89**, 797 (2000)
56) J. Takeda, et al., *Phys. Rev. B*, **62**, 10083 (2000)
57) S. Akimoto, et al., *J. Phys. Chem. A*, **106**, 2237 (2002)
58) N. E. Holt, et al., *Chem. Phys. Lett.*, **379**, 305 (2003)
59) R. Nakamura, et al., *Chem. Phys. Lett.*, **400**, 7 (2004)
60) D. Kosumi, et al., *Chem. Phys. Lett.*, **408**, 89 (2005)
61) D. Kosumi, et al., *Chem. Phys. Lett.*, **425**, 66 (2006)
62) M. Yoshizawa, et al., *Laser Physics*, **16**, 325 (2006)
63) D. Kosumi, et al., *Phys. Rev. Lett.*, **95**, 213601 (2005)
64) J. L. Pérez Lustres, et al., *Angew. Chem. Int. Ed.*, **46**, 3758 (2005)
65) E. Papagiannakis, et al., *J. Phys. Chem. B*, **110**, 5727 (2006)
66) M. Yoshizawa, et al., *Phys. Rev. B*, **67**, 174302 (2003)
67) M. Yoshizawa, et al., *Phys. Rev. B*, **63**, 180301(R) (2001)
68) P. Kukura, et al., *J. Phys. Chem. A*, **108**, 5921 (2004)
69) S. Shim and R. A. Mathies, *J. Phys. Chem. B*, **112**, 4826 (2008)
70) D. M. Niedwiedzki, et al., *J. Phys. Chem. B*, **110**, 22872 (2006)
71) D. M. Niedwiedzki, et al., *J. Phys. Chem. B*, **111**, 5984 (2007)
72) H. Cong, et al., *J. Phys. Chem. B*, **112**, 3558 (2008)
73) S. M. Bachilo, *J. Photochem. Photobiol. A : Chemistry* **91**, 111 (1995)

第 6 章　カロテノイドの物性 I：新しい電子状態を中心として

74) M. Mimuro, *et al.*, *Biochim. Biophys. Acta.*, **1098**, 271 (1992)
75) M. Mimuro, *et al.*, *Chem. Phys. Lett.*, **213**, 576 (1993)
76) M. Mimuro, *et al.*, *J. Am. Chem. Soc.*, **119**, 1452 (1997)
77) J. A. Bautista, *et al.*, *J. Phys. Chem. B*, **103**, 8751 (1999)
78) M. Kopczynski, *et al.*, *J. Phys. Chem. A*, **111**, 5370 (2007)
79) D. A. Wild, *et al.*, *Phys. Chem. Chem. Phys.*, **8**, 2499 (2006)
80) T. Lenzer, *et al.*, *J. Phys. Chem. A*, **110**, 3159 (2006)
81) T. Lenzer, *et al.*, *Arch. Biochem. Biophys.*, **483**, 213 (2009)
82) H. M. Vaswani, *et al.*, *J. Phys. Chem. B*, **107**, 7940 (2003)
83) S. Shima, *et al.*, *J. Phys. Chem. A*, **107**, 8052 (2003)
84) P. A. Linden, *et al.*, *J. Phys. Chem. B*, **108**, 10340 (2004)
85) D. Zigmantas, *et al.*, *J. Phys. Chem. A*, **105**, 10296 (2001)
86) D. Zigmantas, *et al.*, *J. Phys. Chem. B*, **107**, 5339 (2003)
87) E. Papagiannakis, *et al.*, *Biochemistry*, **43**, 15303 (2004)
88) T. Siebert, *et al.*, *J. Am. Chem. Soc.*, **124**, 6242 (2001)
89) T. Siebert, *et al.*, *J. Phys. Chem. A*, **107**, 8355 (2003)
90) V. Namboodiri, *et al.*, *J. Raman Spectrosc.*, **37**, 697 (2006)
91) J. Konradi, *et al.*, *J. Raman Spectrosc.*, **37**, 697 (2006)
92) M. Sugisaki, *et al.*, *Phys. Rev. B*, **75** (2007)
93) M. Sugisaki, *et al.*, *Photosyn. Res.*, **95**, 299 (2008)
94) M. Fujiwara, *et al.*, *Phys. Rev. B*, **77**, 205118 (2008)
95) J. Hauer, *et al.*, *J. Phys. Chem. A*, **111**, 10517 (2007)
96) T. Hornung, *et al.*, *Chem. Phys. Lett.*, **402**, 283 (2005)
97) J. Hauer, *et al.*, *Chem. Phys.*, **350**, 220 (2008)
98) Y. Kurashige, *et al.*, *Chem. Phys. Lett.*, **400**, 425 (2004)
99) J. B. L. Martins, *et al.*, *Int. J. Quatum Chem.*, **109**, 739 (2009)
100) M. Kleinschmidt, *et al.*, *J. Chem. Phys.*, **130**, 044708 (2009)

第7章 カロテノイドの物性Ⅱ：新しい分光法を用いたカロテノイドの振動状態の研究

杉﨑　満[*1], 橋本秀樹[*2], 吉澤雅幸[*3]

1　時間分解ラマン分光・二光子励起分光

カロテノイドの赤や黄色の特徴的な色は，青から緑色の光が吸収されることで現われる。一般的な色素分子では最低励起一重項状態が光学許容であり光を吸収するため，そのエネルギーが色を決めている。しかし，カロテノイド類では，光学許容な最低励起一重項状態よりも低エネルギーに光学禁制の励起一重項状態が存在する。このため，時間分解分光や非線形分光の研究対象として注目を集めてきた。

図1は，全トランスβ-カロテンの定常吸収スペクトルである。光学許容な最低励起一重項状態である$1^1B_u^+(S_2)$による吸収ピークが2.55eV（486nm）に現われている。2.73eV（455nm）のピークは，分子振動によるサイドバンドである。カロテノイドではν_1モード（約1500cm^{-1}, C=C伸縮振動）とν_2モード（約1200cm^{-1}, C-C伸縮およびC-H偏角振動）が主に観測される。$1^1B_u^+(S_2)$よりも低エネルギーの最低励起一重項状態である$2^1A_g^-(S_1)$は光学禁制であ

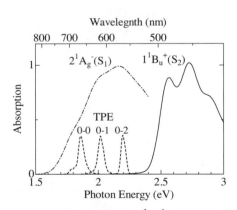

図1　β-カロテン（シクロヘキサン溶液）の$1^1B_u^+(S_2)$による定常吸収スペクトル（実線）と$2^1A_g^-(S_1)$スペクトル（1点鎖線）。二光子励起（TPE）分光の励起光スペクトル（破線）は，エネルギーを2倍にしてプロットしてある。

[*1] Mitsuru Sugisaki　大阪市立大学　大学院理学研究科　数物系専攻　准教授
[*2] Hideki Hashimoto　大阪市立大学　大学院理学研究科　数物系専攻　教授
[*3] Masayuki Yoshizawa　東北大学　大学院理学研究科　物理学専攻　准教授

第7章 カロテノイドの物性Ⅱ：新しい分光法を用いたカロテノイドの振動状態の研究

るため，通常の吸収分光では観測できない。しかし，溶液中では対称性が低下してわずかに光学許容となり，微弱な発光が観測される[1]。図1の$2^1A_g^-(S_1)$スペクトルは，発光スペクトルから吸収スペクトルを計算して求めたものである。

1.1 時間分解ラマン増幅・損失分光

ラマン分光とは，入射レーザー光と散乱された光のエネルギー差から物質の振動状態を調べる分光法である。時間分解ラマン分光では，振動状態の時間変化から励起状態における物質の構造変化や電子状態を調べることができる。ポリエンの時間分解ラマン分光では，$2^1A_g^-(S_1)$のν_1モード（C=C伸縮）が基底状態のν_1モードに比べて高い振動数を持つことが報告されている[2]。一般に，電子励起状態の振動は基底状態に比べて低い振動数をもつが，ポリエンではこれが逆転している。この特異性は，ポリエンの基底状態$1^1A_g^-(S_0)$と最低一重項励起状態$2^1A_g^-(S_1)$の間の強い振電相互作用により説明された[2]。カロテノイドにおいても$2^1A_g^-(S_1)$状態の振動が同様に高振動数にシフトしていることが，ピコ秒時間分解ラマン分光により明らかにされている[3]。近年の超短パルスレーザーの発達により超高速現象をフェムト秒の時間分解能で観測することが容易となり，このように特異な振動状態をもつカロテノイド$2^1A_g^-(S_1)$の解明が期待された。しかし，従来の方法では，フェムト秒領域においてラマン分光に必要な周波数分解能を得ることができなかった。フェムト秒ラマン分光は，誘導ラマン散乱を用いることで初めて可能となった[4]。

フェムト秒誘導ラマン分光法では3つの光パルスを用いる。図2にその概略を示した。第一の励起光パルス（周波数ω_{ex}）は励起状態eを生成し，その後の緩和により観測対象である励起状態が作られる。ここでは振動基底準位（$l=0$）と振動励起準位（$l=1$）がそれぞれ分布数N_0およびN_1をもつと仮定する。ある時刻tにラマン励起光パルス（周波数ω_R）とプローブ光パルス（周波数ω_S）を同時に試料に入射すると，誘導ラマン過程により生じるストークス側の透過率変化は，

$$\Delta T(\omega_S, t) \propto \frac{N_0(t) - N_1(t)}{[\omega_S - (\omega_R - \omega_{10})]^2 + (\gamma_{10} + \gamma_R)^2} \tag{1}$$

となる[4]。得られる信号はラマン励起光の周波数ω_Rから振動数ω_{10}だけ低い周波数にピークをもつ。スペクトル幅は，振動の幅γ_{10}とラマン励起光の幅γ_Rの和となる。信号強度は，振動基

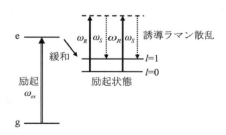

図2 誘導ラマン散乱を用いた時間分解ラマン分光法の概略

底準位と振動励起準位の分布数の差に比例する。この方法では，フェムト秒の時間分解能とラマン分光に必要な高い周波数分解能を両立することができる。さらに，振動励起準位の分布数が基底準位よりも多い場合（$N_1>N_0$）には信号の符号反転が起こる。つまり，振動状態の分布の変化を観測することが可能である。

β-カロテンの時間分解ラマン信号を図3に示す[5]。1520cm^{-1}の信号がβ-カロテンの基底状態$1^1A_g^-$(S_0)におけるν_1モードである。光励起後は基底状態の信号が減少し，励起状態$2^1A_g^-$(S_1)のν_1モードが1800cm^{-1}に現れている。1800cm^{-1}の信号が負であることは，$2^1A_g^-$(S_1)が数ps以上にわたって振動励起準位（図2の準位$l=1$）にあることを示している。

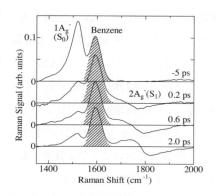

図3 β-カロテン（ベンゼン溶液）の光励起後の時間分解ラマンスペクトル。斜線は溶媒信号。

共役二重結合数（n）が7から15までのβ-カロテンホモログ（β-カロテンは$n=11$）の時間分解ラマン分光を行うことにより，$2^1A_g^-$(S_1)振動緩和過程の共役鎖長依存性が調べられた[6]。全ての試料において，基底状態$1^1A_g^-$(S_0)のν_1モード（C=C伸縮振動モード）信号の減少が観測された。これは光励起により基底状態が減少していることに由来する。しかし，1800cm^{-1}付近に観測される$2^1A_g^-$(S_1)ν_1モードには共役鎖長依存性が見られた。nが11以下の試料では負の信号が観測され，$2^1A_g^-$(S_1)の振動励起準位に同定された。しかし，nが13以上のカロテンホモログでは負のラマン信号は観測されず，$2^1A_g^-$(S_1)が振動基底準位まで緩和していると結論された。これらの結果は，短い共役系を持つカロテノイドでは$2^1A_g^-$(S_1)ν_1モードの振動緩和が数psよりも遅いが，長い共役系を持つカロテノイドでは振動緩和が1ps以下で起きていることを示している。

1.2 二光子励起分光

振動緩和過程を調べるためには，注目する振動の初期状態を制御して観測することが望ましい。カロテノイドの$1^1B_u^+$(S_2)については，波長可変励起光を用いることで振動基底準位と振動励起準位を選択的に生成して緩和過程が調べられている[7]。このとき，$2^1A_g^-$(S_1)の過渡吸収スペ

第7章 カロテノイドの物性Ⅱ：新しい分光法を用いたカロテノイドの振動状態の研究

クトルにも違いが現われており，カロテノイドに誘起された振動は数 ps 以上に渡って緩和過程に影響を与えることが示されている。また，超短光パルスを用いて振動をコヒーレントに誘起する方法も盛んに行われており，カロテノイドにも応用されている[8]。しかし，光学禁制の $2^1A_g^-(S_1)$ は，通常 $1^1B_u^+(S_2)$ からの内部転換で生成されるため，その初期状態の振動を制御することができない。

この問題を解決するには，$2^1A_g^-(S_1)$ を直接励起する必要がある。基底状態から $2^1A_g^-(S_1)$ へは二光子遷移が許容であり，波長可変赤外励起光により $2^1A_g^-(S_1)$ の振動準位を直接二光子励起した報告がなされている[9]。Wallaらは光合成系の色素蛋白複合体において，カロテノイドの $2^1A_g^-(S_1)$ を二光子励起した後のバクテリオクロロフィルからの発光を観測し，$2^1A_g^-(S_1)$ の振動励起状態を励起するとカロテノイドからバクテリオクロロフィルへのエネルギー移動効率が増加することを見出した[9]。

時間分解吸収分光による過渡吸収スペクトル測定は，振動緩和過程を解明する有力な研究手段である。しかし，二光子励起による信号は微弱であるため，過渡吸収スペクトルの測定には高精度の分光装置が必要となる。時間分解分光測定の高精度化は，プローブ光信号の読み込みを高速化してレーザー光の繰り返しに同期させることで達成され，短時間の測定で吸光度変化（ΔA）にして 10^{-4}〜10^{-5} の測定精度が得られている[10]。

2光子励起（TPE：Two Photon Excitation）に用いた励起光は，図1に示したように，それぞれ，$2^1A_g^-(S_1)$ の振動基底準位（1330 nm，TPE 0-0），第一振動励起準位（1230nm，TPE 0-1），第二振動励起準位（1130nm，TPE 0-2）に共鳴している。励起光は $1^1B_u^+(S_2)$ に対しては非共鳴であるが，励起光とプローブ光の非線形光学効果により遅延時間 0.0ps（時間原点）には大きな過渡信号が現われる[11]。しかし，この信号はすぐに減衰し，0.5ps 以後に観測される信号は，二光子励起で生成された $2^1A_g^-(S_1)$ によるものとなる。図4は，β-カロテンの二光子励起後5psの過渡吸収スペクトルである。TPE 0-0励起と他の励起で明らかな違いが見られている。TPE 0-0 の場合には吸収ピークが 2.23 eV にあるが，他の場合には低エネルギーの 2.21eV にシフトしている。この違いは，TPE 0-0 と他の励起では ν_1 モードの状態が異なっていることで説明できる。また，TEP 0-2 励起では光励起後 1ps まで，振動緩和による信号の増加が起きている。しかし，TPE 0-0，TPE 0-1 励起では振動緩和による信号増加は観測されない。これらの結果から，$2^1A_g^-(S_1)$ の振動緩和過程をまとめると次のようになる。

① $2^1A_g^-(S_1)$ の振動基底準位（$l=0$）を励起すると，$l=0$ からの過渡吸収が観測される。

② $2^1A_g^-(S_1)$ の振動励起準位（$l=1$）を励起すると，ν_1 モードの $l=1$ にとどまるため振動緩和による信号変化は観測されない。前述した強い振電相互作用を反映して，過渡吸収は $l=0$ 励起に比べ低エネルギーにシフトしている。

③ $2^1A_g^-(S_1)$ の振動励起準位（$l=2$）を励起すると，ν_1 モードの $l=1$ への振動緩和が 1ps 以内におこる。しかし，$l=1$ にとどまるため，低エネルギーにシフトした過渡吸収が観測

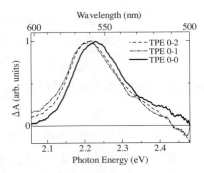

図4 β-カロテン（シクロヘキサン溶液）の二光子励起後 5ps の過渡吸収スペクトル

される。

時間分解ラマン分光と二光子励起分光のいずれの分光法によっても，カロテノイド $2^1A_g^-$ (S_1) の ν_1 モードが数 ps 以上の長寿命をもつという結果が示された。このことは，光合成初期過程においてカロテノイドの振動状態が重要な役割を果たしていることを示唆している。

2 コヒーレント分光

コヒーレント分光は，ヨウ素などのガスを用いた実験において発展を遂げた[12~14]。これは，電子状態や振動に関する豊富な情報が既に得られていたことや，当時利用可能であったレーザーのパルス幅よりも分子振動の周期が長かったために，コヒーレント分光に特徴的な信号の弁別がしやすかったこと等に起因する。その後，新しい手法の開発やレーザー光源の発達に伴い，液体，無機固体，蛋白質など，より複雑な構造を持つ物質へ適用されるようになった。信号のコヒーレント成分を観測することにより，振動状態と電子状態のダイナミクス，状態間の相互作用，物質を取り囲む環境の影響，など総合的な情報が得られる。さらに，入射光の形状や間隔，位相をコントロールし化学反応の効率（すなわち反応経路）を制御することが可能となる[15]。

コヒーレント信号は，状態間の量子力学的干渉によって表れるものであり，状態間の相互作用の大きさを反映する。以下，カロテノイドにおいて観測されているコヒーレント信号について概観する。コヒーレント信号を理解する上で必要な物理的学的な詳細については文献を参照のこと[16~18]。

2.1 n 光波混合信号のイメージ

図5にβ-カロテンを用いて測定した四光波混合（Four Wave Mixing；FWM），及び六光波混合（Six Wave Mixing；SWM）信号の実例を示す[8]。n 光波混合信号は，一般的には図6(a)に示すような光学配置にて行われる。すなわち，レーザー光をビームスプリッターで三分割し，その内の二つの光を並進ステージを用いて，パルス間に時間遅延を与える。これらのパルス光を，試料の一点に上手く集光するとFWM信号が観測できる。このような，三方向から試料に光照

第7章 カロテノイドの物性Ⅱ：新しい分光法を用いたカロテノイドの振動状態の研究

射を行う光学配置のことを，BOXCARS 配置と呼ぶ．

図5において，中央の三角形に囲まれた三つの強いスポットは励起光がそのまま試料を透過した結果現れる．この三つの励起光パルスが時間遅延0で試料に到達すると，FWM や SMW 信号が励起光の周りに現れる．図6(b)に示すように，励起光と信号の波数ベクトルをそれぞれ k_i (i = 1, 2, 3), k_S とすると，FWM 信号は $k_S = \pm k_1 \pm k_2 \pm k_3$，および $k_S = 2k_i - k_j$ の条件を満たす方向に現れている．また図5の矢印で示される SWM 信号は，例えば $k_S = -2k_1 + 2k_2 + k_3$ のように，更に励起光が2回（合計5回）相互作用した結果現れる．特に強調すべき点は，目視においても簡単に FWM 信号や SWM 信号を確認することが出来ることである．このことは，カロテノイドが非線形光学応答を研究する上で非常に適していることを示している．コヒーレンスに関する情報は，FWM 信号の時間発展を観測することによって得られる．

本節では主に，FWM 信号測定法を中心としたコヒーレント分光について述べる．四光波の意味するところは，3つの入射光に対して1つの信号が得られ，合計4つの光が関与するというこ

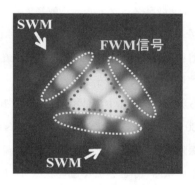

図5　FWM 信号の写真
中央の三点は励起光。目視において，明瞭に FWM 信号や更に高次の SWM 信号を確認することが出来る。

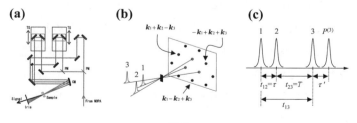

図6
(a) FWM 信号測定に用いる干渉装置の構成図。光源からのパルス光を三分割させ，それらに適当な時間遅延を与え，励起光として試料に照射する。位相整合条件を満たす信号のみを虹彩絞りを通して検出する。(b)励起光を三方向から試料に照射すると，その周りの位相整合条件を満たす位置に FWM 信号が現れる。(c)コヒーレント時間 τ とポピュレーション時間 T の関係。t_{12} (t_{13}) はパルス1と2（1と3）の試料への到達時間間隔。

とである。

2.2　四光波混合信号

　カロテノイドにおける四光波混合信号測定は，β-カロテンおよびそのホモログ体，リコペン，アスタキサンチン，スフェロイデンで報告がなされている[19~22]。その一例として，β-カロテンの観測結果を示す。図7(a)は，図5に見られるFWM信号の内の一点を切り出して測定された，FWM信号の時間発展である。ここで横軸は，パルス2とパルス3の時間間隔Tを表す（図6(c)を参照）。パルス1とパルス2の時間間隔τは0の条件で測定した。このような条件で測定したFWM信号は，過渡回折格子（transient grating；TG）信号とも呼ばれる。図7(a)の時間原点付近に現れる強い信号は，コヒーレントスパイクと呼ばれる。このスパイクに続いて，5ps程度でゆっくりと減衰するバックグランドの上に約20~30fsの速い周期で変化するコヒーレント振動が観測される。

　コヒーレント振動の起源は，図7(b)のTG信号をフーリエ変換すると明確になる（図8(a)参照）。図8(b)に示すβ-カロテンのラマン散乱スペクトルと比較してみると分かるように，両者のピーク位置は完全に一致する。すなわち，$\nu_1 = 1522\text{cm}^{-1}$，及び$\nu_2 = 1157\text{cm}^{-1}$に現れるピークは炭素の二重，及び一重結合の全対称伸縮振動を反映し，$\nu_3 = 1007\text{cm}^{-1}$のピークはメチル基の面内変角振動によるものと結論付けられ，全ての分子が位相を揃えて（すなわちコヒーレントに）分子振動をしているために現れる。カロテノイドの伸縮振動は，約1000~1500cm^{-1}の領域に現れ，これを時間領域に変換すると30~20fsに相当する。そのため，20fs以下の超短パルスを用いると，カロテノイドのコヒーレント振動を誘起することができる。すなわち，図9に示すように，第一パルスと第二パルスが振動の基底状態（gとg'）や励起状態（eとe'）にコヒーレントな状態を作り，その結果，振動波束の実時間観測が可能となる。

　四光波混合信号測定で得られる最も重要な情報は，カロテノイド分子とそれを取り囲む環境との相互作用である。この情報はスペクトル密度（図9(c)参照）に反映され，有機溶媒中では100fs（~300cm^{-1}）以下の遅い振動成分との相互作用があることが知られている[8,23,24]。スペクトル密度を得ることにより，吸収スペクトルや発光スペクトルをはじめとするさまざまな光学応答が計算可能となるため，理論モデルを用いて実験結果の詳細な議論が可能となる[16]。その一例としてFWMを計算した結果を図7(c)に示す。実験結果が非常に良く再現されていることが分かる。このようにスペクトル密度は有益な情報を含むが，膜蛋白に結合したカロテノイドについてはほとんど報告がなく[25]，今後詳細な検討が必要となる。一方，バクテリオクロロフィルにおいては，色素を取り囲む環境との相互作用を直接反映するコヒーレント振動の報告が古くから行われている[26~34]。これらの振動モード間の相関や励起エネルギー伝達における役割を解明していくことは，今後ますます重要になってくると考えられる。

　コヒーレント分子振動は，基底状態だけではなく，励起状態においても観測が行われている。

第7章　カロテノイドの物性Ⅱ：新しい分光法を用いたカロテノイドの振動状態の研究

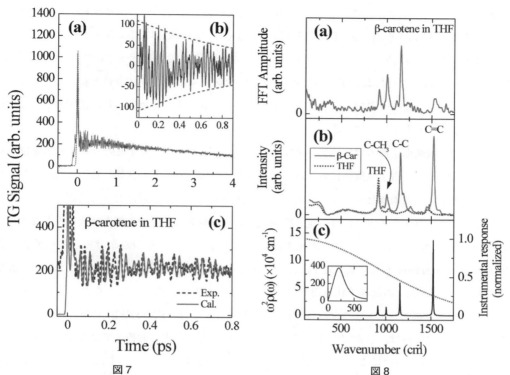

図7
(a)過渡回折格子信号。点線で示されるゆっくりと変化するバックグランドは，励起状態にある電子の寿命を表している。このバックグランドを差し引くと，(b)のようにコヒーレント振動成分のみを抽出することが出来る。コヒーレント振動の減衰時間は約1ps。(c)過渡回折格子信号の実験（破線）と計算結果（実線）の比較。

図8
(a)図7(b)に示されるコヒーレント信号成分のフーリエスペクトル。(b)β－カロテンと溶媒（THF）のラマン散乱スペクトル。(c)スペクトル密度（実線）と装置の応答関数（点線）。挿入図：溶媒との相互作用を反映する低周波領域の拡大図。

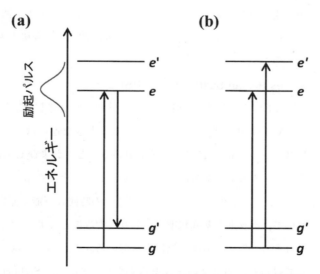

図9　2つの励起パルス（$-k_1$とk_2）により誘起される(a)基底状態，および(b)励起状態のコヒーレント振動
パルスのスペクトル幅は，振動準位のエネルギー間隔よりも広くなければならない。

Motzkusらは，プレポンプにより$S_2 \rightarrow S_1$の内部転換過程を経て，S_1にポピュレーションを形成した状態でFWM測定（pump-FWM測定）を行い，S_1励起状態におけるコヒーレント分子振動を20fsの時間分解能，かつ10cm^{-1}のスペクトル分解能で観測を行っている[20〜22]。彼らは，$S_2 \rightarrow S_1$の内部転換過程において，分子振動のコヒーレンスは保存されないと結論している[20]。また，すべての振動モードで，励起状態分子振動コヒーレンスの寿命は，基底状態のそれに比べて1桁小さいことも示されている。

　ここまで，振動準位間のコヒーレンスについて述べてきた。図9に示した分子振動の準位を電子系に拡張すれば，電子状態間におけるコヒーレンスが現れることが容易に想像される。しかしながら，電子状態間のコヒーレント状態の観測自体が超高速分光分野における最新のトピックスであるため，カロテノイドにおける電子状態間のコヒーレンスに関する報告はほとんどなされていないのが現状である。以下に，関連すると思われる報告をいくつか挙げる。緑色硫黄細菌 *Chlorobium tepidum* から精製したFenna-Matthew-Olson（FMO）Bchl複合体において，非常に長寿命（>660fs）の励起子状態間のコヒーレントな結合が観測されている[35]。このような長寿命の励起状態間のコヒーレンスが観測されたということは，FMOのBchl複合体における励起エネルギーの伝達は，色素間を逐次ジャンプしていくという古典的描像ではなく，量子力学的な状態間の重ね合わせによって解釈される，ということを意味する。また，紅色光合成細菌 *Rba. sphaeroides* の光反応中心において，バクテリオフェオフィチン（Bphe）とアクセサリーBchlの状態間の電子コヒーレンスが観測されている[36]。この報告で特に注目すべき点は，コヒーレンスが失活する時間（440fs）がBpheからアクセサリーBchlへ励起エネルギー伝達する時間（250fs）よりもかなり長いことであり，エネルギー伝達に状態間のコヒーレンスが関与している可能性を示唆している。さらに，π共役高分子MEH-PPVにおいて，共役鎖内のコヒーレントエネルギー移動が観測されている[37]。カロテノイド内，カロテノイド間，カロテノイドとBchlの電子状態間のコヒーレンスに関する詳細な知見を得ることは，今後の大きな課題である。

2.3　Coherent anti-stokes Raman Scattering (CARS)

　CARS分光法は，試料に3つの入射光を照射し三次の分極率を反映した応答を測定するという点において，前述のFWM分光法と非常によく似ている。大きな違いは，第二パルス（ストークス光と呼ばれる）にスペクトル的に広がった光を用いること，およびCARS信号が励起光に対して高エネルギー側（アンチストークス側）に信号が現れることである。

　Hamaguchiらはβ-カロテンにこの手法を適応し，1.2psの時間分解能で測定を行っている[38]。$S_1 \rightarrow S_0$の内部転換において，ホットな基底状態S_0^*を導入することにより，$S_1 \rightarrow S_0^*$，および$S_0^* \rightarrow S_0$の緩和時定数をそれぞれ，7ps，11psと見積もっている。これらの値は，フェムト秒時間分解ラマン分光法によって得られた値とよい一致を示す[5,39]。ドイツのSiebertらは，CARS測定を行う前にさらにプレポンプ光を試料に照射するpump-CARS測定をβ-カロテンに適応し，励

第7章 カロテノイドの物性Ⅱ：新しい分光法を用いたカロテノイドの振動状態の研究

起エネルギーの緩和と分子振動の関係について報告をしている[40〜42]。一連の報告により彼らは，$S_1 \rightarrow S_0$ の内部転換において，C=C 伸縮振動（1524cm^{-1}）が励起エネルギーの accepting mode として最も大きな寄与をし，C-C 伸縮振動（1157cm^{-1}），C-CH$_3$ 変角振動（1004cm^{-1}），C=C-C 変角振動（872cm^{-1}），C-H 変角振動（1269cm^{-1}）の順にその寄与が小さくなると結論している。

2.4 pump-probe 分光法

コヒーレント信号を観測するときに四光波混合法を用いる理由は，①信号が励起光と同軸上に現れないために，バックグラウンドフリーな信号が得られる（図7(b)参照），②パルスの間隔を変えることにより，応答関数を選択できることがあげられる。しかしながら，四光波混合法以外の方法を用いても，コヒーレントな分子振動の観測が可能であることが知られている。代表的なものは，pump-probe 分光法を用いる方法である。この手法においても3つの入射電場が相互作用した結果信号があらわれるため，TG 分光法を用いた時と等価な情報が得られる。Cerullo らは，β-カロテン[43〜45]やオケノン，ロドピングロコシド[46]において，基底状態のコヒーレント分子振動を広い波長領域で観測している。カロテノイドにおける pump-probe 分光法を用いた論文の多くは主にポピュレーションの動的過程に主眼を置いているため，系のコヒーレンスに着目したものはまだ少ない。しかし，そのような中でも基底状態のブリーチングと $S_n \leftarrow S_1$ 過渡吸収の影響により，等吸収点近傍でコヒーレント分子振動の位相が π 変化することやプローブ光のチャープの影響により，位相が連続的に時間変化していく様子など興味深い現象が観測されている[45]。

2.5 コヒーレントコントロール

近年，コヒーレント分光を応用して，反応経路を制御するという動きが活発化している。すなわち，分子が集団として反応座標上を同時に運動を行っているときに，超短パルスを用いて必要な反応経路に導くと同時に，不要な反応を抑えることが可能となる。

前述のように，カロテノイドの分子振動をコヒーレントに励起をするためには，20fs 程度以下の超短光パルスが必要となる。不確定性原理により，そのような励起が可能となる光パルスはスペクトル的に広く広がっており，そのため同時に複数のモードを励起する結果となる（図9参照）。パルスを波形整形により周期的なパルス光（パルス列と呼ばれる）とし，例えばその周期を分子振動の周期に合わせることにより，特定のモードのみを選択的に励起し，その他のモードを完全に抑制することができる。シクロヘキサン中の β-カロテンの C-CH$_3$ 変角振動，C-C 伸縮振動，C=C 伸縮振動の周波数は，それぞれ $\nu_3 = 1004$cm^{-1}，$\nu_2 = 1157$cm^{-1}，$\nu_1 = 1524$cm^{-1} であり，これらを時間（周期）に変換すると 33.2fs，28.8fs，21.9fs に相当する。このような波形整形されたパルス列を用いて Hauer らは FWM 測定を行い振動モードの選択励起に成功している[47]。特に共鳴励起下で実験を行うと，選択励起されたモードは，波形整形する前と比較して最大 5.7 倍

にまで増強された。モード選択の実験は，前述の報告とほぼ同時期にKonradiらによっても検証されている[48]。

　Motzkusらは*Rps. acidophila*のLH2において，カロテノイドからバクテリオクロロフィルへのエネルギー伝達（ET）効率の量子制御に成功している[49~51]。彼らは，フェムト秒パルスの各波長での位相を空間光変調器により制御し，励起エネルギー伝達効率とカロテノイドの光励起状態の内部転換（IC）の割合をモニターしながら遺伝的アルゴリズムを適応し，IC/ETの比を約30%制御できること，及び光の位相をπ変化させることにより，これら2つの状態をスイッチできることを報告している。光合成反応のような複雑な系においてもコヒーレント制御可能であることが示されたことは，正に注目に値する。彼らの最初の報告において，コヒーレントコントロール法により「内部転換効率を減少させ，励起エネルギー伝達効率を上げることができるようになるであろう」と結んでいるが，カロテノイドからBChl aへのETの効率が減少する方向での制御のみにとどまっていた[49]。しかしその後，アルゴリズムの改良によりETとIC両方の効率を別々に増加させることに成功している[51]。コヒーレントコントロールを行うためには，周期的なパルス列が用いられるが，カロテノイドにおいては，この周期を分子振動の周期に合わせコヒーレント分子振動を起こさせることが鍵と考えられている[50,51]。

文　献

1) K. Onaka, *et al.*, *Chem. Phys. Lett.*, **315**, 75 (1999)
2) R. A. Auerbach, *et al.*, *J. Chem. Phys.*, **74**, 4 (1981)
3) H. Hashimoto and Y. Koyama, *Chem. Phys. Lett.*, **154**, 321 (1989)
4) M. Yoshizawa and M. Kurosawa, *Phys. Rev. A*, **61**, 013808 (2000)
5) M. Yoshizawa, *et al.*, *Phys. Rev. B*, **63**, 180301(R) (2001)
6) M. Yoshizawa, *et al.*, *Phys. Rev. B*, **67**, 174302 (2003)
7) D. Kosumi, *et al.*, *Chem. Phys. Lett.*, **408**, 89 (2005)
8) M. Sugisaki, *et al.*, *Phys. Rev. B*, **75** (2007)
9) P. J. Walla *et al.*, *J. Phys. Chem. A*, **106**, 1909 (2002)
10) D. Kosumi, *et al.*, to be published (2009)
11) D. Kosumi, *et al.*, *Phys. Rev. Lett.*, **95**, 213601 (2005)
12) C. K. N. Patel and R. E. Slusher, *Phys. Rev. Lett.*, **20**, 1087 (1968)
13) B. I. Grimberg, *et al.*, *J. Phys. Chem. A*, **106**, 697 (2002)
14) I. Pastirk, *et al.*, *Chem. Phys. Lett.*, **333**, 76 (2001)
15) A. H. Zewail, *J. Phys. Chem. A*, **104** (2000)
16) S. Mukamel, *Principles of Nonlinear Optical Spectroscopy*, Oxford University Press, New York, Oxford (1995)
17) 松岡正浩, 裳華房テキストシリーズ；物理学『量子光学』裳華房 (2000)

第7章 カロテノイドの物性II：新しい分光法を用いたカロテノイドの振動状態の研究

18) R. W. Boyd, *Nonlinear Optics 3rd ed.*, Academic Press, Amsterdam (2008)
19) T. Siebert, et al., *J. Phys. Chem. A*, **107**, 8355 (2003)
20) T. Hornung, et al., *Chem. Phys. Lett.*, **402**, 283 (2005)
21) J. Hauer, et al., *J. Phys. Chem. A*, **111**, 10517 (2007)
22) T. Buckup, et al., *Arch. Biochem. Biophys.*, **483**, 219 (2009)
23) M. Fujiwara, et al., *Phys. Rev. B*, **77**, 205118 (2008)
24) N. Christensson, et al., *Phys. Rev. B*, **79**, 245118 (2009)
25) M. Sugisaki, et al., *J. Lumin.*, in press (2009)
26) M. H. Vos, et al., *Proc. Natl. Acad. Sci. U. S. A.*, **88**, 8885 (1991)
27) M. H. Vos, et al., *Nature*, **363**, 320 (1993)
28) M. H. Vos, et al., *Proc. Natl. Acad. Sci. U. S. A.*, **91**, 12701 (1994)
29) T. Joo, et al., *J. Phys. Chem.*, **100**, 2399 (1996)
30) R. Jimenez, et al., *J. Phys. Chem. B*, **101**, 7350 (1997)
31) M.-L. Groot, et al., *J. Phys. Chem. B*, **102**, 5923 (1998)
32) R. Agarwal, et al., *J. Phys. Chem. B*, **105**, 1887 (2001)
33) K. R. Shelly, et al., *J. Am. Chem. Soc.*, **125**, 11810 (2003)
34) K. R. Shelly, et al., *J. Phys. Chem. B*, **110**, 20586 (2006)
35) G. S. Engel, et al., *Nature*, **446**, 782 (2007)
36) H. Lee, et al., *Science*, **316**, 1462 (2007)
37) E. Collini and G. D. Scholes, *Science*, **323**, 369 (2009)
38) K. Ishii and H. Hamaguchi, *Chem. Phys. Lett.*, **367**, 672 (2003)
39) D. W. McCamant, et al., *J. Phys. Chem. A*, **106**, 6030 (2002)
40) T. Siebert, et al., *J. Am. Chem. Soc.*, **124**, 6242 (2001)
41) T. Siebert, et al., *J. Raman Spectrosc.*, **33**, 844 (2002)
42) T. Siebert, et al., *J. Raman Spectrosc.*, **37**, 397 (2002)
43) G. Cerullo, et al., *Phys. Rev. B*, **63**, 241104(R) (2001)
44) G. Lanzani, et al., *Synth. Metals*, **116**, 1 (2001)
45) D. Polli, et al., *Chem. Phys.*, **350**, 45 (2008)
46) D. Polli, et al., *Biophys. J.*, **90**, 2486 (2006)
47) J. Hauer, et al., *Chem. Phys. Lett.*, **421**, 523 (2006)
48) J. Konradi, et al., *J. Raman Spectrosc.*, **37**, 697 (2006)
49) J. L. Herek, et al., *Nature*, **417**, 533 (2002)
50) W. Wohlleben, et al., *Chem. Phys. Chem.*, **6**, 850 (2005)
51) J. Savolainen, et al., *Proc. Natl. Acad. Sci. U. S. A.*, **105**, 7641 (2008)

第8章　カロテノイド科学の新展開

楠本利行[*1]，杉﨑　満[*2]，橋本秀樹[*3]，柳　和宏[*4]

1　Stark分光

　光合成色素であるカロテノイドは，光合成反応を行う色素蛋白複合体に内包されている[1]。すなわち，蛋白質のアミノ酸残基などによる静電的環境の中に閉じ込められていると考えられる。つまり，光合成反応初期過程におけるカロテノイドの役割を理解するためには，カロテノイドのおかれた静電的環境に対する理解が必要である。物質の非線形光学応答は，局所的な電場環境に対して非常に敏感であるため，物質まわりの静電的環境を理解する上で非常に役立つ[2]。Stark分光測定は，非線形光学パラメータを決める上で非常に期待できる分光学的手法の一つである。Stark分光測定により，光励起による静的双極子モーメントの変化の大きさ（$|\Delta\mu|$）を決定することができる。この値は，一般的な無極性カロテノイドにおいて，π電子の対称性（C_{2h}対称性）から，$|\Delta\mu|=0$となる。しかしながら，特殊な無極性カロテノイドや極性カロテノイドでは有意な大きさの$|\Delta\mu|$を持つ場合がある。ここでは、Stark分光測定の方法，解析手法及び実際にカロテノイドに対して応用した例について紹介する。

1.1　Stark分光測定装置

　Stark分光測定装置の例として，筆者らの研究室にて開発された，電場変調吸収分光装置の概略図を図1に示す[3,4]。光源からの光は分光器で分光し，単色化した。分光器から出た光は，偏光子を用いて直線偏光とし，試料に照射した。試料に印加する交流電場は，ファンクションジェネレーターで振動数fの正弦波を発生し，バイポーラアンプで高電場に増幅した。試料を通過した透過光は，シリコンフォトダイオードで検出した。信号のDC成分はデジタルマルチメーターで記録し，AC成分は二位相ロックインアンプを用いて第2高調波成分（$2f$成分）のみを選択増幅した。

---

*1　Toshiyuki Kusumoto　大阪市立大学　大学院理学研究科　数物系専攻　リサーチアシスタント
*2　Mitsuru Sugisaki　大阪市立大学　大学院理学研究科　数物系専攻　准教授
*3　Hideki Hashimoto　大阪市立大学　大学院理学研究科　数物系専攻　教授
*4　Kazuhiro Yanagi　首都大学東京　都市教養学部　理工学系物理学コース　准教授

第8章　カロテノイド科学の新展開

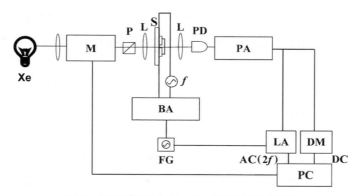

図1　電場変調吸収（Stark）分光装置の概略図
図中の記号はそれぞれ，Xe：キセノンランプ，M：分光器，P：偏光子，L：レンズ，S：試料セル，PD：シリコンフォトダイオード，PA：プリアンプ，BA：バイポーラアンプ，FG：ファンクションジェネレータ，LA：2位相ロックインアンプ，DM：デジタルマルチメータ，PC：制御用パソコンを表している。

1.2　Stark スペクトルの解析

外部電場による吸収スペクトル A の変化 ΔA は実験結果を用いて，次式より求められる。

$$\Delta A = \log\left(\frac{I+\Delta I}{I}\right)$$

ここで，I は外部電場のないときの透過光強度，ΔI は外部電場による透過光強度の変化を示している。I 及び ΔI が実験で測定される。

ΔA に対する理論は Liptay らにより提唱されている[5]。

$$\Delta A(v) = \left[A_\chi \cdot A(v) + B_\chi \cdot \frac{v}{15h} \cdot \frac{d(A(v)/v)}{dv} + C_\chi \cdot \frac{v}{30h^2} \cdot \frac{d^2(A(v)/v)}{dv^2}\right] \cdot \mathbf{E}_{int}^2$$

ここで，χ：外部電場と入射光の電場の偏光の成す角度，v：入射光の振動数，h：プランク定数，$\mathbf{E}_{int} = f \cdot \mathbf{E}_{ext}$：内部電場，$\mathbf{E}_{ext}$：外部電場，$f$：局所場補正因子である。また，$A_\chi$，$B_\chi$，$C_\chi$ はパラメータである。この式から，ΔA は吸収の 0 次微分，1 次微分，2 次微分の線形結合で表されることがわかる。また，試料が等方的であり，0 次微分の寄与が十分小さく無視できるとき，それぞれのパラメータは以下のようになる。

$$A_\chi \approx 0$$

$$B_\chi \approx \frac{5}{2}\mathrm{Tr}(\Delta\boldsymbol{\alpha}) + (3\cos^2\chi - 1) \cdot \left(\frac{3}{2}\mathbf{m}\cdot\Delta\boldsymbol{\alpha}\cdot\mathbf{m} - \frac{1}{2}\mathrm{Tr}(\Delta\boldsymbol{\alpha})\right)$$

$$C_\chi \approx 5|\Delta\boldsymbol{\mu}|^2 + (3\cos^2\chi - 1) \cdot \left(3\cdot(\mathbf{m}\cdot\Delta\boldsymbol{\mu})^2 - |\Delta\boldsymbol{\mu}|^2\right)$$

ここで，$\Delta\boldsymbol{\alpha}$：光励起による分極率の変化，$\Delta\boldsymbol{\mu}$：光励起による静的双極子モーメントの変化，$\mathbf{m}$：遷移双極子モーメントの単位ベクトルである。

以上のことより，ΔA に対して，A の0次微分，1次微分，2次微分の線形結合でそれぞれのパラメータを決定することにより，物理パラメータである $\Delta \alpha$ と $\Delta \mu$ についての情報が得られる。

1.3 ポリマーや有機溶媒に分散させたカロテノイドへの応用例

筆者らのグループにより，β-カロテンの共役鎖二重結合数 n が異なる同族体に対して，メタクリル酸メチルポリマー中での Stark 分光測定が行われた[6]。その結果，$n=9$ になっている β-カロテン同族体のみが，有意な大きさの $|\Delta \mu|$ を持つことが分かった。Tavan と Schulten の計算結果を演繹すると，$n=9$ の時，$3^1A_g^-$ 状態が $1^1B_u^+$ 状態近傍に存在すると考えられる[6,7]。つまり，$n=9$ の場合のみ，$3^1A_g^-$ 状態と $1^1B_u^+$ 状態の混じりあいが生じていると考えられる。また，van Grondelle らのグループは極性カロテノイドの1つであるペリジニンやフコキサンチンに対して，有機溶媒中での Stark 分光測定を行った[8,9]。その結果，これらの試料では，$1^1B_u^{*+}$-like 状態が有意な大きさの $|\Delta \mu|$ を持つことが分かった。カルボニル基を持つ極性カロテノイドでは，フェムト秒時間分解吸収分光の溶媒依存性から，電荷移動（CT）特性を持つ最低励起状態が形成されることが報告されている[10]。このような CT 特性を持つ吸収帯は，有意な大きさの $|\Delta \mu|$ を持つ。よって，ペリジンやフコキサンチンの $1^1B_u^{*+}$-like 状態は CT 特性を持っていると考えられる。

1.4 色素タンパク複合体中のカロテノイドへの応用例

筆者らのグループにより，紅色光合成細菌 *Rsp. rubrum* S1 株から単離精製したコアアンテナ色素蛋白複合体（LH1）及び LH1 サブユニットとカロテノイドから再構成した LH1 に対して Stark 分光測定が行われた[11]。ここで，LH1 サブユニットとは，1対の α- および β-ポリペプチドとバクテリオクロロフィル2分子からなる色素タンパク複合体である。この結果から，天然の LH1 中でのカロテノイドに対する静電的な電場の強さを 3.1×10^6 [V/cm] と見積もった。また，半経験的分子軌道計算を行うことにより，未だに明らかになっていない LH1 中のカロテノイドスピリロキサンチン，アンヒドロロドビブリン，及びスフェロイデンの構造が，紅色光合成細菌 *Rps. acidophila* 10050 株の周辺アンテナ色素蛋白複合体（LH2）中のカロテノイドの構造とよく似た構造であることを予測した。また，van Grondelle らのグループは，珪藻類 *Cyclotella meneghiniana* から単離精製したフコキサンチン-クロロフィル a/c 蛋白（FCP）の Stark 分光測定を行っている[9]。その結果から，FCP 中のフコキサンチンの $1^1B_u^{*+}$-like 状態も有意な大きさの $|\Delta \mu|$ を持つことが分かった。これは，FCP 内で，フコキサンチンの $1^1B_u^{*+}$-like 状態が，中間励起状態である $2^1A_g^{*-}$-like 状態の CT 特性を受け継いでいるためであると考えられている。このことが，FCP 内でのフコキサンチンの $1^1B_u^{*+}$-like 状態からクロロフィル a へのエネルギー移動を可能にしていると考えられている。

第8章　カロテノイド科学の新展開

1.5　まとめと展望

色素蛋白複合体内で，色素と蛋白質との相互作用は無視して扱われることがあった。しかしながら，Stark 分光測定を色素タンパク複合体に応用することにより，実際に蛋白質に結合した光合成色素周辺の静電的環境を定量できるようになった。その結果，色素蛋白複合体中での色素周辺の静電場は決して無視をしてよいものではないということが明らかになってきた。この事は，光合成反応を理解する上で，色素周辺の静電的環境を明らかにしていく必要がある事を如実に表しており，同時に Stark 分光測定の重要性を支持している。色素周辺の静電的環境との相互作用を理解するためには，理論的解釈及び数値計算が必要不可欠である。近年のコンピュータリソースの進化や計算手法そのものの発展に伴って，膨大な量子化学計算を容易かつ迅速に行える環境が整いつつある。近い将来，色素蛋白複合体内の静電的環境を取り入れた計算により，光合成色素の真の物性解明が行われることを強く期待する。

2　3次高調波発生（THG）[12]

カロテノイドはπ共役高分子などに比べ，構造や立体配座がよく分かっているために非線形光学応答発生のメカニズムを研究する上において，非常に適している[13〜24]。たとえば，極性置換基の導入により，光学非線形性が増大するとの報告がなされている[23,24]。その一方で極性置換基を導入することにより，吸収端のレッドシフトが起こり，可視域において試料の透明性が失われてしまうという問題が生じる。最近，長い共役鎖長を持つカロテノイドを用いることにより，このような問題に対して有効に対処できることが分かってきた。

図2に示す共役鎖長を $n=7$ から $n=15$ まで変化させた一連の β-カロテンホモログ体において測定された，超分極率γと位相の励起波長依

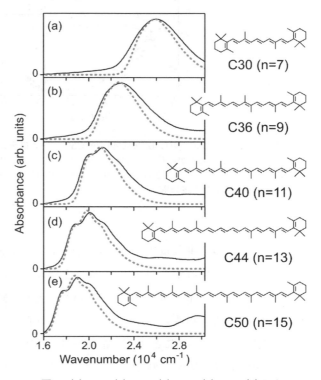

図2　(a) C30，(b) C36，(c) C40，(d) C44，(e) C50
β-カロテンホモログ体の吸収スペクトル
実線は実験結果を，破線は計算結果を示す。各ホモログ体の化学構造と共役二重結合の数（n）を挿入図として示した。

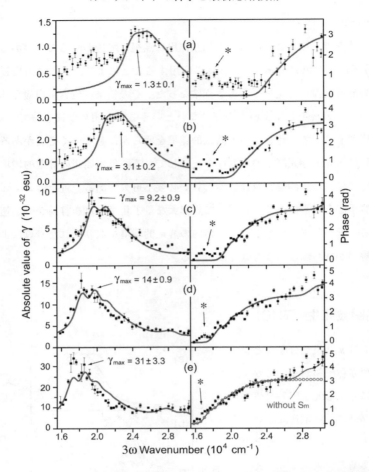

図3 (a) C30, (b) C36, (c) C40, (d) C44, (e) C50 β-カロテンホモログ体のγおよび位相のスペクトル
■が実験結果を、実線が計算結果を示す。左側がγの、右側が位相の結果を示している。* は実験の都合によるアーティファクトである。C50カロテンに関して、S_m状態を計算に入れない場合の位相のシミュレーションの結果を(e)に○で示した。

存性を図3に示す。共役鎖長が$n=7$から$n=15$へと長くなるにつれて、超分極率γの最大値(γ_{max})が1.3×10^{-32}esuから31×10^{-32}esuへと増大していっていることが分かる。$n=15$のホモログ体におけるγ_{max}は、β-カロテンの3.4倍である。Marderらは、電子吸引基を導入することにより大きな非線形性を達成したが[23]、彼らが用いた方法は非線形性の増大とともに吸収端が大きく長波長シフトするという問題を併せ持っていた。図4に示すように、Marderらが用いた方法（■）と共役鎖長を連続的に変化させた時（×）の超分極率γを定常吸収スペクトルの最大値λ_{max}の関数として比較してみると前者はλ_{max}の6.6乗に比例するのに対し、後者はλ_{max}の10.3乗に比例することが分かる。すなわち、後者の方がより広い範囲で透明性を保ったまま急峻な変化をしていることが分かる。

Samuelらは、β-カロテンホモログ体とほぼ同じスペクトル領域において、m-フェニレン-ビ

第8章　カロテノイド科学の新展開

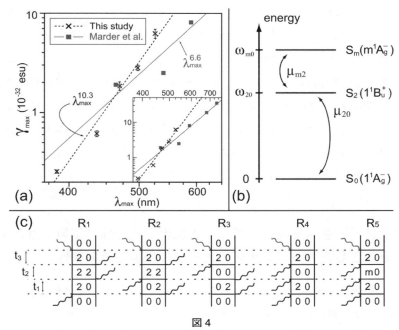

図4

(a) β-カロテンホモログ体（×）とMarderらの非対称極性カロテノイド（■）の γ_{max} 値の両対数プロット。挿入図は650nm以上の波長領域を含めたMarderらの結果を示している。(b)数値シミュレーションに用いた β-カロテンホモログ体のエネルギー準位図。ω_{20} と ω_{m0} は各々 S_2-S_0 および S_m-S_0 遷移の周波数を示す。μ_{20} と μ_{m2} は各々 S_2-S_0 間および S_2-S_m 間の結合の強さを示す。(c)シミュレーションに用いたTHG過程のファインマンダイアグラム。0, 2, m はそれぞれ S_0, S_2, S_m 準位を示している。

ニレンタイプのオリゴマーの光学非線形性について報告をしている[25]。長いオリゴマー（$n=50$〜100）では，大きな光学非線形性を示すことが理論的に予想されている。しかし彼らの報告によると，現実の系では折れ曲がりのために，β-カロテンホモログ体とほぼ同程度の光学非線形性に留まっている。この点を考えると，β-カロテンホモログ体はその構造がはっきりとしているため，光学非線形性のメカニズムを研究する上で適した系であるといえる。

　図4(b)に示すエネルギーダイアグラムをBrownian振動子モデルに適応して，定常吸収スペクトルと超分極率 γ を計算した結果がそれぞれ図2，図3に示されている。実験結果を非常によく再現していることが分かる。吸収スペクトルにおける低エネルギー側のわずかな誤差は，試料表面の反射の効果と考えられる[26]。

　ここで注目すべき点は，C30，C36における実験結果は，基底状態 $S_0(1^1A_g^-)$，一光子許容準位 $S_2(1^1B_u^+)$ の二準位のみを考えることで説明できるが，C40，C44，C50においては，これらに加え高次の一光子禁制準位 $S_m(m^1A_g^-)$ を導入する必要がある，ということである。すなわち，たとえば図3(e)に○印で示されるように，S_m を考慮に入れない場合は，実験結果を再現することができなくなる。

　極性置換基を導入した非対称カロテノイドにおいては，基底状態 $S_0(1^1A_g^-)$，一光子許容準位

S_2 ($1^1B_u^+$),および高次の一光子禁制準位 S_m ($m^1A_g^-$) を考えることにより,非線形光学応答のメカニズムが説明されてきた[15,18~23]。この場合,S_2 状態と S_m 状態間のカップリングにより,三次の非線形性増大に大きな役割を演じていると考えられている。しかし,本節で紹介した非極性 β-カロテンホモログ体においては,γ_{max} の共鳴増大は S_2 状態への三光子共鳴によるものが主であり,S_m 状態への二光子共鳴の効果は 20% 以下であることが明らかとなっている。すなわち,極性カロテノイドと非極性カロテノイドにおいて,光学非線形のメカニズムは異なることが分かる。これら両方のメカニズムを有効に利用することにより,将来さらに大きな光学非線形性を示す物質の創成が可能になるであろう。

3 カロテノイド色素を用いた新たな人工ナノ複合体の創製;カロテノイド色素を内包したカーボンナノチューブの創製とその物性

カロテノイド色素は自然界において様々な重要な役割を果たしていることが知られている。例えば,光合成色素蛋白複合体では,カロテノイド色素は,光保護・補助集光作用を示し,また色素蛋白複合体構造の安定化に寄与しているとされる[27]。カロテノイド色素が備えるこの機能を活用し,光合成系を人工的に再現する試みは数多くなされている。例えば,有機合成技術を用いてカロテノイド色素にポルフィリン分子等を接続し,光合成系をモデルとした分子を創製し,光励起電荷分離を達成した報告[28]がなされている。しかしながら,実際の光合成色素蛋白複合体では,反応に寄与する分子同士は,化学結合によってではなく,分子間相互作用によって非常に巧妙に配置されている。よって,自然界に見られる機能を真に再現するには,この弱い相互作用(分子間相互作用)によってナノ複合体を構築する必要がある。そのようなナノ複合体を創製する研究の一つとして,筆者らは単層カーボンナノチューブ(Single-Wall-Carbon Nanotube:SWCNT)内部のナノ空間に,分子を閉じ込める研究を行っている。

SWCNT とは,グラフェンシート(グラファイトの1層)を円筒状にした直径約 1nm・長軸方向には数μm から数 100nm の長さを有する中空ナノ炭素材料である。グラフェンシートの巻き方[カイラルベクトル(n, m)で巻き方を表現する][29]によって金属型・半導体型の性質を示し,導電材料や半導体用材料として応用が期待され,基礎・応用の両面で研究開発が活発にためされている。1998年にSmith[30]らがSWCNT内部にフラーレンが内包可能であることを報告して以来,ナノチューブ内部の空間に様々な分子を内包する試みがなされている。分子は分子間相互作用によりナノチューブ内部に束縛されており,これは自然界の色素蛋白複合体と同様な形で複合体構造が保たれていると言える。分子間相互作用により人為的に構築されたこのナノ複合体構造に注目して研究を行い,筆者らは世界で初めて,カロテノイド色素を SWCNT に内包することに成功した[31](図5)。SWCNT内部にカロテノイド色素を束縛することによって,カロテノイド色素の耐光性・耐熱性は飛躍的に改善し,配向制御が可能であることが分かった。また内包したカ

第8章 カロテノイド科学の新展開

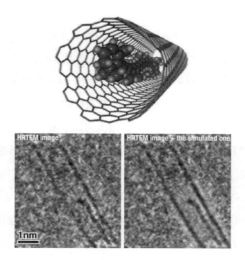

図5 β-カロテン内包SWCNT複合体の構造予想図（上）と電子顕微鏡画像（下）

ロテノイド色素は光合成色素蛋白複合体と同様な光機能を発現することも明らかにしてきた[32]。その結果，カロテノイド色素に代表されるπ共役分子をSWCNTに内包させることで，高耐久性・光機能性を示すナノ複合体が開発可能であることが示唆されている。また，SWCNTに内包することにより，電子顕微鏡によってカロテノイド色素の実像を得ることが可能であることも分かった[33]（図5）。通常の試料（単体・色素蛋白複合体）で分子構造を明らかにするには，試料の単結晶を作製するという大変困難な作業が必要であった。しかし分子内包SWCNTでは，結晶作製の必要がなく，電子顕微鏡によって実像を観察することにより，分子構造を特定することが可能となっている。内包分子の性質は，様々な物性測定（粉末X線回折散乱・光学測定等）で検証可能であるため，分子の物性をその実構造から解明するという新たな物性研究が分子内包SWCNT系で可能となりつつある。このように，SWCNT内部を利用した物性研究・技術開発は，応用・学術の両面で非常に興味深い分野となっている。ここでは，筆者らが明らかにしてきたカロテノイド色素を内包したSWCNTの研究について解説する。

3.1 カロテノイド色素を内包した単層カーボンナノチューブ複合体の作製方法とラマンスペクトル[31]

まずカロテノイド色素をSWCNTに内包させる手順を記述する。SWCNTを精製し，適切な熱処理を加えると，曲率の大きな箇所だけが燃焼し，その結果，SWCNT末端を選択的に焼き切ることが可能である。そのように末端が開放された状態のSWCNTを，β-カロテンを飽和させたヘキサン溶液中に入れ，数時間還流することでSWCNTにβ-カロテンを内包することが出来る。その後，テトラヒドロフラン溶液を用いて丁寧に洗浄を行い，SWCNT外側に付着したβ-カロテンを洗い落とす。最終的に，SWCNT内部にβ-カロテンが選択的に多く吸着した試料を得る

ことが可能である。

　この内包過程の物理的背景は，定性的に次のように解釈される。SWCNTはグラフェン構造を備えていることにより，表面にはπ電子が偏在して存在する。β-カロテンのC=Cボンドに存在するπ電子とのπ電子間相互作用により，β-カロテンはヘキサン溶液中に存在するよりも，SWCNT表面に吸着されるほうがエネルギー的に安定な状況となる。SWCNT内部は外側よりπ電子密度が大きいため，内側にβ-カロテンは選択的に吸着される。理論計算において，1次元π共役分子は，外側より内側のほうが安定に存在しうることが予想されている[34]。

　SWCNT内部に存在するβ-カロテンのラマンスペクトルを示す（図6：ここでβカロテン内包SWCNTはCar@SWCNTと図中では略称する）。単体で見られるような，C=C伸縮振動，C-C伸縮振動，およびC-CH$_3$変角振動に由来する振動モードを明確に確認出来る（図6のν_1，ν_2，ν_3モードにそれぞれ対応する）。上記の内包作業を，SWCNT末端が閉じている試料に対して行うと，カロテノイド色素由来のシグナルは全く検出されなかったため，これらのシグナルは内側に存在するβ-カロテンに由来することを確認できる。興味深いことに，C-H面外振動に由来する振動モード（ν_4モード）の信号が，溶液と比較して非常に強く観測される。このモードは，β-カロテンの構造が直鎖状に保たれている場合（液中にβ-カロテンが溶けている場合など）は，分子の対称性によって，ラマン信号強度が弱い振動モードである[35]。しかしながら，色素蛋白複合体内部において構造が捩れて存在するカロテノイド色素では，対称性が崩れること

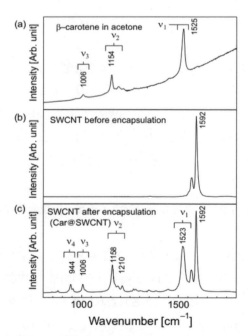

図6　488nm励起におけるラマンスペクトルの様子
(a)アセトン溶液中のβ-カロテン，(b)SWCNT（内包分子なし），(c)β-カロテン内包SWCNTのラマンスペクトル。1592cm^{-1}周辺の信号は，SWCNTのG-bandに由来する。

により，このモードの信号強度が上昇することが知られている[35,36]。SWCNTに内包されたβ-カロテンにおいても，ν_4モードの信号が比較的強く観測されることは，β-カロテンがSWCNT内部で捩れた構造で存在することを示している。

3.2 β-カロテンの配向制御[32]

SWCNT自身は数μm程度の長さを持っているため，ポリマー中に分散し一方向に延伸させることで配向を制御することができる。SWCNTに内包されたβ-カロテンは，SWCNT軸方向に図7の模式図で示したような形態で存在していると考えられる。したがって，SWCNTに内包させることで，β-カロテン自身の配向が制御可能であることが期待される。そこで，β-カロテンを内包したSWCNTをポリマー中に分散させ，一方向にSWCNTを配向させた試料に対し，光吸収スペクトルの偏光依存性を測定した（図7）。内包β-カロテンに由来する吸収帯の吸収強度は，励起光の偏向に依存して変化し，SWCNTの吸収帯（S_1, S_2, M_1バンド）の偏向依存性と同様な振る舞いを示した。即ち，β-カロテン分子はポリマー試料内において一方向に配向していることが明らかになった。この結果は，SWCNT内部というナノ空間にβ-カロテンを格納することによって，その分子配向をマクロスコピックな方法で制御可能であることを示している。

3.3 β-カロテンの耐光性・耐熱性の改善[31]

SWCNTに内包されたβ-カロテンは，グラファイトの壁に囲まれているため，酸化や異性化といった構造劣化が抑制されることが期待される。よって，内包されたβ-カロテンの反応性を

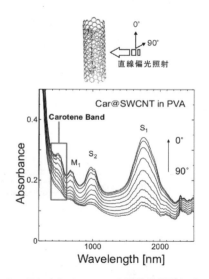

図7 β-カロテン内包SWCNTの構造予想図とその偏光特性
ポリビニルアルコール（PVA）中に分散し，一方向に延伸させ，配向させた。内包β-カロテンに由来する吸収帯とSWCNT由来の吸収帯（S_1, S_2, M_1バンド）は類似した偏光特性を示す。

次のように検証した。SWCNTに内包したβ-カロテンと単体のβ-カロテンとを，ジメチルホルムアミド（DMF）溶液中に分散させ，紫外光を照射し，耐光性の比較検討を行った（図8）。単体のβ-カロテンにおいては，紫外光照射により，異性化もしくはラジカル種による酸化によって，速やかに吸収構造が消滅した。しかしながら，SWCNTに内包したβ-カロテンにおいては，照射前後において吸収構造は殆ど変化していないことが分かった。このことは内包されたβ-カロテンの耐光性が飛躍的に改善されていることを示している。また，耐熱性も改善されていることが確認された[33]。すなわち，カロテノイド色素は，比較的弱い分子であることが知られていが，SWCNTに内包することによって耐光性・耐熱性が改善可能であることが証明されたと言える。

3.4 電子顕微鏡観察によるβ-カロテンの実像観察

分子の示す機能・物性の起源を明らかにするためには，その構造を解明する事が本質的に重要である。通常のカロテノイド試料（単体・色素蛋白複合体）の場合，その構造を明らかにするには，試料の結晶化を行い，その結晶試料のX線回折パターンを解析する必要がある。結晶構造をもたない試料の個々の分子構造（実像）を明らかにすることは決して容易な事ではない。電子顕微鏡を用いることで，分子構造が決定可能な分解能で，実像を得ることは理論的には可能である。しかし，カロテノイド色素は電子ビームに対して脆弱であり，また色素蛋白複合体の構造は非常に複雑である。よって通常試料では，電子顕微鏡によって単一のカロテノイド色素の実像を得ることは不可能であった。ここで筆者らは，SWCNTに内包されたβ-カロテンは，①構造が非常に単純，②耐光性・耐熱性が良い，③ナノチューブ内部に分子が固定されている，という特徴を持つことに注目した。即ち，SWCNTに内包されたカロテノイド色素の構造を，電子顕微鏡によって直接観察が可能なのではないかと考えた訳である。筆者らは，次に示す手順にしたがって，SWCNTに内包されたβ-カロテンの実像を得ることを試みた。

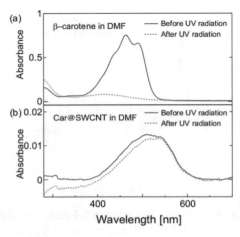

図8 紫外線照射による吸収スペクトルの変化
(a)単体β-カロテン，(b)SWCNTに内包されたβ-カロテンの場合。

第8章　カロテノイド科学の新展開

　カロテノイド色素は，直鎖一次元構造を持っている。したがって，SWCNTの精製時に含まれる不純物（アモルファスカーボンなど）と間違って観察してしまう可能性がある。そこで筆者らは，まず初めに C_{60} 分子にレチナール分子を接続させた分子を作製し（図9），SWCNT に内包させ，レチナール分子の実像を得ることが可能かどうかを調べた[37]。C_{60} 分子は球殻構造を持つため，レチナールを特定する際のマーカーになり，不純物と区別が付くからである。β-カロテンの半分の分子構造を持つレチナール分子が観察可能であるならば，当然 β-カロテンも観測することが可能となる。

　得られた電子顕微鏡画像を図9に示す。SWCNTの構造とともに，おたまじゃくしのような構造を持つ分子の存在が確認できる。丸い構造を示す部分が C_{60} 分子であり，それに接続されている棒状の部分がレチナールである。このように，レチナールの実像を得ることが可能であることが分かった。驚くべきことに，電子線を照射することにより，レチナールの構造がトランスからシスへと変化する様子をも検出することにも成功した。これは，分子のシス・トランス異性化反応の実像を電子顕微鏡の実画像で初めて捕らえた例である（詳しくは文献[37]に記載）。

　C_{60}-レチナールの成功例を踏まえ，β-カロテンの実像を得ることを試みた。図10のような電子顕微鏡画像を得ることに成功した。SWCNTの内部に棒状の分子が存在することが分かる。得られた分子像を，β-カロテンの構造モデルによって理論解析を行い，分子の特定を行った。構造・長さ・コントラストの全てにおいて，得られた分子像は β-カロテンの構造モデルと一致していた。不純物カーボンの場合，このような一致が起こる可能性は極めて低いことが想像されるため，図10に見られる分子は，β-カロテンそのものであることが示唆される。β-カロテンはSWCNTの中心に存在している訳ではなく，壁よりに存在することが分かる。この結果は，粉末X線回折[32]の結果とも一致しており，π 電子間相互作用により，中心より壁側のほうがエネルギー的に安定であることが分かる。また，図10から見られる β-カロテンの構造は，直線状から捩れた構造を取っており，このことはラマン測定において C–H 面外振動モードの信号が増強されることにも一致している。以上のように，SWCNT内部にカロテノイド色素を内包することで，その実像を得ることに世界で初めて成功した。

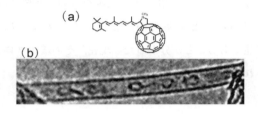

図9
(a) レチナールに C_{60} 分子を接続した分子（$RetC_{60}$）の化学構造。(b) $RetC_{60}$ を SWCNT に内包した試料の電子顕微鏡画像。二本線が SWCNT 壁に対応し，オタマジャクシのような構造の分子が $RetC_{60}$ に対応する。

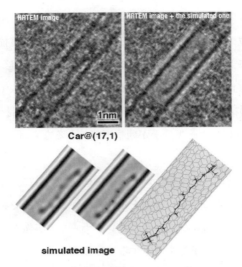

図10 β-カロテンを内包したSWCNTの電子顕微鏡画像，および構造解析の結果

3.5 SWCNT内部における補助光捕集作用；光励起状態の緩和過程[32]

内包されたβ-カロテンは，光合成色素蛋白複合体中と同様に，光エネルギーをSWCNTへ受け渡す働きを持つ。例えば，空のSWCNTとβ-カロテンを内包したSWCNTのそれぞれに対して，発光励起スペクトルの測定を行い，その差異の検証を行った。SWCNTには，直接遷移型のエネルギーギャップを備える半導体型SWCNTが存在する。この半導体型SWCNTでは，その第二・第三光学遷移帯が光励起された場合緩和し，第一光遷移帯（S_1バンド）からの発光が起きる。興味深いことに，β-カロテンを内包したSWCNTにおいては，内包されたβ-カロテンの光励起に由来する発光信号も検出された。即ち，β-カロテンを内包したSWCNTと空のSWCNTとのS_1バンドでの励起スペクトルに違いを検証すると，両者に明確な差（差励起スペクトル）が生じていた。その差励起スペクトルの形は，内包β-カロテンの吸収構造に一致していた（図11）。このことは，内包β-カロテンからSWCNTへの励起エネルギー移動が起きていることを示唆している。また，外側のSWCNTの巻き方によってその励起エネルギー移動は異なっているという興味深い結果も得た。この結果をもとに，他の色素分子を内包したSWCNT対して，内包分子からの励起エネルギー移動の再検証を行い，明確に内包分子からSWCNTへエネルギー移動が可能であることを明らかにした[38]。このように，分子内包手法によりSWCNTの光機能化が可能であることが分かった。現在，その緩和プロセスの詳細が，時間分解測定によって明らかにされつつある[39]。

3.6 将来展望

カロテノイド色素をSWCNTに内包することで，カロテノイド色素の配向制御・耐光性／耐熱性の改善・実像の観測・励起エネルギー移動が可能であることを示した。このカロテノイド色

第 8 章　カロテノイド科学の新展開

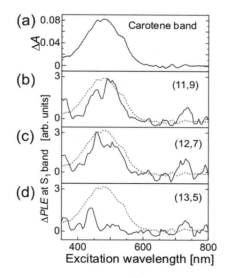

図 11　β-カロテン内包 SWCNT と空の SWCNT との励起スペクトルの差
（差励起スペクトル：Δ PLE）の様子

(a)内包 β-カロテンに由来する吸収構造。(b)(11,9) 型 [(c)および(d)は (12,7) 型および (13,5) 型] の巻き方を持つ半導体型 SWCNT の第一光学遷移帯 (S_1 バンド) における差励起スペクトル。(11,9)，(12,7) 型の SWCNT においては内包 β-カロテンからの光励起エネルギー移動は検出されたが，(13,5) 型では見られなかった。

素内包 SWCNT は，自然界の色素蛋白複合体のような，分子間相互作用によって構造が形成されたナノ複合体である。このような系で，光合成系と同様な機能を発現する人工ナノ複合体をどこまで構築可能か，挑戦していきたいと考えている。

文　　献

1) 垣谷俊昭 and 三室守，"電子と生命"，共立出版 (2000)
2) T. O. Yeates, *et al., Proc. Natl. Acad. Sci. U.S.A.,* **84,** 6438 (1987)
3) H. Hashimoto, *et al., Pure Appl. Chem.,* **71,** 2225 (1999)
4) K. Yanagi, *et al., Phys. Rev. B,* **67,** 115122 (2003)
5) W. Liptay, "Excited States", E. C. Lim, Ed. Academic Press: New York / London, Vol. 1, p 129 (1974)
6) K. Yanagi, *et al., Phys. Rev. B,* **71,** 195118 (2005)
7) P. Tavan and K. Schulten, *Phys. Rev. B,* **36,** 4337 (1987)
8) L. Premvardhan, *et al., J. Phys. Chem. B,* **109,** 15589 (2005)
9) L. Premvardhan, *et al., J. Phys. Chem. B,* **112,** 11838 (2008)
10) H. A. Frank, *et al., J. Phys. Chem. B,* **104,** 4569 (2000)
11) K. Nakagawa, *et al., J. Phys. Chem. B,* **112,** 9467 (2008)

12) M. Fujiwara, *et al., Phys. Rev. B*, **78**, 161101(R) (2008)
13) R. R. Tykwinski, *et al., J. Phys. Chem. B*, **102**, 4451 (1998)
14) J. L. Brédas, *et al., Chem. Rev.*, **94**, 243 (1994)
15) J. R. Heflin, *et al., Phys. Rev. B*, **38**, 1573(R) (1988)
16) G. P. Zhang and T. F. George, *Phys. Rev. B*, **63**, 113107 (2001)
17) S. R. Marder, *et al., Science*, **261**, 186 (1993)
18) Z. G. Soos and D. Mukhopadhyay, *J. Chem. Phys.*, **101**, 5515 (1994)
19) D. Beljonne, *et al., Phys. Rev. B*, **55**, 1505 (1997)
20) S. Aramaki, *et al., Opt. Commun.*, **85**, 527 (1991)
21) J. B. van Beek, *et al., J. Chem. Phys.*, **95**, 6400 (1991)
22) J. B. van Beek, *et al., Chem. Phys.*, **161**, 299 (1992)
23) S. R. Marder, *et al., Science*, **276**, 1233 (1997)
24) G. Puccetti, *et al., J. Phys. Chem.*, **97**, 9385 (1993)
25) I. D. W. Samuel, *et al., Science*, **265**, 1070 (1994)
26) A. Mathy, *et al., Phys. Rev. B*, **53**, 4367 (1996)
27) N. J. Fraser, *et al., Photosynth. Res.*, **70**, 249 (2001)
28) P. A. Liddell, *et al., J. Am. Chem. Soc.*, **119**, 1400 (1997), H. Imahori, *et al.*, Photochem. Photobio., **62**, 1009 (1995)
29) R. Saito, *et al., Appl. Phys. Lett.*, **60**, 2204 (1992)
30) B. W. Smith, *et al., Nature*, **396**, 323 (1998)
31) K. Yanagi, *et al., Adv. Mater.*, **18**, 437 (2006)
32) K. Yanagi, *et al., Phys. Rev. B*, **74**, 155420 (2006)
33) K. Yanagi, *et al.*, submitted
34) G. C. McIntosh, *et al., Phys. Rev. B*, **67**, 125419 (2003)
35) B. Robert, *"The Photochemistry of Carotenoids"*, Frank, H. A., Young, A. J., Britton, G., Cogdell, R. J., Eds. Kluwer Academic Pub. p 189 (1999)
36) M. Lutz, *et al., Biochim. Biophys. Acta.*, **894**, 423 (1987)
37) Z. Liu, *et al., Nat. Nanotechnology*, **2**, 422 (2007)
38) K. Yanagi, *et al., J. Am. Chem. Soc.*, **129**, 4992 (2007)
39) K. Abe, *et al., Phys. Rev. B*, **77**, 165436 (2008)

第 2 編
カロテノイドの機能

第1章　プロビタミンA活性とノンプロビタミンA活性

宮下和夫[*]

1　はじめに

　タンパク質，炭水化物，脂質，ミネラル，ビタミンなどは，ヒトにとって必要不可欠な栄養成分である。また，これまで非栄養成分とされてきた食物繊維やポリフェノールなども，ヒトの健康維持に重要なことが明らかにされている。ポリフェノールなどのように，通常の生体機能維持には必要とされないが，病気予防などに特に重要と考えられる，植物が生産する化合物のことをフィトケミカル（Phytochemical）と呼ぶ。必須栄養素とは異なり，摂取しなくとも欠乏症が起こることはないとされている。ポリフェノール，イソプレノイド，含硫有機化合物，カロテノイドなどがこの範疇に属する。ただし，この中でカロテノイドは，その一部がビタミンとしての栄養必須性を示すこと，ポリフェノールなどとは異なり比較的吸収されやすい点で特徴的なフィトケミカルといえる。

　これまでに750種類をこえるカロテノイドが様々な生物から見出されており，一部のカロテノイドについてはその生理作用についても明らかにされている。8個のイソプレノイド（C_5H_8）からなるカロテノイドの基本骨格は，光合成を行う植物や微生物によってのみ生合成できる。動物はこうした生合成能力はないが，食事として摂取したカロテノドを体内で代謝変換するため，多様なカロテノイドが天然界に存在することになる。動物にとって，植物などから得たカロテノイドは，生体機能を維持する上で重要な役割を担うことが多い。

　カロテノイドの一部は，ビタミンAの前駆体としての働きを有する。一方，こうしたビタミンA前駆体としての役割（プロビタミンA活性）以外の生理作用（ノンプロビタミンA活性）もカロテノイドは示す。ノンプロビタミンA活性については，多くの研究が行われており，新たな知見が次々と得られている。第2編ではノンプロビタミンA活性を中心としたカロテノイドの機能性と，その作用機序に関する最新情報が系統的にまとめられており，今後のカロテノイドの様々な分野への応用を図る上で重要な内容となっている。本章ではカロテノイドのプロビタミンA活性とノンプロビタミンA活性，ノンプロビタミンA活性を理解する上で重要となる基本的な考え方について概説する。

---

[*]　Kazuo Miyashita　北海道大学　大学院水産科学研究院　教授

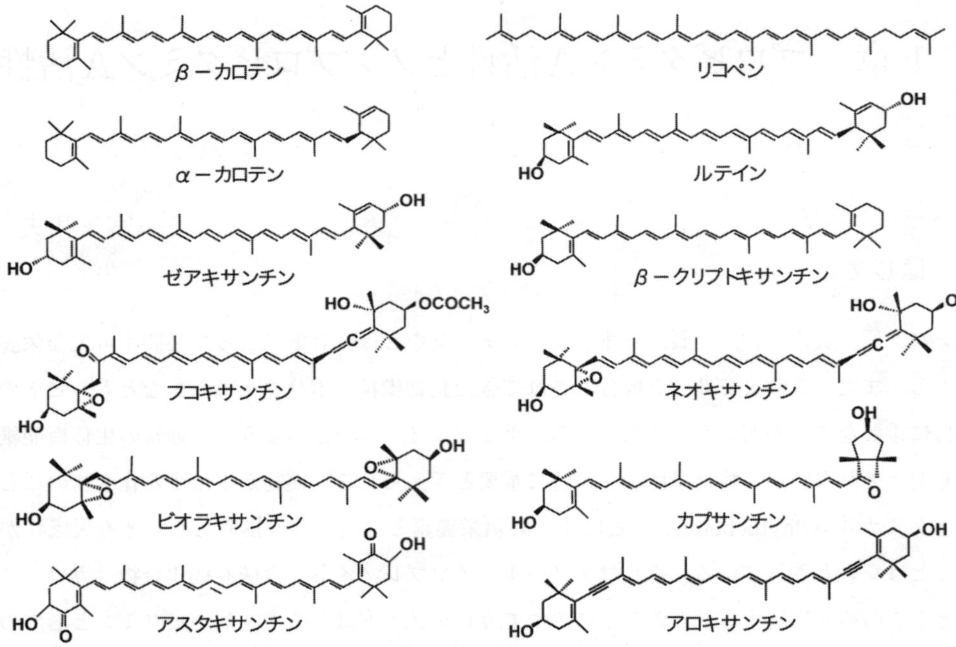

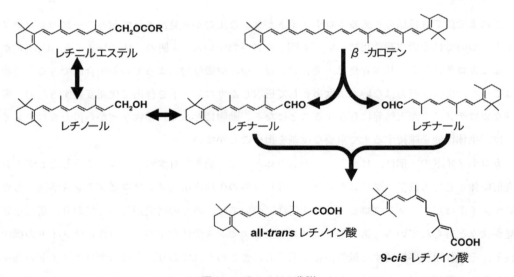

図1 本章で示したカロテノイドの構造

図2 レチノイドの代謝

2 プロビタミンA活性

ヒトの場合，通常，約40種類のカロテノイドを野菜や果物から摂取しており，プロビタミンA活性が最も一般的な生理作用といえる。β-カロテン，α-カロテン，β-クリプトキサンチンなどのカロテノイド（図1）は，小腸から吸収される際に酸化開裂酵素（β-カロテン15,15'-オ

第1章 プロビタミンA活性とノンプロビタミンA活性

キシゲナーゼ）によりレチナールに変換される（図2）。レチナールはビタミンAの類縁物質（レチノイド）であり，体内でビタミンA（レチノール）エステルなどとして蓄積され，必要に応じてレチナール→レチノイン酸へと変換される。生じたall-transレチノイン酸と9-cisレチノイン酸は，それぞれ核内受容体のレチノイン酸レセプター（retinoic acid receptors；RAR）とレチノイド-Xレセプター（retinoid-X receptors；RXR）のシグナル分子として様々な生体作用を示す。これがビタミンA活性であり，こうした核内受容体に結合してレチノイン酸と同様の生物活性を発揮する化合物群をレチノイド（ビタミンAの類縁化合物）と定義している。

　ヒトにとってビタミンAの補給源は，酸化開裂してレチナールとなりうるカロテノイド（β-カロテン，α-カロテン，β-クリプトキサンチンなど）を含む野菜・果物類と，レチニナルエステル（図2）を含むレバーなどの動物性食品となる。RARとRXRは様々な遺伝子を制御しており[1]，上皮組織の機能維持，終末分化，形態形成，成長維持，視覚機能維持，生殖作用，免疫賦活作用などで重要な働きを示すことが知られている。また，核内受容体の多くはRXRとヘテロ二量体を形成して，標的遺伝子の転写制御領域に結合する。このため，各種レチノイドによる細胞内へのシグナル伝達作用は，RARとRXR以外の核内受容体が制御する遺伝子発現にも関与する。

　ビタミンAには過剰障害があり，ビタミンA錠剤などの過剰摂取により臨床症状では頭痛が，急性毒性としては脳脊髄液圧の上昇が，また，慢性毒性では皮膚の落屑，脱毛，筋肉痛などが起こる。一方，β-カロテン，α-カロテン，β-クリプトキサンチンなどを過剰摂取しても障害はない。これは，図2のカロテノイドからの中央開裂によるレチナールを産生する反応が良く制御されており，体内のビタミンA含量が十分な時にはこの転換反応が起こらないためである。ただし，吸収されたカロテノイドが脂肪組織などに一時的に蓄積し，ミカンを多量に食べた時のように，皮膚がオレンジ色に見えることもある。しかし，蓄積したカロテノイドはやがて速やかに代謝・排泄され色は消える。

3　ノンプロビタミンA活性とカロテノイドの抗酸化能力

　β-カロテン，α-カロテン，β-クリプトキサンチンなどは上述のように消化吸収後にビタミンAに変換されるため，ヒトにとって必須なカロテノイドといえる。一方，カロテノイドは，ビタミンA活性以外にも抗癌作用と抗動脈硬化作用[2,3]といった様々な生物活性を示す。こうしたカロテノイドの生理作用は，生体内でレチナールに変換されないカロテノイドでも見られる。野菜・果物を多く摂取するほど生活習慣病にかかりにくいことが一般的に知られているが，この理由を説明する上で，野菜や果物に多く含まれるカロテノイドの生物活性が重要とされている。実際，カロテノイドの摂取量と癌の罹患リスク軽減との間に見出された相関関係は様々な疫学調査により立証されている[4,5]。ただし，カロテノイドが示すプロビタミンA以外の生物活性（ノン

プロビタミンA活性）の分子メカニズムについてはいまだ不明な点も多い。

　カロテノイドは一重項酸素（活性酸素の一種）に対して強力な消去作用を示すことが古くから知られてきた[6]（第2編3章，第2編4章参照）。一重項酸素は基底状態の酸素（三重項酸素）よりも高いエネルギー状態にあり，不飽和脂肪酸などの生体成分と容易に反応し，過酸化物を生成する。生じた酸化物は分解し，様々なフリーラジカルを産生し，生体にダメージを与える。一方，カロテノイドは分子内に多数の共役二重結合を有し，一重項酸素が三重項酸素に戻る時に放出されるエネルギーを受け取ることができる。これは，受け取ったエネルギーをカロテノイド中の共役二重結合同士間の振動により，熱として放出できるためである。カロテノイドが一重項酸素の消去作用を示すには，共役化した9個以上の二重結合を有する必要がある。ほとんどのカロテノイドは，こうした構造を有するため一重項酸素を消去できるが，共役二重結合数が多いものほど一重項酸素の消去能力は高い[7,8]。例えば，β-カロテンでは中央のイソプレノイドからなる鎖状部分に9個，両末端の環状部分（エンドグループ）に2個，計11個の共役化した二重結合を有するが，ルテイン（図1）には共役二重結合が10個しかないため，その消去能力はβ-カロテンよりも劣る。また，アスタキサンチン（図1）には共役化したカルボニルの二重結合も存在するため共役二重結合の総数が13個となり，より強い一重項酸素消去能を示す。また，カロテノイドが各種のフリーラジカルに対する捕捉作用を示すことも報告されている[9,10]。

　カロテノイドの抗酸化活性は，プロビタミンA活性以外の機能性，例えば，抗癌作用や抗動脈硬化作用を説明するバックグラウンドとして理解されてきた[11~13]。食品由来の抗酸化成分としてのカロテノイドの重要性[14,15]と生体内での酸化ストレス軽減作用[16~18]については疑う余地はなく，酸化還元反応に敏感なシグナル伝達系などで，カロテノイドは重要な調節作用を示していると考えられる[19]。特に一重項酸素による酸化障害を受けやすい組織，例えば網膜や皮膚に対するカロテノイドの防御作用は，カロテノイドの抗酸化作用により理解しやすい。しかし，カロテノイドが示す疾病予防と抗酸化活性の関係についてはいまだ不明な点も多く，今後のさらなる研究が望まれている。また，癌細胞の分化や増殖に関わる遺伝子発現に対するカロテノイドの制御機構については多数の報告があるが，その多くはカロテノイドの抗酸化活性とは無関係な場合も多い。カロテノイドはポリフェノールと比べればはるかに吸収されやすく，様々な細胞で遺伝子発現に対する特異的な制御作用を行う可能性がある[20]。カロテノイドの生体機能性を説明するためには，その抗酸化活性に基づいて論ずることは必須であるが，遺伝子レベルでの制御についてより詳細に調べていくことも重要である。遺伝子の発現制御の観点からカロテノイドの機能性を検討する場合には，その活性は各カロテノイドの構造によって大きく左右される。換言すれば，それぞれのカロテノイドによって異なった生体機能性が期待できるといえる。

　このように，カロテノイドのノンプロビタミンA活性の作用機序は，カロテノイドの有する抗酸化機構，個々のカロテノイドが示す分子レベルでの制御，カロテノイドの代謝物の活性などが複雑に関係していると考えられる。今後の研究によりこうした点が明らかにされることが望まれる。

第1章　プロビタミンA活性とノンプロビタミンA活性

4　カロテノイドによる遺伝子制御

　細胞は膜表面にたくさんの受容体タンパク質をもっており，受容体に特異的に結合する分子をシグナル分子と呼ぶ。シグナル分子が結合すると受容体は構造変化を起こす。この構造変化が細胞内のシグナル伝達タンパク質を活性化して，細胞の形，運動，機能が変化したり，細胞内シグナル分子が核内へ移動して遺伝子の発現を制御する。シグナル分子が認識する受容体の多くは細胞膜上に存在するが，分子量が小さく，化学構造的に細胞膜を通過できる一酸化窒素のようなガス状の分子，ステロイドホルモンや脂肪酸のような脂溶性の分子は細胞膜をこえて細胞質に入ってくるので受容体が細胞内や核内にも存在しうる。2節で説明したレチノイン酸は核内受容体（RARとRXR）に対してシグナル伝達を行うが，これはレチノイン酸が細胞膜を通過し，核内に到達できるためである。

　カロテノイドは分子量が500〜700程度であり，脂溶性構造（イソプレノイド骨格）の他，親水性基を有するものもある。こうした化学的性質により，カロテノイドも細胞膜上の受容体だけでなく，核内受容体に対するシグナル分子になりうる。ヒトの約22000個の遺伝子をコードしているタンパク質のうち，最も多いのはGタンパク質共役型受容体でその種類は約1000個。それに続いて多いのはジンクフィンガータンパク質と呼ばれる核内タンパク質で約900個，これには48個の核内受容体を含む。医薬品の働きの多くは，こうした受容体への作用を基に設計されている。実際，多くの医薬品はGタンパク質共役型受容体か核内受容体を標的とするもので，高血圧，胃潰瘍，生活習慣病，アレルギーから癌まで様々な薬が受容体をターゲットとして開発されている。しかし，今日まで薬の標的となっている受容体はせいぜい500種類で，まだ対応するシグナル分子が不明の受容体（オーファン受容体）が数多くある。カロテノイドやその代謝物がこうした受容体のシグナル因子として働き，特徴的な生理作用示す可能性もある。

　第2編5章から第2編12章で述べられているように，カロテノイドは様々な栄養機能性を示し，病気予防にも効果的であることが知られている。こうしたカロテノイドの生理作用は，カロテノイドによる生体内での遺伝子の制御に基づいて説明できる場合もある。特に良く研究が行われているのが，カロテノイドの抗癌作用である。癌に罹患するリスクとカロテノイドの摂取比率の間には逆相関関係のあることを上述したが，その理由については分子レベルでの解析が進みつつある[21〜24]。例えば，正常細胞間にはギャップ結合と呼ばれる接着部位があり，この結合を通じた細胞間の相互作用により組織の恒常性が維持されている。癌細胞ではこの結合が低下しているが，カロテノイド摂取により，ギャップ結合のタンパク質をコードする遺伝子の発現が増大することが明らかにされている[25]。ギャップ結合の増強作用はレチノイン酸にも認められており，β-カロテンによる作用はレチノイン酸の関与が考えられる[26]。しかし，リコペンやアスタキサンチンによるギャップ結合増強遺伝子に対する発現増大効果は，レチノイン酸が示した分子機構とは異なるものと推測されている[27]。また，第2編12章にその詳細が述べられているが，褐藻に

特異的なカロテノイド，フコキサンチン（図1）の抗肥満作用の分子機構についても解明が進みつつある。フコキサンチンの作用は，脂肪細胞中の特定のタンパク質（UCP1）の発現誘導に基づくものであり，同様の作用はネオキサンチン（図1）でも認められている。しかし，図1に示したフコキサンチンとネオキサンチン以外のカロテノイドにはこうした活性はない。このことから，UCP1の発現誘導を行うカロテノイドには，構造的特徴としてアレン結合が必須であることが推測されている。また，図1のアロキサンチンは分子内に三重結合が存在する特異な構造を有しており，抗炎症作用を示す。しかし，このカロテノイドには他のカロテノイドに多く見られる癌細胞に対する増殖抑制効果はほとんどない[28]。特定のカロテノイドのみが示す生理作用や，カロテノイドによる生理作用の強弱については，分子レベルでの生体調節作用，特にシグナル因子としてのカロテノイドとその受容体との関係に基づいて検討することにより，新たな知見が得られる可能性がある。

5　カロテノイドの機能と生体内分布

　カロテノイドの吸収と蓄積及び代謝は，カロテノイドの機能性を予測する上で非常に重要な因子である（第2編2章）。化学構造的に抗酸化活性が非常に高くても，吸収性が低い場合や，必要とされる組織に移行できなければその作用を期待できない。また，レチナール以外のカロテノイドの分解物や一部のカロテノイドの酸化物に，強い生理活性のあることが報告されているが，その詳細は不明である。カロテノイドのノンプロビタミンA活性を明らかにする上で，カロテノイド代謝物に関する検討は避けては通れない領域といえる。さらに，カロテノイドの種類によって生体内での分布が異なることも知られている。例えば，リコペンはβ-カロテンと並んで血中に多いカロテノイドであり他の組織中にも蓄積するが，特に精巣に多い[29]。また，網膜にはルテインとゼアキサンチンが特異的に多く蓄積されている[30]。カロテノイドの生体内分布はその生理活性を知る上で重要である。

　一重項酸素の消去活性は分子中の共役二重結合に比例することは上述したが，生体膜のモデル系でその抗酸化活性を比較した場合，分子内に水酸基などの極性基を有するカロテノイド（キサントフィル）は，その効力が大きく低下する[31]。カロテノイドの両末端の環状部分（エンドグループ）に水酸基が結合していると，両環状部分の水との親和性が高くなり，両末端部分が水中に突出するため，リポソーム膜を貫通する。このため細胞膜内での運動性が制約を受け，一重項酸素の消去能力が低下するためである。これに対して，β-カロテンやリコペンなどの極性基を持たないカロテノイド（カロテン）は，リポソーム膜内の疎水性領域のみに存在するため，極性カロテノイドのような動きの制限はなく，一重項酸素の消去能力の低下もない。したがって，組織内での抗酸化活性に基づくカロテノイドの栄養機能性については，吸収性，分布，代謝物の活性以外に，各組織での物理化学的な存在状態などを基に総合的に判断する必要がある。

6 おわりに

ヒトの血中に検出される主なカロテノイドとしては，β-カロテン，リコペン，α-カロテン，ルテイン，ゼアキサンチン，β-クリプトキサンチン（図1）などが知られているが，各カロテノイドの生体中での含量は摂取する食物によって大きく異なり，欧米人の血中にはβ-カロテン，リコペン，α-カロテンが多く見られるが，ルテインやゼアキサンチンは少ないという報告がある[32]。Gerster[33]によれば，ヨーロッパスタイルの食事を摂っているヒトの血漿中カロテノイドの50％以上はリコペンであると報告している。したがって，β-カロテン以外のカロテノイドの機能性研究では，リコペンに関するものが多いが，ルテインとゼアキサンチンについても，網膜での生理作用を中心とした研究が活発に行われている[34〜37]。今後は，これら以外のカロテノイドの生理活性とその作用メカニズムに関する検討も必要である。

ところで，カロテノイドの生体中の濃度は，食事の内容により大きく影響されることはいうまでもない。野菜，果物，卵黄などに多く含まれるβ-カロテン，リコペン，α-カロテン，ルテイン，ゼアキサンチン，β-クリプトキサンチンがヒトの血中に多いのはこのためである。ただし，食文化は地域によって異なる。日本人は海産物も多く摂取しているので，海産物由来のカロテノイドの蓄積も予想される。また，野菜を多く摂取するのも日本人の伝統的な食事スタイルといえる。したがって，海産物に多く含まれるアスタキサンチンやフコキサンチン，あるいは，野菜に比較的多く含まれるカロテノイドで，まだその生理作用についての知見が少ないビオラキサンチン（図1）などについても，より詳細な検討をする必要があろう。

カロテノイドの機能性を調べる上で参考になるのが，植物でのそれぞれのカロテノイドの役割である。野菜に含まれるカロテノイドについてはGross[38]が成書としてまとめている。植物中のカロテノイドの種類と含量は組織や成熟度によって異なる。表1に赤ピーマンとトマトの果実中のカロテノイド含量について例示したが，成熟度が増すにつれてカロテノイド総含量は高くなり赤みも増大する。熟した赤色の主体は赤ピーマンの場合はカプサンチン[39]が，トマトの場合はリコペン[40]であるが，両カロテノイド共未熟な果実には存在しない。一方，未熟な赤ピーマンに見られたネオキサンチンは，光合成を活発に行う葉に多く，光合成能力の低下と共にその含量は低下する。ネオキサンチンと同じようにアレン結合を有する褐藻カロテノイド，フコキサンチン（図1）も，褐藻の成長期には含量が増大するが，成長の停止に伴い急速に消失する。ヒトなどの動物に対する特定の機能性を期待する場合，このような植物中での各カロテノイドの消長や役割は，対象カロテノイドを選択する上で貴重なヒントを与えてくれる。

表1 成熟に伴う赤ピーマン[39]とトマト[40]中の各種カロテノイドの含量の変化（mg/g 湿重量）

赤ピーマン	未熟 ←　　　　　　→ 成熟 果実の色			
	緑	緑	ピンク	赤
β-カロテン	8.0	12.0	40.0	107.7
ルテイン	8.0	12.0	—	—
ビオラキサンチン	5.0	10.9	15.9	42.2
ネオキサンチン	2.0	4.0	4.0	—
カプサンチン	—	—	43.0	324.7

トマト	未熟 ←　　　　　　　　　→ 成熟					
β-カロテン	1.2	1.8	2.2	2.4	3.0	2.5
リコペン	—	0.4	0.6	9.0	22.3	82.8

文　　献

1) L.M. De Luca, 1991. *FASEB J.*, **5**, 2924 (1991)
2) D.A. Cooper *et al.*, *Nutr. Rev.*, **57**, 133 (1999)
3) D.A. Cooper *et al.*, *Nutr. Rev.*, **57**, 201 (1999)
4) W.C. Willett, *Cancer Epidemiol. Biomark. Prev.*, **10**, 3 (2001)
5) E. Riboli and T. Norat, *Am. J. Cli. Nutr.*, **78**, 559S (2003)
6) C.S. Foot and R.W. Denny, *J. Am. Chem. Soc.*, **90**, 6233 (1968)
7) R. Edge *et al.*, *J. Photochem. Photobiol. B*, **41**, 189 (1997)
8) P.D. Mascio *et al.*, *Am. J. Clin. Nutr.*, **53**, 194S (1991)
9) G.W. Burton and K.U. Ingold, *Science*, **224**, 569 (1984)
10) A. Mortensen *et al.*, *Arch. Biochem. Biophys.*, **385**, 13 (2001)
11) C.W. Hadley *et al.*, *Exp. Biol. Med.*, **227**, 869 (2002)
12) H. Tapiero *et al.*, *Biomed. Pharmacotherapy*, **58**, 100 (2004)
13) E. Giovannucci, *J. Natl. Cancer Inst.*, **91**, 317 (1999)
14) B. Halliwell, *Free. Rad. Res.*, **25**, 57 (1996)
15) P. Evans and B. Halliwell, *Br. J. Nutr.*, **85**, S67 (2001)
16) M. Porrini and P. Riso, *J. Nutr.*, **130**, 189 (2000)
17) A.R. Collins, *Mutat. Res.*, **475**, 21 (2001)
18) S.B. Astley *et al.*, *Br. J. Nutr.*, **91**, 53 (2004)
19) M.J. Jakson *et al.*, *Mol. Aspects Med.*, **23**, 209 (2002)
20) B.P. Chew and J.S. Park, *J. Nutr.*, **134**, 257S (2004)

第 1 章　プロビタミン A 活性とノンプロビタミン A 活性

21) Y. Sharoni et al., *Mol. Aspects Med.*, **24**, 371 (2003)
22) P. Palozza et al., *Arch. Biochem. Biophys.*, **430**, 104 (2004)
23) J. Molnár et al., *Curr. Pharm. Design*, **12**, 287 (2006)
24) J.S. Bertram and A.L. Vine, *Biochim. Biophys. Acta*, **1740**, 170 (2005)
25) L.X. Zhang et al., *Cancer Res.*, **52**, 5707 (1992)
26) P. Acevedo and J.S. Bertram, *Carcinogenesis*, **16**, 2215 (1995)
27) A.L. Vine and J.S. Bertram, *Nutr. Cancer*, **52**, 105 (2005)
28) K. Miyashita, "Function of Marine Carotenoids" In Food Factors for Health Promotion, p. 136, Karger (2009)
29) W. Stahl et al., *Arch. Biochem. Biophys.*, **294**, 173 (1992)
30) S. Beatty et al., *Arch. Biochem. Biophys.*, **430**, 70 (2004)
31) A. Cantrell et al., *Arch. Biochem. Biophys.*, **412**, 47 (2003)
32) R. Rühl, *Proceedings of Nutr. Soc.*, **66**, 458 (2007)
33) H. Gerster, *J. Am. Coll. Nutr.*, **16**, 109 (1997)
34) J.D. Ribaya-Mercado and J.B. Blumberg, *J. Am. Coll. Nutr.*, **23**, 567S (2004)
35) M.M. Calvo, *Crit. Rev. Food Sci. Nutr.*, **45**, 671 (2005)
36) H.D. Sesso, *Curr. Opin. Lipidol.*, **17**, 11 (2006)
37) A. Shao and J.N. Hathcock, *Regul. Toxic. Pharm.*, **45**, 289 (2006)
38) J. Gross, "Pigments in Vegetables", An Avi Book (1991)
39) F.M.M. Rahman and K.A. Buckle, *J. Food Technol.*, **15**, 241 (1980)
40) F.I. Meredith and A.E. Purcell, *Proc. Am. Soc. Hortic. Sci.*, **89**, 544 (1966)

第2章　カロテノイドの吸収と代謝

長尾昭彦*

1　はじめに

　自然界には 750 種類ものカロテノイドが存在し，ヒトは食品から様々なカロテノイドを摂取している。一重項酸素消去やラジカル捕捉などのカロテノイドに共通した抗酸化性や個々の特異な構造に依存した生物活性がヒトの健康維持に寄与しているものと考えられている。しかし，食品から摂取されたカロテノイドの体内動態については，明らかにされていないことが多い。たとえば，ヒト組織に蓄積されるカロテノイドの種類は摂取するものと比較して限られている。また，動物種によってカロテノイドの体内蓄積が著しく異なるが，どのような選択的な吸収・蓄積の機構があるのか？　また，体内での代謝変換や排泄機構など未解明な点が数多く残されている。本章では，食品としてカロテノイドを摂取した後の体内動態について，特に腸管吸収と代謝変換に注目して最近の研究を紹介する。

2　食品カロテノイドのバイオアクセシビリティ

　食品カロテノイドの生体利用性は，他の脂溶性成分に比べ低いことが知られている。大部分のカロテノイドは疎水性が極めて高く水系に分散しにくいため，バイオアクセシビリティ（Bioaccessibility：小腸で吸収可能な状態となる割合）が限定されることが生体利用性の低さの一つの要因となっている。食品が摂取された後，まず最初に，食品マトリックスからカロテノイドが遊離される。生野菜では細胞壁などの組織構造のためカロテノイドは遊離されにくいが，破砕や加熱処理等によって構造が破壊されると遊離されやすくなる。その後，遊離されたカロテノイドは消化管内で十分に分散される必要がある。油脂が共存すると油脂へカロテノイドが溶解し，油脂とともにカロテノイドが消化管内へ分散されていく。また，油脂の消化産物である脂肪酸とモノアシルグリセロール及び胆汁として分泌される胆汁酸とリン脂質等が界面活性物質としてカロテノイドの分散を促進する。消化の途上では油脂と共にエマルションとして分散しているが，消化が進行し油脂の加水分解が進行すると最終的にミセルに可溶化された状態となる。ミセルは，胆汁酸，リン脂質，コレステロール，脂肪酸，モノアシルグリセロールからなる盤上の混合ミセ

---

*　Akihiko Nagao　㈱農研機構　食品総合研究所　食品素材科学研究領域　脂質素材ユニット　ユニット長

第2章　カロテノイドの吸収と代謝

ル（粒径 40～200nm）で，外側を胆汁酸が取り囲んでいる。このような混合ミセル内に可溶化されたカロテノイドの一部が小腸上皮細胞に取り込まれ体内に吸収されるものと考えられている[1]（図1）。

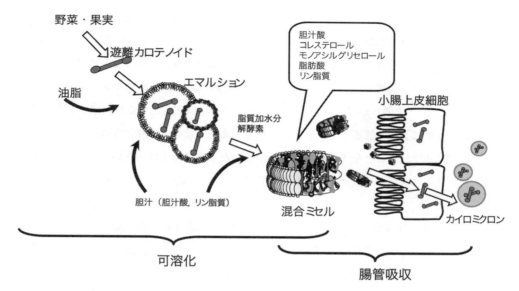

図1　カロテノイドの可溶化と腸管吸収

　バイオアクセシビリティは食品中のカロテノイドがこのような腸管混合ミセルとして可溶化される割合を示す。したがって，バイオアクセシビリティは食品マトリックス，加工，調理，食べ合わせ，カロテノイドの種類などによって異なり，生体利用性に大きく影響する因子となる。たとえば，加熱調理は一部のカロテノイドを酸化分解するが，上述したように食品からカロテノイドを遊離しやすくし混合ミセルのへの移行を促進する[2]。したがって，生のトマトより破砕や加熱加工したトマト製品の方がリコペンの生体利用性が高くなる[3]。野菜中のルテインのバイオアクセシビリティは高く，油脂の影響をあまり受けない。一方，ルテインに比べ疎水性の高いβ-カロテンやリコペンのバイオアクセシビリティはかなり低いが，油脂の共存下で高くなること[4]が報告されている。油脂へのカロテノイドの溶解度は，ビタミンEが無制限に油脂と混和することと比較すると，極めて低い。油脂へのβ-カロテンの溶解度は 0.112～0.141％であり，ほうれん草 100g に含まれるβ-カロテン（約 4mg/100g 湿重量）の全てを油脂中に可溶化するには少なくとも 2.8～3.6g の油脂が必要となってくる。油脂はこのようにカロテノイドの可溶化に直接的に影響するとともに，油脂の摂取が胆汁やリパーゼの分泌を促進することによっても，カロテノイドの可溶化を促進する働きがある。このように，摂取する油脂や胆汁の脂質成分がカロテノイドの消化管内での可溶化に重要な働きをしており，食品カロテノイドのバイオアクセシビリティに深く関わっている。

3 カロテノイドの腸管吸収

　腸管混合ミセルに可溶化されたカロテノイドの一部は小腸上皮細胞に取り込まれる。従来から取り込みは単純拡散に従うものと考えられてきた。ラット小腸での β-カロテン吸収量はカロテノイド濃度に依存して直線的に増加すること[5]，ラット小腸細胞の ^{14}C-β-カロテンの取り込みが非標識のカロテノイドによって阻害されないこと，低温下で取り込みが抑制されないこと[6]等の結果が単純拡散であることを示唆している。また，菅原らは，混合ミセルに可溶化した種々のカロテノイドのヒト腸管細胞 Caco-2 への取り込みを調べ疎水性の高いカロテノイドほど取り込まれやすいこと[7]を明らかにしている。この結果は細胞膜を構成するリン脂質二重層を疎水性の物質ほど拡散によって透過しやすいという現象によく一致しており，カロテノイドが単純拡散によって取り込まれることを支持している。上述したように疎水性の高いカロテン類のバイオアクセシビリティは低いが，混合ミセルからの腸管上皮細胞へは取り込まれやすいことに留意する必要がある。

　一方，最近，クラスBスカベンジャーレセプタータイプ1（SR-BI）等のレセプターがカロテノイドの腸管吸収に関与していることが報告されている。Hauser らは SR-BI ノックアウトマウスでは β-カロテンの腸管吸収が野生型に比べ抑制されることを報告している[8]。小腸に SR-BI を過剰発現させたマウスでは，血漿中のリコペンが野生型に比べ10倍程度上昇することも報告されている[9]。また，ヒト血漿の脂溶性ビタミン濃度と脂質関連蛋白遺伝子の変異を調べた報告[10]では，β-カロテンや β-クリプトキサンチン濃度は SR-BI 遺伝子の一塩基多型と有意に相関していることが示されている。これらの最近の知見は，カロテノイドの腸管吸収に SR-BI のようなレセプターが関与していることを示唆している。しかし，このレセプターの機能を押さえても完全に取り込みが抑制されないことから，実際には単純拡散とレセプターの介在する取り込みの両者が働いているものと考えられる。

　いずれにしても，カロテノイドは混合ミセルとして可溶化された状態から小腸上皮細胞へ取り込まれる。上述したように，カロテノイドの構造によって細胞への取り込まれやすさが異なるが，混合ミセルの組成も取り込みに大きく影響する。混合ミセルにリン脂質としてホスファチジルコリンが含まれるとき，β-カロテンの Caco-2 細胞への取り込みが抑制され，リゾホスファチジルコリンが含まれるとき促進されることが示されている[7]。ホスファチジルコリンは β-カロテンに対する親和性が高いため取り込みを抑制し，リゾホスファチジルコリンは界面活性剤として細胞膜に作用し透過性を高めるものと推定されている[11]。物理的にミセルとして可溶化していれば取り込まれるという単純なものではなく，ミセルを構成する成分によっても取り込み量が大きく影響される。したがって，食品成分や乳化剤などがカロテノイドの腸管上皮細胞への取り込みに何らかの影響を与える可能性がある。

　腸管吸収の最後のステップは，小腸上皮細胞に取り込まれたカロテノイドのリンパ液中への分

泌である。細胞へ同時に取り込まれた脂肪酸やモノアシルグリセロールから再合成されたトリアシルグリセロールとともにカイロミクロンに組み込まれてリンパ液中に分泌される。カイロミクロンの分泌を阻害する合成界面活性剤 Pluronic L81 をラットに投与すると β-カロテンの吸収が抑制されること[12] が報告されており，カロテノイドの吸収は細胞内の脂質代謝に依存している。この段階でも摂取される油脂が重要な役割を果たしている。

4　開裂酵素による酸化

　小腸上皮細胞へ取り込まれた β-カロテンなどのプロビタミン A の一部は細胞内でビタミン A へ変換される。残りのカロテノイドはカイロミクロンに組み込まれリンパ液中へ分泌される。カイロミクロン中のカロテノイドは，カイロミクロンレムナントとともに肝臓に取り込まれる。肝臓に取り込まれたカロテノイドは，一部が VLDL に組み込まれ肝臓から分泌され，最終的に LDL となって各組織に取り込まれ蓄積されるものと考えられている。その後，代謝されて排泄されていくと考えられるが，プロビタミン A カロテノイドの代謝以外はその詳細は未解明である。たとえば，^{14}C でラベルしたルテインをヒトに投与すると，投与後14日間で吸収されたルテインの10分の1が尿中へ排泄されたことが報告されている[13] が，どのように代謝変換されて排泄されるかは明らかとなっていない。以下には，現在までに明らかになっているカロテノイドの代謝変換について紹介する。ただし，エステルの加水分解，幾何異性体の生成等については割愛する。

　β-イオノン環をもつプロビタミン A カロテノイドは小腸上皮細胞に取り込まれてから，その一部がオキシゲナーゼ（BCO1）の作用により分子中央の二重結合で開裂され，2分子のレチナールに変換される（図2）。レチナールはレチノールへ還元され脂肪酸エステルとなってカイロミクロンに組み込まれリンパ液中へ分泌される。肝臓に貯蔵されたレチノール脂肪酸エステルは必要に応じてレチノールへ加水分解され，血液中ではレチノール結合蛋白と結合した状態で運ばれ各組織へビタミン A が供給される。BCO1 は小腸以外に肝臓，腎臓等の組織においても発現し[14]，各組織においてプロビタミン A から直接ビタミン A を供給する働き[15] をしているものと考えられている。ビタミン A には過剰症があるが β-カロテンを摂取してもビタミン A 過剰症にはならない。BCO1 の活性は生体内のビタミン A レベルによって制御されていること[16] が報告されており，BCO1 遺伝子の発現はペルオキシソーム増殖因子活性化受容体（PPARγ）及びレチノイド X 受容体（RXRα）などの転写因子によって制御されていること[17] が最近明らかにされている。

　マウスから BCO1 遺伝子に類似するものが見いだされ，大腸菌に発現させると β-カロテンの9',10' 位の二重結合を特異的に開裂し β-アポ-10'-カロテナールと β-イオノンを生成した[18]。カロテノイドの9',10' 位で非対称に酸化開裂するオキシゲナーゼ（BCO2）の遺伝子であることが

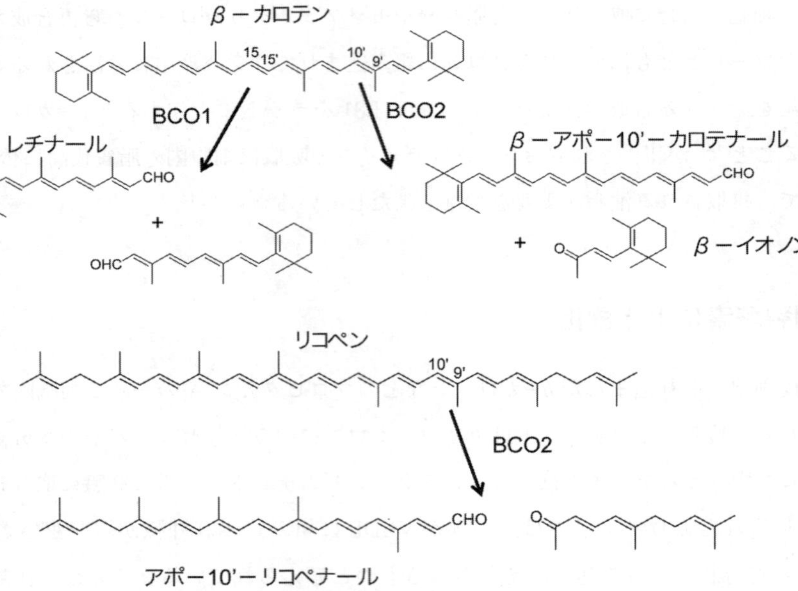

図2 オキシゲナーゼによる二重結合の酸化的開裂

明らかにされた(図2)。ヒト及びゼブラフィッシュにも同じ遺伝子がある。BCO1とは異なり，β-カロテン以外に非プロビタミンAであるリコペンにも作用[19]する特徴があるが，現在のところBCO2が哺乳動物で実際に機能していることを明確に示す報告はない。魚類では，ブラックバスにルテインやゼアキサンチンの9',10'位あるいは9,10位の二重結合開裂生成物と推定されるアポカロテノイドが見いだされており[20]，BCO2のような酵素が機能している可能性がある。Erdmanらは，^{14}Cでラベルしたリコペンを投与したラットの肝臓を分析したところ[21]，アポ-8'-リコペナールとアポ-12'-リコペナールを検出しているが，BCO2の反応産物であるアポ-10'-リコペナールは検出していない。哺乳動物におけるBCO2の *in vivo* での活性の有無とその生理的役割の解明は今後の課題である。

5　キサントフィルの代謝変換

Khachikらはヒト血漿のカロテノイドを詳細に分析し34種類のカロテノイドを見出している[22]。そのうち13種類はシス形の幾何異性体で，8種類は代謝産物と考えられている。ルテインやゼアキサンチンに由来する6種類の代謝産物を見出している。ルテインの3'位の水酸基での脱水産物として2種類のアンヒドロルテインが検出され，胃酸酸性下で生成するものと考えられている。ルテインの3'位の水酸基がカルボニル基へ酸化された3-ヒドロキシ-β,ε-カロテン-3'-オン(図3)が検出されている。同様に，3位の水酸基の酸化や二重結合の移動によって生成すると考えられる3'-ヒドロキシ-ε,ε-カロテン-3-オンやε,ε-カロテン-3,3'-ジオンも検出

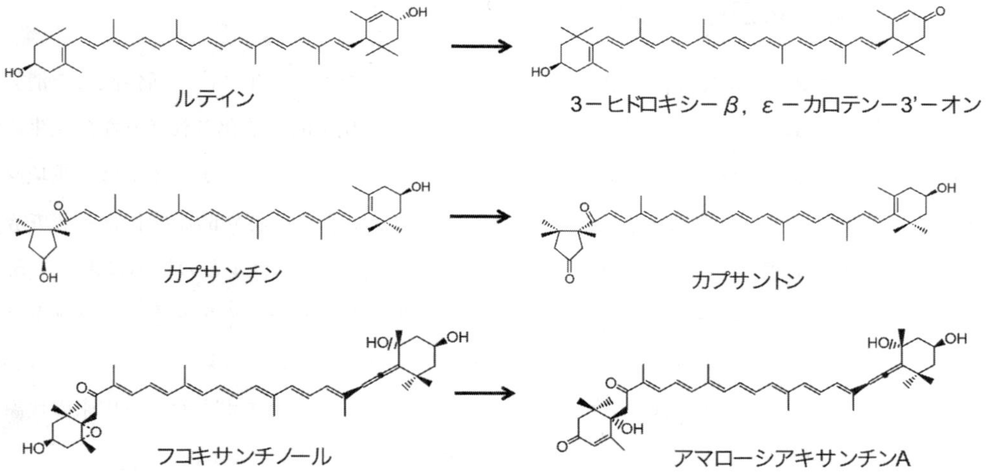

第2章　カロテノイドの吸収と代謝

図3　哺乳類でのキサントフィルの酸化的代謝

されている。また，生成したカルボニル基が再度還元されて生成すると考えられる3'-エピルテインが検出されている。したがって，ヒト体内においてキサントフィルの水酸基の酸化，還元，二重結合の移動のような代謝変換が起きているものと考えられる。また，パプリカジュースを摂取したヒトの血漿にはカプサンチンの3'位の水酸基が酸化されたカプサントンが検出されている[23]（図3）。キサントフィルの水酸基の酸化がヒト体内でおきていることが示唆されるが，酸化的代謝に関わる酵素については明らかにされていない。

一方で，褐藻類に含まれるフコキサンチンについての浅井らの研究[24]から，肝臓ミクロソームに存在するNAD依存の脱水素酵素がキサントフィルの水酸基の酸化還元反応に関与していることが示唆されている。フコキサンチンをマウスに投与すると，血漿中にはフコキサンチンは検出されず，その脱アシル化物であるフコキサンチノールが検出される。また，フコキサンチノールの3位の水酸基が酸化されて生成するアマローシアキサンチンAが検出された（図3）。この酸化反応はマウス肝臓のミクロソームに存在するNAD依存の脱水素酵素によって触媒されることが明らかにされている。

鳥類や海産動物でのカロテノイドの代謝については研究が進んでいて，後者においては水酸基の導入，水酸基のカルボニル基への酸化，共役二重結合の開裂等の酸化的代謝やカルボニル基の水酸基やメチレン基への還元，二重結合の飽和化などの還元的代謝も認められている[25]。上述したように，哺乳類においては，少なくともキサントフィルの水酸基を酸化的に代謝する活性があると考えられる。

6 活性酸素との反応と代謝

カロテノイドはラジカル捕捉活性及び一重項酸素消去活性をもち，生体内で活性酸素を消去しているものと考えられる。この過程で，カロテノイド自身は化学的に酸化され様々な酸化生成物を生成し，また，これらがさらに代謝変換されるものと考えられる。カロテノイドは一重項酸素を物理的に消去するが，一部は化学的に反応し，β-カロテンからは特異的な酸化物としてβ-カロテン5,8-エンドペルオキシドが生成する[26]。その他に酸素ラジカルとの反応によって5,6-エポキサイド，15,15'-エポキサイド[27]や重合物[28]が生成する。パーオキシナイトライトとの反応によりニトロ化物が生成する[29]。上述したKhachikらによるヒト血漿カロテノイドの詳細分析では，これらの酸化産物は検出されていない。しかし，リコペンエポキサイド由来の代謝産物と考えられる2,6-サイクロリコペン-1,5-ジオールが見いだされている。

これらはカロテノイド分子の骨格を持つ酸化産物であるが，一方，一重項酸素や酸素ラジカルとの反応によって共役二重結合の任意の位置で酸化開裂し，低分子のカルボニル化合物を生成する。たとえば，β-カロテンの9',10'位の二重結合の酸化開裂によって，β-イオノンとβ-アポ-10'-カロテナールなどのカルボニル化合物が生成する[27]。リコペンからは，同様に鎖長の異なるリコペナールなどが生成する[30,31]。この反応は，共役二重結合の位置には非特異的であり，上述した9',10'位の二重結合に特異的に作用する開裂酵素（BCO2）の反応とは異なる。生成したこれらのカルボニル化合物は生体内でさらにカルボン酸やアルコールに変換されるものと考えられる。活性酸素との反応により化学的に生成したものか，あるいはBCO2などの開裂酵素による代謝産物であるかは不明確であるが，生体系でこれらの開裂産物が検出されている。アスタキサンチンを摂取したヒト血漿に，アスタキサンチンの9',10'位の二重結合で開裂して生成したと考えられる代謝産物が検出されている。ヒト黄斑ホモジネートには，ルテインあるいはゼアキサンチンの酸化に由来するものと考えられる3-ヒドロキシ-β-イオノンと3-ヒドロキシ-14'-アポカロテナールが検出されている[32]。^{14}C-β-カロテンを投与したヒト血漿には，β-アポ-8'-カロテナールが検出されているが，他のβ-アポ-カロテナールは検出されていない[33]。すでに述べたように，^{14}C-リコペンと投与したラット肝臓には，アポ-8'-リコペナールとアポ-12'-リコペナールが検出されている[21]。生成したこれらのカルボニル化合物は生体内でさらにカルボン酸やアルコールに変換され，カルボン酸はさらにβ-酸化系で酸化され鎖長が短いものへ代謝されていくものと考えられる。炭素数20のクロセチンは両端にカルボキシル基をもつアポカロテノイドの一つであるが，マウスに投与するとグルクロン酸抱合体に変換される[34]。炭素数20のレチノイン酸もグルクロン酸抱合体として胆汁中へ排泄されることが知られている。したがって，ある程度鎖長の短くなった開裂産物は抱合体となって排泄されていく可能性が考えられる。これらのカロテノイド開裂産物の中には，レチノイン酸と構造が近いものが含まれるため，その生物活性が注目されている。

7 おわりに

　カロテノイドの腸管吸収にレセプターが関与していることが報告され，また，哺乳動物でもカロテノイドの酸化的代謝が見出され魚類や鳥類に類似した潜在的な代謝能力も持っていることが示されている。これらの報告から，哺乳動物においてもカロテノイドを積極的に利用する機構が備わっていると考えることができる。カロテノイドの生物活性と吸収・代謝の関わりについて今後さらに解明されることが期待される。

文　　献

1) L. Yonekura, *et al.*, *Mol. Nutr. Food Res.*, **51**, 107 (2007)
2) L. Ryan, *et al.*, *Plant Food Hum. Nutr.*, **63**, 127 (2008)
3) K. H. van het Hof, *et al.*, *J. Nutr.*, **130**, 1189 (2000)
4) T. Huo, *et al.*, *J. Agric. Food Chem.*, **55**, 8950 (2007)
5) D. Hollander, *et al.*, *Am. J. Physiol.*, **235**, E686 (1978)
6) G. Scita, *et al.*, *J. Nutr. Biochem.*, **3**, 118 (1992)
7) T. Sugawara, *et al.*, *J. Nutr.*, **131**, 2921 (2001)
8) A. van Bennekum, *et al.*, *Biochem.*, **44**, 4517 (2005)
9) M. Moussa, *et al.*, *J. Nutr.*, **138**, 1432 (2008)
10) P. Borel, *et al.*, *J. Nutr.*, *137*, 2653 (2007)
11) L. Yonekura, *et al.*, *Lipids*, **41**, 629 (2006)
12) F. J. Schweigert, *et al.*, *Ann. Nutr. Metab.*, **46**, 200 (2002)
13) F. F. de Moura, *et al.*, *Lipids*, **40**, 1069 (2005)
14) A. Lindqvist, *et al.*, *J. Biol. Chem.*, **277**, 23942 (2002)
15) A. Morales, *et al.*, *Int. J. Vitam. Nutr. Res.*, **76**, 9 (2006)
16) T. van Vliet, *et al.*, *J. Nutr.*, **126**, 499 (1996)
17) A. Boulanger, *et al.*, *FASEB J.*, **17**, 1304 (2003)
18) C. Kiefer, *et al.*, *J. Biol. Chem.*, **276**, 14110 (2001)
19) K. Q. Hu, *et al.*, *J. Biol. Chem.*, **281**, 19327 (2006)
20) E. Yamashita, *et al.*, *Nippon Suisan Gakkaishi*, **58**, 2277 (1992)
21) M. Gajic, *et al.*, *J. Nutr.*, **136**, 1552 (2006)
22) F. Khachik, *et al.*, *Anal. Chem.*, **69**, 1873 (1997)
23) H. Etoh, *et al.*, *Biosci. Biotechnol. Biochem.*, **64**, 1096 (2000)
24) A. Asai, *et al.*, *Drug Metab. Dispos.*, **32**, 205 (2004)
25) T. Matsuno, *Fish. Sci.*, **67**, 771 (2001)
26) C. S. Foote, *et al.*, *Tetrahedron Lett.*, 6041 (1968)
27) R. C. Mordi, *et al.*, *Tetrahedron*, **49**, 911 (1993)
28) H. Tsuchihashi, *et al.*, *Arch. Biochem. Biophys.*, **323**, 137 (1995)
29) R. Yoshioka, *et al.*, *Tetrahedron Lett.*, **47**, 3637 (2006)

30) S. J. Kim, *et al.*, *Lipids*, **36**, 191 (2001)
31) T. Yokota, *et al.*, *Chem. Lett.*, **33**, 80 (2004)
32) J. K. Prasain, *et al.*, *J. Mass Spectrom.*, **40**, 916 (2005)
33) C. C. Ho, *et al.*, *Am. J. Clin. Nutr.*, **85**, 770 (2007)
34) A. Asai, *et al.*, *J. Agric. Food Chem.*, **53**, 7302 (2005)

第3章　カロテノイドの抗酸化作用機構

山内　亮*

1　はじめに

　植物中のカロテノイドは主に葉緑体に存在しており，光エネルギーを取り込んでクロロフィルに渡す集光性色素として光合成反応に関わっている。さらにカロテノイドは生体組織を光障害から保護する働きがある。この場合，カロテノイド分子は励起状態の三重項増感剤や一重項酸素分子（$^1O_2$）からエネルギーを受け取って，励起三重項状態になる。カロテノイドに取り込まれたエネルギーは熱として放出され，基底状態のカロテノイドが再生されて新たな光防御反応を行うことができる。一方，カロテノイドが抗酸化剤として作用できることは古くから知られており，各種疾病の予防との関連から，カロテノイドが生体内で抗酸化剤として作用しているかどうかについて多くの研究が行われている[1,2]。カロテノイドの抗酸化作用を担っているのは，主に $^1O_2$ の消去とフリーラジカルの捕捉であり，以下にこれらの作用機構について解説する。

2　一重項酸素分子の消去（予防的抗酸化剤としての役割）

　$^1O_2$ は極めて反応性の高い活性酸素種であり，分子内に二重結合が存在するとこれと速やかに反応する。特に不飽和脂肪酸（LH）の二重結合とは容易に親電子付加反応を起こし，脂質ヒドロペルオキシド（LOOH）が生成される。いったん LOOH が生ずると，これは遊離遷移金属やヘム化合物などによるレドックス分解を受けてアルコキシルラジカル（LO・）やペルオキシルラジカル（LOO・）となり，フリーラジカル連鎖反応が開始される。従って，カロテノイドは $^1O_2$ を消去することによって脂質過酸化の進行を未然に防ぐ予防的抗酸化剤（preventive antioxidant）といえる。

　基底状態のカロテノイド（^1CAR）による $^1O_2$ の消去は，以下に示す物理的な過程（$^1O_2$ からカロテノイドへのエネルギー移動：反応(1)）と化学反応（反応(3)）による場合がある。

$$^1O_2 + {}^1CAR \longrightarrow {}^3O_2 + {}^3CAR^* \quad \text{（物理的消去）} \tag{1}$$

$$^3CAR^* \longrightarrow {}^1CAR + 熱 \tag{2}$$

$$^1O_2 + {}^1CAR \longrightarrow 反応生成物 \quad \text{（化学的消去）} \tag{3}$$

物理的な過程では，$^1O_2$ のエネルギー移動で励起三重項状態となったカロテノイド分子（$^3CAR^*$）

---

*　Ryo Yamauchi　岐阜大学　応用生物科学部　教授

は,その長鎖共役ポリエン構造によって励起エネルギーを外部環境に放出してもとの基底状態にもどる(反応(2))[3]。その結果,個々のカロテノイド分子は $^1O_2$ と反応して生成物を形成する前に約1000分子の $^1O_2$ を消去できる。反応(3)によって生成する $^1O_2$ との反応産物として,β-カロテンからは5,8位に $^1O_2$ が付加した β-カロテン-5,8-エンドペルオキシドが得られており[4,5],この化合物は $^1O_2$ 産生のバイオマーカーとしても利用することができる[6]。

様々な条件で測定したカロテノイドの $^1O_2$ 消去速度定数 (k_q) を表1に示した[3,7,8]。有機溶媒中のような均一な反応系では,カロテノイドの $^1O_2$ 消去能は分子内の共役二重結合数と相関しており,二重結合数が多いほど消去速度は大きくなる。溶媒によって多少の違いはあるが,一般にカロテノイドは拡散律速に近い速度で $^1O_2$ を消去することができる。しかし,リン脂質リポソーム膜やミセル中では $^1O_2$ 消去速度は大きく低下している。リポソーム膜中でのカロテノイドによる $^1O_2$ 消去能は,表2に示したように α-トコフェロールの場合に比べて非常に大きく低下しており,これは膜におけるカロテノイド分子の運動性低下によるものと説明されている[9]。すなわち,α-トコフェロール分子がリポソーム二分子膜の外層あるいは内層どちらかの単層に分布するのに対して,鎖長の長いカロテノイドは膜の外層と内層の両者にまたがって存在するために運動性がより低下して $^1O_2$ 消去速度が大きく低下したものと推定される。特に,キサントフィルでは両端の極性基が膜を貫通して存在しているために,疎水領域のみに存在しているカロテンに比べて動きがより制限されており,その結果 $^1O_2$ との反応速度もより大きく低下している。また,膜の異なる部位に光増感剤をおいて $^1O_2$ を発生させると,α-トコフェロールは膜の表面で $^1O_2$

表1 カロテノイドの一重項酸素消去速度

カロテノイド	共役二重結合数	$k_q/10^8 \text{ M}^{-1}\text{s}^{-1}$				
		均一溶液		ミセル溶液	DPPC リポソーム[*2]	
		混合溶媒[*1]	ベンゼン		RB	PBA
リコペン	11	310	170	20	24	23
α-カロテン	10	190	120			
All-*trans*-β-カロテン	11	140	130	24	23	25
15-*cis*-β-カロテン	11		110	21		
9-*cis*-β-カロテン	11		110	15		
カンタキサンチン	11	210	120	30	23	
アスタキサンチン	11	240	140	29	5.9	
ゼアキサンチン	11	100	120	25	2.3	1.7
ルテイン	10	80	66	33	1.1	0.82
クリプトキサンチン	11	60				
レチノイン酸	5	< 0.1				
α-トコフェロール	0	3				

*1 文献7) より引用。溶媒にエタノール/クロロホルム/水 (50:50:1) を用いた。他のデータは文献3) と8) より引用した。

*2 ジパルミトイルホスファチジルコリン (DPPC) にカロテノイドを取り込ませて一枚膜リポソームを作製し,水溶性のローズベンガル (RB) あるいは脂溶性の4-(1-ピレン)酪酸 (PBA) を光増感剤に用いて $^1O_2$ を発生させた。

第3章　カロテノイドの抗酸化作用機構

表2　膜中での濃度を考慮したカロテノイドの一重項酸素消去速度[*1]

| | $k_q/10^8 \text{ M}^{-1} \text{s}^{-1}$ | | | | | |
| | RB 反応系 | | | PDA 反応系 | | |
	EtOH	リポソーム[*2]	速度比[*3]	EtOH	リポソーム[*2]	速度比[*3]
β-カロテン	127	0.21	(1/605)	104	0.17	(1/612)
アスタキサンチン	240	0.19	(1/1263)	209	0.19	(1/1100)
カンタキサンチン	128	0.18	(1/711)	136	0.17	(1/800)
α-トコフェロール	3.6	0.14	(1/26)	2.1	0.025	(1/84)

*1　文献9)より引用。
*2　ジミリストイルホスファチジルコリン（DMPC）にカロテノイドを取り込ませて多重膜リポソームを作製し，ローズベンガル（RB）あるいは12-(1-ピレン)ドデカ酸（PDA）を光増感剤に用いて $^1O_2$ を発生させた。リポソーム中の反応速度は，膜に局在するカロテノイド濃度を考慮して算出した値である。
*3　エタノール溶液中での反応速度に対するリポソーム中の反応速度の比を示す。

を産生する系（RB反応系）の方が，膜の内側で産生する系（PDA反応系）よりも高い $^1O_2$ 消去能を示したが，疎水領域に存在するカロテノイドでは，$^1O_2$ の発生部位にかかわらずほぼ同じ効力であった。これは，カロテノイドの活性部位である共役二重結合部分が膜の疎水領域に分布しており，$^1O_2$ もその発生部位にかかわらず酸素溶解度の高い膜の疎水部にすばやく拡散してそこでカロテノイド分子と反応するためと説明されている。

3　フリーラジカルの捕捉（連鎖切断型抗酸化剤としての役割）

脂質のフリーラジカル連鎖反応に対して，カロテノイドが抗酸化性を示すことは広く知られている[10]。カロテノイド（CAR）による脂質ペルオキシルラジカル（LOO･）の捕捉は，以下の3つの反応機構が考えられる[2,11]。

$$\text{CAR} + \text{LOO}^{\cdot} \longrightarrow \text{LOO-CAR}^{\cdot} \text{（付加）} \tag{4}$$

$$\text{CAR} + \text{LOO}^{\cdot} \longrightarrow \text{CAR}^{\cdot} + \text{LOOH（水素の引き抜き）} \tag{5}$$

$$\text{CAR} + \text{LOO}^{\cdot} \longrightarrow \text{CAR}^{\cdot +} + \text{LOO}^{-} \text{（電子の移動）} \tag{6}$$

Burton と Ingold[12] は，β-カロテンが効果的な連鎖切断型抗酸化剤（chain-breaking antioxidant）として作用することを最初に報告し，その作用は，β-カロテンの分子内共役二重結合にペルオキシルラジカルが付加してペルオキシカロテンラジカル（LOO-CAR･）の共鳴安定構造をとることによるとした（反応(4)）。一方，酸素分圧が高まると，LOO-CAR･ は酸素と反応してペルオキシルラジカル（LOO-CAR-OO･）となるので，このペルオキシルラジカルが脂質過酸化反応を促進させる。すなわち，カロテノイドの抗酸化／酸化促進作用を決定するものは，反応の場の酸素濃度である（図1）。ペルオキシルラジカルの付加反応で生じた LOO-CAR･ とその酸素結合体である LOO-CAR-OO･ は，酸素濃度によってその平衡がいずれかに傾く。高酸素

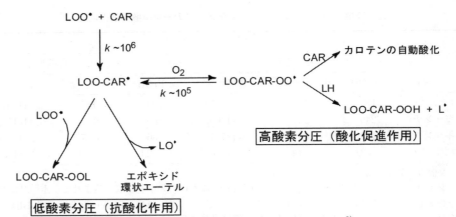

図1 カロテノイドの抗酸化および酸化促進作用[2]

CAR：カロテノイド、LH：不飽和脂質、LO$^{\cdot}$：アルコキシルラジカル、LOO$^{\cdot}$：ペルオキシルラジカル、LOO-CAR$^{\cdot}$：脂質ペルオキシカロテンラジカル、LOO-CAR-OO$^{\cdot}$：脂質ペルオキシカロテンペルオキシルラジカル。k は反応速度定数（$M^{-1} s^{-1}$）を示す。

濃度では平衡が LOO-CAR-OO$^{\cdot}$ 側に傾き，脂質過酸化を促進する。一方，低酸素濃度では LOO-CAR$^{\cdot}$ が別のペルオキシルラジカルを捕捉するか，あるいは分子内置換反応（$S_{H}i$ 反応）でエポキシドなどを生成して抗酸化的に働く。一般に，生理学的条件の酸素分圧とカロテノイド濃度では，抗酸化的に作用する。

El-Agamey と McGarvey[13] は，カロテノイドによるペルオキシルラジカルの付加反応は，非極性条件下と極性条件下で異なる反応経路によって進行することを示した（図2）。すなわち，ペルオキシルラジカルの付加で生じた LOO-CAR$^{\cdot}$ は，非極性溶媒中では $S_{H}i$ 反応によってエポキシドや環状エーテル化合物となるが，極性溶媒中ではラジカルカチオン（CAR$^{\cdot +}$）とペルオキシルアニオン（LOO^{-}）を生成する。また，Woodall ら[14] は，この付加反応とともにカロテノイド分子からの水素の引き抜き反応（反応(5)）が抗酸化作用に関与することを示唆した。しか

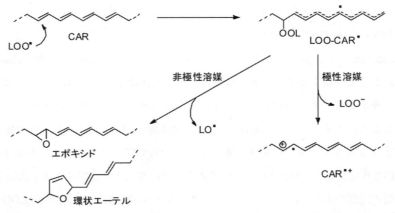

図2 カロテノイド（CAR）とペルオキシルラジカル（LOO$^{\cdot}$）の反応における溶媒の影響[13]

第3章 カロテノイドの抗酸化作用機構

し,カロテノイド分子からの水素引き抜き反応に関しての報告はその後見当たらない。

カロテノイドによるペルオキシルラジカル捕捉反応は,電子の移動(反応(6))によっても行われる。例えば,β-カロテンとトリクロロメチルペルオキシルラジカルを反応させると,CAR$^{\cdot+}$とLOO-CAR$^{\cdot}$が1:1の割合で生成することが報告されている[15]。この場合,使用した溶媒は比較的極性の高いものであり,反応をヘキサンのような非極性溶媒中で行った場合にはCAR$^{\cdot+}$の生成が認められなかった。この結果から,カロテノイドのフリーラジカル捕捉反応は溶媒の極性に依存して異なる経路で進行するのかもしれない。

カロテノイドが抗酸化的に働くのかあるいは酸化促進的に働くのかは,捕捉するフリーラジカル種,反応の場,さらには反応の結果生じたカロテノイドラジカルの性質による[13]。カロテノイドは疎水性分子であり,組織中では細胞膜や脂肪組織中に存在する。β-カロテンやリコペンのようなカロテン分子は,生体膜の疎水性領域で非極性環境下にあるので,反応(6)は起こりにくく,反応(4)や(5)によってフリーラジカルを捕捉するものと思われる。一方,分子内に水酸基を有するゼアキサンチンのようなキサントフィル分子は,生体膜を貫通して分子の両端にある極性基が親水性領域に接しているので,反応(6)によってもフリーラジカルを捕捉できる。このことは,生体膜の分子環境がカロテノイドのフリーラジカル捕捉能に大きく影響を与えることを意味する。そのために,カロテン化合物とキサントフィル化合物をリポソーム膜に同時に添加すると,両者の相互作用によって抗酸化効果が高まるとする報告もある[16]。

4 ビタミンEやビタミンCとの相互作用

カロテノイドのフリーラジカル捕捉反応で生じたカロテンラジカルカチオン(CAR$^{\cdot+}$)は,生体に損傷を与える可能性がある[17]。例えば,CAR$^{\cdot+}$はタンパク質分子のチロシンやシステイン残基と反応してその機能を損なわせる。しかし,ビタミンE(α-トコフェロール)やビタミンC(アスコルビン酸)は,CAR$^{\cdot+}$をもとのカロテノイドに戻すことができる(図3)[11,18,19]。その結果生じたα-トコフェロールラジカル(TO$^{\cdot}$)はアスコルビン酸によって,アスコルビン酸ラジカル(Asc$^{\cdot}$)は酵素(NADH-セミデヒドロアスコルビン酸還元酵素)によって,それぞれもとのα-トコフェロールとアスコルビン酸に再生される。

α-トコフェロールの生体での濃度はカロテノイドよりも高く,ペルオキシルラジカルとの反応性もカロテノイドと同等かそれ以上なので,生体中ではα-トコフェロールが脂質ペルオキシルラジカルを直接捕捉している可能性が高い。しかし,α-トコフェロールはCAR$^{\cdot+}$と反応してカロテノイドを再生することができるので,この反応もある条件下では意味があるのかもしれない。また,CAR$^{\cdot+}$とアスコルビン酸との相互作用は,生体膜中でカロテノイドが水相との界面に接することができるゼアキサンチンのようなキサントフィルで認められる。一方,炭化水素鎖のみのカロテンでは長寿命のCAR$^{\cdot+}$が水相面に移動したときにしか起こらないことになる。

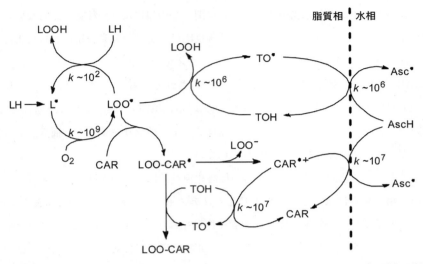

図3 脂質過酸化反応におけるカロテノイドとα-トコフェロールおよびアスコルビン酸との相互作用
AscH：アスコルビン酸，CAR：カロテノイド，CAR$^{\cdot+}$：カロテノイドカチオンラジカル，LH：不飽和脂質，L$^{\cdot}$：脂質ラジカル、LOO$^{\cdot}$：脂質ペルオキシルラジカル，TOH：α-トコフェロール。k は反応速度定数（$M^{-1}s^{-1}$）を示す。

このような生体内におけるカロテノイドとα-トコフェロールやアスコルビン酸との関係については，未だ不明な点が多い。

5 おわりに

カロテノイドは$^1O_2$の消去と各種フリーラジカルの捕捉反応によって脂質過酸化反応を抑制している可能性が高い。しかし，カロテノイドによる抗酸化作用には，他の抗酸化剤の場合と同様に多くの因子（カロテノイドの構造とその濃度，細胞や膜中での存在部位，反応するフリーラジカル種，他の抗酸化剤との相互作用など）が関与しており[20]，これらが生体内でカロテノイドが機能を発揮する際に大きな影響を与えているものと思われる。

文　献

1) W. Stahl and H. Sies, *Mol. Asp. Med.*, **24**, 345 (2003)
2) A. El-Agamey et al., *Arch. Biochem. Biophys.*, **430**, 37 (2004)
3) R. Edge et al., *J. Photochem. Photobiol. B: Biol.*, **41**, 189 (1997)
4) S. P. Stratton et al., *Chem. Res. Toxicol.*, **6**, 542 (1993)
5) R. Yamauchi et al, *Biosci. Biotechnol. Biochem.*, **62**, 1301 (1998)

6) N. Bando *et al.*, *Free Radic. Biol. Med.*, **37**, 1854 (2004)
7) P. DiMascio *et al.*, *Arch. Biochem. Biophys.*, **274**, 532 (1989)
8) A. Cantrell *et al.*, *Arch. Biochem. Biophys.*, **412**, 47 (2003)
9) K. Fukuzawa *et al.*, *Lipids*, **33**, 751 (1998)
10) N. I. Krinsky, *Free Radic. Biol. Med.*, **7**, 617 (1989)
11) N. I. Krinsky and K. -J. Yeum, *Biochem. Biophys. Res. Commun.*, **305**, 757 (2003)
12) G. W. Burton and K. U. Ingold, *Science*, **224**, 569 (1984)
13) A. El-Agamey and D. J. McGarvey, *J. Am. Chem. Soc.*, **125**, 3330 (2003)
14) A. A. Woodall *et al.*, *Biochim. Biophys. Acta*, **1336**, 33 (1997)
15) C. A. Rice-Evans *et al.*, *Free Radic. Res.*, **26**, 381 (1997)
16) J. Liang *et al.*, *Food Chem.*, **115**, 1437 (2009)
17) A. Mortensen *et al.*, *Arch. Biochem. Biophys.*, **385**, 13 (2001)
18) A. Mortensen *et al.*, *Free Radic. Res.*, **28**, 69 (1998)
19) M. Burke *et al.*, *J. Photochem. Photobiol. B: Biol.*, **60**, 1 (2001)
20) E. Niki *et al.*, *Am. J. Clin. Nutr.*, **62**(suppl), 1322S (1995)

第4章 カロテノイドによる
ペルオキシナイトライト消去の化学的機構

衛藤英男*

1 はじめに

　肺から取り込まれた酸素は細胞に到達し，細胞内のミトコンドリアの電子伝達系でエネルギーと水に変換される。その過程で，副産物として様々な活性酸素種が産生される。このように生体は常に酸化的環境下にある。これらの活性酸素は好中球やマクロファージによっても産生し，病原体を死滅させる重要な作用がある。しかし，活性酸素の高い反応性のため，生体内で酸化傷害も引き起こす。このように，活性酸素は二面性を持っている。生体内では，過剰に産生された活性酸素をスーパーオキシダーゼ，デスムターゼ，カタラーゼなどの酵素による消去機構も持ち，生体傷害を防いでいる[1]。一方，ヒトの生体内では生合成されないアスコルビン酸（ビタミンC），$α$-トコフェロール（ビタミンE），カロテノイドやポリフェノールなどのファイトケミカルはラジカルと直接反応して消去する事から注目されている。今回はカロテノイドの活性酸素消去機構についてペルオキシナイトライトの消去を中心に最近の研究について述べたい。

2 ペルオキシナイトライト産生

　生体は自己防衛・恒常性の維持のためにスーパーオキシドアニオン（O_2^-）と一酸化窒素（NO・）を産生している。1990年Beckmanらによって，O_2^-とNO・の反応生成物としてペルオキシナイトライト（$ONOO^-$）が報告された[2]。ペルオキシナイトライトは，本来の生理機能より生体傷害を起こす。ヒドロキシラジカルに匹敵する酸化力を有している。ペルオキシナイトライトは，タンパク質，芳香族アミノ酸のニトロ化・ヒドロキシル化[3]，DNAの断裂[4]，脂質の過酸化[5]など多くの生体傷害を引き起こす。加えて，生体に豊富に存在する二酸化炭素と反応し，$ONOOCO_2^-$を生じ，さらに高い反応性を示すことも報告されている[6]。

3 生体内抗酸化物質によるペルオキシナイトライトの消去

　生体内で消去する成分は，低分子抗酸化物質と酵素があり，低分子物質は，水溶性のアスコルビン酸とグルタチオンで，脂溶性物質は$α$-トコフェロールである。抗酸化には3つの過程が考

---

*　Hideo Etoh　静岡大学　農学部　応用生物化学科　教授

第4章　カロテノイドによるペルオキシナイトライト消去の化学的機構

えられる。①ペルオキシナイトライトの生成自体の抑制。過剰に産生されたスーパーオキシドアニオンと一酸化窒素を消去。②ペルオキシナイトライトそのものの消去。③ペルオキシナイトライトによって生じた生体傷害の修復あるいは二次的に進行する傷害（たとえば脂質過酸化）の抑制。これらの内、ペルオキシナイトライトとの直接の反応が重要で、水溶性のアスコルビン酸（ビタミンC）とグルタチオンは反応し、二酸化窒素アニオン、二酸化窒素、ヒドロキシアニオンへ変換する反応経路が報告されている[7～10]。脂質画分においてはLDLの過酸化や脂質の過酸化は深刻な問題である。LDLは内側の核にあたる部分にコレステロールエステルとトリグリセリドが存在し、それを取り囲むようにリン脂質と遊離コレステロールが層を成している。この酸化は動脈硬化の原因になる。ペルオキシナイトライトは非常に短時間で脂質過酸化を起こす[5]。脂質画分には、脂溶性の抗酸化物質であるトコフェロール、ユビキノン、カロテノイドが存在している。α-トコフェロールは比較的水相に近い部位に存在し、カロテノイド類はLDL内部の核に近い部位に局在している[1]。これらは、脂質ペルオキシラジカル（LOO・）の消去もしくは$^1O_2$からヒドロペルオキシド（LOOH）の生成を阻止することで脂質過酸化反応を停止させる。トコフェロールは、活性酸素とは直接反応せず、二次的に発生した脂質ラジカル（L・, LOO・, LO・など）を消去して、連鎖反応を停止させると考えられている[11]。α-トコフェロールとペルオキシナイトライトの反応では、α-トコフェロキノンの生成でヒドロキシアニオンの消去とニトロ化が報告されている[12]。また、カロテノイド自身がNO・やO_2^-の生成自体を抑制することも知られている[13,14]。さらに、ペルオキシナイトライトを発ガンプロモーターとする系でカロテノイドは発ガン抑制している[15]。

4　カロテノイドによる活性酸素の消去とその物理, 化学機構

カロテノイドは、リコピンやβ-カロテンのような炭化水素からなるカロテン類とイオノン環にヒドロキシル基やカルボニル基を持つキサントフィル類に分類される。それらの極性によりヒト体内における分布は異なり、様々な臓器に存在している。カロテン類は、膜内やLDLなどにおいて極性の低い中心部に複雑に配向して局在し、キサントフィル類は膜成分の間に配向してきっちりと並ぶ傾向がある。その配向性は次の2つが提案されている。①キサントフィルの水酸基が二重膜の両端にある極性基で固定され、膜をまたぐ配向、②キサントフィルの極性基が同じ膜面で固定される配向である[16]。②のような配向は、シス化したカロテノイドやルテインで共役二重結合が環まで届かない場合が考えられている[17]。

生体内におけるカロテノイドの大きな役割の一つは一重項酸素$^1O_2$の消去である。一重項酸素の消去の機構は、エネルギー転移による物理的反応機構である。カロテノイドは一重項酸素から熱エネルギーを奪い、ポリエンの振動によってそのエネルギーを放出し安定な三重項酸素にする。一重項酸素活性の強度は共役系の長さに依存し強力な消去活性の発現には9個以上の共役二重結

合を持つ事が必要である。この反応は，酸化を伴わない反応でありカロテノイドは触媒のように作用する。

　また，カロテノイドは脂質のラジカルによる連鎖的過酸化反応を抑制する。また，脂質ペルオキサイドの消去[18]やフリーラジカルの消去[19,20]も報告されている。カロテノイドの自動酸化に関してはβ-カロテンは多くの研究があるが，キサントフィル類は少なく，酸化体の構造を明らかにした文献はほとんどない。著者らは，アスタキサンチンの自動酸化生成物を明らかにした[21]。ペルオキシナイトライトとβ-カロテンは速やかに反応する[22]。ゼアキサンチンはリポソーム系でペルオキシナイトライトによりトランス体からシス体へ異性化し，さらに酸化開裂の反応が起こることが報告されている[23]。しかし，酸化生成物についての報告はない。カロテノイドは，生体内での局在を考えると，脂質画分に存在している抗酸化物質のα-トコフェロールの補助的に働き，これらの分子の修復もしくはペルオキシナイトライトから生成する反応種に対して作用していると考えられる。

5　β-カロテンおよびアスタキサンチンによるペルオキシナイトライトの消去

　カロテノイドとペルオキシナイトライトの反応は次のように行った。0.3%トリフルオロ酢酸を含むテトラヒドロフランに溶かし，作製したペルオキシナイトライト溶液[24]を加え，1分間反応させた。カロテノイドはペルオキシナイトライトと反応して，トランス体からシス体に，さらに酸化開裂が起こることが報告されている。著者らは，β-カロテンおよびアスタキサンチンのペルオキシナイトライトとの反応生成物を精査したところ，ポリエン部にニトロ基が付加した一連のカロテノイドを発見した（図1）。興味あることに，主ニトロ化生成物は14'位がシス配置をとっていることである。この化合物は分子軌道法計算を行ったところ，エネルギー的にまたは熱力学的に安定であることから，生体内ではこのまま包摂されて排出される可能性が考えられ興味深い[25,26]。

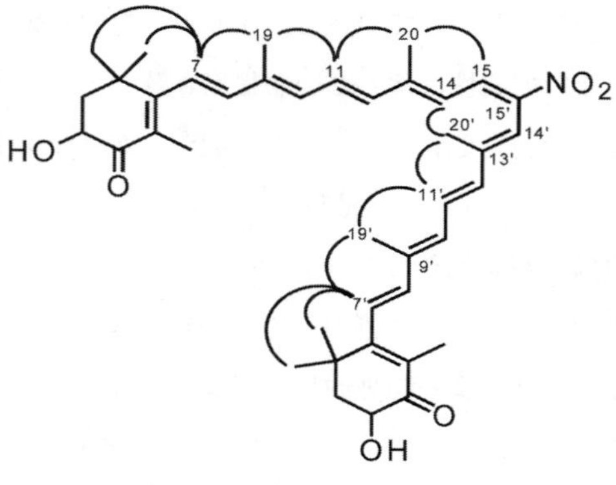

図1　14'-s-シス-15'-ニトロアスタキサンチン

第4章　カロテノイドによるペルオキシナイトライト消去の化学的機構

β-カロテンの場合も同様な結果が得られた。しかし，収量が非常に少なかった。このことから，二重結合の数やイオノン環の構造の違いがニトロ化に影響していることが考えられた。

6　ルテインによるペルオキシナイトライトの消去

次に，非対称な分子構造を持つルテインの場合，どのようなニトロ体が生成するか調べた。その結果，非常に興味あることに左右のβとε-エンドグループとポリエン部の共役構造に関係なく 14 位および 14' 位のシス体がほぼ 1 : 1 の収量で得られた[27]。β-カロテン，アスタキサンチンおよびルテインの結果をまとめると，ニトロ化はポリエン部にトランス二重結合が 9 つであれば生成することが分かる（図 2，3）。

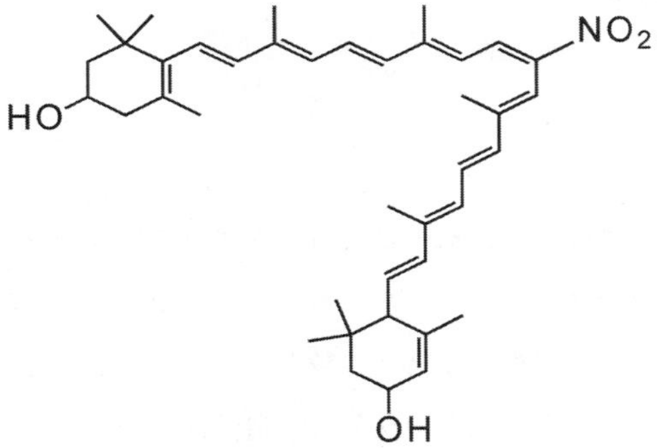

図2　14'-s-シス-15'-ニトロルテイン 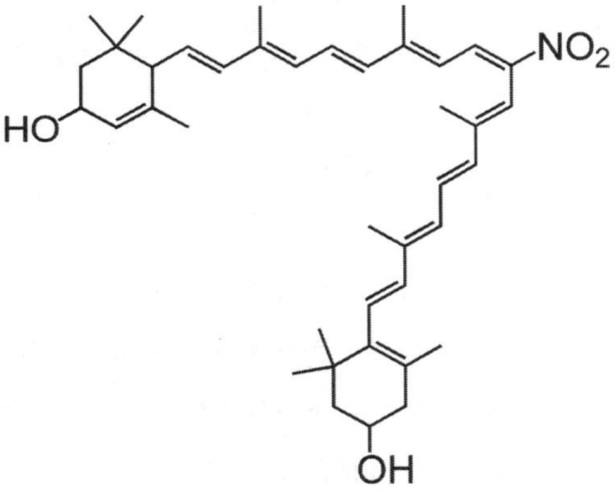　　　図3　14-s-シス-15-ニトロルテイン

7　リコピンによるペルオキシナイトライトの消去

ポリエン部にトランス共役二重結合が 11 あるリコピンは，ペルオキシナイトライトとの反応でニトロ体の生成が確認できなかった[28]。この確認のため，1,2-エポキシリコピンとペルオキシナイトライトとの反応を検討したが，鎖状のトランス二重結合が 11 あるリコピンは，ペルオキシナイトライトとの反応でニトロ体の生成が確認できなかった[29]。以上の結果は，ペルオキシナイトライトから生成するニトロラジカルとカロテノイドが反応する場合，カロテノイドラジカルの安定性が反応に関係していることが考えられる。

8 カプサンチンによるペルオキシナイトライトの消去

カロテノイドとペルオキシナイトライトの反応におけるニトロ体の生成に構造がどのように関係しているかをさらに明らかにするため，鎖状二重結合の数が9個と11個の間の10個，10個でも一つがカルボニル基である場合にニトロ体が生成するかしないかを検討することが必要となる。現在，カプサンチンの反応を検討している（図4）。

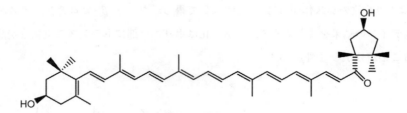

図4 カプサンチン

9 おわりに

カロテノイドは，生体内ではいろいろな組織に含まれ，また組織によって含まれるカロテノイドの組成が異なることが分かっている。今回のカロテノイド類とペルオキシナイトライトとの反応で，生成物，特にニトロ体の生成は，カロテノイドの共役二重結合の数が関係していることが明らかとなった。今後，カロテノイドとペルオキシナイトライトの反応の構造活性相関が明らかになれば，生体内での抗酸化機構の予想が出来，各組織内でのカロテノイドの役割がさらにはっきりしてくると考えられる。カロテノイドのように食事から摂らなければならない機能性成分の利用の情報がこのような基礎実験から得られることから，今後多くの若い研究者が参入することを期待している。

文　献

1) 二木鋭雄，島崎弘幸，美濃　真，"抗酸化物質"，学会出版センター（1994）
2) J. S. Beckman, T. W. Beckman, J. Chen, P. A. Marswhall and B. A. Freeman, *Proc. Natl. Acad. Sci. USA*, **87**, 1620-1624(1990)
3) A. van der Vliet, C. A. O'Neill, B. Halliwell, C. E. Cross and H. Kaur, *FEBS lett.*, **339**, 89-92(1994)
4) B. Halliwell, *Mutation Research*, **443**, 37-52(1999)

第 4 章 カロテノイドによるペルオキシナイトライト消去の化学的機構

5) A. S. Pabbala, S. Singy and C. Rice-Evans, *Methods in Enzymology,* **301**, 319-333(1999)
6) S. V. Lymar and J. K. Hurst, *J. Am. Chem. Soc.,* **177**, 8867-8868(1995)
7) D. Bartlett, D. F. Church, P. L. Bounds and W. H. Koppenol, *Free Radical Biology & Medicine,* **18**, 85-92(1995)
8) G. L. Squardrito, X. Jin and W. A. Pryor, *Archives of Biochemistry and Biophysics,* **322**, 53-59(1995)
9) R. Radi, J. S. Beckman, K. M. Bush and B. A. Freeman, *The Journal of Biological Chemistry,* **266**, 4244-4250(1991)
10) C. Quijano, B. Alvarez, R. M. Gatti, O. Augusto and R. Radi, *Biochem. J.,* **322**, 167-173(1997).
11) J. Chaudiere and R. Ferrari-iliou, *Food and Chemical Toxicology,* **37**, 949-962(1999)
12) N. Hogg, J. Joseph and B. Kalyanaraman, *Archives of Biochemistry and Biophysics,* **314**, 153-158(1994)
13) A. Murakami, M. Nakashima, T. Koshiba, T. Maoka, H. Nishino, M. Yano, T. Sumida, O. K. Kim, K. Koshimizu and H. Ohigashi, *Cancer Lett.,* **149**, 115-123(2000)
14) 眞岡孝至，員城文雄，徳田春邦，西野輔翼, *FFIJOURNAL,* **209**, 203-210(2004)
15) 眞岡孝至，持田晃一，小塚睦夫，員城文雄，口出将司，信或好俊，徳田春邦，西野輔翼, 食品・臨床栄養, **1**, 7-14(2006)
16) J. Milanowska, A. Polit, Z. Wasylewski, W. I. Gruszecki, *J. Photochem. Photobiol.,* B Biol., **72**, 1-9(2003)
17) A. Sujak, P. Mazurek, W. I. Gruszecki, *J. Photochem. Photobiol.,* B Biol., **68**, 39-44(2002)
18) F. Khachik, H. Pfander and B. Traber, *J. Agric. Food Chem.,* **46**, 4885-4890(1998)
19) G. W. Burton and K. U. Ingold, *Science,* **224**, 569-573(1984)
20) H. A. Frank, A. J. Young, G. Britton and R. J. Cogdell, The photochemistry of carotenoids, 223-234(1999)
21) 未発表
22) K. Kikugawa, K. Hiramoto, S. Tomiyama and Y. Asano, *FEBS letter,* **404**, 175-178(1997)
23) R. Scheidegger, A. K. Dande, P. L. Bounds and W. H. Koppenol, *Nitric Oxide: Biology and chemistry,* **2**, 8-16(1998)
24) T. Niwa, U. Doi, Y. Kato, T. Osawa, *J. Agr. Food Chem.,* **49**, 177-182(2001)
25) R. Yoshioka, T. Hayakawa, K. Ishizuka, K. Aditya,Y. Terada, T. Maoka and H. Etoh, *Terahedron Lett.,* **47**, 3637-3640(2006)
26) T. Hayakawa, K. Aditya, Y. Terada, T. Maoka and H. Etoh, *Biosci. Biotechnol. Biochem.,* **72**, 2716-2722(2008)
27) 衛藤英男，四方田雄哉，眞岡孝司，寺田幸正，日本農芸化学会 2009 年度大会（博多市），講演要旨集，p. 214（2009. 3）
28) T. Yokota, T. Ohtake, T. Inakuma, Y. Ishiguro, J. Terao, A. Nagao and H. Etoh, *Chemistry Lett.,* **33**(1), 80-81(2004)
29) Y. Yomota A. Kulkarni, T. Maoka, Y. Terada, H. Mori, T. Inakuma and H. Etoh, The 15th international symposium on carotenoidos, *Carotenoid Science,* **12**, p.184(2008.6)

第5章 カロテノイドの抗酸化活性（生理的側面）

板東紀子[*1]，寺尾純二[*2]

1 はじめに

カロテノイドは抗酸化作用をはじめ，細胞間ギャップ結合を介した細胞間情報伝達の刺激，細胞周期の調節，遺伝子発現の制御などの様々な生理作用を有している。これらのうち抗酸化作用は強い一重項酸素消去能とフリーラジカル捕捉能に由来するものであり，酸化ストレスの関与が示唆されるガン，心臓血管系疾患，加齢性網膜黄斑変性症と白内障，皮膚障害，免疫機能障害などの発症予防と進展抑制にカロテノイドの抗酸化作用が寄与することが示唆されている。

2 皮膚に対する作用

2.1 皮膚における活性酸素種（ROS）生成と紫外線傷害

皮膚は太陽光に直接さらされる器官である。地上に到達する太陽光線は紫外線から赤外線までの幅広い波長で構成されるが，主に紫外線がヒトに傷害を与える。紫外線は波長によりUVC（＜280nm），UVB（280〜320nm），UVA（320〜400nm）に分類され，この中で地上に到達するのはUVBの長波長側とUVAである。UVBは直接DNAを傷害して強力な突然変異を惹起するが，同時に過酸化脂質やROSも生成することが知られている[1]。一方，UVAは，UVBが皮膚表皮までしか届かないのに対して真皮深層まで到達することがその特徴である。UVAによる傷害の第一段階は皮膚に存在する色素団（chromophore）との相互作用である[2,3]。色素団は直接的に，あるいは増感物質としてUVAに作用し，ROS生成を介して傷害をもたらす。光照射によるROS生成と色素団の関与は紫外線照射マウス皮膚中でAscorbate free radical（Asc•）およびlipid alkyl radicals が electron paramagnetic resonance（EPR）法により検出されたことからも明らかである。また，ヒト皮膚では紫外線ばかりでなく可視光線照射においてもAsc•の増加がみとめられた[4]。生成したROSと反応生成物である過酸化脂質は生体分子に作用して機能低下や改変をもたらし，転写因子やキナーゼ系の情報伝達調節を介した免疫機能の亢進あるいは抑制，さらには炎症とアポトーシス誘導などの細胞内応答を惹起する。皮膚の外的所見でみられる日焼

[*1] Noriko Bando　徳島大学　大学院ヘルスバイオサイエンス研究部　食品機能学分野　教務員

[*2] Junji Terao　徳島大学　大学院ヘルスバイオサイエンス研究部　食品機能学分野　教授

第5章　カロテノイドの抗酸化活性（生理的側面）

けは最も一般的な紫外線傷害である。日焼けは高用量の光に暴露した場合に生じる急性傷害であり，皮膚が紅斑から黒化を呈し，時には痛みや炎症を伴う。一方でシワ，シミの出現で代表される光老化は長期にわたる紫外線暴露により引き起こされる慢性傷害である。また，遺伝性代謝異常疾患であるポルフィリン症は，ヘム代謝に関わる酵素の欠損によりポルフィリンやポルフィリン前駆体が体内に異常蓄積するものである。ポルフィリン症患者が皮膚に光を受けると，蓄積したポルフィリンが増感物質として作用することによりROSが発生して傷害がもたらされる。このように，生体が太陽光線，特に紫外線を浴びるとROSの生成を介した光老化や光過敏性疾患が誘発される危険性が高まる。

表1　緑藻（*Dunaliella salina*）抽出物 betatene を12週間摂取した女性の皮膚各種部位と血清のカロテノイド濃度

	カロテノイドレベル*					
週	0	4	8	12	14	相関係数
皮膚			nmol/g			r
額	0.40 ± 0.09	0.85 ± 0.19	1.14 ± 0.20	1.36 ± 0.23	0.60 ± 0.12	0.891
背中	0.22 ± 0.13	0.28 ± 0.10	0.30 ± 0.16	0.37 ± 0.14	0.32 ± 0.10	0.710
手（甲）	0.03 ± 0.04	0.11 ± 0.09	0.50 ± 0.32	0.54 ± 0.52	0.35 ± 0.25	0.701
手（ひら）	0.32 ± 0.08	0.82 ± 0.09	0.82 ± 0.08	1.03 ± 0.12	0.71 ± 0.09	0.936
腕（内側）	0.07 ± 0.05	0.11 ± 0.08	0.13 ± 0.06	0.19 ± 0.08	0.10 ± 0.07	0.767
			μmol/L			
血清	0.44 ± 0.22	1.35 ± 0.51	1.68 ± 0.75	1.80 ± 0.94	1.15 ± 0.67	

＊：皮膚は reflection spectrophotpmeter により測定した総カロテノイド量，血清は HPLC により測定した β-カロテン濃度
データ：平均±標準偏差（$n = 12$）
相関係数：血清 vs. 皮膚の β-カロテン濃度
Stahl, W. *et al., J. Nutr.*, **128**, 903-907 (1998)

2.2　カロテノイドの皮膚への蓄積

　カロテノイドが皮膚で生理作用を発揮するには経口摂取したカロテノイドが皮膚に効率よく蓄積しなければならない。健常な12名の女性が藻類 *Dunaliella salina* 由来のカロテノイド25mg（13.0mg　オール-トランス-β-カロテン，10.5mg　9-シス-β-カロテン，0.3mg　β-カロテンの他のシス異性体，0.75mg　α-カロテン，0.18mg　クリプトキサンチン，0.15mg　ゼアキサンチン，0.12mg　ルテイン）を大豆油に溶解した標品を12週間摂取すると，皮膚部位により差はみられるものの皮膚へ確実に蓄積することが報告されている（表1）。カロテノイドが最も高濃度に蓄積したのは額，ついで手の甲と手のひらであった[5]。皮膚中のカロテノイド量は摂取中止後2週間で額では56％，背中皮膚では14％にまで大幅に低下した。動物実験の場合，マウスに β-カロテン，ゼアキサンチン，トマトオレオレジン（リコペンを高濃度含有する）を添加した飼料を3週間摂取させると，皮膚にこれらのカロテノイドが蓄積した[6]。また，筆者らはリコペ

表2 日焼けをマーカーとした UV 誘導皮膚傷害に対するカロテノイドの介入試験

試験	カロテノイド投与量（1日当）	摂取期間（週）	結果	コメント
1	β-カロテン 180mg	10	MED 増加	紅斑の強さには影響なし
2	60mg+カンタキサンチン 90mg	4	効果なし	PUVA に対して予防効果なし
3	90mg	3	効果なし	サンバーン細胞の数が低下
4	30mg	12	紅斑の生成抑制	β-カロテンとサンスクリーンの組み合わせはサンスクリーンのみより効果的である
5	24mg	12	紅斑の生成抑制	β-カロテンとビタミンEの組み合わせはβ-カロテンのみより効果的である
6	30〜90mg	24	MED 増加	8週間毎にβ-カロテン量を増加させた
7	24mg	12	紅斑の生成抑制	β-カロテンの由来と用いた用量は試験5と同じ
8	混合カロテノイド(24mg)（β-カロテン, リコペン, ルテインを各8mg）	12	紅斑の生成抑制	カロテノイド混合物をβ-カロテン単独の場合と比較した

MED : minimal erythema dose（最小紅斑生成用量）
Sies, H. and Stahl,W., *Photochem. Photobiol. Sci.*, 3, 749-752 (2004)

ン添加試料を摂取したマウスの体内蓄積を臓器別に定量した結果，皮膚は肝臓に次いで高濃度に蓄積する臓器であることをみいだした。これらの報告は経口摂取したカロテノイドが皮膚に顕著に蓄積して抗酸化作用を発揮する可能性を示すものである。

2.3 皮膚紅斑の抑制作用を対象としたカロテノイド介入試験

経口摂取したカロテノイドは皮膚に蓄積するが，皮膚に蓄積したカロテノイドは紫外線にさらされるとその濃度が低下することから光照射に対するカロテノイドの作用が示唆される。太陽光線により誘導される皮膚の紅斑に対するカロテノイドの有効性がヒト介入試験で明らかにされた（表2）[7]。調査はまず対象者の皮膚の紅斑を誘導する疑似太陽光紫外線の最小紅斑生成用量 MED(minimal erythemal dose) を決定し，カロテノイド摂取前後における MED 上昇，あるいは等用量の紫外線暴露した場合の紅斑の減弱によりその有効性を評価した。3, 4週間のβ-カロテンの摂取では高用量にもかかわらず効果は現れなかったが，10週間以上のβ-カロテン摂取の介入試験においては皮膚の紅斑生成に対してβ-カロテンの効果がみられた。したがって，カロテノイドがその有効性を発揮するには一定以上の期間の摂取が必要であることが示唆された。β-カロテンの介入試験には，古くは1972年の Mathews-Roth ら[8] のものがある。この介入試験ではβ-カロテン摂取量が 180mg/日であった。その後に行われた試験でも[9] 90mg/日，あるいは Lee ら[10] のグループが行った8週間毎に段階的に 30mg から 90mg まで増加して摂取させた実

第5章 カロテノイドの抗酸化活性（生理的側面）

験など，いずれも非常に多量のβ-カロテンを摂取させている。しかしながら，発ガンを対象にした2つのヒト介入試験において，サプリメントとして摂取したβ-カロテンが肺ガンのリスクを上昇させたことから高用量のβ-カロテン摂取の安全性が懸念されたため，低用量での皮膚紅斑に対する有効性が改めて検討された。2000年，Stahlら[11]は24mg/日のカロテノイドとビタミンEを同時摂取すると摂取開始8週間目でUV照射誘導皮膚の紅斑の生成と血清中の過酸化脂質量が抑制されたことを報告した。さらに2003年，Stahlらは[12]β-カロテン単独摂取の危険性を考慮して，24mgのβ-カロテンと混合カロテノイド24mg（β-カロテン，リコペン，ルテインの等量混合物）の摂取の効果を比較検討した。β-カロテン単独摂取群，混合カロテノイド摂取群は両群ともに皮膚中のカロテノイド濃度が増加するとともに12週間摂取で紅斑は抑制された。すなわち，β-カロテン，リコペン，ルテインの等量混合物の摂取はβ-カロテン単独摂取と同等の効果を発揮することが明らかになった。

使用した混合カロテノイドのなかでリコペンはβ-カロテンより強い一重項酸素消去能を有するため，一重項酸素を生成するUV暴露に対してβ-カロテンよりも強力な光障害予防因子となると考えられる。また，リコペンはトマトに高濃度（赤系トマトの50mg/kgから黄系トマトの5mg/kg）に含まれ，さらに経口摂取したトマト由来リコペンの生体利用性は食品の加熱により，また脂質との同時摂取により高まる。サプリメントとして摂取したβ-カロテンには肺ガンのリスク上昇が懸念されるが，食品由来のカロテノイドではそのような危険性はみられない。そこで，生体利用性の高いトマトペーストの介入試験が行われた。毎日，40gのトマトペースト（〜16mg リコペン，0.5mg β-カロテン，0.1mg ルテイン）を10gのオリーブオイルとともに10週間摂取した。試験の開始時，4週間後，10週間後の血清リコペン濃度，手のひらの皮膚カロテノイド量を測定するとともに背中皮膚に擬似太陽光紫外線を照射して誘導される紅斑生成に対する抑制作用を評価した（表3）[13]。その結果，血清中のリコペン濃度は摂取開始4週間後に上昇したが他のカロテノイド，β-カロテン，α-カロテン，ルテイン，ゼアキサンチン，クリプトキサンチンは全期間を通して変動はみられなかった。皮膚中のカロテノイド量は季節による食事変化のためかコントロール群では開始時より低下したが，トマトペースト摂取群では低下はみられなかった。皮膚の紅斑生成に対する作用は1.25MEDの光を照射する前と照射24時間後の紅斑増加を評価して行い，その結果10週間のトマトペースト摂取後で抑制効果がみとめられた。

2.4 皮膚におけるカロテノイドのROS捕捉・消去作用（動物および細胞試験）

β-カロテンは光増感反応とエネルギー遷移により生成する一重項酸素に対して強力な物理的消去作用を有するが，脂質ペルオキシラジカルを捕捉することにより生体内で惹起する連鎖的脂質過酸化反応を抑えることも期待される。カロテノイドに脂質過酸化抑制作用があることは in vitro, in vivo 実験で確認されている。

O'Brienらはラット腎臓線維芽細胞をUVA照射するとカタラーゼとSOD活性の低下および

表3 トマトペースト摂取後の血清および皮膚のリコペン濃度と紅斑生成

週	0	4	10
血清リコペン μmol/L			
対照群	0.39 ± 0.03	0.33 ± 0.04	0.36 ± 0.05
トマトペースト群	0.37 ± 0.08	0.65 ± 0.06[*1]([*2])	0.72 ± 0.07[*1]([*2])
皮膚総カロテノイド μmol/kg			
対照群	0.33 ± 0.08	0.29 ± 0.06	0.19 ± 0.07([*2])
トマトペースト群	0.26 ± 0.05	0.36 ± 0.08	0.30 ± 0.06
Δa-値,1.25MED			
対照群	6.0 ± 0.6	5.4 ± 0.6	6.3 ± 0.7
トマトペースト群	5.6 ± 1.2	5.1 ± 0.8	3.8 ± 1.1[*3]([*2])

値:平均±標準誤差;$n=10$(対照群);$n=9$(トマトペースト群)
Δa-値(紅斑生成):UV照射前と24時間後の皮膚の紅色を直接測定して算出した
MED:minimal erythema dose
*1 対照群に対して有意差あり;$p=0.002$(Wilcoxon-mann-Whitney test)
*2 0週に対して有意差あり;$p=0.02$(Wilcoxon test)
*3 対照群に対して有意差あり;$p=0.02$(Wilcoxon-Mann-Whitney test)
Stahl,W. et al., J.Nutr., **131**, 1449-2001 (2001)

脂質過酸化度の上昇がみられることを示した.さらに,これらのUVA誘導酸化ストレスはβ-カロテン,ルテイン,アスタキサンチン処理により抑制されることを明らかにした[14]. また,ヒト皮膚線維芽細胞(1BR-3)にUVAを照射するとラット腎臓線維芽細胞の場合と同様にSOD活性の低下がみられ,この低下は細胞内GSH量の減少と関連することも示された.両者の変動はアスタキサンチンを細胞に前処理することで抑制された[15]. ヒト肺線維芽細胞の細胞増殖低下をマーカーとした場合にはUVB照射に対するβ-カロテンの作用は非常に弱いが,UVA照射ではβ-カロテンの有効性が示された.この細胞増殖抑制作用はビタミンEとビタミンCとの同時処理で相乗効果がみられたが,両ビタミンはそれぞれ単独では作用しなかった[16].ヒト皮膚線維芽細胞にあらかじめβ-カロテン,アスタキサンチン,カンタキサンチンを前処理した後にUVAを照射しROS産生,アポトーシス誘導,TBARS値の上昇,抗酸化酵素であるカタラーゼおよびスーパーオキシドジスムターゼ活性低下,膜傷害惹起,HO-1発現誘導に対する作用をそれぞれ検討したところ,アスタキサンチンはすべての項目で抑制作用がみられた.一方,β-カロテンでは抗酸化酵素活性の低下は抑制したが,膜傷害やHO-1発現誘導に対してはむしろ促進的に働いた.カンタキサンチンはHO-1発現誘導のみに有効であった.アスタキサンチンの優れた有効性は光照射に対するアスタキサンチンの高い安定性に由来すると考えられた[17].

マウス皮膚を用いた ex vivo 試験においてβ-カロテンが一重項酸素消去作用により抗酸化作用を発揮することが確認された[18].すなわち,皮膚ホモジネートにUVAを照射すると脂質過酸化反応が惹起したが,生成したホスファチジルコリン過酸化物の異性体分析からこの反応が一重項酸素酸化によることが示された.さらに過酸化物生成量がβ-カロテン摂取マウス皮膚では低

第 5 章　カロテノイドの抗酸化活性（生理的側面）

下したことから，β-カロテンは UVA 照射により皮膚ホモジネート中に生成する一重項酸素を消去することで脂質過酸化反応を抑制することが明らかになった。一方，光老化に対する β-カロテンの抑制作用についても検討された[19]。すなわち，ヘアレスマウスに段階的に光量を上げて UVA を 8 週間照射し，光老化の特徴であるシワ，タルミを皮膚に形成させるモデルを作製した。このモデル動物に β-カロテンと α-トコフェロールを同時に経口摂取させると，両化合物を摂取したマウスではシワ，タルミの形成が抑制された。シワ，タルミは皮膚中のコラーゲンの切断によって誘導されるが，UVA 暴露した皮膚で上昇するマトリックスメタロプロテイナーゼ-9（MMP-9）（コラゲーン分解酵素の1種）の活性とタンパク質発現が β-カロテン摂取マウスでは低下することが明らかになった（図1）。MMP-9 の発現には UVA 照射により生成するコレステロール過酸化物（Ch-OOH）が関与することも示された。以上のことから，UVA 照射により誘導される MMP-9 発現経路の 1 つに Ch-OOH が関与する経路が存在し，β-カロテンは Ch-OOH 生成を負に制御して MMP-9 発現を抑制することが示唆された。

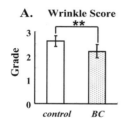
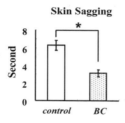
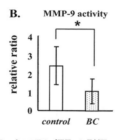
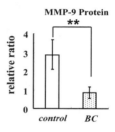

図1　マウスの光老化に対する β-カロテン摂取の影響
A.：シワ形成と皮膚のたるみ
B.：MMP-9 の活性とタンパク質発現
UVA 非照射の control 群に対する比で表示した。
$n=5$, *$p<0.05$, **$p<0.01$
Minami, Y. et al., J. Nutr. Biochem., 20, 389-398 (2009)

3　視覚に対する作用

加齢性網膜黄斑変性症（AMD）は，眼球の網膜黄斑が委縮や新生血管の網膜脈絡からの滲出により視覚異常をきたす疾患である。黄斑変性は加齢とともに増加し欧米では 65 歳以上人口の約 20％が罹患しており，日本でも発症者が増加しつつある。黄斑は網膜の中心部に位置する直径 5〜6mm の小斑点で，光受容体が存在し太陽光腺が収束する部位である。経口摂取したカロテノイドは生体の様々な器官に運搬されるが，眼球における二つの器官である網膜とレンズに蓄積するカロテノイドはルテインとゼアキサンチンのみである。この特徴的な局在性から，視覚機能における両カロテノイドの作用が注目されている。ルテインとゼアキサンチンはその吸収極大が 440nm であることから，エネルギーの強い青色光（440nm）を効率よく吸収し遮断する。網

膜とレンズは直接太陽光線に暴露される器官であり，また網膜は多価飽和脂肪酸を高濃度に含量することから光による酸化障害を受けやすい。ヒトの網膜中には食事中に存在しないルテインとゼアキサンチンの酸化生成物が検出されている[20]。これらの酸化生成物が体内を循環して網膜に運ばれたのか，あるいは光照射による網膜中の酸化反応の結果生成したかどうかは不明である。しかし，ルテインの直接の酸化生成物である（3R,6R'）-3-hydroxy-β,ε-carotene-3'-one が網膜において他の酸化生成物よりも比較的高濃度に検出され，さらに同定された一連のルテイン，ゼアキサンチンの酸化的代謝物は青色光の照射を受けても生成されることが明らかであることからルテイン，ゼアキサンチンの酸化生成物は網膜上で直接酸化反応して産生したと考えられる。さて，加齢とともに進行するもう一つの視覚障害に白内障がある。白内障は酸化変性を受けたタンパク質がレンズに蓄積し，網膜への光の到達を妨害して視覚に異常をきたす疾病である。レンズに蓄積したルテイン，ゼアキサンチンはタンパク質の酸化変性を抑制することにより白内障のリスクを軽減すると考えられている。実際に，AMD や白内障患者が精製ルテインまたはホウレンソウを長期間摂取すると視力機能の改善がみられることが報告された[21]。網膜とレンズに蓄積したルテイン，ゼアキサンチンは青色光のフィルターとして，あるいは抗酸化剤としてタンパク質や脂質などの生体成分の酸化変性を抑制することにより AMD や白内障の予防に働く食品因子であると示唆される。

4 血管系疾患に対する作用

アテローム性動脈硬化の発症と進展に酸化 LDL の関与が指摘されている。酸化ＬＤＬは血管内皮細胞の弛緩抑制，単球の内皮細胞への接着能亢進，平滑筋細胞・マクロファージの増殖刺激，単球の浸潤亢進など動脈硬化の初期過程において多岐にわたり作用すると考えられている。したがって，LDL の酸化変性を防ぐことは動脈硬化の発症予防に寄与すると考えられる。カロテノイドはビタミンEとともに LDL 粒子に内在することから LDL の酸化抑制に働くことが期待された。Ohshima らは[22]，トマトジュースを摂取したヒトの LDL は一重項酸素により誘導される酸化変性を強く抑制することをみいだした。Visioli ら[23] により行われたトマト製品（リコペン 8mg/日相当）の介入試験では，トマト製品を摂取したヒトの血漿では脂質過酸化バイオマーカーである 2α-イソプラスタン（8-iso-PGF(2-α)）濃度の低下がみられるとともに，LDL の金属イオン誘導酸化変性に対する抵抗性が高まった。また，Upritchard ら[24] のグループは α-トコフェロールとカロテノイドを含むスプレッドのヒトへの負荷試験を 12 週間行った。その結果，血清 α-トコフェロール，α-カロテン，ルテイン濃度がそれぞれ上昇し，LDL の抗酸化能と酸化抵抗性が高くなるとともに 8-iso-PGF(2-α) 生成量が低下した。これらの介入試験結果は，摂取したカロテノイドが血漿中の過酸化脂質生成を抑制しアテローム性動脈硬化や心臓血管系疾病のリスクを低下することを示唆するものである。しかしながら β-カロテン単独の介入試験では

第5章 カロテノイドの抗酸化活性(生理的側面)

このような効果は認められておらず,カロテノイドの抗酸化作用が心臓血管系疾患の発症・進行予防に有効であるかどうかを判断するには更なるデータを積み重ねなければならないと考えられる。

以上のことから,ヒトにおけるカロテノイド摂取は,皮膚と視覚の光酸化傷害に対して抗酸化作用を発揮することにより疾患の予防と進展の抑制に寄与する可能性が高いと思われる。循環器系疾患に対してもその有効性が期待されるが,今後の検討がさらに必要である。他の酸化ストレスが関与するとされる疾患についても,研究が進展するに従って明らかにされると考えられる。

文 献

1) Brenneisen, P. *et al., J. Biol. Chem.*, **273**, 5279-5287 (1998)
2) Kurtman,J. *J. Dermatol. Sci.*, **23**(Suppl.1), S22-S26 (2000)
3) Kulms, D. and Schwarz, T. *Photodermatol. Photoimmunol. Photomed.*, **16**, 195-201 (2000)
4) Jurkiewicz, B. A. and Buettnerf, G. R. *Photochem. Photobiol.*, **64**, 918-922 (1996)
5) Sthal, W. *et al J. Nutr.*, **128**, 903-907 (1998)
6) 板東紀子,寺尾純二,バイオインダストリー,30-36 (2003)
7) Sies, H. and Stahl, W. *Photochem. Photobiol. Sci.*, **3**, 749-752 (2004)
8) Mathews-Roth, M. M., *et al., J. Inves. Dermatol.*, **50**, 349-353 (1972)
9) Biesalski, H. K. *et al., Eur. J. Dermatol.*, **6**, 200-205 (1996)
10) Lee, I. *et al., Pro. Soc. Exp. Biol. Med.*, **323**, 170-174 (2000)
11) Stahl W. *et al., Am. J. Clin. Nutr.*, **71**, 795-798 (2000)
12) Stahl W. *et al., J. Nutr.*, **133**, 98-101 (2003)
13) Stahl W. *et al., J. Nutr.*, **131**, 1449-1451 (2001)
14) O'Connor, I. and O'Brien, N. *J. Dermatol. Sci.*, **16**, 226-230 (1998)
15) Lyons, N., M. and O' Brien, N. *J. Dermatol. Sci.*, **30**, 73-84 (2002)
16) Böhm, F. *et al., J. Photochem. Photobiol.*, **B44**, 211-215 (1998)
17) Camera., E. *et al., Exp. Dermatol.*, **18**, 222-231 (2009)
18) Bando, N. *et al., Free Radic. Biol. Med.*, **11**, 1854-1863 (2004)
19) Minami, Y. *et al., J. Nutr. Biochem.*, **20**, 389-398 (2009)
20) Khachik, F., Bernstein *et al., Invest. Ophthalmol. Vis. Sci.*, **38**, 1802-1811 (1997)
21) Alves-Rodrigus, A. and Shao, A. *Toxicol. Lett.*, **150**, 57-83 (2004)
22) Oshima, S. *et al J. Nutr.*, **127**, 1475-1479 (1997)
23) Visioli, F. *et al., Eur. J. Nutr.*, **42**, 201-206 (2003)
24) Upritchard, J. F. *et al., Am. J. Clin. Nutr.*, **78**, 985-992 (2003)

第6章　カロテノイドの抗アレルギー作用

山西倫太郎*

1　はじめに

　生体において免疫系は，外部から侵入した病原体の定着を阻止したり，ウイルスに感染してしまった細胞やがん化した細胞を駆除したりする役目を担っており，私たちが健康に暮らしていく上で欠かせない生体防御システムである。しかし一方で，アレルギーや自己免疫疾患など，我々にとって不都合な疾患も免疫系の働きにより引き起こされる。

　β-カロテン等のカロテノイドによる免疫系への作用の研究は，比較的古くから行われており，報告されている作用の種類も多岐にわたっている。この章では，免疫系に対するカロテノイド（特にβ-カロテン）の作用についてのこれまでの研究を抗アレルギーに関係する効果に重点を置いて紹介する。

2　アレルギー応答に関係する免疫の仕組み

　まず始めに，免疫系全般についてごく簡単に述べる。免疫系は，大きく自然免疫と適応免疫に分類される。このうち，自然免疫が異物を非特異的に処理する応答であるのに対して，適応免疫はリンパ球T細胞の中で細胞膜上にCD4タンパク質を発現しているヘルパーT（Th）細胞に導かれる抗原特異的な応答である。抗原を非特異的に取り込み分解する樹状細胞やマクロファージは，自然免疫の中心的役割を担うが，同時に分解した抗原の一部（T細胞エピトープ）をMHC classⅡとの複合体として細胞膜上に表出しTh細胞に提示する抗原呈示細胞としての役割を担っており，適応免疫においても重要な細胞である。

　Th細胞には2種類のタイプがあり[1]，1型のTh細胞（Th1）はインターフェロン（IFN）-γを分泌し細胞性免疫を，2型のTh細胞（Th2）はインターロイキン（IL）-4を分泌し抗体による液性免疫を導く[注]。両方の細胞とも，ナイーブTh細胞という共通の前駆細胞から機能分化したものである。これらTh1細胞とTh2細胞の間の良好なバランスが崩れ，Th2優位に傾き過ぎた状態になると，Bリンパ球のDNAの組み換えを伴った産生抗体のアイソタイプスイッチが起

注）　現在では，Th1・Th2以外に免疫応答を抑制するTreg細胞などのCD4陽性T細胞も知られている。

　＊　Rintaro Yamanishi　徳島大学　大学院ヘルスバイオサイエンス研究部　食品機能学分野
　　　准教授

第6章 カロテノイドの抗アレルギー作用

こり，IgE抗体産生が誘導されるようになる。IgE抗体は，Ⅰ型アレルギーを引き起こす抗体である。抗体を産生するBリンパ球の一部は，記憶細胞となって，長期間生体内に残存する。従って，同じ抗原物質の侵入がなくても，その間何年にもわたって，同一のIgE抗体を作る能力を持った状態であり続けることになる。Ⅰ型アレルギーはTh2優位の免疫状態にあるか，過去にTh2優位であったヒトにおいて起こる疾患である。

次に，Ⅰ型アレルギー応答の仕組みについて解説する。まず，Bリンパ球より分泌されたIgE抗体がマスト細胞の表面に発現した高親和性IgE受容体（FcεRI）に結合し，その抗体が特異的に認識する抗原を待ち受ける。やがて，複数の抗体結合部位（B細胞エピトープ）を有した抗原，即ちアレルゲンが到来し，マスト細胞表面の複数のIgE抗体が一分子のアレルゲンと結合すると，結果として，複数の受容体の間での架橋が形成されることになる。この架橋形成をきっかけとして，マスト細胞内において情報伝達が活性化し，ヒスタミン他のアレルギーを伝達する分子の細胞外への放出が起こる。放出された各種の物質の働きによって，アレルギー症状が引き起こされる。

現代社会において増加しているアレルギー患者の多くには，このⅠ型アレルギーが関与しているといわれている。これ以後，本章でアレルギーと表記するのはⅠ型アレルギーのことである。

「抗アレルギー作用」の内容は，二つに大別される。一つは，健常者がIgE抗体を作らないようにする，いわばアレルギー体質化の予防である。この場合の抗アレルギー作用ターゲットとしては複数の候補が挙げられるが，現在は，Th1/Th2バランスの改善を中心に研究が進められている。もう一つは，既にIgE抗体を有するⅠ型アレルギーの患者が，アレルゲンに対して応答しないようにする方法であり，この場合の抗アレルギー作用のターゲットは，主としてマスト細胞となる。この抗アレルギーの作用点について，適応免疫ならびにアレルギー応答の仕組みとともに，図1A・Bに示す。

3 免疫機能に対するカロテノイドの影響に関する研究報告

アレルギーに直接的に関係する研究について触れる前に，カロテノイドが免疫に及ぼす影響についてのこれまでの研究を振り返りたい。

1930年にビタミンA欠乏ラットに対してβ-カロテンを投与することにより，感染症の予防効果を見出したものが，カロテノイドと免疫との関係についての最初の報告である[2]。1931年には，β-カロテン摂取量の多い幼児には，呼吸器感染症患者数が少なく，症状も軽いことが報告されている[3]。ただし，これらのβ-カロテンの効果は，ビタミンA活性によるものであり，カロテノイド分子としての作用というわけではなかった。カロテノイドとしての作用に関しては，1950年代の終わりに，プロビタミンAではないリコピンが，マウスの細菌感染や抗原性の高い腫瘍細胞の接種に対する抵抗性を向上させることが報告されている[4]。ただし，リコピンの投与は経口

A. Ⅰ型アレルギーになるメカニズムと抗アレルギー作用

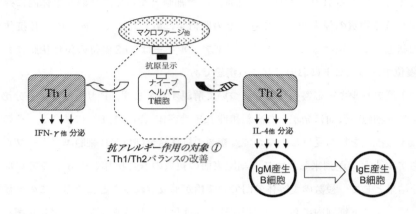

B. Ⅰ型アレルギー応答の仕組みと抗アレルギー作用

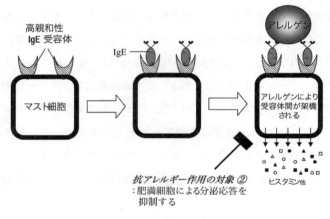

図1

的なものではなく，腹腔に投与されたものである。

　さらにいくつかの非プロビタミンAカロテノイドにも免疫賦活作用が報告されたこと，そして，ビタミンAへの代謝変換活性がほとんどみられないネコで，β-カロテンの免疫賦活作用が見出されたことなどから，近年では免疫賦活作用はビタミンAに依存しないカロテノイド固有の性質であると考えられている[5]。カロテノイドとビタミンA・レチノイドとの間で，免疫系への作用がまったく異なるケースさえ報告されている[6]。

　β-カロテンが，紫外線照射による障害から遅延性過敏症応答を保全することが報告されている[7,8]。紫外線が照射されると生体内において活性酸素が発生する。紫外線照射からの保全には，β-カロテンの抗酸化作用の寄与が考えられる。ところで，好中球やマクロファージなどの食細胞がその免疫機能である殺菌作用を発揮する局面においても活性酸素が産生される。カロテノイ

第6章 カロテノイドの抗アレルギー作用

ドは，生体内で生じたこれらの活性酸素を消去することにより免疫担当細胞を保護し，その免疫機能を保全することを介して，免疫賦活に関与していると考えることができる。Hughes は，β-カロテンの抗酸化作用が，活性化の情報伝達に活性酸素を必要とする NFκB の活性化を阻害することにより，結果として細胞表面因子の発現を向上している可能性について言及し，さらに，β-カロテンが，プロスタグランジン E2 などの産生を阻害することで，免疫応答を向上させるというメカニズムを示唆している[9]。

4 β-カロテン摂取と IgE 抗体産生ならびに Th1/Th2 バランス

図1で示したように，抗アレルギーには，IgE 抗体を有するアレルギー患者の発症を抑制するあるいは症状を軽減することと，ヒトに IgE 抗体を作らせないようにすることの二つのアプローチがある。アレルギー患者の発症を抑制する効果がある物質として，食品成分ではカテキン関連物質などのポリフェノール系の抗酸化物質に関する研究報告は多いが，カロテノイドに関する研究報告はほとんどない。一方で，IgE 抗体を作らせないようにすることの関係ではいくつかの研究報告がある。

BALB/c マウスを人為的にオボアルブミンにアレルギー感作させる実験系において，高 α-トコフェロール含有かつ β-カロテン添加の試験飼料を与えたマウスでは，抗原特異的 IgE 抗体力価が低かった[10]。また，同様の試験飼料を与えたオボアルブミン特異的 T 細胞受容体遺伝子トランスジェニックマウスの脾細胞を採取し，ex vivo で抗原であるオボアルブミン刺激する実験において，IL-12 とインターフェロン-γ の分泌量が多いことが明らかとなった[11]。IL-12 は抗原呈示細胞より分泌され，ナイーブ Th 細胞を Th1 へと誘導するサイトカインであり，IFN-γ は Th1 より分泌されるサイトカインである。これらの結果は，高 α-トコフェロールと β-カロテンの共摂取が，マウスの Th1/Th2 バランスを Th1 側にシフトさせ，IgE 抗体産生を抑える働きがあることを示しており，IL-12 分泌のデータから食餌成分のターゲットとしては抗原呈示細胞が考えられた。

5 β-カロテンと抗原提示細胞の抗酸化性

α-トコフェロールと β-カロテンが，抗原呈示細胞の抗酸化性に及ぼす影響について，マクロファージ培養細胞 RAW264 細胞をモデルとして検討された[12]。培地にこれらの物質を添加した結果，β-カロテンは細胞膜脂質を過酸化するが，一方で細胞質の抗酸化性を向上させた。α-トコフェロールは，細胞膜脂質の酸化を抑制するが，細胞質の抗酸化性には影響しなかった。α-トコフェロールと β-カロテンを同時に添加した場合には，α-トコフェロールは β-カロテン以外に起因する細胞膜脂質の過酸化を抑制した。α-トコフェロールの共存により β-カロテン単独

の場合よりもトータルでの細胞膜脂質の過酸化は低下したものの，細胞質の抗酸化性亢進はβ-カロテン単独の場合と差がなかった。この時，細胞質の抗酸化性亢進は，細胞内の抗酸化性因子である還元型グルタチオン（GSH）量増加と関係があった。

　細胞内GSH量の多寡は，抗原呈示細胞の機能に影響する[13]。GSH量が少ない場合を酸化型，多い場合を還元型の抗原呈示細胞と定義すると，IL-12産生能が高いのは還元型の抗原呈示細胞である。IL-12はナイーブTh細胞をTh1へと導くサイトカインであるので，抗原呈示細胞であるマクロファージの還元型／酸化型のバランスはTh1/Th2バランスに影響する[14,15]。RAW264培養細胞における研究結果では，α-トコフェロールではなく，β-カロテンの方が抗原呈示細胞の細胞内GSHの状態に影響を及ぼしていた。α-トコフェロールを一定にし，種々の量のβ-カロテンを摂取させたマウスの脾細胞でも，β-カロテンを摂取するほど，細胞内グルタチオン量が増加した[16]。つまり，脾細胞はβ-カロテンによって還元型へと誘導されたことになる。これらより，マウスの脾細胞において抗原呈示により惹起されるIL-12産生・分泌を増強させた主役は，β-カロテンと考えられる。事実，マウス飼料へのβ-カロテンのみの添加による，血液中のIgE抗体値の減少・Th2サイトカイン分泌能の低下・血液中のIgG2抗体値の上昇・Th1サイトカン分泌能の亢進も報告されている（先に紹介した実験と比べて，基本飼料のα-トコフェロール含有量は多い）[17]。この実験結果を報告した研究グループでは，ニンジンジュースを用いた場合にも似た傾向の結果を得ている[18]。

　以上のように，β-カロテンはマウスのTh1/Th2バランスをTh1側にシフトさせるのに貢献し，IgE抗体産生に対して抑制的に作用するものと考えられる。従って，β-カロテンは抗アレルギー物質としての可能性を有している。α-トコフェロールには，β-カロテンの作用による細胞質の抗酸化誘導を妨げることなく，過度な酸化による細胞膜の機能障害を抑制するという補助的な役割が想定され，β-カロテンの相棒として必要な存在であろうと思われる。

　ところで，レチノイドについてはβ-カロテンとはまったく逆で，IgE抗体産生の亢進やTh2誘導作用が報告されている[19,20]。

6　抗原呈示細胞内の酸化還元状態とTh1/Th2バランス

　還元型の抗原呈示細胞においてIL-12産生・分泌が高くなる理由の一つとして，細胞内のチオール-プロテアーゼ類の活性亢進の可能性が示唆されている[13]。カテプシンは，リソソーム内に存在するプロテアーゼ類の総称であり，抗原呈示に関係する。呈示された抗原がTh細胞に認識されることこそが，抗原呈示細胞にIL-12の産生・分泌をもたらす刺激である。カテプシン類のうち，活性中心にチオール基を持つシステイン-カテプシンが活性を発揮するためには，それに対する抗酸化的な保護が必要である[21]。酸化によりシステイン-カテプシンの活性が阻害された場合には，抗原呈示が阻害される。GSHは細胞内で発生した活性酸素がリソソーム内へ移行す

る前に消去することで，システイン-カテプシンの活性発揮に寄与すると考えられる。

　β-カロテンを摂取したマウスの脾臓に含まれる抗原呈示細胞画分のシステイン-カテプシン活性は，餌組成におけるβ-カロテン含有量と正の相関があった[16]。これにより，食餌由来のβ-カロテンは，抗原呈示細胞内のグルタチオン濃度を上昇させることにより，システイン-カテプシン活性ひいては，抗原呈示能を亢進させるというメカニズムが提案された（図2）。

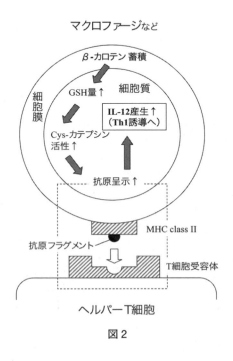

図2

7　炎症抑制物質としてのカロテノイド

　疫学的研究により，血液中の炎症マーカーとカロテノイド濃度が，逆相関することが示されている[22]。この結果に対して，二つの可能性が考えられる。一つは，血液中のカロテノイド濃度が高いヒトにおいて炎症が少ないということであり，もう一つは炎症によりカロテノイドが消費されたということである。最近，β-カロテンを添加したRAW264細胞において，LPSによる炎症性サイトカインIL-1β・IL-6のmRNA発現が抑制されることが見出された[23]。この実験結果は，β-カロテンが炎症を抑制する物質であることを示唆しており，疫学研究の結果を補完するものである。炎症性サイトカインはアトピー性皮膚炎の悪化にも関係するので，この側面からカロテノイドの抗アレルギーへの貢献も期待できる。

　なお，RAW264細胞を用いた研究では，β-クリプトキサンチンにもβ-カロテンと同様の効果が認められた。一方，ルテインはほとんど影響を示さなかった。これには，細胞への蓄積性の相違が関与していた。

8 おわりに

今後の基礎研究の進展により，β-カロテンを含むカロテノイドの作用がさらに明確となれば科学的な裏付けを持った状況で，臨床投与試験を行うことが可能になるだろう。ヒトにおいてカロテノイドの抗アレルギー・免疫賦活作用の詳細が明らかとなる日もそう遠くないかもしれない。

文　献

1) T. R. Mosmann et al., *J. Immunol.*, **136**, 2348 (1986)
2) H. Green & E. Mellanby *Br. J. Exp. Pathol.*, **11**, 81 (1930)
3) S.W. Calusen, *Trans. Am. Pediatr. Soc.*, **43**, 27 (1931)
4) A. Bendich, *Proc. Nutr. Soc.*, **50**, 263 (1991)
5) 長尾昭彦，食品機能性の科学，p92，産業技術サービスセンター（2008）
6) J. Rhodes, *J. Natl. Cancer Inst.*, **70**, 833 (1983)
7) C.J. Fuller et al., *Am. J. Clin. Nutr.*, **56**, 684 (1992)
8) L. A. Herraiz et al., *J. Am. Coll. Nutr.*, **17**, 617 (1998)
9) D.A. Hughes, *Proc. Nutr. Soc.*, **58**, 713 (1999)
10) N. Bando, et al., *Biosci. Biotechnol. Biochem.*, **67**, 2176 (2003)
11) T. Koizumi et al., *Biosci. Biotechnol. Biochem.*, **70**, 3042 (2006)
12) T. Imamura et al., *Biosci. Biotechnol. Biochem.*, **70**, 2112 (2006)
13) J.D. Peterson et al., *Proc. Natl. Acad. Sci. U.S.A.*, **95**, 3071 (1998)
14) 羽室淳爾，村田幸恵，モレキュラーメディシン **38**(5)，1372（2001）
15) 宇津木光克，土橋邦生，炎症と免疫 **11**(1)，25（2003）
16) S. Takeda et al., *Biosci. Biotechnol. Biochem.*, **72**, 1595 (2008)
17) Y. Sato et al., *Biol. Pharm. Bull.*, **27**, 978 (2004)
18) H. Akiyama et al., *Biol. Pharm. Bull.*, **22**, 551 (1999)
19) J.B. Barnett, *Int. Arch. Allergy Appl. Immunol.*, **67**, 287 (1982)
20) C.B. Stephensen et al., *J. Immunol.*, **168**, 4495 (2002)
21) T.D. Lockwood, *Antioxid. Redox Signal*, **4**, 681(2002)
22) T.P. Erlinger et al., *Arch. Intern. Med.*, **161**, 1903 (2001)
23) S. Katsuura et al., *Mol. Nutr. Food Res.* in press.

第7章　予防医学とカロテノイド

安井由美子[*1]，田中卓二[*2]

1　はじめに

　予防医学という概念は，必要不可欠という認識がありながらも，世間一般における浸透は遅々として進んでいないのが現状である。ただ，予防医学というと敬遠しがちだが，昨今の健康ブームにより，人々の健康に対する意識の高さは年々増加しているのは間違いない。また，我が国の生活習慣病対策は2000年4月の「21世紀における国民健康づくり運動（健康日本21）」に始まり，健康保険法を改正後，厚生労働省は2008年度からメタボリックシンドロームの予防・改善を目的とする新しい検診制度を導入する計画を策定した。さらに，健康保険組合にその対策を義務付けたことも，メタボリックシンドロームに対する国民の認知度が増し，健康維持に取り組むきっかけになっていると思われる。しかしながら，その効果を得るには時間を要する。したがって，がん，糖尿病，高血圧，心疾患等，生活習慣病の脅威は依然として衰えてないのが現状である。今一歩，予防に向けた積極的な取り組みが必要なのではないだろうか。

　生活習慣病の原因を探っていくと，活性酸素やフリーラジカルにたどり着く（図1）。このことは，多数の基礎研究，臨床研究，疫学調査などによって証明されている。

　フリーラジカルや活性酸素による生体分子に対する酸化ストレスが，動脈硬化や糖尿病，がんなどの生活習慣病に関わることはよく知られている。フリーラジカルや活性酸素は脂質，糖，タンパク質，核酸などに作用し，脂質や糖質の酸化，アミノ酸・タンパク質の変性，酵素機能の変化や障害，DNAの切断，塩基の修飾，突然変異などを起こす。これらの酸化ストレスのため，細胞膜や血液中における過酸化脂質の形成や遺伝子の損傷などが生じ，生体機能が傷害されるのである[1,2]。また，酸化ストレスの蓄積は食事の影響を受けることが明らかになっており，特に脂質，塩分の摂取や高血糖が酸化ストレスを増加させる因子であると言われている。つまり，言い換えれば，食餌性の抗酸化物質による予防・治療の可能性があるということである。抗酸化作用を有する物質はこれらの酸化ストレスを抑制し，疾患の予防や治療に役立つことが期待されている。

　抗酸化作用を有する物質の一つにカロテノイドが挙げられる。カロテノイドは，長鎖の共役二重結合を特徴とする天然色素類であり，酸素を含まない炭化水素カロテノイド（β-カロテンや

[*1] Yumiko Yasui　金沢医科大学　腫瘍病理学　助教
[*2] Takuji Tanaka　金沢医科大学　腫瘍病理学　教授

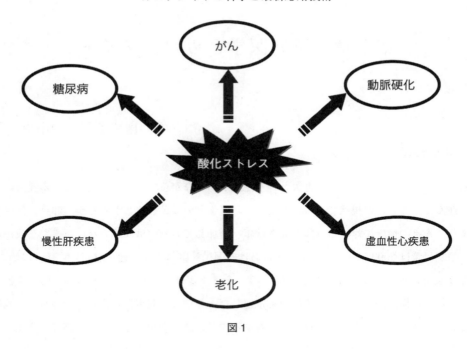

図1

リコペンなど）と酸素を含むキサントフィル類（ルテインやアスタキサンチンなど）に分類される（図2）。天然には600種類以上のカロテノイドが存在するが，カロテノイドを生合成できるのは植物のみであり，動物自身の体内では合成できない[3]。カロテノイドは従来ビタミンAの前駆体としての働きが主たる生理機能と考えられてきた[4]。そのため，プロビタミンA活性がもっとも高いβ-カロテンがカロテノイドの代表と考えられていたが，ビタミンA活性を持たないキサントフィル類がβ-カロテンよりも強い抗酸化作用を有することが報告されたことから[5]，近年，この活性を持たないカロテノイドにも注目が集まっている。

そこで，本章では，いくつかの慢性疾患と酸化ストレスの関係，および，それら疾病に対するカロテノイドの予防効果に関して概説したい。

2 抗動脈硬化作用

動脈硬化は，高脂血症，高血圧，喫煙をはじめとした危険因子によって発症することが知られている。このほかに糖尿病，肥満，ストレス，運動不足なども危険因子として挙げられる。このような危険因子が二つ，三つと重なることにより，動脈硬化発症の危険率が高まる。このため，無症状に進行する動脈硬化を抑制するためには，これらの危険因子を食事などに注意して，一つでも取り除く努力が重要である。しかし，この動脈硬化の発症には，これら危険因子に加えてフリーラジカルの密接な関与が指摘されており，その面での対策も必要になってきている。

動脈硬化病変形成において，LDL（low density lipoprotein）の酸化変性が重要な役割を果た

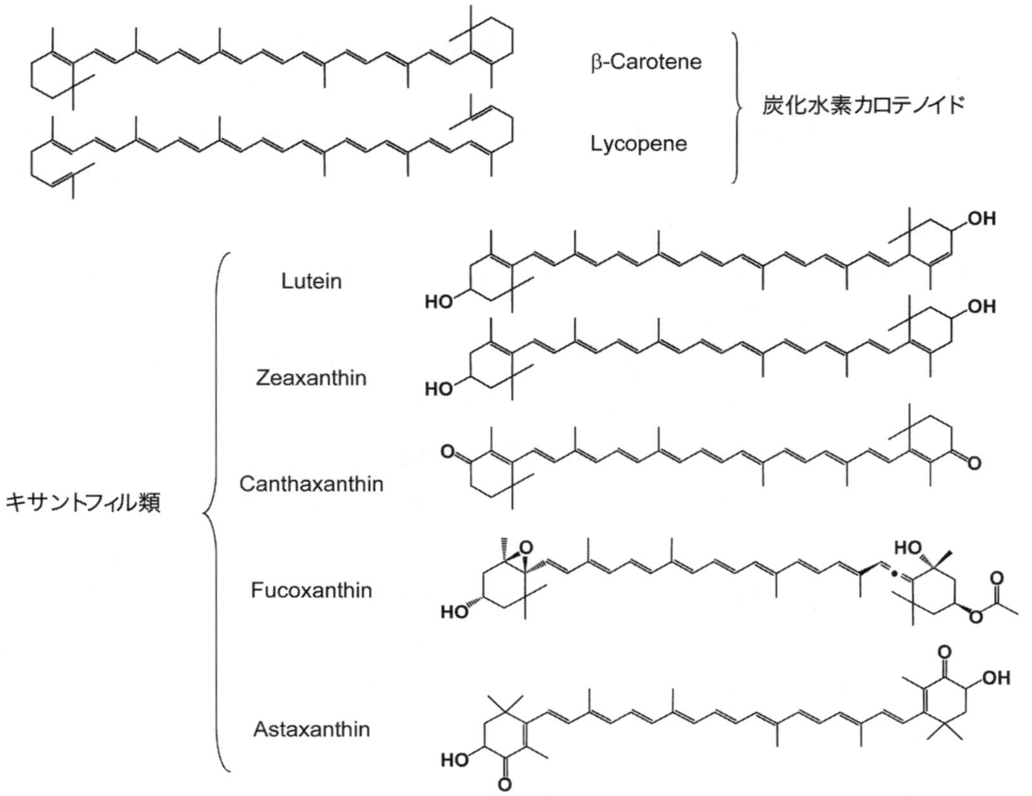

第7章　予防医学とカロテノイド

図2

しているという「酸化LDL仮説」が，Steinbergら[6]により提唱されている。すなわち，血管内膜において，酸化変性を受けたLDLは，マクロファージや血管平滑筋細胞のスカベンジャー受容体を介して無制限に取り込まれ，泡沫細胞化し，動脈硬化病変の形成に寄与する。動脈硬化の成因に関与する酸化変性LDLの重要性を踏まえると，抗酸化物によりLDLの酸化変性を防ぐことが可能であれば，動脈硬化の予防や治療に応用可能と考えられる。動脈硬化の予防や治療に，コレステロール低下療法が最も重要であるが，抗酸化物の利用による予防・治療も期待されている。

観察的疫学研究（コホート研究）では，野菜・果物の摂取量が多い者で虚血性心疾患などの動脈硬化性心疾患のリスクが低いという報告が多く，また，栄養素レベルでみると，ビタミンC，E，β-カロテンなどの抗酸化ビタミン摂取量が多い人ではそのリスクが低いという報告がある[7]。これらの結果は，「酸化LDL仮説」を支持するものであり，そのような背景から，近年ではより証拠能力の高い大規模な介入試験（無作為化比較試験）も実施されるようになってきた。

カロテノイドによる動脈硬化に対する予防効果を検討した臨床試験が報告されている[8]。健常な男女各10名にルテイン，ゼアキサンチンを30日間朝食後に服用させたところ，健常人ボラン

ティア20名中14名において試験終了時の血清中酸化LDLの比率低下が認められた事により，ルテイン・ゼアキサンチン含有食品摂取による抗酸化作用が推察された。また，生体内における過剰な酸化物質，特にスーパーオキサイド等のフリーラジカルは食細胞系に非特異的に働き，炎症性サイトカインを産生し，その結果，組織に障害を及ぼすことが考えられている。実際，IFN-γの産生量はルテイン・ゼアキサンチン含有食品摂取により低下することが判明している。この結果は，ルテイン・ゼアキサンチン含有食品の抗酸化作用により，フリーラジカルが低減し，NO_x等による食細胞系への非特異的反応が阻害されたものと思われる。一方，T細胞が産生するIL-2量は摂取前後で変化が認められなかったことから，通常の免疫反応に及ぼす影響はないものと推察されている。このような酸化LDLおよびサイトカインの解析結果をみると，ルテイン・ゼアキサンチン含有食品には動脈硬化予防に効果的な抗酸化作用があると言える。

　また，リコペンを含むトマトジュースを19人の健常人が1週間飲用した結果，血清中リコペン濃度の増加にともなった血清脂質過酸化および酸化LDL値の有意な減少が観察された[9]。また，小規模な研究だが，トマトリコペン（60 mg/day）を6人の健常人に3ヶ月間服用させた結果，血漿LDLコレステロール値が有意に減少したという報告もある[10]。

　以上，ルテイン・ゼアキサンチンやリコペンが血中の酸化LDL値減少に有効であることが示唆され，カロテノイドによる動脈硬化予防に期待が持てる結果が報告されている。

3　抗がん作用

　カロテノイドを使用したがん予防に関しては，これまでに in vitro, in vivo, ヒト臨床試験と数多くなされているが，その有効性および問題点に関しては，他章で詳しく記述されるので，ここでは我々が最近おこなった炎症を背景としたマウス大腸発がんに対するアスタキサンチンの発がん抑制実験について記載したい。

　水産生物中に広く分布するアスタキサンチンは一重項酸素の消去活性やラジカル捕捉作用など，強い抗酸化作用を有するカロテノイドの一種である。これまでに，免疫賦活作用，抗炎症作用，解毒酵素活性の亢進作用の報告がされている[11]。また，抗腫瘍効果や発がん抑制作用も報告されており，ラット大腸[12]，舌[13]，肝発がん[14]，マウス膀胱発がん[15]などに対する効果が検討されている。そこで我々の研究室では，炎症を背景としたマウス大腸発がんに対するアスタキサンチンの混餌投与（用量50ppm，100ppm，200ppm）による影響を検討した。その結果，大腸粘膜潰瘍と異形成陰窩（dysplastic crypts）の発生に関して，いずれの濃度においても有意な抑制が観察された。大腸腺腫の発生に関しては抑制傾向があったものの有意な差は得られなかったが，腺がんの発生に関しては，いずれの濃度においても抑制効果が見られ，特にアスタキサンチン 200 ppm 投与群において有意な抑制が観察された。さらに，大腸粘膜における炎症・発がん関連たんぱく質（TNF-α，NF-κB，IL-1β，PCNA，survivin）の発現は，アスタキサン

第7章　予防医学とカロテノイド

チン投与群において有意な減少が観察された。これらの結果は，アスタキサンチンは炎症を背景としたマウス大腸発がんに対し，強い抑制作用を有することを示唆している。

カロテノイドのがん予防効果に関しては，いまだ不明な点が多い。肺がんの危険性の高い喫煙者では β-カロテン投与が肺がん発症や死亡率を高めるという報告もあり，効果とともに安全性の評価が重要である。臨床の場で応用する際は，被験者の健康背景やカロテノイド種の選択やその投与量など，慎重な実施が求められる。

4 抗慢性肝疾患作用

C 型肝炎，非アルコール性脂肪肝炎（NASH）などの病態発症に酸化ストレスが関与することはよく知られている。C 型慢性肝炎ではさまざまな原因で肝細胞に著しい酸化ストレスが生じる。肝組織中には鉄が過剰に蓄積する結果，フェントン反応を介して OH・ が発生する。さらに HCV コアタンパク自身がミトコンドリア内膜の呼吸鎖複合体を障害して O_2^- を発生させる。一方，高頻度に合併する肝脂肪変性は β 酸化を亢進させ，その結果，呼吸鎖複合体に過剰な電子負荷が生じて O_2^- が発生する。これとは別に，過剰な脂肪酸が肝細胞内に cytochrome P450 2E1（CYP2E1）やペルオキシゾームなどを直接誘導して O_2^- や H_2O_2 を発生させる。このように過剰に産生された活性酸素種（ROS）は，細胞や組織に障害を与え，炎症や発がんを引き起こす原因となる[16,17]。実際，肝発がんの 95% 以上は肝炎ウイルス（特に C 型）の感染に起因し，その原因の一つに酸化ストレスが挙げられる事から，このような慢性肝疾患に対する抗酸化物質の予防効果に関心が高まっている。C 型を中心とする慢性肝炎患者の血漿中の脂溶性ビタミンおよびカロテノイド濃度を調べたところ，健常人に比べて血漿中レチノール，トコフェロール，α-，β-カロテン，リコペン濃度が減少していることが観察され，一方で，肝臓中のエステル型，遊離型レチノール，トコフェロール，いくつかのカロテノイドの蓄積が報告されている[18]。この結果は，肝臓の代謝機能異常が肝細胞障害回避に重要な役割を担っている抗酸化防御能の欠落に関連していることを示唆するものであり，同時に肝炎に対する抗酸化能を有する脂溶性ビタミンやカロテノイドの有効性を期待させるものである。

慢性肝炎からの肝発がん予防を検討したものとして，トマトに含有されているリコペンを用いた臨床試験が報告されている[19]。92 人の肝硬変を併発しているウイルス性肝炎（90% 以上が C 型慢性肝炎）患者を対象とし，カロテノイド混合物 20mg/ 日（リコペン 10mg，β-カロテン 6mg，α-カロテン 3mg，その他）を与えた群（46 人），およびコントロール群（45 人）に対して，2〜5 年間の臨床試験の間，肝細胞がんの発生についての臨床的な分析，記録が実施された。その結果，カロテノイド投与群に有意な減少が観察され，肝細胞がんの累計発生率はカロテノイド群 12.3%，コントロール群 34.6% であった（$P < 0.02$）。

C 型慢性肝炎をはじめ，慢性肝疾患の発がん抑制に抗酸化療法によるレドックス制御が重要で

あることは論を待たない。実際，慢性肝疾患に使用されている種々の薬物には抗酸化作用が報告されているが，これらの薬剤に加えて，カロテノイドもまた，将来の肝発がんを抑制する上で期待できる物質であると考える。

5　抗糖尿病作用

糖尿病では活性酸素の生成系と，消去系であるカタラーゼやグルタチオン，α-トコフェロールなどの低分子化合物のバランスが破綻することで酸化ストレスが増加しており，これが糖尿病の発症や進展・増悪，あるいは網膜症，腎症，神経症など重要な合併症の発症に関与している。膵β細胞は，全身の他細胞・組織と同様に，活性酸素による酸化ストレスの標的となっている。特にⅡ型糖尿病では慢性高血糖による酸化ストレスが膵β細胞に対してさまざまな傷害あるいは障害を及ぼし，膵β細胞の機能異常を引き起こすことによってその病態の増悪をきたすと考えられる。Ⅱ型糖尿病や，メタボリックシンドロームにおいて血糖値が悪化してきた状態では，膵β細胞におけるインスリンの分泌障害に加えてβ細胞数の減少が生じる。これは，高血糖状態や炎症性サイトカインに暴露されたβ細胞に酸化ストレスが生じ，アポトーシスを誘導するものと考えられている。また，β細胞は他細胞に比べてカタラーゼやSODなどの活性酸素消去系の発現・活性が低く，酸化ストレスに感受性が高い。事実，肥満糖尿病モデルマウスのランゲルハンス氏島では酸化ストレスマーカーの上昇とβ細胞のアポトーシスが認められ，これらのマウスに抗酸化剤を投与することによりアポトーシスの抑制と血糖値の改善を認めたという報告がある[20]。一方，インスリン抵抗性により惹起された食後高血糖は，血管内皮の酸化ストレスを増大させて動脈硬化を助長し，膵β細胞では酸化ストレスによりインスリンの生合成の低下や増殖障害のために相対的低インスリン血症となり，ますます高血糖を助長するという悪循環をきたす。以上のような背景から，酸化ストレスの除去によりこの悪循環の鎖を断ち切ることが糖尿病の有望な治療法の一つとして注目される。

ところで，糖尿病患者の血液中ビタミン・カロテノイド濃度が健常者に比べて有意に低いことが報告されている[21]。また，疫学調査において，血清ビタミン・カロテノイド値と糖尿病の指標となるHbA1cとの関連について興味深い結果が報告されている[22]。この調査では，緑黄色野菜や果物に多く含まれるカロテノイドに着目し，血清中のα-，β-カロテン，リコピン，β-クリプトキサンチン，ゼアキサンチン，ルテイン濃度が高いグループでは高HbA1cのリスクが低いことが判明した。一方，糖尿病の診断基準をより明確にして，血清カロテノイドと糖尿病との関連を断面的に解析した結果が，近年報告された[23]。この研究では，空腹時血糖値に加え耐糖能試験も行い，より正確な糖尿病状態を把握して解析したが，正常群・耐糖能異常群及び糖尿病群でそれぞれ血清カロテノイド値を比較すると，α-カロテン，β-クリプトキサンチン，β-カロテン，ルテイン，ゼアキサンチンレベルが耐糖能異常群や糖尿病群になるほど低いという結果

第7章　予防医学とカロテノイド

であった。また，インスリン抵抗性を予防することはⅡ型糖尿病のリスクを軽減する上で重要であるが，非糖尿病患者である男女812名の空腹時血糖値およびインスリン値と，血清カロテノイドとの関連を検討した研究で，血清中のリコペンやβ-カロテン，β-クリプトキサンチン濃度が高いグループほどインスリン抵抗性を示す指数が低いことが明らかとなった[24]。これらの結果は，果物や緑黄色野菜の摂取が糖尿病予防に有効であることを示唆しており，Sugiuraら[25]はβ-クリプトキサンチン高含有ミカンの摂取が糖尿病予防に有効である可能性を報告している。また，アスタキサンチンのインスリン抵抗性予防の可能性が示唆されている[26]。さらに，Ⅱ型糖尿病患者35人を対象に，リコペンによる2ヶ月間の二重盲検ランダム化臨床試験を行った報告がある[27]。1日当たり10mgリコペンの投与群（$n=16$）とプラセボ群（$n=19$）に分け，血清成分の解析を行った結果，リコペン摂取により，血清中の総抗酸化能（TAC）の割合が増加し，MDA-LDL値の減少が観察された。この結果は，心疾患等の糖尿病合併症に対してリコペンが有効であることを期待させるものであった。

6　おわりに

　抗酸化作用をもつ栄養素などの多くは，野菜，果物などに含まれており，食品として摂取した場合において，動脈硬化などの虚血性心疾患や脳血管疾患，がんなどの疾病のリスクが低いことが，コホート研究などの観察的疫学研究によって示されてきた。一方で，大量の抗酸化ビタミン類（特にビタミンEとβ-カロテン）をサプリメントとして投与した無作為化比較試験では，これまでのところ動脈硬化性疾患の予防効果が示されなかったばかりか，がん罹患率や総死亡率を高めたという報告すらあり，サプリメントからの大量摂取による予防効果は懐疑的になりつつある。やはり，あくまで食品という概念の範囲で抗酸化能のもつ重要性を科学的に証明し，毎日の食生活の中で日常起こりうる酸化的な障害から我々の身体を保護し，酸化ストレスが原因と考えられているがん，動脈硬化，糖尿病とその合併症，虚血性心疾患，慢性肝疾患などの生活習慣病・慢性疾患や本章では触れなかったParkinson病，Alzheimer症などの神経疾患に対してカロテノイドなどの抗酸化成分を中心とした食品因子で予防できるようになることを期待したい。

　健康時から疾病予防に目を向けるのは困難なことではあるが，昨今の医療費の増加等の経済的背景，治療による身体的負担，そして，何より質の高い人生を送るためにも，予防医学という考えを定着させ，カロテノイド等の抗酸化物質を含む食品を日常的に摂取するといった積極的な意識の向上を望みたい。

文　　献

1) S. Pawa *et al.*, *Biochim. Biophys. Acta.*, **1688**, 210 (2004)
2) I.B. Zavodnik *et al.*, *Mutat. Res.*, **559**, 39 (2004)
3) H. Lundegardh, *Proc. Natl. Acad. Sci. USA*, **55**, 1062 (1966)
4) J.K. Chug-Ahuja *et al.*, *J. Am. Diet. Assoc.*, **93**, 318 (1993)
5) J.M. Holden *et al.*, *J. Food Comps. Anal.*, **12**, 169 (1999)
6) D. Steinberg *et al.*, *N. Engl. J. Med.*, **320**, 915 (1989)
7) 横山徹爾ほか，動脈硬化予防，**5**(2), 20 (2006)
8) 小林憲忠ほか，新薬と臨床，**53**(7), 850 (2004)
9) S. Agarwal *et al.*, *Lipids*, **33**, 981 (1998)
10) B. Fuhrman *et al.*, *Biochem. Biophys. Res. Commun.*, **233**, 658 (1997)
11) 細川雅史，水産食品栄養学，p.289，技報堂出版（2004）
12) T. Tanaka *et al.*, *Carcinogenesis*, **16**, 2957 (1995)
13) T. Tanaka *et al.*, *Cancer Res.*, **55**, 4059 (1995)
14) S. Gradelet *et al.*, *Carcinogenesis*, **19**, 403 (1998)
15) T. Tanaka *et al.*, *Carcinogenesis*, **15**, 15 (1994)
16) R. Shimoda *et al.*, *Cancer Res.*, **54**, 3171 (1994)
17) T. Kitada *et al.*, *J. Hepatol.*, **35**, 613 (2001)
18) E. Rocchi *et al.*, *Eur. J. Intern. Med.*, **12**, 116 (2001)
19) H. Nishino, *Recent Results Cancer Res.*, **174**, 67 (2007)
20) H. Kaneto *et al.*, *Diabetes*, **48**, 2398 (1999)
21) E.S. Ford *et al.*, *Am. J. Epidemiol.*, **149**, 168 (1999)
22) K. Suzuki *et al.*, *J. Epidemiol.*, **12**, 357 (2002)
23) T. Coyne *et al.*, *Am. J. Clin. Nutr.*, **82**, 685 (2005)
24) M. Sugiura *et al.*, *J. Epidemiol.*, **16**, 71 (2006)
25) M. Sugiura *et al.*, *J. Health Sci.*, **48**, 366 (2002)
26) 内藤裕二ほか，*Functional food*, **1**(2), 130 (2008)
27) T.R. Neyestani *et al.*, *J. Endocrinol. Invest.*, **30**, 833 (2007)

第8章　カロテノイドとがん予防

村越倫明[*1], 西野輔翼[*2]

1　はじめに

カロテノイドは自然界に広く分布する天然色素である。その研究の歴史は古く，1800年代初頭にニンジンやパプリカから天然カロテノイドが単離された事に始まる。1900年代に入り既存カロテノイド物質は指数関数的に増加し，現在までに700種以上が発見されてきた。

元来カロテノイドは植物や海洋生物の美しい体色を決定する色素群として，光合成や光保護における役割を中心に活発な研究がなされてきた。近年はこれに加えて哺乳類や魚類におけるプロビタミンAとしての役割，がんや虚血性心疾患等の生活習慣病の予防に貢献する抗酸化物質としての役割等，多様な生物活性を持つことが明らかにされてきた。この中でも特に精力的に検討されてきたのが，がんの化学予防研究である。

2　β-カロテンのがん化学予防研究

1980年頃までの多くの疫学研究によって緑黄色野菜の摂取が，がんのリスクと負の相関を示す証拠が集積され，緑黄色野菜に豊富に含まれるβ-カロテンが作用物質の候補として研究者に注目されることになった[1,2]。米国の国立がん研究所（NCI）が中心になり，約2～3万人ものヒトを対象とした10年以上にわたるβ-カロテンを用いた大規模ながん予防介入試験が次々と開始された[3~6]。ところが結果をまとめてみると，中国で行なわれた試験において，全がん，特に胃がん死亡率が低下したのを除き，全く期待していた効果が認められなかった（表1）[7~12]。逆に，喫煙者などのハイリスク層に対しては肺発がんを促進する可能性を示唆する知見が得られ，従来の見解に疑問が投げかけられるようになった。

この原因の1つとして，β-カロテンの投与量設定が高すぎた可能性が考えられる。カロテノイドの通常の摂取量は1日当たり日本人で2.5mg，米国人で1.5mgである。介入試験では日常摂取量の10～20倍量のβ-カロテンを長期投与したため，他の抗酸化成分とのバランスが崩れ，喫煙者に対してはむしろプロオキシダントとして働いたのではないかと予想される。事実，β-カ

[*1] Michiaki Murakoshi　ライオン㈱　研究開発本部　副主席研究員
[*2] Hoyoku Nishino　京都府立医科大学　特任教授：立命館大学　立命館グローバルイノベーション機構　教授

表1 β-カロテンの大規模介入臨床試験結果

試験	ATBC[*1]	CARET[*2]	PHS[*3]	Linxian[*4]
対象	フィンランド男性喫煙者 29,133名（50～69歳）	米国喫煙者アスベスト作業者 18,314名（50～69歳）	米国男性医師 22,071名（40～84歳）（喫煙者：11%）	中国一般住民 29,584名（40～69歳）
投与条件	連日： β-カロテン 20mg α-トコフェロール 50mg	連日： β-カロテン 30mg レチノール 25,000IU	隔日投与： β-カロテン 50mg アスピリン 325mg	連日： β-カロテン 15mg ＋α-トコフェロール 30mg ＋セレン 50μg
期間	中間値6年（5～8年）	平均4年（投与中止）	11～12年	6年
結果	β-カロテンを投与した個人の肺がん頻度増加 発生頻度：18%増加 死亡者数：8%増加	β-カロテンを投与した個人の肺がん頻度増加 発生頻度：28%増加 死亡者数：17%増加	β-カロテン投与による影響なし。また，喫煙の有無による差なし	β-カロテン投与により発がんリスク減少 死亡者数： 全がんで13%低下 胃がんで21%低下

*1 Alpha-Tocopherol Beta-Carotene Prevention Study [3)]
*2 β-Carotene and Retinol Efficacy Trial [4)]
*3 US Physicians' Health Study [5)]
*4 Linxian Study [6)]

注）これらの結果をうけ，各評価機関は，β-カロテンを通常の食品から摂取する有益性は認めた上で，β-カロテン摂取上限に対する見解を以下のように出している。
［欧州 Science Committee on Food］：許容上限量について結論できない[9)]。
［ドイツ連邦リスク評価研究所（BfR）］：2mg/日（科学的な上限値は設定できないが，これまで問題がなかった推奨値（BfVV/BfR）を提案）[10)]。
［英国 Expert Group on Vitamins and Minerals(EVM)］：非喫煙者に対して7mg/日（喫煙者は，β-カロテンサプリメントを摂取すべきでないとしている）[11)]。
［米国 National Institute of Health（NIH）］：許容上限量は設定しないが，ビタミンA欠乏者以外の使用は推奨しない[12)]。

ロテンの過剰投与＋喫煙による酸化ストレスにより，肺に前がん病変が発生し細胞増殖を制御する因子に影響が認められること，発がん物質の第1相解毒酵素が異常に活性化されること等が動物実験により証明されている[13～14)]。

またカロテノイドの摂取源である緑黄色野菜や果実中にはβ-カロテンの他に，α-カロテン（ニンジン，カボチャ等に多く含まれる），γ-カロテン（トウモロコシ等に多い），リコピン（トマト等に多い），ルテイン（ブロッコリー，ほうれん草，キャベツに多い），ゼアキサンチン（クコの実，ほうれん草等に多い）やβ-クリプトキサンチン（柑橘類，カボチャに多い）なども広く含有されている[15)]にもかかわらず，介入試験ではβ-カロテンを単独で投与した点にも問題があったのではないかと指摘されている。ヒトの血中や臓器中にはβ-カロテンと共に，これらのカロテノイドが蓄積しており，その分布パターンは臓器により異なっていること[16)]より，それ

第8章　カロテノイドとがん予防

ぞれのカロテノイドには，それぞれの役割があると推察される。我々はβ-カロテンと挙動を共にしている様々な天然カロテノイドにも，がん予防に貢献する重要な機能があるのではないかと考え，検討を行った。

3　パームフルーツカロテン（パーム油カロテン）

前述したように食品中には多くのカロテノイドが存在しているにもかかわらず，特にβ-カロテンが注目されてきたことには2つの理由がある。一つには，哺乳類におけるカロテノイドの役割が，単にビタミンAの前駆体（プロビタミンA）であると信じられていたことにある。すなわち経口的に摂取されたカロテンは，腸管から吸収される際，β-カロテン中央開裂酵素（β-carotene15,15'-dioxygenase）により分子の中央で開裂しビタミンAとなって生物活性を示すと理解されていた。従って，カロテノイドのなかで最もビタミンA活性の高いβ-カロテン（1分子から2分子のビタミンAが生成する）が注目されてきた訳である（3編1章参照）。もう一つの理由は，β-カロテンがカロテノイドの中で唯一半世紀前から工業的に合成され，安価で動物試験や臨床試験に必要な量を入手可能であったことも挙げられる。我々は天然カロテノイドの研究を開始するに当たり，合成β-カロテンと同様に汎用性が期待できる天然素材を検索した結果，パーム油のカロテンに注目した。パーム油は，代表的なカロテン摂取源であるニンジンの約10倍量ものカロテンを含有しており，原産国ではカロテンを含んだままの粗オイルの形で摂取されてきた食経験の長い植物油である。また，単位面積当たりの収穫量が植物油中で最も高い上，赤道付近南北10°以内に生育しているため台風の被害も受けずに安定供給されている。2004年には大豆油の生産量を上回り，現在の世界生産量は年間約3,800万トンで，油脂の中でも世界第1位の生産量である。ヒトへの応用を考える際，資源的に非常に有利な素材であると考えられる。そして何よりも魅力的なのは，ニンジンに近いカロテノイド組成で，約60％のβ-カロテンの他に約30％のα-カロテン，数％のγ-カロテン，リコペン等を含有している。そこで我々はパーム油よりカロテノイド試料を抽出精製し（パームフルーツカロテン，図1），動物実験によりがん予防効果を調べてみた。

4　マウス皮膚2段階発がんの抑制効果

まず始めに，代表的な発がんモデルであるマウス皮膚2段階発がん系を用いて，発がんプロモーション過程に対するパームフルーツカロテンの効果を調べた。

実験にはICR系雌マウスを1群16匹として用いた。マウスの背中の毛をバリカンで剃りイニシエーターとしてDMBA（7,12-dimethylbenz[a]anthracene）を100μg塗布した。その1週間後からプロモーターとしてTPA（12-O-tetradecanoylphorbol-13-acetate）を1μgずつ週2回

カロテノイドの科学と最新応用技術

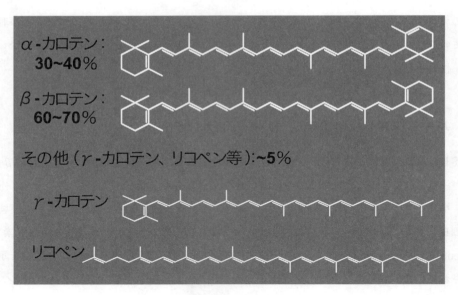

図1 パームフルーツカロテンの組成

塗布した。実験群にはパームフルーツカロテンをTPAと同時に170nmole塗布した。

図2に示したように，パームフルーツカロテン塗布群においてTPAによる発がんプロモーションが完全に抑制された。通常この程度強い活性を持つ化合物は毒性を示し，体重減少が見られる場合があるが，コントロール群に対する有意差は認められなかった。この結果より，パームフ

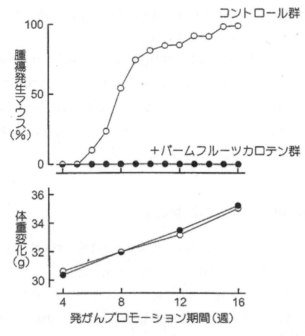

図2 パームフルーツカロテンのマウス皮膚2段階発がん抑制効果

第8章 カロテノイドとがん予防

ルーツカロテンは大変有望ながん予防効果を持つことが示唆された。

パームフルーツカロテンの主成分は α-カロテンと β-カロテンである。そこでパームフルーツカロテンから α-カロテンを精製して，合成 β-カロテンと効果を比較した。実験群には200または400nmole の2水準濃度の α-または β-カロテンを TPA と同時に塗布した。その他の条件は前回と同様である。

その経時変化を図3に示した。実験終了時の20週目にはコントロール群の腫瘍発生マウスの割合が約70%に達していたのに対して，カロテンを塗布した群はいずれも顕著に発がん率が低下し，濃度依存性も認められた。そして大変興味深いことに，α-カロテンの抑制効果は β-カロテンより強いことが明らかになった。また1匹当りの腫瘍数も α-カロテン群の方が有意に少なかった。これらの結果より，α-カロテンは β-カロテンより，強い発がんプロモーション抑制効果をもつことが明らかになった。

5 マウス肺2段階発がんの抑制効果

疫学調査においてカロテンの発がん予防効果が最も期待できるといわれてきたのは肺がんである。そこで次に，4NQO（4-nitroquinoline 1-oxide）をイニシエーター，グリセロールをプロモ

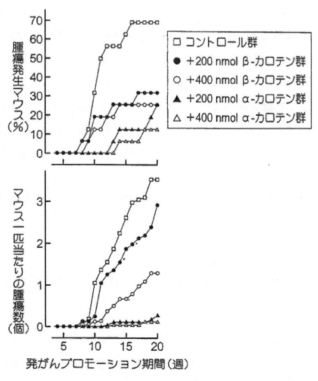

図3　α-カロテンと β-カロテンのマウス皮膚2段階発がん抑制効果

表2　α-カロテンとβ-カロテンのマウス肺2段階発がん抑制効果

実　験　群	腫瘍発生マウスの割合（％）	マウス1匹当たりの平均腫瘍数	有意差
コントロール群	94	4.06	−
0.05% α-カロテン投与群	73	1.33	$p<0.001$
0.05% β-カロテン投与群	93	4.93	NS

ーターとするマウス肺2段階発がん系におけるα-カロテンとβ-カロテンの発がんプロモーション抑制効果を比較した。

　ddy系雄マウスに体重1kg当り10mg4NQOを背中に皮下注射してイニシエーションをかけ，その5週間後よりグリセロールを飲料水中に10%の濃度となるように添加して25週間経口投与しプロモーションを継続すると，肺に特異的に4～5個の腫瘍が発生することが知られている。この実験系を用いてグリセロールと供に乳化したα-カロテン，又はβ-カロテンをそれぞれ飲料水中に0.05%の濃度で添加しマウスに自由摂取させ，発がんプロモーション過程に対する抑制効果を検討した。コントロール群の動物には乳化基材のみを添加した飲料水を与えた。1群のマウス数は16匹とした。

　表2に結果をまとめた。β-カロテン投与群ではコントロール群と比較して発がん率（腫瘍発生マウスの割合），1匹当りの腫瘍数とも抑制効果が見られなかった。これに対してα-カロテンはこの実験でも有意な抑制効果が認められた。飲料水の摂取量は各群で差は見られなかったので，α-カロテンとβ-カロテンの摂取量に差はない。また体重変化についても差が認められなかった。以上の結果より，肺がんの予防においてもα-カロテンは有効であることが示唆された。

　β-カロテンに関して動物実験系で肺がんの抑制効果が認められた報告は少ない。例えば，NCIが肺がん予防のスクリーニング系として用いているMNU（N-nitrosomethylurea），またはDEN（N-nitrosodiethylamine）によるハムスターの肺発がんモデルでもβ-カロテンは効果が認められなかったことが報告されている[17]。本実験系において，α-カロテンの効果が証明されたことはβ-カロテン以外のカロテノイドによるがん予防における重要な知見となった。そして，これ以降，種々のカロテノイドによるがん予防研究が次々と展開された。

6　マウス肺2段階発がんプロモーション過程におけるカロテン体内蓄積量の変化

　マウス肺2段階発がん系におけるカロテノイドの作用機序を考える一つのアプローチとして，発がんプロモーション過程におけるカロテノイドの体内蓄積量の変化を検討した。

　図4は肺におけるカロテン蓄積量の経時変化を示している。実験群には0.05%濃度のα-カロ

テン，β-カロテン，又はパームフルーツカロテンを添加した飲料水を投与した。

まず，4NQOとグリセロールを作用させなかったAグループに注目して見ると，カロテン投与群はいずれも経時的に肺にカロテンが蓄積していくことが確認された。このことより経口摂取されたカロテンの一部は，インタクトな形で肺に蓄積され，生理作用を発揮するものと考えられる。カロテン投与群の蓄積量を比較してみると，β-カロテンはα-カロテンやパームフルーツカロテンよりも効率的に肺に蓄積されることが明らかになった。

一方，4NQOとグリセロールを作用させたBグループにおいては，この系で肺に腫瘍が発生してくる15～25週目までの変化において，α-カロテン群とパームフルーツカロテン群はAグループと同様に一定値を保持していたのに対して，β-カロテン群では顕著な蓄積量の低下が認められた。血中及び肝臓中の蓄積量変化についても調べたところ，肺と全く同様な傾向が認められた。一方，ビタミンA（レチノール）量についても調べたが，いずれの臓器についても実験群間の蓄積量変化に差は認められなかった。

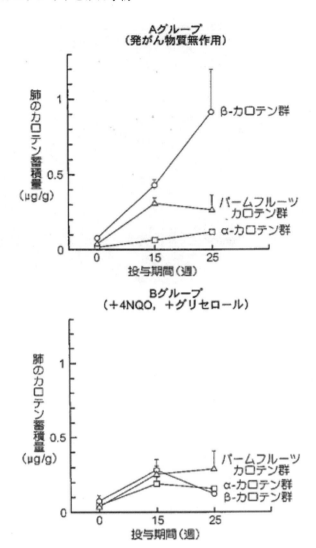

図4　マウス肺2段階発がんプロモーション過程におけるカロテンの肺への蓄積量の変化

実験群には0.05%濃度のα-カロテン、β-カロテン、又はパームフルーツカロテンを添加した飲料水を投与した。Bグループの動物には4NQOグリセロールを作用させ、Aグループには発がん物質を作用させなかった。

以上の結果より，β-カロテンはα-カロテンより発がんプロモーション過程の酸化的ストレスに対して消費されやすいと予想される。α-カロテンはβ-カロテンより優れた一重項酸素の消去能力（図5）[18]，及び膜脂質の過酸化抑制能力[19]を持つことが報告されており，抗酸化能の観点で考えるならば，α-カロテンの方が，β-カロテンより消費されやすいはずである。にもかかわらずα-カロテンの蓄積量がβ-カロテンと比較してプロモーション過程で変化しにくいことは，

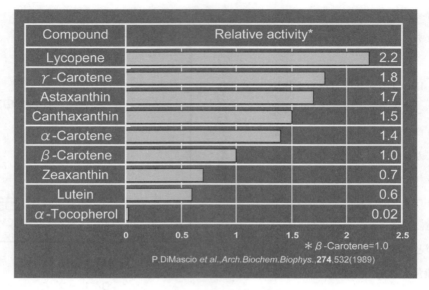

図5 カロテノイドの一重項酸素消去能力

両カロテノイドが異なった代謝制御を受けていると推察される。我々は肺のリン脂質のうちホスファチジルエタノールアミンが特異的にプロモーション過程で過酸化されていることを本実験系で確認しているので，今後これらの酸化的ストレスに関する因子とカロテン蓄積量の相関関係について検討し，カロテノイドの作用機序を解明していきたいと考えている。

　また，パームフルーツカロテンはα-カロテン：β-カロテン＝1：2（その他のカロテノイドも10％程度含む）の組成であるにもかかわらず，α-カロテン投与群とほぼ同量のカロテンしか蓄積されなかった。しかも，蓄積されたカロテンはパームフルーツカロテンの組成を反映してα：β＝1：2であり，AグループとBグループの比に差が認められなかった。このことより，単独カロテンを投与した場合と複数のカロテンを投与した場合の吸収・代謝は，異なる制御を受けていると示唆される。ヒトにおける投与でも，30mgのβ-カロテンサプリメントを投与した場合と，相当量のβ-カロテンをニンジンで投与（29mgβ-カロテン＋9mgα-カロテン）した場合では，サプリメント投与の方が有意に血中β-カロテン量が高かったとの報告がある[20〜21]。また，β-カロテンとルテイン[22]，β-カロテンとカンタキサンチン[23]のヒトへの組み合わせ投与において，吸収時の拮抗阻害も指摘されている。カロテノイドの代謝は，吸収時から重要な調節がかけられていると推察され，その生理的な意義についても今後検討したいと考えている。

7 マウス自然発症肝がんの抑制効果

　次に，自然発症肝がんを誘発する事が知られているC3H/He雄マウスに対するα-カロテン，β-カロテン，パームフルーツカロテンの発がん抑制効果を比較した。実験群の動物には乳化し

第8章　カロテノイドとがん予防

表3　α-カロテン，β-カロテンの及びパームフルーツカロテンのマウス自然発症肝がん抑制効果

実　験　群	腫瘍発生マウスの割合（％）	マウス1匹当たりの平均腫瘍数	有意差
コントロール群	100	6.31	－
0.005% α-カロテン投与群	100	5.07	NS
0.05% α-カロテン投与群	94	3.00	$p<0.01$
0.005% β-カロテン投与群	100	7.38	NS
0.05% β-カロテン投与群	100	4.71	NS
0.005% パームフルーツカロテン投与群	100	3.60	$p<0.01$
0.05% パームフルーツカロテン投与群	81	2.06	$p<0.001$

たα-カロテン，β-カロテン，パームフルーツカロテンをそれぞれ飲料水中に0.05%又は0.005%の濃度で添加し，40週間自由摂取させ，発がん抑制効果を調べた。コントロール群の動物には乳化基材のみを添加した飲料水を与えた。1群のマウス数は17匹とした。

表3に結果をまとめた。飲料水の摂取量は各群で差は見られなかった。また体重変化も差が認められなかった。1匹当りの腫瘍数について，0.05%のα-カロテン投与群はコントロール群と比較して有意な抑制効果が認められ，この系についてもα-カロテンはβ-カロテンより，強い発がん抑制効果をもつことが明らかになった。また大変興味深いことにパームフルーツカロテンは，α-カロテンより更に強い発がん抑制作用をもつ事が明らかになった。我々はα-カロテンばかりでなくパームフルーツカロテン中に含有されているリコペン，γ-カロテンなどにも強い発がん予防効果が認められること，またこれらのカロテノイドには相乗効果があることを動物実験により確認している[24〜26]。更に広範囲な食用素材に注目し，有効な天然カロテノイドの検索を続けており，既にルテイン，ゼアキサンチン，β-クリプトキサンチン，アスタキサンチン，フコキサンチン，ネオキサンチン，カプサンチン，フィトエンなどに非常に優れた効果があることを見出している[27]。

8　おわりに

国際がん研究機構（IARC）がまとめたカロテノイドの発がんに関する報告では，β-カロテンの大量投与にはがん予防効果なし，日常摂取レベルの投与はデータ不十分，としている[28]。国立がんセンターがん対策情報センターホームページ http://ganjoho.ncc.go.jp/ では，肺がんを予防するためには，まずタバコをやめ，緑黄色野菜や果物をとることが推奨されているが，禁煙せずに1日20mg以上のβ-カロテンを錠剤などで補給することは，かえってリスクを高める可能性があることをアナウンスしている[29]。しかしながら，緑黄色野菜や果物などを多く摂取するとがんのリスクが低減するというのは普遍的な事実であり，使いこなしを間違えなければβ-

カロテンも含めて種々のカロテノイドは、がん予防に貢献できるはずであると考えることが論理的に見れば正しい。事実、京都府立医科大学／立命館大学の西野教授を中心とする研究グループでは複合カロテンサプリメント（パームフルーツカロテン 10mg（β-カロテン 6mg + α-カロテン 3mg）+ リコピン 10mg + α-トコフェロール 50mg）を用いたC型肝炎に対する細胞性肝がんの臨床予防試験で、天然物としては世界で初めてヒトに対するがんの化学予防効果を立証している（図6）[30]。更に、この複合カロテンサプリメントに 3mg の β-クリプトキサンチンと 1g のミオイノシトールを添加した温州みかんジュースを 190ml 併せて投与したところ、相乗的に被験者の発がん率が低下することを明らかにしている[27]。また、この研究で β-カロテンの介入試験のような有害事象は認められていない。β-カロテン等のカロテノイドは食品・食品添加物としての基本的な安全性が充分確認されており[31,32]、生体防御に貢献している重要な食物抗酸化成分である事は言をまたない。しかしながら、抗酸化物質である以上、使い方によっては酸素と同様に生体にとって両刃の剣となる。有用性に関する研究と並行して、どの様に使えば安全であるかを見極め、有効な使用法を提案して行くことが、今後のカロテノイド研究に課せられた最も重要な課題であると考える。

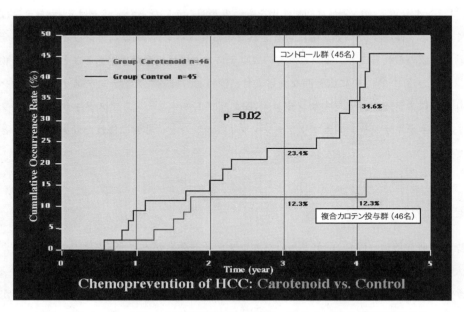

図6 複合カロテン投与による肝硬変からの肝細胞がん発生に対する化学予防効果

第8章 カロテノイドとがん予防

文　　献

1) Peto, R. *et al.*, *Nature*, **290**, 201 (1981)
2) Hirayama, T. Nutr. *Cancer*, **1**, 67 (1979)
3) Alpha-Tocopherol Beta-Carotene Cancer Prevention Study Group N. *Engl. J. Med.*, **330**, 1029 (1994)
4) Omenn, G.S. *et al.*, *N. Engl. J. Med.*, **334**, 1150 (1996)
5) Hennekens, C.H. *et al.*, *N. Engl. J. Med.*, **334**, 1455 (1996)
6) Blot, W. J. *et al.*, *J. Natl. Cancer Inst.*, **85**, 1483 (1993)
7) 村越倫明，西野輔翼，がん化学予防の最前線，29 (2000)
8) 寺尾純二，長尾昭彦，オレオサイエンス，**2**(6), 11 (2002)
9) Science Committee on food, Opinion of the Scientific Committee on Food on the safety of use of beta carotene from all dietary sources (2000)
10) Federal Institute for Risk Assessment (BfR), Use of Vitamins in Foods Toxicological and nutritional-physiological aspects Part I (2003)
11) Expert Group on Vitamins and Minerals (EVM), Safe Upper Levels for Vitamins and Minerals (2003)
12) National Institutes of Health (NIH), Dietary Supplement Fact Sheet : Vitamin A and Carotenoids (2003)
13) Knekt, P. *et al.*, *J. Natl. Cancer Inst.*, **91**, 182 (1999)
14) Paolini, M. *et al.*, *Nature*, **398**, **6730**, 760 (1999)
15) Khachik, F. *et al.*, in L. Packer L (ed.), "Methodsin Enzynology Vol.213A", p.205 (1992)
16) Kaplan, L.A. *et al.*, *Clin. Physiol. Biochem.*, **8**, 1 (1990)
17) Malone, W.F. *Am. J. Clin. Nutr.*, **53**, 305S (1991)
18) DiMascio, P. *et al.*, *Arch. Biochem. Biophys.*, **274**, 532-538 (1989)
19) Kim, H. *et al.*, *Korean. J. Nutr.*, **23**, 434-442 (1990)
20) Micozzi, M.S. *et al.*, *Am. J. Clin. Nutr.*, **55**, 1120-1125 (1992)
21) Parker, R.S. *Euro. J. Clin. Nutr.*, **51**, 86S-90S (1997)
22) Kostic, D. *et al.*, *Am. J. Clin. Nutr.*, **62**, 604-610 (1995)
23) White, W.S. *et al.*, *Am. J. Clin. Nutr.*, **13**, 665-671 (1994)
24) Murakoshi, M., Nishino, H. *et al.*, *Cancer Res.*, **52**, 6583 (1992)
25) Okuzumi, J., Nishino, H. *et al.*, *Oncology*, **49**, 492 (1992)
26) Kim, D.J. *et al.*, *Cancer Letters*, **120**, 15 (1997)
27) Nishino, H. *et al.*, *Recent Achievements of Carotenoid Science and Technology, Archives of Biochemistry and Biophysics*, **483**, 2 (2009)
28) IARC, IARC Handbooks of Cancer Prevention Volume 2 "Carotenoids" (1998)
29) 内閣府食品安全委員会，ビタミンAの過剰摂取による影響（ファクトシート，平成18年9月15日）(2006)
30) Nishino, H. *Recent Results in Cancer Research*, **174**, 69, (2007)
31) Heywood, H. *et al.*, *Toxicology*, **36**, 91 (1985)
32) Masuda, M. *et al.*, *J. Toxicological Sciences*, **20**, 619 (1995)

第9章　野菜のカロテノイド

稲熊隆博[*]

1　はじめに

　野菜に含まれているカロテノイドは赤色や橙色，黄色の色素であり，優れた一重項酸素の消去として古くから知られている[1]。ところで，カロテノイドは自然界では広範囲の生物に見出されて[2,3]，約750種類存在し，構造上炭素と水素のみで構成されるカロテンと分子中に酸素を含むキサントフィルの2つに分類されている。代表的な野菜に含まれるカロテノイドを図1に示す。自然界においてはカロテンよりもキサントフィルの方が多く種類が存在するものの，既存の研究の多くはカロテンに属するリコピンやβ-カロテンが中心になされてきた。しかし，ヒトの血液や組織には，α-カロテンやβ-カロテン，リコピンなどのカロテン以外にもルテイン，ゼアキサンチン，β-クリプトキサンチンなどのキサントフィルも高い濃度で存在していることが知られている[4~7]。特に，野菜に含まれるカロテノイドは，いくつかの疫学的な研究により，カロテノイドの摂取と各種がんや慢性疾患のリスクが逆相関を示すことが報告[8~11]されている。ここでは，

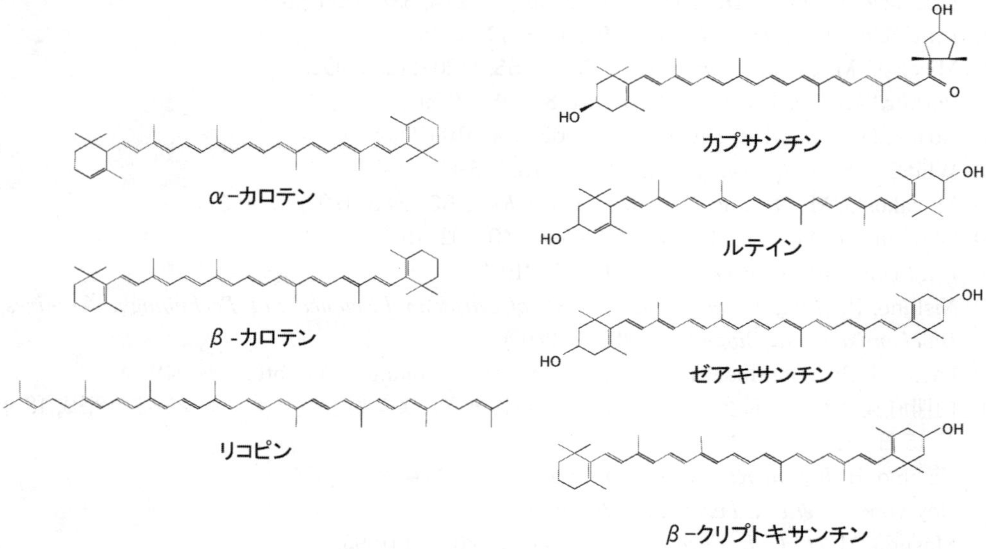

図1　野菜に含まれるカロテノイド
カロテン（左）、キサントフィル（右）

---

[*]　Takahiro Inakuma　カゴメ㈱　総合研究所　自然健康研究部　主席研究員

第9章　野菜のカロテノイド

それらの野菜に含まれるカロテノイド含量や吸収性，生理作用に関してまとめる。

2　野菜に含まれるカロテノイド含量

　カロテノイドの摂取と健康との相関が明らかにされるにつれ，様々な食品のカロテノイドの含量に関する研究が重要視されるようになってきた。例えば，Mangles ら[12]は，これまでに公開されている論文を参考に，120種類の食品や野菜のカロテノイド含量のデータベースを作成した。同様に米国農務省（USDA）では，これまで公開されている情報を基に，膨大な量のデータベースを作成している[13]。これらは多々の疫学研究や食事指導などの基礎データとして活用されている。しかしながら野菜に関しては，その国でのみ栽培されている特殊なものもあり，さらに品種や気候，生育条件の違いから，カロテノイド組成や含量が異なる場合が多い。例えば，果実においては，Yano ら[14]は，日本で食されている果実のカロテノイド含量を調査し，USDAの公表するデータ[12]との間に若干の違いがあることを指摘している。国内で生産される野菜に含まれるカロテノイドを総括的に分析した報告では，一般に日本で食される70種類の野菜のカロテノイドの定量分析結果を表1に示した[15]。70種類の野菜の内訳は，葉物が34種，果実が16種，結球が4種，豆類が3種，さや（pods）が3種，花序が3種，根が2種，若ざやが2種，また若茎，りん茎，花茎がそれぞれ1種であった。

　分析結果を基に各種のカロテノイドの含量を示すと，α-カロテンは分析した70種類の中で55種類の野菜に確認された。α-カロテン含量の最も高い野菜は，人参（2.31mg/100g可食部）であり，それ以外には高い濃度（>1mg/100g）の野菜は認められなかった。β-カロテンは70種類全ての野菜から検出された。高含有であったものは，モロヘイヤ（12.04mg/100g），しその葉（10.18 mg/100g），ヨモギ（9.19 mg/100g）などであり，色の濃い葉物野菜（パセリ，小松菜，クレソン，春菊など）と人参に高含有されていることが確認できた。リコピンは2種類の野菜，トマトと金時人参にのみ検出された。トマトには，赤系で9.51mg/100g，ミニトマトで6.19mg/100g，ピンク系で3.94mg/100g，オレンジ系で2.09mg/100g，金時人参には12.19mg/100gのリコピンが含まれていた。同様に，カプサンチンはピーマン種（トマピー：17.56mg/100g，ピーマン（赤）：8.68mg/100 g）のみに検出された。ルテインはβ-カロテンについで2番目に多くの野菜から検出された成分であり，68種類のサンプルで確認された。ルテインを多く含む野菜は，シソの葉（14.25mg/100g），モロヘイヤ（13.63mg/100g），ヨモギ（11.26mg/100g）などであった。β-カロテンと同様に，色の濃い葉物野菜にルテインは多く含まれており，検出されなかった野菜は2種のピーマン類のみであった。ゼアキサンチンは30種類の野菜で検出されたが，高い濃度（>1mg/100g）を示すものはなかった。β-クリプトキサンチンも同様で，それを高含有する野菜は認められなかった。

　葉物の野菜は総じてβ-カロテンとルテインを多く含有しており，同時にα-カロテンやゼアキ

カロテノイドの科学と最新応用技術

表1 野菜中*1のカロテノイド含量 (mg/100g 可食部)*2

日本名	英名	学名	分析した サンプルの数*3	α-カロテン	β-カロテン	リコピン	カプサンチン	ルテイン	ゼア キサンチン	β-クリプト キサンチン
あさつき	Asatuki, Leaves	Allium schoenoprasum	n = 4	0.032 ± 0.032	3.177 ± 0.283	ND	ND	4.104 ± 0.328	ND	ND
明日葉	Ashitaba, Stem and leaves	Angelica keiskei	n = 4	0.117 ± 0.003	3.659 ± 0.413	ND	ND	4.250 ± 0.201	ND	ND
アスパラガス	Asparagus, Shoots	Asparagus officinalis	n = 4	0.011 ± 0.007	0.305 ± 0.091	ND	ND	0.273	ND	ND
イタリアンパセリ	Parsley, Leaves	Petroselinum crispum	n = 4	0.290 ± 0.025	7.898 ± 0.695	ND	ND	10.790 ± 0.404	0.099 ± 0.062	0.026 ± 0.018
エシャロット	Eshallot, Bulb	Allium ascalonicum	n = 4	ND	0.062 ± 0.041	ND	ND	0.214 ± 0.144	ND	ND
えだまめ (実)	Edamame, Beans	Glycine max	n = 3	0.009 ± 0.005	0.283 ± 0.057	ND	ND	0.629 ± 0.074	ND	ND
おかひじき	Saltwort, Stems and leaves	Salsola komarovii	n = 2	0.066 ± 0.013	1.733 ± 0.573	ND	ND	2.072 ± 0.722	ND	ND
エンダイブ	Endive, Leaves	Cichorium endivia	n = 2	0.131 ± 0.011	3.471 ± 0.215	ND	ND	3.531 ± 0.175	0.070 ± 0.044	0.005 ± 0.005
オクラ	Okura, Pods	abelmoschus esculentus	n = 2	0.031 ± 0.003	0.727 ± 0.050	ND	ND	1.079 ± 0.092	ND	ND
かいわれだいこん	Kaiware-daikon, Young stems and leaves	Raphanus sativus	n = 2	0.076 ± 0.039	3.572 ± 0.700	ND	ND	4.299 ± 0.826	ND	ND
かぶ (葉)	Turnip, Leaves	Brassica campestris	n = 2	0.054 ± 0.054	3.300 ± 0.050	ND	ND	3.113 ± 0.052	ND	ND
からし葉	Leaf mustard, Leaves	Brassica juncea (cernua group)	n = 2	0.105 ± 0.004	2.828 ± 0.096	ND	ND	3.780 ± 0.122	ND	ND
キャベツ	Cabbage, Head	Brassica oleracea (capitata group)	n = 3	ND	0.178 ± 0.083	ND	ND	0.234 ± 0.106	ND	ND
きゅうり	Cucumber, Fruit	Cucumis sativus	n = 4	0.022 ± 0.003	0.534 ± 0.088	ND	ND	1.268 ± 0.216	ND	ND
京菜	Kyona, Leaves	Brassica campestris (japonica group)	n = 4	0.043 ± 0.007	1.286 ± 0.217	ND	ND	1.413 ± 0.154	ND	ND
金時人参	Kintoki, Root with skin	Daucus carota	n = 4	1.996 ± 0.231	12.185 ± 2.400	ND	ND	0.185 ± 0.013	0.027 ± 0.027	ND
葉にんにく	Kuki-ninniku, Scape	Allium sativum	n = 4	0.019 ± 0.007	0.738 ± 0.088	ND	ND	1.027 ± 0.071	0.004 ± 0.004	ND
サニーレタス	Leaf Lettuce, Leaves	Lactuca sativa	n = 4	0.095 ± 0.007	2.329 ± 0.582	ND	ND	1.870 ± 0.381	ND	ND
グリーンピース (実)	Green peas, Beans	Pisum sativum	n = 4	ND	0.436 ± 0.070	ND	ND	1.017 ± 0.456	0.010 ± 0.010	ND
こごみ	Kogomi, Spears	Matteuccia struthiopteris	n = 4	0081 ± 0.047	3.739 ± 0.342	ND	ND	3.051 ± 0.436	0.022 ± 0.013	ND
小松菜	Komatsuna, Leaves	Brassica campestris (perviridis group)	n = 4	0.172 ± 0.022	1.278 ± 0.044	ND	ND	3.603 ± 0.170	0.020 ± 0.020	ND
サニーレタス	Red-tip leaf lettuce, Leaves	Lactuca sativa	n = 4	0.187 ± 0.063	5.531 ± 2.335	ND	ND	7.585 ± 3.439	0.009 ± 0.009	ND
さやいんげん	Kidney beans (Sayangen), Immature pods	Phaseolus vulgaris	n = 4	0.059 ± 0.006	1.199 ± 0.350	ND	ND	1.203 ± 0.169	0.036 ± 0.031	ND
さやえんどう	Snow peas, Immature pods	Pisum sativum	n = 4	0.107 ± 0.013	0.487 ± 0.083	ND	ND	0.772 ± 0.140	0.045	ND
サラダ菜	Head lettuce, butter type, Leaves	Lactuca sativa	n = 4	0.019 ± 0.004	0.599 ± 0.022	ND	ND	0.816 ± 0.045	0.006 ± 0.006	ND
しその葉 (赤)	Perilla, Red type, Leaves	Perilla frutescens	n = 4	0.113 ± 0.011	3.116 ± 0.460	ND	ND	2.381 ± 0.254	0.126 ± 0.006	ND
春菊	Garland chrysanthemum, Leaves	Chrysanthemum coronarium	n = 4	0.474 ± 0.065	10.177 ± 1.723	ND	ND	14.250 ± 2.108	ND	ND
ズッキーニ (実)	Zucchini, yellow type, Fruit	Cucurbita pepo	n = 4	0.118 ± 0.000	3.768 ± 0.078	ND	ND	4.088 ± 0.262	ND	ND
セロリ	Water dropwort, Leaves	Oenanthe javanica	n = 4	ND	0.197 ± 0.011	ND	ND	2.066 ± 0.625	0.039 ± 0.017	ND
セロリ (葉)	Celery, Leaves	Apium graveolens	n = 4	0.187 ± 0.031	4.666 ± 0.743	ND	ND	5.776 ± 1.041	ND	ND
そら豆 (実)	Broad beans, Immature beans	Vicia faba	n = 4	0.032 ± 0.009	0.884 ± 0.334	ND	ND	1.127 ± 0.359	0.023 ± 0.028	ND
だいこん	Japanese radish (Daikon), Leaves	Raphanus sativus (daikon group)	n = 4	0.110 ± 0.043	4.119 ± 0.455	ND	ND	4.725 ± 0.733	0.023 ± 0.028	ND
たらのめ	Japanese angelica tree, Spears	Aralia elata	n = 4	ND	0.360 ± 0.046	ND	ND	0.795 ± 0.102	ND	ND
チンゲンサイ	Qing qin cai, Leaves	Brassica campestris (chinensis group)	n = 4	0.156 ± 0.058	5.157 ± 0.778	ND	ND	5.461 ± 1.460	0.012 ± 0.012	0.014 ± 0.014
つるむらさき	Malabar nightshade, Stems and leaves	Basella rubra	n = 4	0.180 ± 0.030	2.367 ± 0.263	ND	ND	3.302 ± 0.560	0.077 ± 0.015	0.052 ± 0.027
ドクダミ	Doronic, Stems and leaves	Doronic	n = 4	0.156	3.734 ± 1.706	ND	ND	5.364 ± 1.279	0.030 ± 0.006	ND
トマト (赤系)	Tomatoes, Red type, Fruit	Lycopersicon esculentum	n = 4	0.009 ± 0.005	0.453 ± 0.124	9.512 ± 1.296	ND	0.126 ± 0.025	0.006 ± 0.004	0.004 ± 0.004
トマト (オレンジ系)	Tomatoes, Orange type, Fruit	Lycopersicon esculentum	n = 4	ND	0.689 ± 0.002	2.091 ± 0.041	ND	0.097 ± 0.002	0.018 ± 0.018	ND
トマト (黄色系)	Tomatoes, Yellow type, Fruit	Lycopersicon esculentum	n = 4	0.027 ± 0.005	0.685 ± 0.044	ND	ND	0.182 ± 0.018	0.062 ± 0.029	ND
トマト (ピンク系)	Tomatoes, Pink type, Fruit	Lycopersicon esculentum	n = 4	0.016 ± 0.010	0.676 ± 0.123	3.944 ± 0.609	ND	0.159 ± 0.022	ND	ND
なす	Eggplant, Fruit	Solanum, melongena	n = 4	0.121 ± 0.021	ND	ND	ND	0.159 ± 0.013	ND	ND
にがうり	Bitter gourd, Fruit	Momordica charantia	n = 4	0.047 ± 0.027	0.255 ± 0.046	ND	ND	0.697 ± 0.128	ND	ND
日本かぼちゃ (果肉)	Pumpkin, Fruit	Cucurbita moschata	n = 4	0.007 ± 0.007	0.740 ± 0.018	ND	ND	1.503 ± 0.078	0.032 ± 0.032	0.006 ± 0.006
にら	Chinese chive, Leaves	Allium tuberosum	n = 4	0.035 ± 0.035	3.273 ± 0.246	ND	ND	4.505 ± 1.503	0.023 ± 0.023	ND
にんじん	Carrot, Root with skin	Daucus carota	n = 4	2.308 ± 0.445	5.150 ± 0.615	6.190 ± 0.512	ND	0.768 ± 0.053	ND	ND
のびる	Chinese cabbage, Head	Allium grayi	n = 4	0.106 ± 0.032	3.642 ± 0.280	ND	ND	0.343 ± 0.083	0.019	0.054 ± 0.011
バジル	Basil, Leaves	Ocimum basilicum	n = 4	0.118 ± 0.034	2.921 ± 0.830	ND	ND	0.237 ± 0.064	0.407	ND
葉ねぎ	Harunegi, Leaves	Allium fistulosum	n = 4	0.144 ± 0.049	0.144 ± 0.049	ND	ND	3.413 ± 0.883	0.010 ± 0.093	ND
ピーマン (赤)	Peppers, Red sweet type (Tomapi), Fruit	Capsicum annuum	n = 4	0.305 ± 0.021	6.827 ± 0.678	1.638 ± 0.255	17.555 ± 2.183	11.264 ± 3.838	0.275 ± 0.144	0.032 ± 0.019
ピーマン (赤)	Peppers, Red sweet type, Fruit	Capsicum annuum	n = 4	0.059 ± 0.007	4.307 ± 0.559	4.307 ± 0.559	8.662 ± 0.473	1.750 ± 0.287	ND	1.373 ± 0.624
ピーマン (オレンジ)	Peppers, Orange sweet type, Fruit	Capsicum annuum	n = 4	0.299 ± 0.089	1.908 ± 0.163	ND	ND	3.779 ± 1.456	0.380	0.404 ± 0.046
ピーマン (黄)	Peppers, Yellow sweet type, Fruit	Capsicum annuum	n = 4	0.035 ± 0.035	0.205 ± 0.024	0.100	ND	0.774 ± 0.492	0.112 ± 0.070	0.015 ± 0.196
ピーマン (緑)	Pepper, Green type, Fruit	Capsicum annuum	n = 4	0.088 ± 0.036	0.205 ± 0.024	ND	ND	1.566 ± 0.258	0.006 ± 0.004	0.004 ± 0.004
ししとうがらし	Pepper (Shishitogarashi), Fruit	Capsicum annuum	n = 4	0.012 ± 0.007	0.617 ± 0.108	ND	ND	0.711 ± 0.070	0.009 ± 0.005	ND
ふきのとう	Fuki, Inflorescence	Petasites japonicus	n = 4	0.021 ± 0.007	0.656 ± 0.047	ND	ND	1.188 ± 0.229	0.007 ± 0.007	ND
ペパーミント	Peppermint, Leaves	Mentha biperita	n = 4	0.018 ± 0.018	0.651 ± 0.175	ND	ND	1.299 ± 0.061	0.009 ± 0.005	ND
ほうれんそう	Spinach, Leaves	Spinacia oleracea	n = 4	0.253 ± 0.039	6.890 ± 0.581	ND	ND	1.276 ± 0.200	0.007 ± 0.007	ND
ミニトマト	Cherry tomatoes, Fruit	Lycopersicon esculentum	n = 4	0.115 ± 0.019	3.273 ± 0.246	6.190 ± 0.512	ND	8.481 ± 0.877	0.877	0.006 ± 0.006
芽キャベツ	Brussels sprouts, Head	Brassica oleracea (gemmifera group)	n = 4	ND	1.298 ± 0.120	ND	ND	4.505 ± 1.503	0.023 ± 0.023	ND
モロヘイヤ	Tossa jute, Stems and leaves	Corchorus olitorius	n = 4	0.387 ± 0.019	0.537 ± 0.083	ND	ND	13.625 ± 1.133	0.357 ± 0.204	0.066 ± 0.038
よもぎ	Mugwort, Leaves	Artemisia princeps	n = 4	0.401 ± 0.118	12.036 ± 0.672	ND	ND	11.264 ± 3.838	0.106 ± 0.075	0.007 ± 0.006
ルッコラ	Rocket salad, Leaves	Eruca vesicaria	n = 4	0.176 ± 0.026	9.193 ± 3.004	ND	ND	5.778 ± 1.533	0.101	ND
レタス	Head lettuce, crisp type, Leaves	Lactuca sativa	n = 4	0.015 ± 0.007	4.671 ± 0.536	ND	ND	0.417 ± 0.101	0.016	ND
レッドキャベツ	Red cabbage, Head	Brassica oleracea (capitatum group)	n = 4	ND	0.543 ± 0.140	ND	ND	0.043 ± 0.016	0.007	ND
ふゆねぎ	Turfed stone leeks, Leaves	Allium fistulosum	n = 4	0.025 ± 0.016	0.027 ± 0.007	ND	ND	1.920 ± 0.142	0.006 ± 0.006	ND
ブロッコリー (花蕾)	Broccoli, Inflorescence	Brassica oleracea (italica group)	n = 4	0.013 ± 0.005	1.460 ± 0.130	ND	ND	1.115 ± 0.153	0.182	ND
軟白 (白部分)	Nebukanegi, Leaves, Blanched	Allium fistulosum	n = 3	ND	0.706 ± 0.119	ND	ND	0.123 ± 0.039	ND	ND
カリフラワー (花蕾)	Cauliflower, Inflorescence	Brassica oleracea (botrytis group)	n = 3	ND	0.025 ± 0.005	ND	ND	0.025 ± 0.007	ND	ND

*1 全ての野菜は一般の店舗で購入した。
*2 サンプルは2回ずつ分析を行なった。表は平均±標準誤差で示した。
*3 それぞれの野菜は、時期により分析されたサンプル数が異なった。時期に栽培された2〜4種類を選んだ。

サンチンなども検出された。Britton は，葉物野菜に含まれるカロテノイドはほぼ同じような組成を示し，主なカロテノイドがルテイン（カロテノイドの約45%を占める），β-カロテン（25～30%）であると報告している[16]が，ほぼ同様な傾向が確認された。

一方で，果実は様々なカロテノイド組成を示した。トマトにはリコピンが，赤ピーマンにはカプサンチンが特異的かつ高濃度で検出された。かぼちゃは，その果肉の色に反してβ-カロテン含量は高くなく，それ以外の果実，ズッキーニやナス，ニガウリ，キュウリなどからはカロテノイドはほとんど検出されなかった。トマトのリコピン含量に関しては，数多くの報告が出されているが，それらの値に矛盾はない。トマトは品種や熟度によってカロテノイドの組成や含量に大きな違いがあり，Davis[17]は，20倍以上も異なることを報告している。赤ピーマンのカプサンチン含量に関しても，これまでいくつかの報告がなされている。Deli ら[18]は，成熟した赤ピーマン中に6.68mg/100gの濃度で，またSugitaら[19]は6.2～7.4mg/100gの濃度でカプサンチンが含まれていたとの報告をしており，同様の結果を得た。かぼちゃに関しては，USDAのデータベース[12]では6.94mg/100gと報告されており，比較すると高い値を示している。第五次改定日本食品標準成分表[20]によると，日本かぼちゃ（*Cucurbita moschata*）と西洋かぼちゃ（*Cucurbita maxima*）のβ-カロテン含量はそれぞれ0.70，3.90mg/100gであり，これらの含量の違いは，種の違いによるものと推測される。

根菜に関しては，2種類の人参の分析を行い，世界中で流通しているオレンジタイプの人参は，α-カロテンとβ-カロテンが高含有であった。通常の人参はこれらのカロテノイドの供給源として幅広く知られている。一方で，日本を中心としたアジアのみで栽培されている金時人参に，高い濃度のリコピンが検出された。リコピンはトマト，アプリコット，スイカ，パパイヤ，グァバやピンクグレープフルーツに含まれており，米国においては約85%のリコピンがトマトやその加工品から摂取されているとの報告[21]がなされている。日本においてもリコピンの摂取源としてトマトが大きな役割を果たしていると考えるが，金時人参も何かしら関与しているのかもしれない。

結球や豆類，さやなどの他の部位においては，カロテノイドの含量は高くなかった。これらの野菜は，他の栄養成分や有効成分の摂取に関しては何かしらの有益性を示していると考えるが，カロテノイドの供給源としてはあまり貢献していないことが示唆された。

第五次改定日本食品標準成分表[20]では，カロテノイドの含量に関してプロビタミンA活性を有するα-カロテン，β-カロテン，β-クリプトキサンチンのみが掲載されているが，それらの分析値と比較してほぼ妥当な値と判断する。

3　カロテノイドの吸収

野菜から摂取されたカロテノイドは，どの程度吸収されるのであろうか。カロテノイドの吸収

に関しての報告例は極めて少ない。Clarkら[22]は，ラット（Sprague-Dawley rats 雄）に腸間膜リンパ管カニュレーションを行ない，十二指腸にリコピン（タウロコール酸とオリーブオイルでミセル化したもの）を連続注入することで，その吸収性を評価している。それによると，リコピンの吸収率は6%程度である。ヒトにおいては，β-カロテンに関する報告[23]であるが，その吸収は条件によって様々なものの，20%から50%程度との記述がなされている。ヒトにおけるリコピンの吸収率に関しても，個人差が大きく，摂取する条件の影響も極めて大きいことから，一概に明確な数値を算出することは難しい。

カロテノイドの吸収は，摂取形態や条件によって大きく変動する。例えば，物理的処理あるいは加熱調理されているトマト加工品は，生トマトよりもリコピンの吸収率が高い。Gartnerら[24]は，5名の男女を対象とし，リコピンを同程度（23mg）含む生のトマトまたはトマトペーストを，それぞれ15gのコーン油と一緒に単回摂取した場合のリコピンの吸収uについて報告している。その結果，トマトペーストの方が最高血中濃度で2.5倍，AUC(0〜12hの集計) で3.8倍高いことが示された。

逆にカロテノイドの吸収を低下させる因子についての報告もある。Riedlら[17]は，ヒトにおいて食物繊維（ペクチン，グアー，アルギン酸，セルロース，小麦ふすま）の摂取（0.15g/kg体重）がリコピンの吸収（AUC(0〜24hの集計)）を有意に低下させることを報告している。また，食用油の代替品であるショ糖ポリエステル（17 g/日）の長期摂取は血中のリコピン濃度を24%低下させている[25]。

4 野菜に含まれるカロテノイドの生理作用

野菜や果物を多く摂取する者にはがんの発生率が低いとの疫学調査が報告されて以降，がんのみならず，動脈硬化性疾患（冠動脈疾患や脳血管疾患）や眼病などにおけるカロテノイドの予防的役割が注目され，疫学調査やその作用機序などについて，近年，多数の報告がなされるようになった[26〜30]。野菜に含まれるカロテノイドの最新の生理作用については，おのおののカロテノイドで述べていただくとして，ここではプロビタミンA作用と抗酸化作用について述べる。

4.1 プロビタミンA作用

野菜に含まれるカロテノイドのプロビタミンAを五訂日本食品標準成分表[20]では「カロテノイド色素のうち，レチノールと同様の活性を有するプロビタミンAとして，α-カロテン，β-カロテン，クリプトキサンチン等がある。β-カロテンとともに，α-カロテン及びクリプトキサンチンを測定し，β-カロテン当量（μg）=β-カロテン+1/2α-カロテン+1/2クリプトキサンチン　にしたがってβ-カロテン当量を求め，カロテンとして記載した。」と表記され，動物体内でビタミンAに変換されるカロテノイドは，プロビタミンAと総称される。プロビタミンAは，

第9章 野菜のカロテノイド

少なくとも1個の日変換β末端木と炭素数11個以上のポリエン鎖をもつカロテノイドが約60種類ある。ビタミンAの欠乏症として夜盲症，皮膚の角化，粘膜異常，輸精管上皮変性，睾丸萎縮，子宮粘膜角化，分化・発生誘導異常などが知られている。

日本におけるビタミンAの推奨摂取量は，「日本人の食事摂取基準（2005年版）」によれば，成人男性で1日750μgRE，成人女性では600μgREである[31]。なお，平成14年の国民栄養調査結果によれば，日本人1人1日当たりの緑黄色野菜の摂取量は約90gであり，健康日本21における目標値（120g/日）には達していないが，ビタミンAの摂取量としては，いずれの年代でも食事摂取基準の推奨量を満たしている[32]。ただ，所要量は最小限必要量に安全率を考慮して求められたものであり，特定の疾患を想定した予防のための保健用途における必要量とは異なる。

4.2 抗酸化作用

カロテノイドが抗酸化作用を持つことは，1932年に，カロテンやビタミンAが，リノール酸の酸化を抑制することをBettyら[33]が示して以来，数多くの評価で明らかにされてきた。野菜に含まれるカロテノイドの抗酸化作用の実験を試験管内のもの（*in vitro*），生体組織を取り出して評価したもの（*ex vivo*），生体内の試験として実施したもの（*in vivo*）に分けてまとめる。

4.2.1 *in vitro* 試験

カロテノイドの抗酸化作用に関する研究が飛躍的に増加したのは，1989年にDi Mascioら[1]が，リコピンの一重項酸素消去能がβ-カロテンの2倍，α-トコフェロールの100倍にあたることを反応速度論的に示す（図2）とともに，血液中の濃度と反応速度とを掛け合せると，リコピンやβ-カロテン，α-トコフェロールやビリルビンといった，生体内における種々の抗酸化物質の寄与率にそれほど差がないことを報告したのに端を発する。

これに対して，Connらは，種々の年度の溶媒でβ-カロテンとリコピンの一重項酸素消去速

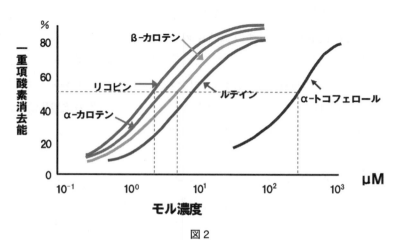

図2
出典：Di Masio. *Arch. Biochem. Biophys.*, (1989)

度を測定し，β-カロテンよりもリコピンの消去能の方が強いことは確かであるものの，両者の差は，必ずしもDi Mascioらの報告[1]ほど顕著ではないことを示している[34]。また彼らは合わせて，キサントフィル類を含むカロテノイドを評価した結果から，構造中のエポキシド基が，カルボニル基や水酸基よりも，一重項酸素消去能に寄与することを明らかにした[34]。また，Hirayamaらが，赤ピーマンに由来するカプサンチンがリコピン以上の一重項酸素消去能を有することを報告している[35]。

カロテノイドと他の抗酸化物質が共存することの作用としては，Hailaらが中性脂肪（トリグリセリド）の自動酸化に関して，ルテインやリコピンといったカロテノイド単独では中性脂肪の過酸化が促進されるが，トコフェロールと共存させることによって，過酸化反応の進行が阻害されることを示した[36]。また，Stahlらは，多重膜リポソームでの抗酸化作用を調べ，単一のカロテノイドよりも混合カロテノイドのほうが有効であること，また，特にリコピンとルテインとの相乗効果が顕著であることを報告した[37]。

一重項酸素以外の活性酸素との反応性については，リコピンは一重項酸素同様，ペルオキシナイトライトに対しても，特に効果的な抗酸化物質であると考えられている。ペルオキシナイトライトと反応したリコピンは，ジオキセタンを経由して，アポリコペナールや2,6-シクロリコピン類に変化するか，ペルオキシナイトライトからエネルギーを受取って励起状態（ビラジカル）となり，この状態から基底状態に落ちる際にシス化することが明らかにされている[38]。また，ラジカル捕捉能という点では，カロテノイドはDPPH（1,1-diphenyl-2-picrylhydrazyl）ラジカルに対して捕捉能を示し，その活性は共役二重結合の長さと官能基の種類とに関係することがJimenez-Escrigらによって確かめられた[39]。さらに，Yeumらはヒト血漿LDLに対してラジカル発生剤を作用させ，それに伴う抗酸化物質の減少を検討し，カロテノイドの重要性を示した[40]。

4.2.2 *ex vivo* 試験

トマトジュースを長期摂取したヒトのLDLを一重項酸素に暴露し，ジュース摂取によりLDL-コレステロールの被酸化性が改善されることを，また，その反応が脂質相に限定されており，リコピンを多量に含む食事の摂取により血清中のリコピン濃度が上昇し，血清過酸化脂質やLDLの酸化が有意に低下することを明らかにした[41]。また，Leeらは，トマト製品と一緒に摂取する油の種類とリコピンの吸収性や抗酸化活性について，オリーブオイルとひまわり油を用いて検討し，リコピンの吸収率においては差が見られないものの，血漿の抗酸化活性はオリーブオイルと摂取するほうが，より向上することを示した[42]。

4.2.3 *in vivo* 試験

最も古い試験は1959年にForssbergらによってなされたものであり，マウスへのX線照射による生存率をリコピンの摂取が向上させることが報告されている[43]。リコピンを含むカロテノイドは，代表的な実験動物であるマウスやラットといった齧歯類における吸収性が極めて悪く，その後の報告はヒトにおけるものが多い。なかでも，LDLの被酸化性や過酸化脂質（TBARS）

第9章 野菜のカロテノイド

の生成量についての評価が数多くなされている。Dixonらは，女性の低カロテン食が血漿LDLの被酸化性と赤血球のSOD活性に及ぼす影響について検討し，低カロテン食は血漿LDLと赤血球の脂質の過酸化を促進すること，また，カロテンの摂取によりそれらが改善されることを示した[44]。また，Raoらは，トマト製品の摂取により血漿リコピン濃度が上昇し，それに伴って血清TBARSが低下することを明らかにした[45]。SteinbergとChaitは，喫煙者にビタミンC，ビタミンE，β-カロテンを強化したトマトジュースを摂取させ，LDLの被酸化性が改善されることを示し，喫煙による酸化ストレスは抗酸化物質を強化したトマトジュースの飲用で軽減されうると結論付けた[46]。最近，Visioliらによって，毎日約8mgのリコピンを生トマトやトマトソース，トマトペーストから3週間にわたって摂取することによって，LDLの被酸化性が改善されるとともに，酸化ストレスのバイオマーカーの一つである8-iso-PGF$_{2a}$の尿中排泄量が低下することが報告された[47]。中には，トマトジュースの継続飲用でLDLの被酸化性に有意な改善を認めなかった例[48]もあるが，総じて，リコピンの摂取はLDLの被酸化性を改善する等，血清脂質を酸化から守ることにより，動脈硬化性疾患に対して抑制的に働くと考えられる。

　血清脂質以外に関する評価としては，二酸化窒素によるリンパ球の酸化障害に対するカロテノイドの作用が，β-カロテンまたはリコピンの摂取試験により検討されており，二酸化窒素からリンパ球を保護する作用は，リコピンとβ-カロテンとでは差がないことが示された[49]。また，細胞のがん化と関連するDNAの酸化損傷についても複数の報告がなされている。Pool-Zobelらは，非喫煙男性に2週間のwash out期間の後にトマトジュース，ニンジンジュース，ほうれん草粉末をそれぞれ2週間ずつ摂取させてDNA損傷の程度を測定し，いずれにおいてもDNA鎖の切断と酸化的な塩基の損傷が減少することを明らかにした[50]。

　以上のように，カロテノイドの抗酸化作用に関する報告は，これまでにも広くなされてきており，その生理・薬理作用の高さは疑義をはさまない。今後は，抗酸化作用に基づく疾病予防作用について，特にヒトにおける精度の高い研究が望まれる。

文　　献

1) Di Mascio, P., Kaiser, S. and Sies, H. Lycopene as the most efficient biological carotenoid singlet oxygen quencher. *Arch. Biochem. Biophys.*, **274**, 532-538 (1989)
2) Goodwin, T. W. in "The biochemistry of the carotenods", Vol. I Plants, 2nd ed., Chapman and Hall Ltd.(1980)
3) Goodwin, T. W. in "The biochemistry of the carotenods", Vol. II Plants, 2nd ed., Chapman and Hall Ltd.(1980)
4) Khachik, F., Beecher, G.R., Goli, M.B., Lusby, W.R. and Daitch, C.E. Separation and

quantitation of carotenoids in foods. *Methods Enzymol.*, **213**, 347-359 (1992)

5) Bone, R.A., Landrum, J.T. and Tarsis, S.L. Preliminary identification of the human macular pigment. *Vision Res.*, **25**, 1531-1535 (1985)
6) Handelman, G.J., Dratz, E.A., Reay, C.C. and van Kuijk, J.G. Carotenoids in the human macula and whole retina. *Invest. Ophthalmol. Vis. Sci.*, **29**, 850-855 (1988)
7) Yeum, K.J., Taylor, A., Tang, G. and Russell, R.M. Measurement of carotenoids, retinoids, and tocopherols in human lenses. *Invest. Ophthalmol. Vis. Sci.*, **36**, 2756-2761 (1995)
8) Ziegler, R.G. Vegetables, fruits, and carotenoids and risk of cancer. *Am. J. Clin. Nutr.*, **53**, 251-259 (1991)
9) Sies, H., Stahl, W. and Sundquist, A.R. Antioxidant functions of vitamins. Vitamins E and C, β-carotene, and other carotenoids. *Ann. N.Y. Acad. Sci.*, **669**, 7-20 (1992)
10) Gerster, H. Anticarcinogenic effect of common carotenoids. *Internat. J. Vit. Nutr. Res.*, **63**, 93-121 (1993)
11) Kritchevsky, S.B. β-Carotene, carotenoids and the prevention of coronary heart disease. *J. Nutr.*, **129**, 5-8 (1999)
12) Mangles, A.R., Holden, J.M., Beecher, G.R., Forman, M.R. and Lanza, E. Carotenoid content of fruits and vegetables: an evaluation of analytic data. *J. Am. Diet. Assoc.*, **93**, 284-296 (1993)
13) Holden, J.M., Eldridge, A.L., Beecher, G.R., Buzzard, I.M., Bhagwat, S., Davis, C.S., Douglass, L.W., Gebhardt, S., Haytwitz, D. and Schakel, S. Carotenoids content of U.S. food: an update of database. *J. Food Composition and Analysis.*, **12**, 169-196 (1999)
14) Yano, M., Kato, M., Ikoma, Y., Kawasaki, A., Fukazawa, Y., Sugiura, M., Matsumoto, H., Oohara, Y., Nagao, A. and Owaga, K. Quantitation of carotenoids in raw and precessed fruits in Japan. *Food. Sci. Technol. Res.*, **11**, 13-18 (2005)
15) Aizawa K, Inakuma T, Quantitation of Carotenoids in Commonly Consumed Vegetables in Japan, *Food Science and Technology Research*, 247-252, **13** (2007)
16) Britton, G. Carotenoid. *Methods Plant Biochem.*, **7**, 473-518 (1991)
17) Davis, J.N. and Hobson, G.E. The constituents of tomato fruit – The influence of environment, nutrition, and genotype. *Crit. Rev. Food Sci. Nutr.*, **15**, 205-280 (1981)
18) Deli, J. Molnar, P. Matus, Z. and Toth, G. Carotenoid composition in the fruits of red paprika (*Capsicum annuum var. lycopersiciforme rubrum*) during ripening; Biosynthesis of carotenoids in red paprika. *J. Agric. Food Chem.*, **49**, 1517-1523 (2001)
19) Sugita, K. Sweet peppers. In "Quality / functionality ingredient conspectus of local farm products", ed. by Tsushida T. Science Forum, Tokyo, 568-571 (2000)
20) Ministry of Education, Culture, Sports, Science and Technology, Japan. In "Standard tables of food composition in Japan. Fifth revised and enlarged edition". reported of the subdivision on resources. National Printing Bureau, Tokyo, 72 (2005)
21) Gerster, H. The potential role of lycopene for human health. *J. Am. Coll. Nutr.*, **16**, 109-126 (1997)
22) Clark R. M., Yao L., She L., Furr H. C. A comparison of lycopene and canthaxanthin absorption: using the rat to study the absorption of non-provitamin A carotenoids, *Lipids*, **33**, 159-163 (1998)
23) 玉井浩, カロテノイドの吸収・代謝, 日本油化学会誌, **45**, 3-9 (1996)
24) Gartner C., Stahl W., Sies H. Lycopene is more bioavailable from tomato paste than from fresh tomatoes, *Am J Clin Nutr.*, **66**, 116-122 (1997)
25) Broekmans W. M., Klopping-Ketelaars I. A., Weststrate J. A., Tijburg L. B., van Poppel G.,

第9章　野菜のカロテノイド

Vink A. A., Berendschot T. T., Bots M. L., Castenmiller W. A., Kardinaal A. F. Decreased carotenoid concentrations due to dietary sucrose polyesters do not affect possible markers of disease risk in humans, *J. Nutr.*, **133**, 720-726 (2003)

26) Hir 2 ayama, T. Diet and Cancer. *Nutr. Cancer*, **1**, 67-81 (1979)
27) Ziegler, R. G. Vegetables, fruits, and carotenoids and the risk of cancer. *Am. J. Clin. Nutr.*, **53**, 251S-259S (1991)
28) Omenn, G. S., Goodman, G., Thornquist, M., Grizzle, J., Rosensyock, L., Barnhart, S., Balmes, J., Cherniack, M. G., Cullen, M. R., Glass, A., Koegh, J., Meyskens, F. Jr., Valanis, B., Williams, J. Jr. The beta-carotene and retinol efficacy trial (CARET) for chemoprevention of lung cancer in high risk populations: smokers and asbestos-exposed workers. *Cancer Res.*, **54**(Suppl.), 2038S-2043S (1994)
29) Krinsky, N. I., in "Natural antioxidants in human health and disease(Frei,B.,eds.)", pp.239-261, Academic Press (1994)
30) Keaney, J. F., Frei, B., in "Natural antioxidants in human health and disease(Frei,B.,eds.)", pp.303-351, Academic Press(1994)
31) 岡野登志夫，脂溶性ビタミン，臨床栄養，**105**, 847-855（2004）
32) 厚生労働省健康局総務課生活習慣病対策室,「平成14年　国民栄養調査結果の概要について」(2003)（http://www.mhlw.go.jp/houdou/2003/12/h1224-4.html）
33) Monaghan, B. R., Schmitt, F. O. The effects of carotene and of vitamin A on the oxidation of linoleic acid. *J. Biol. Chem.*, **96**, 387-395 (1932)
34) Conn, P. F., Schalch, W., Truscott, T. G. The singlet oxygen and carotenoid interaction. *J. Photochem. Photobiol. B.*, **11**, 41-47 (1991)
35) Hirayama, O. *et al.*, Singlet oxygen quenching ability of naturally occurring carotenoids. *Lipids*, **29**, 149-150 (1994)
36) K. M., Lievonen, S. M., Heinonen, M. I. Effects of Lutein, Lycopene, Annatto, and γ-Tocopherol on Autoxidation of Triglycerides. *J. Agric. Food Chem.*, **44**, 2096-2100 (1996)
37) Stahl, W., Junghans, A., Driomina, E. S., Briviba, K., Sies, H., De Boer, B. Carotenoid mixtures protect multilamellar liposomes against oxidative damage: synergistic effects of lycopene and lutein. *FEBS Lett.*, **427**, 305-308 (1998)
38) Yokota, T., Ohtake, T., Ishikawa, H., Inakuma, T., Ishiguro, Y., Terao, J., Nagao, A., Etoh, H. Quenching of peroxynitrite by lycopene *in vitro*. *Chem. Lett.*, **33**, 80-81 (2004)
39) Jimenez-escrig, A., Jimenez-Jimenez, I., Sanchez-Moreno, C., Saura-Calixto, F. Evaluation of free radical scavenging of dietary carotenoids by the stable radical 2,2-diphenyl-1-picrylhydrazyl. *J. Sci. Food Agric.*, **80**, 1686-1690 (2000)
40) Yeum, K-J., Chung, H-Y., Krinsky, N. I., Russell, R. M., Aldini, G. The Activities of Antioxidant Nutrients in Human Plasma Depend on the Localization of Attacking Radical Species. *J. Nutr.*, **133**, 2688-2691 (2003)
41) Agarwal, S., Rao, V. A. Tomato Lycopene and Low Density Lipoprotein Oxidation : A Human Dietary Intervention Study. *Lipids*, **33**, 981-984 (1998)
42) Lee, A., Thurnham, D. I., Chopra, M. Consumption of tomato products with olive oil but not sunflower oil increases the antioxidant activity of plasma. *Free Radic. Biol. Med.*, **29**, 1051-1055 (2000)
43) Forssberg, A., Lingen, C., Ernster, L., Lindberg, O. Modification of the x-irradiation Syndrome by lycopene. *Exp. Cell Res.*, **16**, 7-14 (1959)
44) Dixon, Z. R., Burri, B. J., Clifford, A., Frankel, E. N., Schneeman, B. O., Parks, E., Keim, N. L., Barbieri, T., Wu, M. M., Fong, A. K. Effects of a carotene-deficient diet on measures of

oxidative susceptibility and superoxide dismutase activity in adult women. *Free Radic. Biol. Med.,* **17**, 537-544 (1994)

45) Rao, A. V., Agarwal, S. Bioavailability and *in vivo* antioxidant properties of lycopene from tomato products and their possible role in the prevention of cancer. *Nutr. Cancer,* **31**, 199-203 (1998)

46) Steinberg, F. M., Chait, A. Antioxidant vitamin supplementation and lipid peroxidation in smokers. *Am. J. Clin. Nutr.,* **68**, 319-327 (1998)

47) Visioli, F., Riso, P., Grande, S., Galli, C., Porrini, M. Protective activity of tomato products on *in vivo* markers of lipid oxidation. *Eur. J. Nutr.,* **42**, 201-206 (2003)

48) Maruyama, C., Imamura, K., Egami, S., Tonomoto, M., Oshima, S., Iakuma, T., Suzukawa, M., Ayaori, M., Ishikawa, T. Effects of Tomato Juice Consumption on Plasma and Lipoprotein Carotenoid Concentrations and the Susceptibility of Low Density Lipoprotein to Oxidative Modification. *J. Nutr. Sci. Vitaminol.,* **47**, 213-221 (2001)

49) Bohm, F., Tinkler, J. H., Truscott, T. G. Carotenoids protect against cell membrane damage by the nitrogen dioxide radical. *Nat. Med.,* **1**, 98-99 (1995)

50) Pool-Zobel, B. L., Bub, A., Wollowski, I., Rechkemmer, G., Mueller, H. Consumption of vegetables reduces genetic damage in humans : first results of a human intervention trial with carotenoid-rich foods. *Carcinogenesis,* **18**, 1847-1850 (1997)

第10章　海洋性カロテノイドの機能性

矢澤一良[*]

1　はじめに

　海洋生物由来の生理活性物質の中で現在最も注目を浴びているのが「アスタキサンチン」と「フコキサンチン」であり，これらはカロテノイド系キサントフィル天然色素の一種である。アスタキサンチンの化学構造を，代表的なカロテノイド系抗酸化物質やビタミンA，ビタミンE，ビタミンCと比較して示した（図1）。

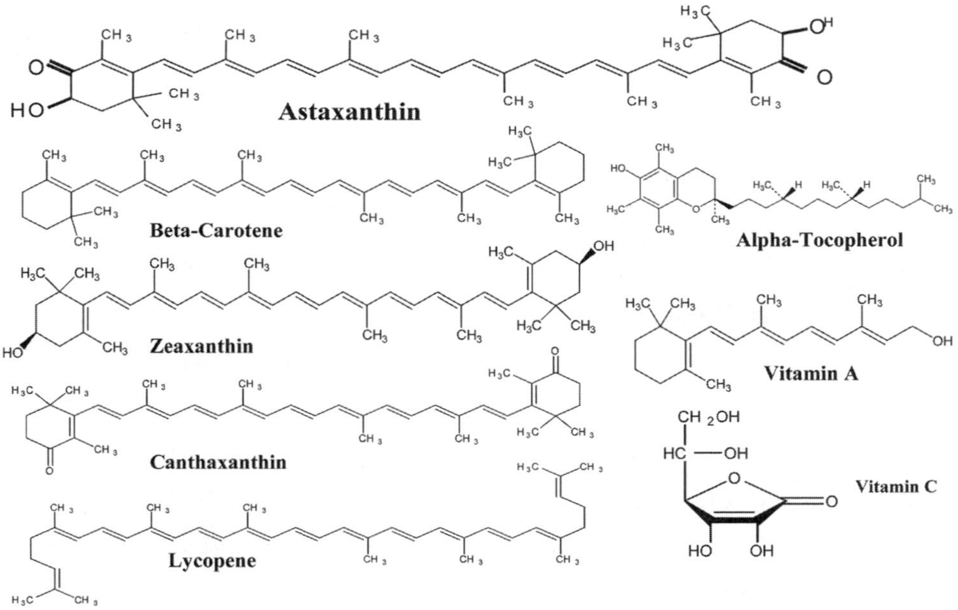

図1　代表的カロテノイドの化学構造

2　アスタキサンチンの分布

　アスタキサンチンは赤橙色を呈するカロテノイドの一種で，主に海産物の筋肉や体表に多く含まれている。例えばサーモンピンクと称されるサケの魚肉部分や，サケ卵のイクラやスジコもア

---

[*] Kazunaga Yazawa　東京海洋大学　大学院海洋科学技術研究科　ヘルスフード科学（中島董一郎記念）寄附講座　客員教授

スタキサンチンが多く含まれている。またタイやキンメダイ，メバル，キンキ，ニシキゴイ，金魚といった魚の表皮や，エビ，カニの甲殻や身の赤色もアスタキサンチンによって生み出されている。アスタキサンチンは天然の魚介類に豊富に含まれるほか，養殖のタイやサケ，マスの「色揚げ剤」としても用いられる。アスタキサンチンは，強力な抗酸化作用を有するほか，近年多岐にわたる生理活性が明らかにされ，予防医学的ヘルスフードとしても有用性が評価されてきており，それらを以下に概説する。

3 アスタキサンチンの生理機能

3.1 抗酸化作用

2価鉄によって正常ラット肝臓ミトコンドリアの脂質過酸化反応を誘起し，この系におけるアスタキサンチンのラジカル連鎖反応阻害効果を評価した。その結果，アスタキサンチンは，ビタミンEの1/100以下の濃度で強い消去活性を示し，β-カロテン，ゼアキサンチン，ツナキサンチン，ルテインなどと比較しても強い活性が認められた[1]。

メチレンブルーを一重項酸素発生源として，一重項酸素依存性の脂質過酸化を誘起し，これに対するアスタキサンチンの抗酸化作用を評価した。その結果，アスタキサンチンはβ-カロテンの40倍の活性を示した[2]。

アスタキサンチンの強い抗酸化作用により，LDLコレステロールの酸化を阻止でき，次のような臨床結果が得られている。20歳代から30歳代の13名を5つのグループに分け，それぞれアスタキサンチンを1日に①0.6mg，②1.8mg，③3.6mg，④7.2mg，⑤14.4mgずつ2週間摂ってもらい，試験の前後で血中のLDLコレステロールの酸化されやすさを比較した。その結果，①～⑤の全てのグループでLDLコレステロールが酸化されるまでの時間が延長し，特にアスタキサンチンを1日3.6mg以上摂っていたグループで明らかな延長が確認できた。アスタキサンチンの抗酸化力は，活性酸素の攻撃から血管壁保護でも有効であり，日常的アスタキサンチン摂取は，多方面からの動脈硬化の進行阻止に貢献する[3]。

高脂血症モデル（WHHL）ウサギにアスタキサンチンを含む餌（100mg/kg）を24週間投与したところ，アテローム硬化性プラークでのマクロファージ浸潤を有意に抑制し，またプラークの安定性を改善した。また，主にマクロファージでのアポトーシス，マトリックスメタロプロテアーゼ3の発現およびプラーク破裂を有意に減少させた[4]。

その他，関連研究では，赤血球における過酸化リン脂質の蓄積抑制効果に関する発表もある。

一方，ストレス負荷での免疫力低下の原因は，ストレスが体の中に大量の活性酸素を発生させ，免疫細胞を障害する事が一因とされている。ラットを身動きできない狭いかごで20時間拘束するとラットは強烈なストレスを感じて免疫力が大幅に低下する。具体的には，①脾臓中のT細胞やB細胞の減少，②胸腺（T細胞の養成所）の重量低下，③NK細胞の活性低下，といった現

象がみられる。しかし同じストレスを負荷してもアスタキサンチンを投与したラットでは，①～③の現象が抑えられ，特に胸腺の重量低下については統計的に優位に抑制された。

活性酸素によるDNA損傷が発がんのトリガーになっている事は良く知られており，アスタキサンチンの摂取は，DNA損傷を抑制して発がん予防にも有効であると考えられる。

8週齢の雌BALB/cマウスに0.1%および0.4%のアスタキサンチンを含む餌を3週間摂取させた後WAZ-2T腫瘍細胞を移植し，45日後の腫瘍のサイズを測定した。腫瘍の成長抑制作用は，当該試験の試験条件のものでは，β-カロテン，カンタキサンチンと比較して最も高く，用量依存的であった[5]。

3.2 糖尿病の予防

糖尿病に基づく諸症状が起きる背景にも，活性酸素が深く関わっている。糖尿病になると，体内で活性酸素の産生が高まることがわかっていて，これが合併症を引き起こす原因になっている。体内に活性酸素が増えると，インスリンを分泌する脾臓の細胞（β細胞）が障害されやすくなるが，それを防ぐ上でアスタキサンチンの抗酸化力が役立つ。糖尿病が恐ろしいのは，さまざまな合併症を招く点にある。血糖値の高い状態が続くと，末梢の血管がボロボロになり白内障や網膜症，腎症，神経障害が引き起こされると共に，動脈硬化が急速に進んで心筋梗塞や脳梗塞につながる危険性もでてくる。

6週齢の雌db/dbマウスにアスタキサンチンを含む餌を12週間投与（1mg/匹/日）した。投与12週および18週で非空腹時血糖値は非投与群と比較して有意に抑えられた。また糖負荷試験においても非投与群と比較して有意に血糖値が減少した[6]。

雌db/dbマウスにアスタキサンチンを含む餌を12週間投与（1mg/匹/日）したところ，非投与群と比較してメサンギウム領域が有意に回復した。また，尿中のアルブミンおよび8-OHdGの上昇も投与12週で有意に抑えられた。そして糸球体中の8-OHdG陽性細胞が非投与群でより多く検出されたことにより，アスタキサンチンがげっ歯類2型糖尿病モデルにおいて糖尿病性腎症の進行を抑えることが示された[7]。

この他，インスリン抵抗性抑制効果などの発表もあり，糖尿病の食事療法や予防にアスタキサンチンを取り入れることにより，糖尿病やその合併症の発症の予防に有効であると考えられる。

3.3 眼疾患の予防と改善

糖尿病合併症や加齢に伴う白内障は，加齢とともに紫外線によって発生した活性酸素が，水晶体を酸化させることが一因とされている。また若い人でも長時間にわたって強い紫外線にさらされると，同様に水晶体が酸化され，白内障が起こりやすくなり，「雪目（雪盲）」などがその例である。また白内障とともに加齢に伴う「加齢黄斑変性症」がある。黄斑（網膜の中央にある黄褐色の部分）は，ものを見るために最も大切な部位で，カロテノイド色素が集まっているところで

もあるが，この部位は強い光（紫外線）による活性酸素が発生しやすく，加齢によって血行が悪くなると黄斑が変性してしまい，視野が狭くなりものが見えにくくなる。現在のところ，加齢黄斑変性症に対する有効な治療法はほとんどなく難病とされているが，この病気進行を抑えるためにアスタキサンチンの有効性が研究されている。

ヒト水晶体上皮細胞に$2\mu M$もしくは$10\mu M$アスタキサンチンを添加し，UV-Bを$300J/m^2$照射すると，非添加群と比較して明らかに脂質の過酸化を抑制した。また，ストレスシグナルに関与するc-JUNアミノ末端キナーゼ（JNK）とUV-B照射によるp38の活性化を半分以下に抑え，これはα-トコフェロールよる強い活性であった[8]。

最近この分野で最もトピックスとなっているのが，アスタキサンチンの眼精疲労の改善作用である。プラセボコントロールによる二重盲検法に基づく複数の臨床結果より，1日6mgの摂取にて眼精疲労の改善に有効との結果である（表1）。

表1 アスタキサンチンの抗眼精疲労臨床試験のまとめ

試験施設	用量（mg/日）	試験法	結果
富山大学眼科	0, 5mg 1ヵ月	二重盲検	5mgで調節機能改善
藤田保健衛生大学眼科	0, 2, 4, 12mg 1ヵ月	二重盲検	4, 12mgで調節機能改善
北海道大学眼科(1)	0, 6, 12mg 1ヵ月	二重盲検	6, 12mgで調節機能改善
北海道大学眼科(2)	0, 6mg 1ヵ月	二重盲検	6mgで調節機能改善
梶田眼科	6mg 2週間	オープン	6mgで調節機能回復促進
一宮西病院眼科	0, 6mg 1ヵ月	二重盲検	6mgで調節機能改善
産業医科大学眼科	0, 6mg 2週間	二重盲検 クロスオーバー	6mgで調節機能改善

アスタキサンチン6mg/日，4週間摂取で疲れ目改善効果が期待できる。

3.4 持久力向上・抗疲労作用と抗肥満作用

運動とは，体内の栄養源をもとにして燃焼させることでエネルギーを産生することである。燃焼は酸素による酸化反応であり，体内で消費される酸素の内2〜3％は活性酸素に変わると言われている。従って予防医学上必要な運動・スポーツには活性酸素の自動的産生が避けられない。また，近年疲労物質として知られてきた乳酸は糖質代謝による運動の結果を示すもので疲労物質ではなく，その本体は細胞障害(筋肉細胞障害)を起す活性酸素である事が知られてきた。アスタキサンチンは活性酸素のスカベンジャーであり，筋肉疲労改善をメカニズムとする持久力向上・抗疲労作用を有し，さらにアスタキサンチン摂取と運動負荷による相乗効果としての抗肥満作用

第 10 章 海洋性カロテノイドの機能性

について最近のトピックスを以下に概説する。

マウスの遊泳実験を行なったところ，アスタキサンチン長期投与により，マウスの遊泳時間が延長し（図2），血液中乳酸の上昇を抑制した。また運動負荷による肝臓および筋肉のグリコーゲン量の減少が少なく，運動時の遊離脂肪酸の上昇が認められ，長期投与により，内臓脂肪の減少が認められた事から，アスタキサンチンは，運動時に糖代謝よりも脂質代謝を促進させ，それがエネルギー源となり持久力向上・抗疲労作用を有している事が示唆された[9]。次に，高脂肪食肥満モデルマウス（食餌中脂肪40％）に対するアスタキサンチンの効果を調べたところ，高脂肪食対照群と比較し，アスタキサンチン投与により体重増加抑制が認められ，脂肪組織重量の増加を抑制し，また肝臓中のトリグリセリドの増加を抑制して脂肪肝を改善した（図3）。さらにトレッドミルによる運動負荷をさせたところ，高脂肪食対照群と比較し，運動負荷によりアスタキサンチンの体重増加抑制作用がさらに増強され，アスタキサンチンの低用量によっても効果が見られるという相乗効果が確認できた[10]。さらにβ酸化やTCAサイクルの活性化をうながして脂質代謝を活性化すると同時に，筋肉中の活性酸素を消去する事による抗疲労作用を及ぼしている事が解明された。

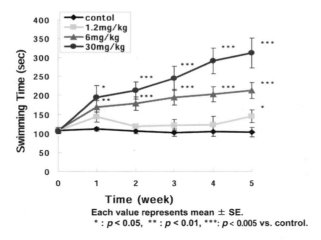

図2 アスタキサンチン投与による持久力増強作用

7週齢の雌C57BL/6マウスを用い，急性運動負荷により引き起こされる腓腹筋（骨格筋）と心筋の酸化的損傷におけるアスタキサンチンの効果を検討した。0.02％アスタキサンチン添加食群では，運動負荷により増加する腓腹筋と心筋4-HNE修飾タンパク質，8-OHdGの産生が抑制された。また，血漿クレアチンキナーゼ活性，ミエロペルオキシターゼ活性の上昇も抑制された[11]。

男性19名の健常人に5mgアスタキサンチンカプセルとプラセボカプセルをそれぞれ2週間摂取させた。3段階の運動負荷をかけ全身性疲労を引き起こしたところ，アスタキサンチン摂取群では，運動負荷中の呼吸・循環系機能の増加や交感神経系活動の促進，エネルギー産生代謝機能

カロテノイドの科学と最新応用技術

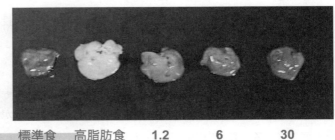

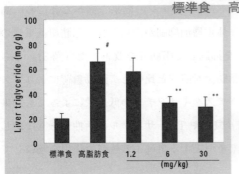

図3　高脂肪食肥満モデルマウスの肝臓中トリグリセリドへの影響

の活性化が見られた[12]。

　5週齢の雄C57BL/6Jマウスに普通食群，高脂肪食群，高脂肪食群＋アスタキサンチン（150mg/kg）を16週間経口投与した。アスタキサンチン投与群は，非投与群と比較して，内臓脂肪および皮下脂肪の蓄積が抑制されるとともに，血糖値も有意に低く，インシュリンについても有意に抑制されていることが確認された。

　これらの結果は，内臓脂肪の増加を起点とするメタボリックシンドロームの予防や改善に，ダイエットや持久力向上，運動能力向上にアスタキサンチンが有効であることを示唆するものである（図4）。

3.5　美肌・美容効果

　強い太陽光線を浴びていると，シワやシミの原因となることはよく知られている。これは太陽光線に含まれる紫外線が，皮膚の中に多量の活性酸素である一重項酸素を多量に生み出して皮膚に炎症を起したり，皮膚のハリを支えるタンパク質を損傷したり，シミの原因となるメラニン色素の産生を促すためである。

　6週齢の雌Hos/HR-1ヘアレスマウスにUVBを照射し，アスタキサンチンによる光老化抑制効果を検討した。アスタキサンチン塗布群では対照群（溶媒塗布群）と比較して，シワの形成が有意に抑制され，また，皮膚の弾力性低下，コラーゲンやエラスチンの変性，マトリックスメタロプロテアーゼ-1（MMP-1）の活性に対しても抑制的な効果を示すことが確認された[13]。

第 10 章　海洋性カロテノイドの機能性

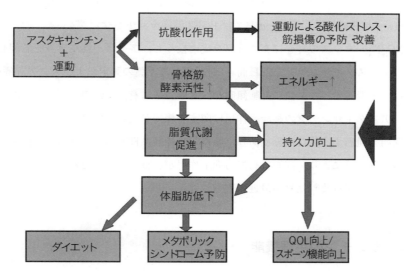

図 4　アスタキサンチンの抗疲労作用と抗肥満作用

　アスタキサンチンはヒト皮膚線維芽細胞（1BR-3），ヒトメラノサイト（HUMAc），ヒト腸管 Caco-2 細胞において，UVA による DNA 損傷を抑制した[14]。

　ヒトを対象に行った調査では，アスタキサンチンを肌に塗布してから紫外線を照射したところ，シミの原因となる色素の沈着が抑えられ，また試験管内実験でも，アスタキサンチンが皮膚細胞（メラノーマ細胞）で作られるメラニン色素の産生量を抑制すると言われている。最近はアスタキサンチンを配合した基礎化粧品や洗顔料，美容液などが市場に出回っており，紫外線対策の新戦力としても話題となっている。危険な太陽光線から肌を守るには，アスタキサンチンの摂取と同時に，そうした外用剤（基礎化粧品）等を上手に使用することにより有効に働くと言える。

　in vitro ヒト皮膚線維芽細胞を用いた一重項酸素障害実験において，アスタキサンチンは生理的濃度においても強力な障害防御効果を示した。また α-トコフェロール，α-リポ酸，ルテイン，コエンザイム Q10，ビタミン C 及びカテキンなどと比較しても明らかな有意性を示した事から，アスタキサンチンは外用に止まらず，経口摂取での有効性を示唆した[15]。

　関連研究として，アトピー性皮膚炎抑制効果，細胞外マトリクス（コラーゲン・エラスチン等）分解抑制作用，炎症関連のサイクロオキシゲナーゼ 2 抑制作用などの報告がある。

3.6　抗炎症作用

　8 週齢の雄 Lewis ラットのかかとに LPS を投与し，同時およびその 30 分前後に 1,10,100mg/kg のアスタキサンチンを静脈内投与した。血漿への浸潤細胞の数およびタンパク濃度は濃度依存的に減少し，100mg/kg での作用はプレドニゾロン 10mg/kg と同等であった。同様に血漿中の一酸化窒素，TNF-α および PGE2 濃度も濃度依存的に減少させた。また RAW264.7 細胞を

2.5, 5, 12.5, 25μM のアスタキサンチンで 24 時間培養し，LPS で刺激すると濃度依存的に一酸化窒素の濃度，iNOS の活性，TNF-α および PGE2 濃度を減少させた[16]。

7 週齢の NC/Nga マウスの耳介にダニ抗原を皮内投与し，アトピー性皮膚炎を惹起した。披検物質投与群にはアスタキサンチンを28日間経口投与し，耳浮腫の測定およびスコア評価を行った。その結果，投与 1 週間でスコア値に抑制傾向が，耳浮腫率に有意な改善が認められた。

関連して，アスタキサンチンの神経系作用に関する報告が見られて来ている。アスタキサンチンは血液脳関門を通過する稀な成分であり，脳機能や神経系機能への生理活性が研究され，中高年から老年のヒト試験により，認知行動能力向上作用が示唆され，またパーキンソン病様症状を示すマウスの延命・症状改善効果が最近発表された。

4　フコキサンチンの生理機能

4.1　フコキサンチンとその体内代謝

フコキサンチンは，昆布・ひじき・ワカメなどの褐藻類のみに微量に含まれる海洋性カロテノイドの一種で，キサントフィルに属する。フコキサンチンは，図5に示すように，アレン構造，エポキシドおよびヒドロキシル基を有することが特徴である。近年，フコキサンチンの機能性研究が進展し，肥満，抗糖尿病作用，抗ガン作用，生体内抗酸化作用，血管新生抑制作用および抗炎症作用などが報告されている。

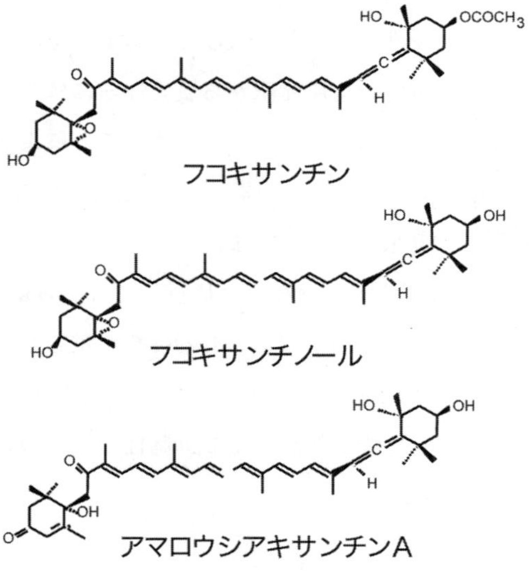

図5　フコキサンチンとその代謝産物

経口摂取されたフコキサンチンは，消化管内で膵液由来のリパーゼはコレステロールエステラーゼなどの脂肪酸エステル分解酵素や，小腸上皮細胞由来のエステラーゼによって，フコキサン

第10章　海洋性カロテノイドの機能性

チノールに加水分解される。その後，消化管上皮細胞から吸収され，リンパ液や血液を介して肝臓に運ばれ，アマロシアキサンチンAへと代謝されることが知られている。

4.2　フコキサンチンの抗メタボリックシンドローム作用

ヒトの脂肪組織には白色細胞と褐色脂肪組織が存在し，それぞれ異なった機能を有する。白色脂肪細胞は過剰に摂取したカロリーを脂質として貯め込む。一方，褐色脂肪組織細胞は脂肪を分解し，熱を産生することで体温を保持するとともに余分なカロリーを消費する組織である。この作用は褐色脂肪組織のミトコンドリア内膜に特異的に存在する脱共役タンパク1（UCP1）によるもので，このUCP1の発現には様々な生体因子が関わっている。EPAやDHAはPPARγのリガンドとなることによりUCP1の発現を増大させることが知られている。

3T3-L1細胞は抗肥満作用を有する機能性成分のスクリーニングに多様される細胞株で，脂肪細胞に分化して細胞内に油滴が蓄積する。この細胞にフコキサンチンをそれぞれ10および25μMになるように添加し脂肪の蓄積量を評価したところ[17]，フコキサンチンが有意に脂肪蓄積を抑制することを見出した（図6）。

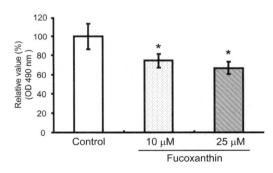

図6　フコキサンチンの脂肪蓄積抑制作用

フコキサンチンをKKAy肥満マウスに4週間混餌（0.4%）投与し，内臓脂肪重量を測定するという，フコキサンチンの抗肥満作用についての詳細な研究も行われた。その結果，フコキサンチン投与群は，コントロール群と比較して，有意な脂肪重量減少が認められた。内臓脂肪中のUCP1の発現をウェスタンブロットにより調べた結果，顕著な発現上昇が確認された（図7）[18]。

このように，フコキサンチンが白色脂肪組織中のUCP1を発現させることにより，メタボリックシンドローム対応食品への応用が示唆される。

4.3　抗糖尿病作用

自然発症糖尿病肥満モデルのKKAyマウスは，高血糖，肥満，高インスリン血症および高レプチン血症を示すことが特徴で，このマウスを用いてフコキサンチンの抗糖尿病作用が見出され

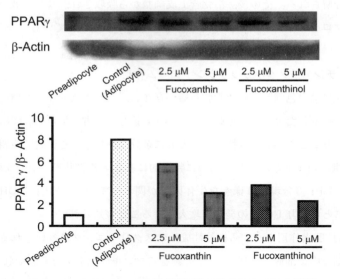

図7 フコキサンチンとその代謝産物による PPAR γ の抑制

た。フコキサンチンを KKAy マウスに4週間混餌（0.1 および 0.2%）投与し，血糖値，血中インスリンおよびレプチン濃度を測定した結果，フコキサンチン投与群は，コントロール群と比較して，有意な血糖値，血中インスリンおよびレプチン濃度低下を示した。特に，レプチンは脂肪組織から分泌されることから，フコキサンチンの血中レプチン濃度低下作用は白色脂肪の減少作用によるものと考えられる。以上の結果により，フコキサンチンは，内臓脂肪の蓄積（肥満）に伴う高血糖の改善に効果が期待される[19]。

4.4 美容・美白作用

コラゲナーゼが活性化してコラーゲンが分解されると，皮膚の老化現象であるシワやたるみが起こる。コンブ抽出物（フコキサンチン含量：8.6%）は，30～1000μg/mL の濃度範囲において濃度依存的にコラゲナーゼ活性を阻害し，コラーゲンの分解を抑制することが示された。ヒト健常人女性真皮由来正常線維芽細胞を用いた実験で，コンブ抽出物（フコキサンチン含量：8.6%）は，正常ヒト線維芽細胞（コラーゲン産生能力の衰える年齢に相当する細胞）においてコラーゲン産生促進作用を示すことが確認された。

ヒアルロン酸は，皮膚において，細胞の接着，細胞の保護，皮膚組織の形成，組織の水分保持，柔軟性の維持などを担っている。ヒアルロン酸が減少すると皮膚の潤い，ハリがなくなり，シミやたるみの原因となる。生体内で生成されたヒアルロン酸は，ヒアルロニダーゼにより分解される。コンブ抽出物（フコキサンチン含量：8.6%）は，30～1000 μg/mL の濃度範囲において濃度依存的にヒアルロニダーゼ活性を阻害し，ヒアルロン酸の分解を抑制することが示された。

エラスチンは，コラーゲンと同様に皮膚を構成する主要タンパク質で，皮膚などの伸展性に富

第10章 海洋性カロテノイドの機能性

んだ組織に多く見られる。皮膚の弾力性に関与しており、エラスターゼが分解されると皮膚の弾力性がなくなり、皮膚にシワやたるみが生じる。生体内で生成されたエラスチンは、エラスターゼにより分解される。コンブ抽出物（フコキサンチン含量：8.6％）は、10～300μg/mLの濃度範囲において濃度依存的にエラスターゼ活性を阻害し、エラスチンの分解を抑制する可能性が示唆された。

メラニンは生体内でチロシナーゼの働きでチロシンからドーパキノンを生成し、その後、酸化反応などが進行してメラニンを生成する。コンブ抽出物（フコキサンチン含量：8.6％）は、10～1000μg/mLの濃度範囲において濃度依存的なチロシナーゼ阻害作用を示し、また、コンブ抽出物により精製した純品のフコキサンチンも1～30μg/mLの濃度範囲において、濃度依存的にチロシナーゼの働きを阻害することが示された。

美白効果を測定するために、マウスのB16メラノーマ細胞を用いてメラニンの生成抑制効果を検討した。コンブ抽出物（フコキサンチン濃度：5.9％）は、3～100μg/mLの濃度範囲でメラニン生成抑制作用を示した。また、純品フコキサンチンも1～30μg/mLの濃度範囲でメラニン生成抑制作用を示した。以上の結果から、フコキサンチンは細胞レベルでもメラニン生成を抑制することが示された。また褐色モルモットを用いた *in vivo* 実験において、紫外線照射による皮膚の黒色化（色素沈着）への影響を検討した。その結果、フコキサンチン摂取群のL値（明度、値が低い程黒色に近くなる）は、紫外線照射最終日から12日目にかけて、control群と比較して高値を保ちつつ（色が白い）低下した。さらに15日目においては、L値の有意な上昇が認められた。これらの結果から、フコキサンチンには、色素沈着を抑制するとともに沈着した色素をより早く消失させる作用があることが示唆された（本節は、オリザ油化㈱資料より抜粋）。

5 おわりに

世界四大文明の発展においては、海洋や大河とそれを利用する市場が非常に発達していたと同時に、彼らの食生活の共通点は海産物質の多量の摂取が特徴であるといわれている。一方わが国は四方を海に囲まれ魚介類の摂取量が非常に多いことが、平均寿命や健康寿命が世界一の健康国であり、さらに四大文明に匹敵するほどの文明を発展させた知能国であることと無縁ではない。少子高齢社会、ストレス社会、あるいは食の欧米化社会となった現代のわが国においては、栄養学的・食品学的視点から、疾病の発症時期を大幅に遅らせようとする予防医学が重要と考えられてきている[20]。予防医学的な物質や栄養素が海洋には多く存在すると考えており、これらをマリンビタミン（Marine Vitamin）と呼んでおり、これらの特徴は、安全性・科学的根拠・作用機作の「ヘルスフードの3要件」をほぼ満たしているものである[21]。本章では、マリンビタミンのうち、代表的な海洋性カロテノイドであるアスタキサンチンとフコキサンチンの生理機能について概説した。

資　　料

1) W. Miki, *Pure & Appl Chem.*, **63**(1), 141-146(1991)
2) N. Shimidzu *et al.*, *Fish Sci.*, **62**(1), 134-137(1996)
3) T. Iwamoto *et al.*, *J Atheroscler Thromb.*, **7**, 216-222(2000)
4) L. Wei *et al.*, *J Mol Cell Cardiol.*, **37**(5), 969-978(2004)
5) B. P. Chew *et al.*, *Anticancer Research.*, **19**, 1849-1853(1999)
6) K. Uchiyama *et al.*, *Redox Rep.*, **7**(5), 290-293(2002)
7) Y. Naito *et al.*, *Biofactors.*, **20**,(1), 49-59(2004)
8) C. Chitchumroonchokchai *et al.*, *J Nutr*, **134**(12), 3225-3232(2004)
9) M. Ikeuchi *et al.*, *Biol Pharm Bull.*, **29**, 2106-2110(2006)
10) M. Ikeuchi *et al.*, *Biosci Biotechnol Biochem.*, **71**(4), 893-899(2007)
11) W. Aoi *et al.*, *Antioxid Redox Signal.*, **5**, 139-144(2003)
12) 石倉ほか，第61回日本栄養・食糧学会，May 17-20(2007)
13) Y. Mizutani *et al.*, *J Jpn Cosmet Sci Soc.*, **29**, 9-11(2005)
14) N. M. Lyons *et al.*, *J Dermatol Sci.*, **30**, 73-84(2002)
15) H. Tominaga *et al.*, *FOOD Style 21*, **Vol. 3**(1), 84-86(2009)
16) K. Ohgami *et al.*, *Invest Ophthalmol Vis Sci.*, **44**(6), 2694-2701(2003)
17) H. Maeda *et al.*, *Int J Mol Med.*, **18**(1), 147-52(2006)
18) H. Maeda *et al.*, *Biochem Biophys Res Commun.*, **332**(2), 392-7(2005)
19) H. Maeda *et al.*, *J Agric Food Chem.*, **55**(19), 7701-6(2007)
20) 矢澤一良編著，ヘルスフード科学概論，水産・海洋ライブラリ 9(2003)
21) 矢澤一良，マリンビタミン健康法，現代書林(1999)

第11章　カンキツ由来カロテノイドの機能性

高橋信之[*1]，大山夏奈[*2]，千田真里[*3]，西村加奈子[*4]，河田照雄[*5]

1　はじめに

　近年，先進諸国において，脂質摂取量の増大などによる摂取カロリーの過剰と運動不足などによる消費カロリーの低下から，肥満が深刻な社会的問題となっている。肥満は糖尿病や高脂血症といった生活習慣病の重要なリスクファクターであり，肥満状態で他の生活習慣病を併発するとメタボリックシンドロームと呼ばれる状態となり，脳梗塞や心筋梗塞などの動脈硬化性疾患の発症率が格段に上昇することが知られている。肥満は脂肪組織における過剰な脂質蓄積と定義されるが，この脂肪組織は単なるエネルギー貯蔵庫であるだけでなく，様々な生理活性物質であるアディポサイトカインを放出する内分泌器官である。またこのアディポサイトカインの分泌は，肥満により変化することが明らかにされており，生活習慣病の発症には，肥満に伴う脂肪組織における脂質・糖質代謝の異常だけでなく，このアディポサイトカイン分泌の変化も深く関与していることが明らかとなっている。例えば，小型の脂肪細胞からは，インスリン感受性亢進をもたらすアディポネクチンが分泌されているが，肥満が進行し脂肪細胞が肥大化してくると，このアディポネクチンの分泌が低下し，MCP-1ならびに遊離脂肪酸の放出が活発になる。この肥大化脂肪細胞から放出されるMCP-1は，脂肪組織へのマクロファージの浸潤を引き起こす。浸潤したマクロファージは，同様に肥大化脂肪細胞から放出される遊離脂肪酸により活性化され，脂肪細胞のインスリン感受性を低下させる$TNF\alpha$を分泌する。このようにして肥満状態の脂肪組織では，インスリン感受性の低下，すなわちインスリン抵抗性が発症し，この脂肪細胞の肥大化が引き金となるインスリン抵抗性が2型糖尿病発症の一因と考えられている（図1）。したがって，脂肪細胞の肥大化を抑えることが，生活習慣病やメタボリックシンドロームの予防・改善に重要であ

[*1]　Nobuyuki Takahashi　京都大学　大学院農学研究科　食品生物科学専攻　食品分子機能学分野　助教

[*2]　Kana Ohyama　京都大学　大学院農学研究科　食品生物科学専攻　食品分子機能学分野

[*3]　Mari Senda　京都大学　大学院農学研究科　食品生物科学専攻　食品分子機能学分野

[*4]　Kanako Nishimura　京都大学　大学院農学研究科　食品生物科学専攻　食品分子機能学分野

[*5]　Teruo Kawada　京都大学　大学院農学研究科　食品生物科学専攻　食品分子機能学分野　教授

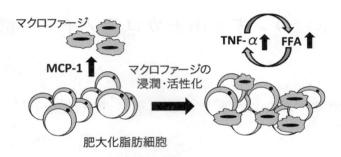

図1　肥大化脂肪細胞とマクロファージ

ると考えられる。

　脂肪細胞の肥大化は分化過程と深く関連しているが，この脂肪細胞分化には，様々な転写因子が関与している。そうした転写因子の中で，ペルオキシゾーム増殖剤応答性受容体PPARγ (peroxisome proliferator-activated receptor-γ) は，脂肪細胞分化に必須の役割を果たす因子の一つであることが明らかにされている。PPARγの活性化により，前駆脂肪細胞は脂肪細胞へと分化し，インスリン感受性を獲得する。したがって，PPARγの活性化は全身性のインスリン感受性亢進にポジティブに作用し，事実，PPARγ活性化剤はインスリン抵抗性を示す2型糖尿病の治療薬として広く用いられている。一方，脂肪細胞分化を促進させるPPARγの過剰な活性化は，分化した脂肪細胞を肥大化させることにつながり，いかなる場合にもPPARγを活性化することが抗糖尿病に効果があるとは言えず，糖尿病治療を複雑にさせる一因となっている。PPARγは，後述のように，核内受容体スーパーファミリーに属しており，様々な脂溶性低分子化合物であるリガンドによって活性調節を受ける。我々のグループはこれまで，カロテノイドを含む様々な食品由来成分がPPARγのリガンドとなること，ならびにそれら食品成分の摂取が生活習慣病やメタボリックシンドロームの予防・改善に効果があることを明らかにしてきた。

　本章では，カロテノイドを含む食品成分のターゲットとしてのPPARの機能を概説し，カンキツ由来カロテノイドであるβクリプトキサンチンのPPARγ活性調節を介した作用について述べる。

2　カンキツ由来カロテノイドのターゲットとしてのPPAR

　PPARは，様々な臓器・組織において，生体内エネルギーバランスに応じて，脂質代謝および糖質代謝を制御していることが知られている[1]。PPARは核内受容体スーパーファミリーに属する核内転写調節因子であり，様々な低分子脂溶性化合物であるリガンドによって活性を調節されている。PPARには3つのアイソフォームが存在し，発現する組織や関与する代謝系が異なっている（図2）。PPARαは主に肝臓・骨格筋で発現し，その活性化により脂肪酸化を誘導する。

第11章 カンキツ由来カロテノイドの機能性

PPARγは脂肪細胞およびマクロファージで発現し，脂肪細胞分化促進ならびに抗炎症作用に関与している。PPARδは様々な細胞に発現し，主に細胞増殖などに関与することが報告されている。現在，広く用いられている抗高脂血症剤であるフィブレート類は，PPARαの合成アゴニストであり，このPPARαを活性化させることで肝臓や骨格筋での脂肪酸酸化を亢進させ，中性脂肪の血中濃度を減少させる。また抗糖尿病薬であるチアゾリジン誘導体はPPARγの合成アゴニストとして脂肪細胞でのPPARγ活性化をもたらし，インスリン感受性を持つ脂肪細胞の数を増加させることで，血中グルコース濃度を低下させる。このように，血中の中性脂肪濃度やグルコース濃度を調節するPPAR活性は，既に薬剤ターゲットとして，臨床医学的に重要であることは明らかである[2]。

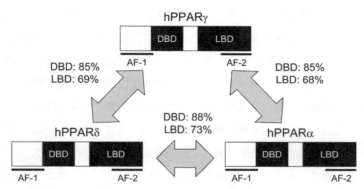

図2 ヒトPPARアイソフォームの構造

PPARは転写調節因子であるため，その活性化により標的遺伝子の発現を変化させることで機能を発現する。これまでに様々な脂質代謝・糖質代謝関連遺伝子がPPARの標的遺伝子であることが報告され，詳細な解析が行われている。例えば，PPARαは肝臓において脂肪酸酸化系遺伝子の発現を調節する。肝細胞への脂肪酸の取込に関与するFATP (fatty acid transport protein)，取り込まれた脂肪酸を利用可能なアシルCoAに変換するACS (acyl-CoA synthase)，アシルCoAを脂肪酸酸化の場であるミトコンドリアへの取込に関与するCPT (carnitine-palmitoyl-CoA transferase)，もう一つの脂肪酸酸化の場であるペルオキシゾームでの脂肪酸酸化の律速酵素であるACO (acyl-CoA oxidase) など，これら脂質代謝に重要な酵素遺伝子の発現はすべてPPARにより誘導される[3]。これら遺伝子発現が上昇すると，肝細胞において脂肪酸酸化が亢進し，生体内での脂肪酸消費量が増加する。この脂肪酸消費量の増加は，脂肪細胞からの基質としての脂肪酸の供給を要求し，その結果，脂肪細胞での脂質分解が誘導される。肥満・糖尿病モデルマウスにフィブレート類を投与した場合，肝臓中の脂質量の減少が起こり，脂肪肝

が改善されるが，同時に脂肪組織重量の減少が観察される。これは，脂肪酸消費量が増加した肝臓への脂肪組織からの脂肪酸供給の結果であると考えられる。また脂肪細胞においては，PPARγと共に脂肪細胞分化に必須の転写調節因子であるC/EBPα，リポタンパク質のトリアシルグリセロール分解に関与するLPL（lipoprotein lipase），脂肪酸結合タンパク質であるaP2，インスリン依存的なグルコース取込に関与するGLUT4（glucose transporter-4），取り込まれたグルコースを脂肪酸に変換するFAS（fatty acid synthase）などがPPARγの活性化により誘導される[3]。こうした遺伝子発現誘導の結果，前駆脂肪細胞からの脂肪細胞分化が促進されることでインスリン感受性の細胞数が増加し，血糖値が低下する。このようにPPARを活性化する化合物は，高脂血症や糖尿病といった生活習慣病の改善をもたらす。

しかし，脂肪細胞におけるPPARγに関しては，常に活性化が有効であるとは限らず注意が必要である。PPARγヘテロ欠損マウスは，高脂肪食誘導性肥満およびそれに伴うインスリン感受性の低下に対して抵抗性を示すことが報告されている[4]。高脂肪食条件や既に肥満状態にある条件では，PPARγのリガンドとしての遊離脂肪酸が多量に存在し，PPARγが過剰に活性化されている状態であると考えられる。前述の通り，PPARγは脂肪細胞分化を促進させるため，新しくインスリン感受性の高い小型脂肪細胞の数を増加させる効果よりも，既に存在している脂肪細胞の分化をさらに促進させ，肥大化脂肪細胞の数を増加させる効果の方が高い場合，PPARγの活性化がインスリン抵抗性の危険因子であることを示している。したがって，小型脂肪細胞の増加によるインスリン感受性亢進作用が現れる条件下ではPPARγのアゴニストがきわめて有効であるが，一方で，重篤な肥満状態のような既に脂肪細胞が多量に存在し，小型脂肪細胞増加による作用よりもインスリン抵抗性を示す肥大化脂肪細胞の増加による作用の方が大きい場合，アゴニストよりもアンタゴニストの方が有効であると予想される。実際に，アゴニストとアンタゴニストのどちらが有効であるかという分水嶺は現在不明であるが，今後の研究が期待される。

3 カンキツ由来カロテノイドによる代謝制御

カロテノイドには様々な生理作用が報告されている。中でもβクリプトキサンチン（図3）は生体内で検出される最も多いカロテノイドの一つであり，疫学的な糖尿病改善作用も報告されていたため，我々のグループは脂肪細胞に対する作用を検討するため，肥満・糖尿病モデルマウスを用いたβクリプトキサンチン投与実験を実施した。

雄KK-Ayマウスに4週間高脂肪食負荷を行い，このときβクリプトキサンチンを混餌投与した。このβクリプトキサンチン投与により，体重や脂肪組織重量に変化は認められなかったが，空腹時血糖は低下し，経口グルコース負荷試験により耐糖能の改善が観察された。脂肪組織における遺伝子発現を定量的PCRで検討したところ，PPARγ標的遺伝子の発現抑制が認められ，脂肪細胞分化が抑制されていることが示唆された。事実脂肪組織切片の解析から，脂肪細胞サイ

第11章 カンキツ由来カロテノイドの機能性

図3 βクリプトキサンチンの化学構造

ズの減少が観察された（図4）。これらの結果から，βクリプトキサンチンがPPARγに対して抑制的に作用していることが予想されたため，培養細胞を用いた詳細な検討を行った。PPARγに対するルシフェラーゼリガンドアッセイで，βクリプトキサンチンはきわめて弱いアゴニスト活性を示したが，PPARγの合成アゴニストであるチアゾリジン誘導体存在下で，チアゾリジン誘導体によるPPARγ活性化を有意に抑制した。前駆脂肪細胞培養株である3T3-L1にβクリプトキサンチンを添加すると，その脂肪細胞への分化を有意に抑制した。通常条件の3T3-L1の分化過程では，内因性リガンドによりPPARγが活性化されていると考えられるが，βクリプトキサンチンが分化抑制を示したことから，アゴニスト活性よりもアンタゴニスト活性が細胞レベルでは観察されることが明らかとなった。したがって，βクリプトキサンチンは細胞レベルでPPARγの活性化を阻害することで3T3-L1の分化を抑制し，動物レベルで細胞レベルと同様に，脂肪細胞分化を抑制することで小型脂肪細胞の数を増加させ，高脂肪食負荷によるインスリン抵抗性を改善することが示された。

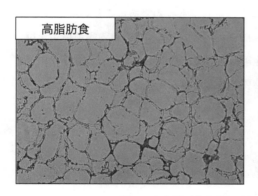 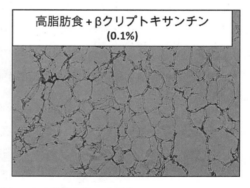

図4 βクリプトキサンチン投与による脂肪細胞の小型化

このとき興味深いことに，レプチンの脂肪組織におけるmRNA発現ならびに血中濃度の上昇が認められた。このレプチン発現の上昇はPPARγヘテロノックアウトマウスにおいても観察されており，レプチンのmRNA発現がPPARγにより負に制御されていることが報告されていることから[5]，PPARγヘテロ欠損マウスでもβクリプトキサンチン投与マウスでも，PPARγの活性が阻害されたことで抑制が解除されてレプチンのmRNA発現が上昇したと考えられる。レプチンは中枢神経系に対する摂食抑制作用の他に，肝臓や骨格筋での脂肪酸酸化を促進する作用

があるため，PPARγヘテロ欠損マウスでは，PPARγの機能発現が低い肝臓や骨格筋で脂肪酸酸化の亢進が認められた。βクリプトキサンチン投与マウスにおいても，βクリプトキサンチンがPPARγに対してのみアンタゴニスト活性を示すにもかかわらず，肝臓や骨格筋での脂肪酸酸化系酵素遺伝子の発現が上昇し，これら組織におけるトリアシルグリセロールの蓄積量減少が観察された。βクリプトキサンチン投与マウスにおける肝臓および骨格筋での作用がレプチンを介しているかどうかについては，さらなる検討が必要であるが，PPARγ活性の抑制時における脂肪組織以外の臓器に対するレプチンの作用は，食品成分の機能解析において今後重要な研究課題となると考えられる。

4 おわりに

以上の結果より，βクリプトキサンチンは高脂肪食条件下でのPPARγの活性化を抑制することで脂肪細胞の分化を抑制し，肥大化脂肪細胞数を減少させ，この肥大化脂肪細胞数の減少作用により，インスリン抵抗性を改善することが示された。またおそらくは脂肪細胞分化抑制によるレプチン産生の上昇で，肝臓や骨格筋といった脂肪組織以外の臓器での脂質代謝が亢進し，TG蓄積が抑制された。これらの結果は，βクリプトキサンチンが食品成分として，生活習慣病やメタボリックシンドロームを予防・改善する作用を持っていることを示唆している。第3編9章で記載の通り，βクリプトキサンチンをヒトに投与した場合にも，同様の脂質代謝改善作用が観察されており，こうしたβクリプトキサンチンはヒトに対しても有効であることが示されている。またβクリプトキサンチンのヒト体内での代謝産物やカンキツ由来に含まれる類似構造を持つカロテノイドにもβクリプトキサンチンと類似の作用がある可能性が予想され，カンキツ由来カロテノイドの抗生活習慣病作用のさらなる検討が必要であると考えられる。

文　　献

1) Cho MC, Lee K, Paik SG, Yoon DY, *PPAR Res.*, Article ID 679137 (2008)
2) Semple RK, Chatterjee VK, O' Rahilly S, *J. Clin. Invest.*, **116**, 581 (2006)
3) Takahashi N, Goto T, Hirai S, Ohyama K, Uemura T and Kawada T. "*Food Factors for Health Promotion* (T.Yoshikawa, Eds)", in press KARGER (2009)
4) Kubota, N., Terauchi, Y., Miki, H., *et al.*, *Mol. Cell*, **4**, 597 (1999)
5) De Vos P, Lefebvre AM, Miller SG, *et al.*, *J. Clin. Invest.*, **98**, 1004 (1996)

第 12 章　アレンカロテノイドの機能性

前多隼人[*1]，細川雅史[*2]

1　はじめに

　カロテノイドは野菜や果実をはじめ，ある種の魚介類にも含まれる黄色から赤を呈する色素成分である。これまでに自然界には 750 種のカロテノイドが存在することが確認されている[1]。食品中には β-カロテン，ルテイン，リコペン，β-クリプトキサンチン，α-カロテンなど約 100 種類が見出されている。これらのカロテノイドはプロビタミン A 活性の他，ラジカル補足活性や一重項酸素除去活性による抗酸化機能，最近では生活習慣病予防に関与する機能を持つことが明らかとなり注目されている。本章ではこれらのうち，アレン構造を含むカロテノイドの機能性について紹介する。

　アレン構造とは 3 つの炭素原子の間に 2 重結合が連続した構造を指す（図 1）。この構造を有する代表的なカロテノイドとして，フコキサンチンやネオキサンチン（図 1）が挙げられる。フコキサンチンはワカメやコンブなどの褐藻類に多く含まれており，光合成において青緑色域（480～540 nm）の光を吸収する補助色素として働いている。一方、ネオキサンチンは β-カロテン，ルテイン，ビオラキサンチンと共に高等植物の葉緑体中に含まれる主要なカロテノイドである。これらのカロテノイドは，最近の研究によって他のカロテノイドには見られない特徴的な機能性をもつことが明らかとなってきた。

2　フコキサンチンによる内臓脂肪減少作用

　日本における肥満人口（BMI≧25，15 歳以上）は，平成 15 年の厚生労働省の統計によると，男性で 1,300 万人，女性は 1,000 万人と推定されている。肥満は糖尿病，高血圧，高脂血症などの原因となり，これらの合併した状態であるメタボリックシンドロームは心疾病などのリスクを高めることが明らかとなっている。そのため，肥満を予防することはこれらの疾患を減少させる上で極めて重要である。肥満状態では脂肪組織に過剰に脂肪が蓄積され，脂肪細胞の肥大化や数の増加が起こっている。肥大化した脂肪細胞からは tumor necrosis factor α（TNF-α）やレジスチン，monocyte chemoattractant protein 1（MCP-1）といったアディポサイトカインが多量

[*1]　Hayato Maeda　弘前大学　農学生命科学部　生物資源学科　助教
[*2]　Masashi Hosokawa　北海道大学　大学院水産科学研究院　機能性物質化学領域　准教授

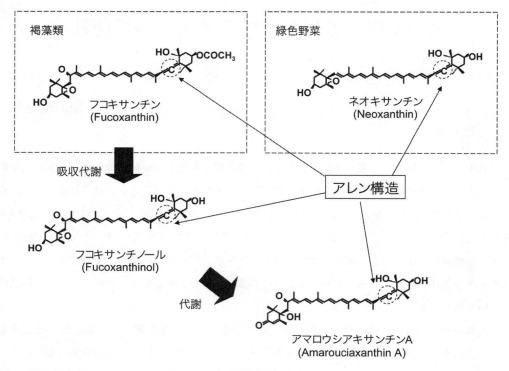

図1 アレン構造を含むカロテノイド

に産生,分泌される。これらのアディポサイトカインは高血圧や動脈硬化,インスリン抵抗性を惹起することから,脂肪細胞における過剰な脂肪蓄積を抑制することや蓄積した脂肪を減少させることが重要である。肥満を解消する方法としては食事管理や運動が効果的ではあるが,急激な生活習慣の改善は難しいケースが多い。また,肥満の原因は脂質や糖質の過剰摂取であることから,これらの栄養素の吸収を阻害する機序による肥満予防食品の開発もみられる。しかし,食品中にはヒトにとって必須の栄養素も多く含まれており,これらの成分の吸収が阻害されてしまう恐れもある。そのため,脂肪細胞内での脂質代謝を促進させ,余分に蓄積された脂質を減少させることが有効な方法と考えられる。

フコキサンチンは褐藻類や珪藻中に広く分布し,その含有量はワカメ及びコンブの乾燥重量1g当たりそれぞれ約0.2〜1mgである。一般に,海藻中に含まれる脂溶性成分の含量は高くはないが,近年健康機能が注目されているフコイダンやアルギン酸の抽出残渣中にはフコキサンチンを含む脂溶性成分が濃縮される形で残存しており,その有効利用が期待される。これまでに報告されているフコキサンチンの機能としては,抗酸化作用[2]や,白血病[3],前立腺癌[4],結腸癌細胞[5]に対する増殖抑制効果やアポトーシス誘導能が報告されている。一方で,筆者らはフコキサンチンの新たな機能性として抗肥満や血糖値改善作用を見出した。

フコキサンチンを含むワカメ油(ワカメ脂溶性成分)を2%含む飼料をWistar系ラットに4

第12章　アレンカロテノイドの機能性

週間経口投与すると，白色脂肪組織（WAT）重量が有意に低下した。また，糖尿病／肥満モデルマウス（KK-A^yマウス）に対してもワカメ油を投与することでWAT重量の増加が顕著に抑制された[6]。特に興味深い点として，WAT中では本来ほとんど発現が見られない脱共役タンパク質1（uncoupling protein 1，UCP1）が誘導されることが挙げられる。

脂肪組織にはWATに加え褐色脂肪組織（BAT）が存在し，互いに異なった生理機能を示す。WATは精巣や卵巣などの生殖巣，腸管や腎臓周囲に存在する脂肪組織であり，過剰なエネルギーをトリアシルグリセロールの形で蓄積する役割がある。一方，BATは脂肪を分解し熱を産出することで体温を保持するとともに，余分なカロリーを消費する機能を持っている。この機能はBAT中のミトコンドリアの内膜に存在するUCP1によるものである（図2）。UCPには，UCP1に加えUCP2やUCP3などのサブタイプが存在する。UCP2はWATや骨格筋，脾臓，小腸など様々な組織に幅広く存在するのに対し，UCP3は骨格筋に主に存在する。これらUCP2，UCP3は脂肪酸の流入に関わっていることが明らかとなっているが，直接的にカロリーを消費し，肥満の解消に役立つ機能を持つか否かについては必ずしも明らかになっていない。これまでに，肥満動物ではUCP1の機能が低下していることや，多食しても肥満にならない動物ではBAT中のUCP1発現量が増加していることが報告されている[7]。また，人為的にUCP1の発現を低下させたマウスは肥満になるのに対し，高発現マウスは太りにくいという報告がある[8,9]。更に最近，成人においてもBATが存在し，エネルギー消費に関わっていることが明らかにされた[10〜13]。従って生体内のUCP1の発現量を高めることは，肥満を予防する上で有効な方法と期待される

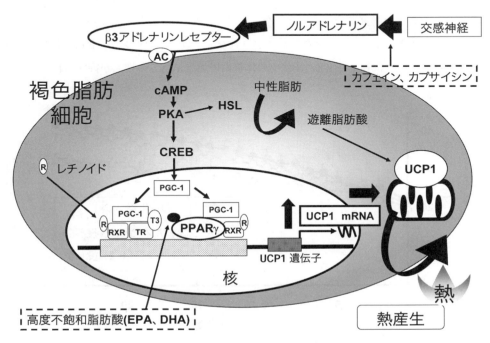

図2　褐色脂肪細胞でのUCP1による脂肪燃焼作用

一方で，ヒトでは年齢と共に BAT が減少することも明らかとなっており，それだけでは必ずしも十分でないかもしれない。一方，ある種の薬剤や遺伝子改変動物では，WAT 中において本来は発現しない UCP1 が異所的に誘導され，熱産生によるエネルギー消費の可能性が示唆されている[14]。特に，WAT は内臓脂肪の大部分を占め BAT と比較しても大きな組織であることから，その中に UCP1 が誘導され脂肪燃焼が引き起これば，極めて効果的な肥満予防法として期待される。

このような背景から，ワカメ油を投与した KK-A^y マウスの WAT における UCP1 の発現量を Western blot 法にて分析した。その結果，コントロール群では UCP1 の発現がほとんど確認されないのに対し，ワカメ油 0.5％，2％投与群では UCP1 の発現が投与濃度に依存して増加した。また，UCP1 mRNA の発現量も同様に増加していたことから，転写レベルでの UCP1 の発現誘導能が推察された。これらの結果は，ワカメ油投与による WAT での UCP1 発現亢進による脂質代謝の亢進作用を示唆するものである。これまでの報告で食品由来の成分で UCP1 の発現を高めるものとしては，カプサイシンやカプシエイトなどの香辛料に含まれる成分[15]や，コーヒーなどに含まれるカフェイン[16]，及び DHA や EPA などの高度不飽和脂肪酸[17]の報告例があるが，いずれも BAT における UCP1 の誘導作用である。よって，ワカメ油による UCP1 の WAT における発現誘導作用は食品成分による新たな肥満抑制機構として大変興味深い作用であるといえる。

ワカメ油中に含まれる主な成分として，糖脂質（68.3％）やフコキサンチン（9.6％）が含まれている。そこで WAT 中での UCP1 の発現促進効果を示す活性本体を同定するため，ワカメ油をフコキサンチンと糖脂質に分けそれぞれを KK-A^y マウスに投与したところ，フコキサンチン投与群でのみ，WAT での UCP1 の発現が誘導された。フコキサンチンを 0.1％，及び 0.2％を投与すると，投与濃度に依存して KK-A^y マウス体重の増加と WAT の増大が抑制され（図 3, 4），

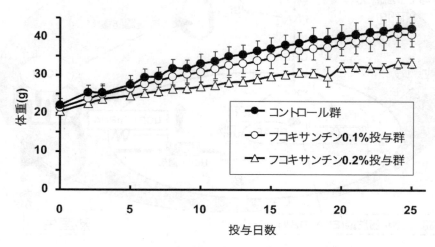

図3　フコキサンチンを投与した KK-A^y マウスの体重変化

第12章　アレンカロテノイドの機能性

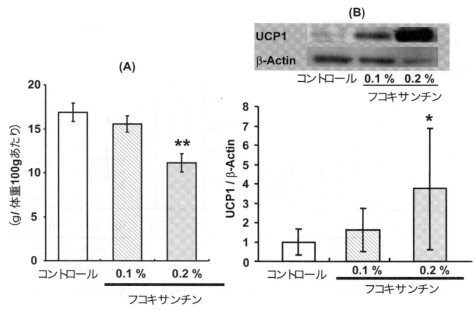

図4　フコキサンチンを投与したKK-A^{y}マウス(A)の白色脂肪組織重量と，
(B)白色脂肪組織でのUCP1タンパク質発現量

それに伴いWATでのUCP1の発現が亢進した（図4）。このことからフコキサンチンがUCP1発現亢進させ抗肥満作用を示す活性物質であることが明らかとなった。

3　フコキサンチンの抗糖尿病作用

　肥満が進行すると，肝臓や筋肉などの体内の組織でのインスリン抵抗性が高まり糖尿病を発症する。糖尿病の場合，血糖の取り込みと代謝が低下することにより血糖値が上昇し，細小血管症（網膜症，腎症，神経障害）をもたらす。また，他の肥満に関連する疾患である高血圧や高脂血症を治療するための薬剤はめまぐるしく発展をしているのに対し，糖尿病の治療に関しては未だに生活習慣の是正に強く依存している。従って，体内のインスリン抵抗性を改善させ，血糖の細胞内の取り込みと代謝を促進する成分の探索が重要である。

　糖尿病／肥満モデルマウスであるKK-A^{y}マウスでは，体重やWATの増加と共に血糖値の上昇や高インスリン血症が認められる。KK-A^{y}マウスにフコキサンチンを投与すると，血糖値と血中インスリン濃度の顕著な改善効果が示される（図5）[18]。また，脂肪細胞から分泌されるインスリン抵抗性惹起に関わるTNF-αのmRNAの発現量が減少する。更に，フコキサンチンは生体内において主要なエネルギー消費組織である筋肉組織中のglucose transporter 4（GLUT4）のmRNAの発現量を増大させた[19]。GLUT4は筋肉組織や脂肪組織への糖の取り込みを担う刺

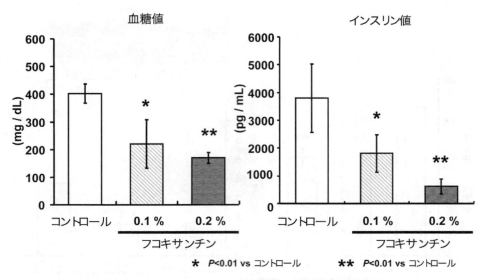

図5 フコキサンチンを投与 KK-A^y マウス血糖値，及び血漿インスリン値に与える影響

激誘導型のトランスポーターである。インスリン刺激により GLUT4 は細胞膜へトランスロケーションし血糖を細胞内へ取り込むが，肥満状態では GLUT4 のトランスロケーションが抑制されるとともに，GLUT4 の発現量自体も減少することが報告されている[20]。このことからフコキサンチンはインスリン抵抗性惹起に関わるアディポサイトカインの分泌抑制と，糖の代謝促進に関わるトランスポーターの発現誘導の両面から糖尿病を予防，改善する働きを示すと考えられる。

4　3T3-L1 脂肪細胞に対するアレンカロテノイドの作用

3T3-L1 細胞はマウス胎児由来の前駆脂肪細胞であり，インスリンなどの刺激により細胞内に脂肪滴を蓄積した成熟脂肪細胞へと分化する。脂肪細胞内においては，脂質の合成に関与するグリセロール-3-リン酸脱水素酵素（GPDH）活性も上昇することが知られている。これらを指標とすることで脂肪細胞への分化を制御する機能性物質を探索することができる。

一方，フコキサンチンを摂取すると，消化管内で加水分解されてフコキサンチノールに変換された後，その一部が肝臓中でアマロウシアキサンチン A へと代謝される（図1）[21]。また，WAT 中にフコキサンチノールやアマロウシアキサンチン A が移行し蓄積している（図6）ことを，著者ら[22]に加え Hashimoto らも確認している[23]。従って，WAT ではこれらのフコキサンチン代謝物が活性本体として働き，機能を発現している可能性が高い。そこでフコキサンチノールを 3T3-L1 細胞の分化誘導培地に添加した結果，フコキサンチンと同様に脂肪滴の蓄積抑制と GPDH 活性の上昇を抑制することが明らかとなった[24]。更に，脂肪細胞に特徴的に発現上昇が認められる核内転写因子である peroxisome proliferator-activated receptor γ（PPARγ）の発

第 12 章 アレンカロテノイドの機能性

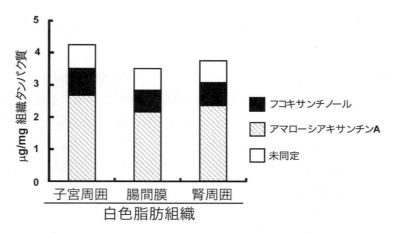

図6 マウス脂肪組織におけるフコキサンチン代謝物の蓄積

現量を Western blot 法にて調べた結果、フコキサンチノールにより PPARγ の発現が強く抑制された。脂肪組織には、分化した脂肪細胞に加え、未分化の前駆脂肪細胞も含まれていることから、それらに対する分化抑制効果もフコキサンチンによる抗肥満効果に関わる作用機構の一端をなしていることが推察される。また、フコキサンチンを投与したマウスの WAT では、その代謝産物であるフコキサンチノールが活性本体として作用し、UCP1 発現亢進や脂肪細胞の分化抑制作用、血糖値の改善作用を発現しているものと考えられる。

フコキサンチン及びフコキサンチノールに共通して含まれる構造上の特徴として、アレン構造が挙げられる。そこで、果実や野菜中に含まれる各種カロテノイドの脂肪細胞への分化抑制作用について調べたところ、フコキサンチン、フコキサンチノール以外にネオキサンチンが、3T3-L1 細胞での脂肪蓄積を抑制することを見出した[25]。一方でアレン構造を含まないカロテノイドには抑制効果がみられなかった。よって、これまでに述べてきたフコキサンチンに特徴的な抗肥満効果の発現は、カロテノイド分子中のアレン構造が重要であるといえる。

5 フコキサンチンによる肝臓 DHA の合成促進作用

高度不飽和脂肪酸は単にエネルギー源や生体膜の構成成分としてだけではなく、様々な生体調節機能を有する重要な脂肪酸である。例えばドコサヘキサエン酸（DHA：22：6n-3）やエイコサペンタエン酸（EPA：20：5n-3）、アラキドン酸（20：4n-6）などは、恒常性を維持する上で重要な役割を示すエイコサノイドや抗炎症性を示すレゾルビンやプロテクチンの前駆体である[26]。DHA や EPA は水産物から容易に得ることができるが、食生活の変化から水産物の摂取量は減少してきており、特に欧米ではサプリメントとしての摂取が多くみられる。しかし、一方でこれらの高度不飽和脂肪酸を含む油脂を利用する場合、その酸化安定性が問題となる。また、ヒトは

植物由来のn-3系の脂肪酸であるα-リノレン酸やn-6系のリノール酸から鎖長延長酵素と不飽和化酵素の働きで，DHAやアラキドン酸を生体内で生合成することができるが，反応系が緩やかに進むため，そのものを食品成分として摂取するほうが効率的であると考えられている。そのため，生体内での高度不飽和脂肪酸の合成系が高まれば，DHAやアラキドン酸量を増やすことが可能になる。フコキサンチンを投与したマウスでは，肝臓中DHA含量が有意に増加した（図7)[27,28]。この効果は飼料中の大豆油に含まれるα-リノレン酸からのDHA合成に関わるΔ6不飽和化酵素の発現亢進による作用であると推察される。このように，生体内において高度不飽和脂肪酸の生合成を活性化させる食品成分に関する報告は極めて少なく，フコキサンチンの特徴的な機能の一つとして作用機構の解明が期待される。

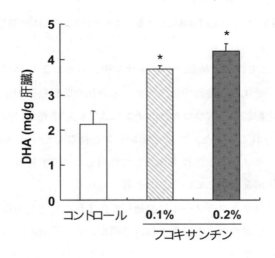

*$P<0.05$ vs コントロール

図7　フコキサンチンによるマウス肝臓のDHA増加作用

6　おわりに

本章では，分子内にアレン結合を有するカロテノイドであるフコキサンチンが，糖尿病／肥満モデルマウスに対して体重と内臓脂肪の蓄積を抑制すること，更には脂肪組織でのアディポサイトカイン遺伝子の発現を調節しインスリン抵抗性を改善することで血糖値改善効果が期待できることを述べた。その作用機構の一端として，WAT中でのUCP1の発現誘導を介したエネルギー消費の亢進が推察された。更に，アレン構造を有するフコキサンチン，フコキサンチノールに加えネオキサンチンが3T3-L1細胞に対し分化抑制効果を示すことを見出し，その有用性を示した。今後，これらのアレンカロテノイドの多機能性の更なる解明と，その利用を目指した研究の発展が期待される。

第12章　アレンカロテノイドの機能性

文　　献

1) 西川研次郎ほか，食品機能性の科学，p72，㈱産業技術サービスセンター (2008)
2) Sachindra NM, Sato E, Maeda H, Hosokawa M, Niwano Y, Kohno M, Miyashita K., *J. Agric. Food Chem.*, **55**, 8516 (2007)
3) Hosokawa M, Wanezaki,S, Miyauchi K, Kurihara H, Kohno H, Kawabata J, Odashima S, Takahashi K., *Food Sci. Technol. Res.*, **5**, 243 (1999)
4) Kotake-Nara E, Kushiro M, Zhang H, Sugawara T, Miyashita K, Nagao A., *J. Nutr.*, **131**, 3303 (2001)
5) Das SK, Hashimoto T, Shimizu K, Yoshida T, Sakai T, Sowa Y, Komoto A, Kanazawa K., *Biochim. Biophys. Acta,* **1726**, 328 (2005)
6) Maeda H, Hosokawa M, Sashima T, Funayama K, Miyashita K., *Biochem. Biophys. Res. Commun.*, **332**, 392 (2005)
7) Cannon B, Nedergaard J., *Physiol. Rev.*, **84**, 277 (2004)
8) Nagase I, Yoshida T, Kumamoto K, Umekawa T, Sakane N, Nikami H, Kawada T, Saito M., *J. Clin. Invest.*, **97**, 2898 (1996)
9) Cederberg A, Grønning LM, Ahrén B, Taskén K, Carlsson P, Enerbäck S., *Cell,* **106**, 563 (2001)
10) Saito M, Okamatsu-Ogura Y, Matsushita M, Watanabe K, Yoneshiro T, Nio-Kobayashi J, Iwanaga T, Miyagawa M, Kameya T, Nakada K, Kawai Y, Tsujisaki M., *Diabetes* (in press)
11) van Marken Lichtenbelt WD, Vanhommerig JW, Smulders NM, Drossaerts JM, Kemerink GJ, Bouvy ND, Schrauwen P, Teule GJ., *N. Engl. J. Med.*, **360**, 1500 (2009)
12) Cypess AM, Lehman S, Williams G, Tal I, Rodman D, Goldfine AB, Kuo FC, Palmer EL, Tseng YH, Doria A, Kolodny GM, Kahn CR., *N. Engl. J. Med.*, **360**, 1509 (2009)
13) Virtanen KA, Lidell ME, Orava J, Heglind M, Westergren R, Niemi T, Taittonen M, Laine J, Savisto NJ, Enerbäck S, Nuutila P., *N. Engl. J. Med.*, **360**, 1518 (2009)
14) Sasaki N, Uchida E, Niiyama M, Yoshida T, Saito M., *J. Vet. Med. Sci.*, **60**, 465 (1998)
15) Masuda Y, Haramizu S, Oki K, Ohnuki K, Watanabe T, Yazawa S, Kawada T, Hashizume S, Fushiki T., *J. Appl. Physiol.*, **95**, 2408 (2003)
16) Kogure A, Sakane N, Takakura Y, Umekawa T, Yoshioka K, Nishino H, Yamamoto T, Kawada T, Yoshikawa T, Yoshida T., *Clin. Exp. Pharmacol. Physiol.*, **29**, 391 (2002)
17) Kawada T, Kayahashi S, Hida Y, Koga K, Nadachi Y, Fushiki T., *J. Agric. Food Chem.*, **46**, 1225 (1998)
18) Maeda H, Hosokawa M, Sashima T, Miyashita K., *J. Agric. Food Chem.*, **55**, 7701 (2007)
19) 宮下和夫，細川雅史，日本水産学会誌，**74**, 261 (2008)
20) Zorzano A, Santalucia T, Palacín M, Gumà A, Camps M., *Gen. Pharmacol.*, **31**, 705 (1998)
21) Asai A, Sugawara T, Ono H, Nagao A., *Drug. Metab. Dispos.*, **32**, 205 (2004)
22) 馬場信子，前多隼人，細川雅史，佐島徳武，宮下和夫，長尾昭彦，2008年度　日本水産学会春期大会　講演要旨集，p84 (2008)
23) Hashimoto T, Ozaki Y, Taminato M, Das SK, Mizuno M, Yoshimura K, Maoka T, Kanazawa K., *Br. J. Nutr.*, **102**, 242 (2009)
24) Maeda H, Hosokawa M, Sashima T, Takahashi N, Kawada T, Miyashita K., *Int. J. Mol. Med.*, **18**, 147 (2006)
25) Okada T, Nakai M, Maeda H, Hosokawa M, Sashima T, Miyashita K., *J. Oleo. Sci.*, **57**, 345 (2008)

26) 有田誠、磯部洋輔,生化学, 80, 1042 (2009)
27) Tsukui T, Konno K, Hosokawa M, Maeda H, Sashima T, Miyashita K., *J. Agric. Food. Chem.,* **55**, 5025 (2007)
28) Tsukui T, Baba T, Hosokawa M, Sashima T, Miyashita K., *Fisheries. Sci.,* **75**, 261 (2009)

第 3 編
カロテノイドの食品・化粧品等への応用

第3編

クロソイドの生成・伝播法則とその応用

第1章　カロテン

村越倫明[*]

1　はじめに

カロテンはイソプレノイド骨格8個で構成され天然色素カロテノイドに属する。カロテノイドの内，炭素と水素のみから成る一群をカロテン，酸素分子を含む一群をキサントフィルと呼ぶ。1950年代にスイスのHoffmann La Roche社がβ-カロテンの合成法を確立し，上市して以来，カロテン／カロテノイドはβ-カロテンと同義語のように用いられてきた。その主たる用途は食品用の着色剤であったが，近年カロテン／カロテノイドを多く含む緑黄色野菜や果物の摂取量が多い人は少ない人と比較して，がんや虚血性心疾患等の生活習慣病にかかりにくいという疫学的調査結果が報告され[1,2]，栄養素（強化剤）としての機能が注目されるようになってきた。同時にβ-カロテン以外のカロテノイドの機能も注目されるようになり，現在ではさまざまなカロテノイドが工業的に供給されるようになってきた。本章では，これらのカロテノイドの中の，主としてカロテン類の利用技術の現状についてまとめた。

2　市販工業用カロテンの規格化

現在食品添加物として認められている市販工業用カロテンとその製造法，組成を表1，表2，図1にまとめた。1999年に改定された第7版食品添加物公定書で，従来からの指定添加物である合成β-カロテンに加え，既存添加物のカロテンの中から，パーム油カロテン，デュナリエラカロテン，ニンジンカロテンが新たに収載された。これにより，いわゆる抽出カロテン類の規格基準が初めて正式に定められた。キサントフィルとしては，マリーゴールド色素（ルテイン）が同時に収載された。また，真菌 *Blackeslea trispora* 由来のβ-カロテンを抽出・濃縮したものが，2005年3月24日の厚生労働省薬事・食品衛生審議会食品衛生分科会添加物部会において，指定添加物のβ-カロテンとして運用が認められた。更に，2007年に改定された第8版食品添加物公定書で，トマト色素（リコピン），ヘマトコッカス藻色素（アスタキサンチン）が収載された。

---

[*]　Michiaki Murakoshi　ライオン㈱　研究開発本部　副主席研究員

カロテノイドの科学と最新応用技術

表1 市販工業用カロテンの分類

分類		名称	由来	主な成分
カロテノイド	カロテン	β-カロテン	合成	β-カロテン
			真菌	
		パーム油カロテン	パーム油（アブラヤシ）	β-カロテン α-カロテン
		デュナリエラカロテン	藻類	β-カロテン
		ニンジンカロテン	ニンジン	β-カロテン α-カロテン
		イモカロテン	サツマイモ	β-カロテン α-カロテン
		トマト色素	トマト	リコピン
	キサフィトル	マリーゴールド色素	マリーゴールドの花	ルテイン（ゼアキサンチン）
		ヘマトコッカス藻色素	藻類	アスタキサンチン

表2 市販工業用カロテンの製造法

名称	製造法	主な製造メーカー
β-カロテン（合成）	βイオノンとβ-C_{14}, C_{16}, C_{19}アルデヒドの2分子をグリニャール反応によって結合させてβ-C_{40}-ジオールとし，脱水，水素添加してβカロテンとする。赤紫～暗赤色の結晶又は結晶性の粉末。	DSM（Roche），BASF 他
β-カロテン（真菌 Blakeslea trispora 由来）	2種類の雌雄の真菌（Blakeslea trispora）を特定の比率で共発酵することにより得られ，これらはGMP条件下における培養において安定に得ることができる。また，原料となる真菌は病原性や毒素産生能はない。本品は溶媒による抽出や結晶化により単離される。赤～赤茶の結晶又は結晶性の粉末。	DSM（旧 Gist Brocades），Vitatene
パーム油カロテン（アブラヤシの果実から得られた，カロテンを主成分とするものをいう。）	ヤシ科アブラヤシ（Elaeis guineensis JACQ.）の果実から得られたパーム油より，室温下シリカゲルで吸着し，ヘキサンで分離して得られたもの，又はパーム油の不けん化物より，熱時含水メタノールで分別して得られたものである。主成分はカロテンである。黄色～橙色を呈する。	ライオン㈱，Carotech
デュナリエラカロテン（デュナリエラの全藻から得られた，β-カロテンを主成分とするものをいう。）	オオヒゲマワリ科デュナリエラ（Dunaliella bardawil, Dunaliella salina）の全藻より，熱時油脂で，又は室温時～熱時ヘキサンもしくは加圧下二酸化炭素で抽出して得られたものである。主成分はカロテノイド（β-カロテン等）である。黄色を呈する。	Cognis（Beta-tene, Western Bio），Natural Beta Technology, Micro Bio Resource 他
ニンジンカロテン（ニンジンの根から得られた，カロテンを主成分とするものをいう。）	セリ科ニンジン（Daucus carota LINNE）の根の乾燥物より，熱時油脂で，又は室温時もしくは微温時ヘキサン，アセトンもしくは加圧下二酸化炭素で抽出して得られたものである。主成分はカロテノイド（カロテン等）である。黄色～橙色を呈する。	現在あまり多く流通されていない

第1章　カロテン

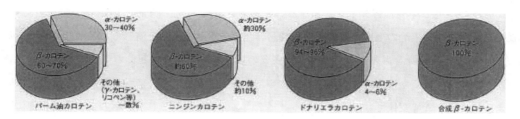

図1　市販工業用カロテンの組成

3　カロテンのビタミンA活性

カロテンの生物活性として古くから知られているのが，プロビタミンA（ビタミンA前駆体）活性である。ビタミンAとしての生物学的効力を表わす用語は「レチノール当量（RE）」が使われているが，1μgREはレチノール（ビタミンA）1μg，β-カロテン12μg，α-カロテン24μg，β-クリプトキサンチン24μgに相当する。カロテンのRE換算は，従来β-カロテン又は総カロテンからの換算値しか認められていなかったが，1999年4月26日衛新第13号厚生省生活衛生局食品保健課新開発食品保健対策室長通知「栄養表示基準における栄養成分等の分析方法等について」で，α-カロテン，β-クリプトキサンチンのREが設定された。さらに「日本人の食事摂取基準（2005年版）」[3]の策定を受けて2005年7月1日付で，食品衛生法施行規則並びに健康増進法施行規則の一部が改正され[4]，これに伴ってRE算定法における取り扱い等も改正された[5]。この改正により，カロテンからのレチノール当量への換算は，従来の2分の1となった（表3，表4）。

経口摂取されたカロテンは腸管から吸収される際にβ-カロテン-15,15'-ジオキシゲナーゼによ

表3　ビタミンAの分析方法等に関する法改正の概要

栄養成分	改　正　前	改　正　後
ビタミンA	レチノール当量を求める際、α-カロテン及びβ-カロテンに乗ずる係数をそれぞれ1/12、1/6とする。	レチノール当量を求める際、α-カロテン及びβ-カロテンに乗ずる係数をそれぞれ1/24、1/12とする。[*1]

*1　β-クリプトキサンチンを含む場合、β-クリプトキサンチンに乗ずる係数は1/24とする。

表4　「栄養機能食品の取り扱いについて」におけるビタミンAに関する部分の法改正の概要

栄養成分		改　正　前		改　正　後	
ビタミンA		ビタミンA	β-カロテンとして	ビタミンA	β-カロテンとして
	上限値	600μg（2,000IU）	3,600μg	600μg（2,000IU）	7,200μg
	下限値	180μg（600IU）	1,080μg	135μg（450IU）	1,620μg

り，分子の中央で開裂しビタミンAとなる。ビタミンAは視覚，聴覚，生殖等の機能維持，成長促進，皮膚や粘膜等の上皮組織の正常保持，分化等に重要な役割を演じることが知られているが，ビタミンA自身を過剰摂取した際は，表5のような健康障害が起こることが報告されている[6]。これに対してカロテンは，体内でビタミンAが不足している時に，必要な量だけ上記反応によりビタミンAに変換され，過剰となるとビタミンAには変換されず，そのまま脂肪細胞に貯蔵されるかもしくは排泄されるので，特定の健康障害を引き起こすことはなく，一般的に安全と考えられている。「日本人の食事摂取基準（2005年版）」[3]のビタミンA食事摂取基準でもカロテンの上限量は設定されていない。そのため最近カロテンは，健康食品や栄養機能食品のビタミンA源として配合される機会が増えている。健康食品としてのカロテンの摂取量については，財団法人日本健康・栄養食品協会の定める健康食品規格基準におけるβ-カロテンの摂取量の目安（ガイドライン）として，「一日当たり20mg」という値が示されている[7]。また，栄養機能食品のビタミンA源（栄養成分）としては，下限値：135μgRE（β-カロテンの場合1,620μg）から上限値：600μgRE（β-カロテンの場合7,200μg）の規格基準が設定されており，表6のような栄養機能表示が可能である[8]。カロテンの場合，ビタミンA過剰摂取症が問題にならないことから，ビタミンA配合時に必要とされる注意喚起表示は不要であるとされている。ただし，国立健康栄養研究所の健康食品の安全性・有効性情報では「β-カロテンを300mg/日以上を摂取した場合は柑皮症（肌が黄色になること）になる可能性がある。妊婦が経口で過剰摂取した場合は危険性が示唆されている。」との記載がある[9]。代表的な市販工業用カロテンの安全性情報は，表7に

表5 ビタミンAの機能と欠乏・過剰摂取症状

主な機能	視覚・聴覚・生殖等の機能維持、上皮・臓器の成長・分化、遺伝子発現調節機能、麻疹・感染症の低下
欠乏症状	夜盲症，骨粗鬆症，生理不順，発育不全，がんのリスク増加
軽度欠乏症状	眼が乾く，肌の乾燥，口内炎，ニキビ，風邪を引きやすい
過剰摂取（慢性）	全身の関節や骨の痛み，皮膚乾燥，脱毛，食欲不振，体重減少，頭痛，肝障害
過剰摂取（急性）	腹痛，悪心，嘔吐，めまい（脳脊髄圧上昇），下痢，催奇形性

表6 ビタミンAの栄養機能表示及び注意喚起表示

栄養機能表示	注意喚起表示
ビタミンAは，夜間の視力の維持を助ける栄養素です。 ビタミンAは，皮膚や粘膜の健康維持を助ける栄養素です。	本品は，多量摂取により疾病が治癒したり，より健康が増進するものではありません。1日の摂取目安量を守ってください。 妊娠3ヶ月以内又は妊娠を希望する女性は過剰摂取にならないよう注意してください。

注）ビタミンAの前駆体である，β-カロテン等のプロビタミンAカロテンについて，ビタミンAと同様の栄養機能表示が認められている。この場合，「妊娠3ヶ月以内又は妊娠を希望する女性は過剰摂取にならないよう注意してください。」旨の注意喚起表示は不要。

第1章 カロテン

表7 市販工業用カロテンの安全性データ

名　称	β-カロテン	パーム油カロテン	デュナリエラカロテン
一日摂取許容量（ADI）※	0〜5mg/kg/day	現在の使用を認める	設定せず
急性毒性（LD$_{50}$）	イヌ：経口 8,000mg/kg 以上	ラット：経口 48,000mg/kg 以上	ラット：経口 50,000mg/kg 以上
変異原性	なし	なし	なし

※食品添加物の FAO/WHO 合同食品添加物専門家会議（JECFA）による安全性評価：「現在の使用を認める（Acceptable）」；現在の特定用途（及び摂取量下での）使用は毒性学的に問題がないと考えられる場合に用いられる、「ADI 設定せず（No ADI allocated）」；データ不十分

まとめた。

　カロテンはプロビタミンAとしての機能の他，図2に示した多様な生物活性を持つことが近年明らかにされている。最近の生物活性研究の動向に関しては，本書の他章や2008年に日本で開催された国際カロテノイド学会のエクステンドアブストラクト[10]をご参照頂きたい。

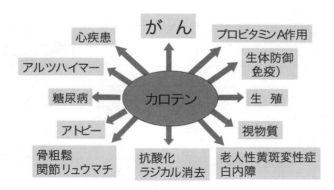

図2　カロテンの主な機能

4 カロテンの応用技術動向

4.1 流通形態

　カロテンは水に溶解しないため，主に植物油に懸濁した状態で流通している。β-カロテン及び特に抽出カロテン類では，カロテン濃度30％品が標準的である。β-カロテンの場合，乳化製剤などの加工用には結晶品で流通しているものもある。主な用途は，着色，栄養強化及びいわゆる健康食品であり，目的に応じ，植物油懸濁品，エマルジョン，水分散性粉末，顆粒，ビーズ等の剤型で流通している（表8）。

表8 市販工業用カロテンの主な用途と使用例

使用例	製剤		
	植物油懸濁液	エマルジョン	粉末
マーガリン	◎		
バター	◎		
植物油	◎		
清涼飲料水		◎	○
粉末ジュース			◎
粉末スープ			◎
チーズ	○	○	○
乳酸菌飲料		○	○
アイスクリーム		○	○
ゼリー類		◎	○
キャンディー類		○	◎
ベーカリー	◎		○
ドレッシング	◎	○	
パスタ			◎
タブレット			◎（ビーズ）
ソフトカプセル	◎		
ハードカプセル	○		○

◎：主に使用
○：使用

4.2 着色用途

　着色用途としては，マーガリン，乳製品，飲料，菓子類，デザート類，キャンディ，即席麺等種々の食品に使用されている。マーガリンなど，油脂ベースの食品の着色には，植物油懸濁品がそのまま使用されるが，飲料，菓子，即席麺等には，乳化製剤（エマルジョン，水分散性粉末）が使用される。

　その際，エマルジョン化や粉末化が重要な技術であり，安定性維持のため，使用する原料素材の厳しい乳化適性が求められる。特に抽出カロテン類では，この乳化適性を満たすための精製が重要な要素となる。製剤化に当っては，このような精製度の見極めが大切である。

　また，コンビニエンスストアや流通からの要請により，「合成着色料不使用」を掲げる製品の着色には，従来のβ-カロテンから，抽出カロテン類に代替される例も出てきている。

　JAS（日本農林規格）も改正が相次ぎ，例えばマーガリンの場合，現在使用できる着色料は，抽出カロテン類等が加わり，「アナトー色素，β-カロテン，イモカロテン，ウコン色素，ニンジンカロテン及びパーム油カロテンのうち2種以下」となっている。

第1章　カロテン

また，JAS即席中華めんの場合は，使用できる着色料が「アナトー色素，イカスミ色素，ウコン色素，カラメルⅠ，カラメルⅢ，カラメルⅣ，クチナシ青色素，クチナシ赤色素，クチナシ黄色素，デュナリエラカロテン，トウガラシ色素，パーム油カロテン，ビートレッド，ベニコウジ色素，ベニバナ黄色素及びマリーゴールド色素のうち4種以下」となっており，この場合，β-カロテンは使用できない。

4.3　栄養強化

栄養強化にカロテンが使用される場合，食品の形態により，植物油懸濁品，乳化製剤が使用される。飲料の場合，エマルジョンが使用され，粉ミルク等，粉末状の食品には乳化粉末，顆粒が使用される。加工方法は着色用途の場合と同様であるが，着色用途の場合よりも製品への配合量が多くなる。そのため，乳化製剤そのもののカロテン濃度を上げる必要性があることや，製品系でのより一層の安定性が求められることから，乳化製剤を加工する際の技術的難易度が高い。

4.4　健康食品

いわゆる健康食品の分野では，ソフトカプセル，錠剤，顆粒製品に使用されている。健康食品としてのカロテンの摂取量については，前述したように，日本健康・栄養食品協会の定める健康食品規格基準におけるβ-カロテンの摂取量の目安（ガイドライン）として，「一日当たり20mg」という値が示されている[7]。

ソフトカプセルには，植物油懸濁品が使用されるが，この場合ゼラチン被膜の酸素透過性が非常に低いため，安定性は極めて良好である。

錠剤製品に配合する場合，打錠時に圧力がかかるため，従来打錠耐性を満たすものはβ-カロテンの顆粒しかなかった。しかし，最近では，ゼラチンを使用したビーズ化技術が開発され，打錠耐性のある安定性の良好な抽出カロテンのビーズが発売されている（協和発酵バイオ㈱：マルチカロチノイド05ビーズ，ライオン㈱：ハイアルファビーズ400Pなど）。これらのビーズは顆粒状の食品にも配合可能で，乳化粉末と比較しても安定性は優れている。この分野では，β-カロテン単独配合から，マルチビタミンのビタミンA源としての配合，更に種々のカロテノイドを配合したマルチカロテン／マルチカロテノイドというコンセプトが浸透し，新たな製品開発が進められている。

5　おわりに

β-カロテンは，古くから加工食品分野において，着色料として利用されてきた。カロテノイドは着色料として，「合成」，「天然」の区別なく重要な機能を担っている。最近では「合成」よりも「天然」という消費者意識の高まりから，着色料分野での抽出カロテノイドの利用が拡大し

つつある．

　一方，最近では特に健康食品の分野で，カロテノイドはビタミン類と同様な地位を獲得し，主成分としてまたは副成分として種々の製品に配合される機会が増加してきている．更に，マルチカロテン／マルチカロテノイドというコンセプトから，カロテノイド全体が注目されるようになり，β-カロテンに加え，α-カロテン，リコピン，ルテイン，アスタキサンチンなどの利用が進んできていると考えられる．色素としての利用はもちろんのこと，機能性を持つ色素として，臨床試験をはじめとする今後の研究において，種々のカロテノイドの更なる生理活性解明に大きな期待が寄せられている．

文　　献

1) Peto, R. *et al.*, *Nature,* **290**, p.201 (1981)
2) Hirayama, T., *Nutr. Cancer,* **1**, p.67 (1979)
3) 厚生労働省，日本人の食事摂取基準 2005（2004）
   http://www.mhlw.go.jp/houdou/2004/11/dl/h1122-2b.pdf
4) 厚生労働省，平成17年7月1日付厚生労働省令第108号，同第109号，同厚生労働省告示第309号及び第310号（2005）
5) 厚生労働省，新開発食品保健対策室長通知平成17年7月1日付食安新発第0701003号（2005）
6) 内閣府食品安全委員会，ビタミンAの過剰摂取による影響（ファクトシート，平成18年9月15日）（2006）
   http://www.fsc.go.jp/sonota/factsheet-vitamin-a.pdf
7) 財団法人日本健康・栄養食品協会 健康補助食品ガイド 2004, p. 44（2004）
8) 厚生労働省，栄養機能食品の表示に関する基準，平成13年厚生労働省告示第97号（2004）
9) ㈱国立健康・栄養研究所，「健康食品」の安全性・有効性情報（話題の食品成分の科学情報 ビタミンA）
   http://hfnet.nih.go.jp/contents/detail171.html
10) Recent Achievements of Carotenoid Science and Technology, *Archives of Biochemistry and Biophysics,* **483**, 2 (2009)
    http://www.carotenoid.jp/ISC2008/toppage.html

第2章 リコピン

林　宏紀[*1], 坂本秀樹[*2], 稲熊隆博[*3]

1 はじめに

リコピン（Lycopene）は食品中ではトマトやスイカ，ピンクグレープフルーツ，ローズヒップ，ガックに含まれている。リコピンはトマトに含まれるただの赤い色素であると捉えられてきたが，DiMascio らの論文[1]により抗酸化作用を有することが明らかになり，活性酸素の一種である一重項酸素の消去能はビタミンEの約100倍であることが示された。その後様々な研究が行われ，健康に寄与する効果が多数報告されてきた。近年は機能性成分として食品や化粧品に用いられ，リコピンの認知度も上昇している。本章では主にリコピンの物質としての概要を述べた後，筆者らの研究成果を中心に吸収，蓄積性や生体調節作用について説明する。

2 リコピンの構造と性質

リコピンは分子式$C_{40}H_{56}$，分子量536.9のカロテノイドの一種である。炭素と水素のみで構成される直鎖構造で，長い共役二重結合を持つことが特徴となる（図1）。水には不溶性であり，有機溶媒としてテトラヒドロフラン，ジクロロメタン，クロロホルムに良く溶ける。β-カロテンと同じ炭素数ではあるが，環状構造を持たないためプロビタミンA活性は有さない。

図1　リコピン構造式

3 リコピンの摂取源

ヒトのリコピン摂取源としてはトマトによるものが圧倒的に多く，体内のリコピンの80％以

[*1] Hiroki Hayashi　カゴメ㈱　総合研究所　自然健康研究部　バイオジェニックス研究グループ
[*2] Hideki Sakamoto　カゴメ㈱　富士見工場　工場長
[*3] Takahiro Inakuma　カゴメ㈱　総合研究所　自然健康研究部　主席研究員

上はトマトおよびその加工品に由来するとの報告もある[2]。トマトは野菜の中でも最も摂取量が多く，ギリシアでは1人あたり1年間に100kg以上のトマトを摂取するというデータもある[3]。日本では1899年に初めて商業的にトマトが栽培され，国内でのトマト生産が始まった。その後はトマトソース，トマトケチャップ，トマトジュースとさまざまな加工品が開発され，消費されている。国内ではトマトから有機溶媒抽出した，あるいは搾汁から分離して得られたものがトマト色素として使用されている。海外では化学的に合成したリコピン，あるいは菌（*Blakeslea trispora*）の生産したリコピンを有機溶媒抽出したものも飲料や食品の着色剤として使われている。

4 リコピンの吸収，蓄積性

4.1 トマト摂取による生体内のリコピン蓄積

抗酸化や生体調節など，リコピンの様々な機能を得るためには体内にリコピンを蓄積することが大切である。筆者らはトマトジュースを摂取したときの体内へのリコピン蓄積をヒトで評価した[4]。被験者に195g（リコピン含量9.2mg/100g）のトマトジュースを毎日1本，または2本，3本を4週間摂取してもらい，血中のリコピン濃度を分析した。摂取前と比較した血中リコピン濃度の増加量はトマトジュースの摂取量が多いほど高くなった。この結果より，トマトジュース中のリコピンは1日あたり53.82mgまでの範囲で，摂取量に応じて蓄積することがわかった（図2）。リコピンの体内蓄積についてはStahlらにより各臓器中の蓄積量が報告されており，血液，肝臓，精巣などに多量に蓄積することが知られている[5]。

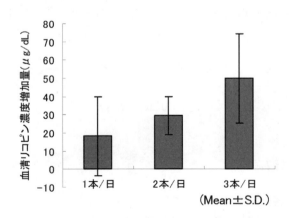

図2 トマトジュース摂取量と血漿リコピン濃度増加量の関係

トマトに含まれるリコピンは咀嚼により組織が潰されることで細胞外へ遊出し，腸管で混合ミセルに取り込まれて吸収される。従って，トマトの細胞が壊されているトマトジュースやピューレ，ペーストといったトマト加工品はリコピンの吸収が良いことが証明されている。Reboulら

の報告を元に算出すると,トマトペーストは生トマトに比べると吸収効率は16倍良いことが示されている[6]。また,Gartnerらも同様の比較を行い,生トマトと比べトマトペーストの方が血中最高濃度で2.5倍,血中濃度曲線下面積で3.8倍吸収が高いことを報告している[7]。

4.2 リコピン吸収と油

トマトは炒めることでトマトソースを作ったり,サラダにドレッシングをかけたりと,油と一緒に摂取されることが多い食品である。リコピンは脂溶性の物質であり,食事中の油にも溶解する。筆者らはトマトジュースとオリーブオイルを同時に摂取することで,カイロミクロン中のリコピン濃度がどの様に変化するか試験を行った[8]。被験者にトマトジュース200g（油なし群）,あるいはトマトジュース200gとオリーブオイル20g（油あり群）を摂取してもらい,摂取0,2,4時間後のカイロミクロン中リコピン濃度を評価した。摂取は2週間のwashout期間を設けたクロスオーバー試験で行った。油なし群と油あり群で有意差は得られなかったものの,平均値は油あり群の方が油なし群に比べ4倍高く,オリーブオイルの同時摂取によりリコピンの吸収性が向上する傾向がみられた。油の同時摂取により胆汁酸など脂質の消化に関連する物質の分泌が促進され,十二指腸での混合ミセルの形成が増加し,リコピンの吸収にも有益に働くことが推測された。

4.3 リコピン吸収と牛乳

牛乳は広く飲まれる飲料の1つであり,食事バランスガイドでは摂取が推奨されている食品である。食事と一緒に摂取されることが多い牛乳とリコピン吸収との関係について,筆者らはヒトを用いて吸収試験を行った[9]。

試験では,トマトジュース300gを摂取する群（トマトジュース群）,トマトジュース300gと牛乳300gを摂取する群（牛乳群）の2群に分け,摂取後のカイロミクロン中のリコピン濃度を評価した。摂取は1晩絶食後の早朝に行い,採血は摂取直前と摂取6時間後に行った。牛乳群のカイロミクロン中のリコピン濃度の増加量は,トマトジュース群の約3倍であった（図3）。よって,トマトジュースと牛乳を一緒に飲むことはリコピンの吸収性を向上させることが示された。メカニズムとしては,牛乳に含まれる脂質などの成分がリコピンを溶解したり,カイロミクロンの分泌を促したりすることにより吸収性を高めることが推測された。

5　リコピンの生体調節作用

5.1　リコピンの血中での抗酸化作用

リコピンは脂溶性であることから,吸収時にカイロミクロンと共にリンパに分布し,血中で主にLDL画分に存在することが知られている。LDLは体中の組織にコレステロールなどを運搬す

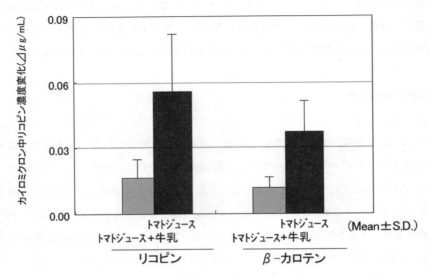

図3　トマトジュースと牛乳との組合せがリコピン吸収に与える影響

る働きをしているが，活性酸素と反応することで酸化LDLになり，酸化LDLを貪食したマクロファージが血栓を形成することで動脈硬化が引き起こされると考えられている。従って、酸化LDLの発生を予防できれば，動脈硬化症の予防に繋がることが期待できる。

　LDLの被酸化性に対するリコピンの影響を検討するため，被験者に19日間，毎日トマトジュースを摂取してもらい，採取した血液を用いた *ex vivo* 実験を行った[10]。トマトジュース摂取期間前後のLDL画分を分析したところトマトジュースを摂取することでLDL画分にカロテノイドが有意に蓄積していた。摂取期間前後のLDL画分にメチレンブルーを加え一重項酸素を発生させることで酸化誘導し，反応により生成された過酸化脂質を定量したところ，それぞれ酸化誘導2時間後から過酸化脂質が検出され，時間に応じて増加していった。トマトジュース摂取期間後に調製したLDLは，摂取期間前のLDLと比べ有意に過酸化脂質濃度が低かった（図4）。これはLDLに存在したカロテノイドが活性酸素と反応し，抗酸化作用を発揮することでLDL中の脂質を酸化から防いでいると考えられた。このことから生体内でLDLに含まれるリコピンはLDLで発生する脂質過酸化を抑制し，酸化LDLの生成を抑制することで動脈硬化など循環器系疾患のリスクを低下させることが示唆された。

5.2　肺気腫抑制

　タバコは肺に障害をもたらし，肺気腫を引き起こす。肺気腫では肺胞が破壊されガス交換効率が低下するため，呼吸困難に陥ることがあり最悪の場合では死に至ることもある。タバコの煙はタバコを吸う人の肺に入る主流煙と，タバコを吸って吐いた煙である副流煙の2つに分けられる。タバコの有害成分は主流煙のみならず副流煙にもあるため，タバコを吸う人の周りの人も害を受

第2章　リコピン

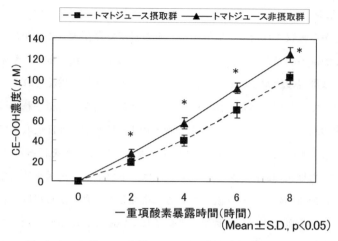

図4　トマトジュース摂取がLDLの脂質過酸化に与える影響

ける可能性がある。筆者らは副流煙を動物に吸わせることで肺気腫を誘導するモデルを用いて，トマトジュースの摂取が肺気腫に与える影響について検討を行った[11]。

試験では加齢に伴い肺機能が低下するSAMP1マウスに1.5％のタバコの副流煙を含む空気を1日に30分間，1週間に5日間，8週間にわたって吸引させた。水道水を摂取させた群を対照群とし，水で2倍希釈したトマトジュースを摂取させた群をトマトジュース群として，肺胞の障害の度合いである破壊指数を比較した。結果，タバコの副流煙により肺胞は障害を受け，破壊指数は増加した。対照群に比べ，トマトジュース群の破壊指数は有意に低く，トマトジュースの摂取はタバコの副流煙による害を防いだことがわかった（図5）。リコピンは肺に存在することが知られており[5]，肺で発生する活性酸素を消去することで障害抑制に働いていることが推測された。

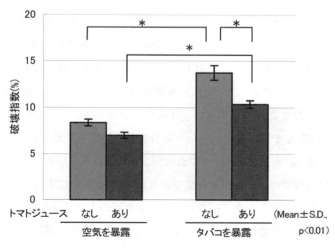

図5　トマトジュース摂取の肺気腫に与える影響

5.3 母乳とリコピン

リコピンは腸管から吸収された後，血液中に一定の濃度で存在することが知られているが，胎児まで届いているかは不明であった。胎児はさい帯を通じて，母親から酸素や栄養分を供給されている。さい帯血は母親の胎盤で血液から作られ，さい帯を通して供給される。胎盤をリコピンが通過し胎児に届いていれば，胎児の体の中でもリコピンが循環，蓄積される可能性がある。

富田らは妊娠中の女性にトマトジュースを分娩の約1ヶ月前から毎日摂取してもらい，血液中のリコピン濃度，分娩時のさい帯血中のリコピン濃度について分析を行った[12]。その結果，トマトジュースを飲んだ母親の血液中のリコピン濃度は，トマトジュースを飲んでない母親と比べ有意に増加し，さい帯血中のリコピン濃度も有意に増加した。食事から摂取されたリコピンが母親の血液を通じてさい帯血に移行し，胎児に供給されていることがわかった。また，母乳中のリコピン濃度も，初乳と呼ばれる分娩後1週間はトマトジュースを飲んでいない群に比べ，高い状態であった。

胎児や乳児が体内でリコピンをどの様に利用しているかは今後の研究課題となるが，分娩後に呼吸を始めた際に生じる活性酸素に対し，リコピンの抗酸化作用が有益に働くことが期待される。

5.4 皮膚

紫外線によりシワやシミ，皮膚がんの原因になることが知られている。特に紫外線の中でも長波長であるUVAは地表に大量に届き，日焼けの原因になり，将来的にはシミやシワに発展する光老化を引き起こす。UVAから皮膚を守るためにはサンスクリーン剤を塗布することも効果があるが，皮膚で引き起こされる活性酸素に対する防御体制を体内で整えておくことが重要である。

食品に含まれるリコピンは皮膚に蓄積することが知られており，紫外線に対する防御の1つになる。特にUVAの照射により発生する活性酸素である一重項酸素の消去能が，リコピンは他の抗酸化物質に比べ高く，効果的に消去することができる[1, 13]。

筆者らは，リコピンの皮膚における働きとして，シワ，シミを予防する観点からコラーゲン合成とメラニン合成に与える影響を調べるため，培養皮膚細胞を用いた試験を行った[14, 15]。

培養した皮膚線維芽細胞にUVAを照射し，コラーゲン合成に及ぼす影響を調べたところ，UVAを照射することによりコラーゲン合成は有意に抑制された。次に，細胞培地にリコピンを0.5μM添加して培養したところ，コラーゲン合成の有意な増加が確認された。リコピンを添加して培養した細胞にUVAを照射してコラーゲン合成量を比較したところ，UVAを照射したリコピン非添加細胞に比べ，有意にコラーゲン合成減少が抑制されていた。よって，細胞試験ではあるが，リコピンは皮膚でのコラーゲン合成を促進し，UVA照射によるコラーゲンの減少を抑制することが示唆された。コラーゲン減少はシワ発生要因の1つであり，光老化の1つである。リコピンは皮膚に蓄積し，光老化によるシワの発生を抑制する機能が期待できる。

光老化の現象としてシワと並んで主要なものとしてシミがある。シミは皮膚基底膜でのメラニ

ン合成が促進され，メラニンが皮膚組織中に蓄積した状態である。メラニン合成を促すものとして，UVA照射により発生した活性酸素の関与が考えられている。筆者らは，メラニン合成に与えるリコピン添加の影響について，メラニンを合成するメラノーマ細胞を用いて評価を行った。培養したB16メラノーマ細胞にリコピンを添加した細胞培地を加え，3日間培養後のメラニン量を定量した。通常の培地に比べ，リコピン添加培地での培養ではメラニン合成は有意に抑制された。リコピンはメラノーマ細胞のメラニン合成を抑制する働きを持ち，光老化によるシミの形成を抑制すると推測される。

これらの結果より，リコピンは皮膚の光老化によるシワやシミの発生を抑制し，美容の観点から皮膚の張りや美白の維持に働くと考えられる。

6　おわりに

リコピンは日常的にトマトを中心とした食品から摂取されているカロテノイドである。食習慣から考えると，食事に含まれるリコピンの安全性は高く，安心して摂取できる物質である。体内に取り込まれた後は生活習慣病や様々な健康障害に対して有効に働き，健康維持や美容に役立つことが知られてきたことから，積極的な摂取が推奨される。今後もリコピンに関する機能性研究が進展し，リコピンを含む野菜や果物の摂取意義が明らかになっていくものと期待される。

文　　献

1) Di Mascio P, *et al.*, *Arch. Biochem. Biophys.*, **274**(2), 532-538 (1989)
2) Tucker KL, *et al.*, *J. Nutr.*, **129**, 438-445 (1999)
3) http://faostat.fao.org/Faostat,FAO (2003)
4) 坂本ら，日本栄養・食糧学会誌，**47**(2)，93-99（1994）
5) Stahl W, *et al.*, *Arch. Biochem. Biophys.*, **294**, 173-177 (1992)
6) Reboul E, *et al.*, *J. Agric. Food Chem.*, **54**(23), 8749-8755 (2006)
7) Gartner C, *et al.*, *Am. J. Clin. Nutr.*, **66**, 116-122 (1997)
8) 丸山ら，第55回日本栄養・食糧学会大会発表要旨集（2001）
9) 佐々木ら，果汁協会報，**580**(12)，21-28（2006）
10) Oshima S, *et al.*, *J. Agric. Food Chem.*, **44**, 2306-2309 (1996)
11) Kasagi S, *et al.*, *Am. J. Physiol. Lung. Cell Mol. Physiol.*, **290**, L396-L404 (2006)
12) 富田ら，第55回日本栄養・食糧学会大会発表要旨集（2001）
13) Bando N, *et al.*, *Free Radic. Biol. Med.*, **37**(11), 1854-1863 (2004)
14) 佐々木ら，第107回日本皮膚科学会総会発表要旨集（2008）
15) Sasaki, *et al.*, 第5回国際研究皮膚科学会発表要旨集（2008）

第3章　マルチカロテノイド

酒井　康*

1　野菜摂取に関して

　2010年まで展開される国民健康づくり運動「健康日本21」の「栄養・食生活」分野では，緑黄色野菜について，2000年度の98gに対し，2010年度には120gまで摂取量を増やす計画を掲げている。消費者の意識レベルでは，野菜は足りている（9.9%），まあ足りている（35.9%）の回答数は全体の半分以下であり，野菜不足の認識は進んでいる（2007年8月ネットリサーチ）。実際，野菜ジュースの販売量は2008年度には1999年度比で150%以上と，能動的に野菜を摂取する姿勢が見てとれる（2007年清涼飲料マーケティング要覧）。しかしながら，2007年の中間報告では緑黄色野菜摂取量は89gであり，目標値と約30gの乖離がある。例えば30gの野菜は図1に示す量であるが，この程度の量を摂取しきれていないのが現状である。

　野菜を摂取する科学的動機に，各種ビタミン類やミネラル分，食物繊維などの栄養素摂取があるが，緑黄色野菜に特徴的な栄養素はカロテノイドである。せっかく能動的に緑黄色野菜をとっても，以下に述べるとおり十分量のカロテノイドを摂取できるとは限らない。緑黄色野菜はスーパーで年中入手可能であるが，そのカロテノイド含量は一定ではない。ホウレンソウの品種によってβ-カロテン量に差異があることが図2から見て取れる[1]。図3に示すとおり，3月に店頭に並ぶホウレンソウのβ-カロテン量も，この調査では多かった宮城県と少なかった山口県では実に2倍以上の差異がある[2]。また，宮城県の例では，7月のβ-カロテン含量は，最も多かった3月の半分以下まで減少している。カロテノイドの場合，含量が増減しても消費者は味や外観

図1　野菜30g

---

*　Yasushi Sakai　協和発酵バイオ㈱　ヘルスケア商品開発センター　主任研究員

で判別できず，またその作用上体感も得られにくいので，消費者は知らない間に緑黄色野菜の恩恵を受けられないことになる。

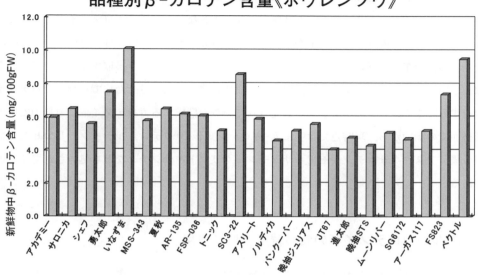

図2 ホウレンソウのβ-カロテン含量
（品種別）
黒島　学ら，北海道立農試集報，82.125-7（2002）改変

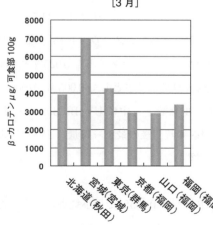
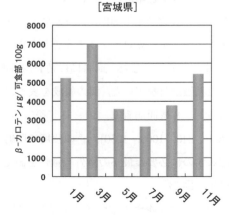

図3 ホウレンソウ中のβ-カロテン量
（生産地別と販売月別）
辻村　卓ら，ビタミン，79巻9号（9月）（2005）改変

2 マルチカロテノイド

不十分な野菜摂取量や野菜由来の不安定なカロテノイド含量を補填するため，カロテノイド含量が規格化された製品を能動的に摂取したいものである。マルチカロテノイドは複数のカロテノイドを含有する製品の総称である。緑黄色野菜や果実は一般にβ-カロテン，α-カロテン，ルテイン，リコピン，ゼアキサンチン，クリプトキサンチンなどの複数のカロテノイドを含有し，実際ヒト血中にも複数のカロテノイドが検出される。各カロテノイドは極性や官能基の配置のわずかな差で体内分布や代謝が異なると考えられ，複数のカロテノイドを摂取する栄養生理学的な意義は大きい。各社より，食事からの摂取比率や血清中濃度を反映させた比で複数のカロテノイドを含有するマルチカロテノイド製品が販売されている。構成するカロテノイドは原料の安定供給と価格面での制約から，現時点では主にβ-カロテン，α-カロテン，ルテイン，リコピンであるが，今後，アスタキサンチンやゼアキサンチン，クリプトキサンチンなども処方されてくる可能性がある。

3 マルチカロテノイドの紫外線障害抑制作用

マルチカロテノイドの摂取により様々な栄養効果が期待できるが，弊社では経口摂取したマルチカロテノイドの紫外線障害に対する作用についてヘアレスマウスを用いて検討したので以下紹介する。

① 試験方法

マリーゴールド色素，パーム油カロテン，デュナリエラカロテン，トマトリコピンと食用油を混合し，総カロテノイド20％（α-カロテン6.7％，β-カロテン35％，リコピン11.7％，ルテイン46.6％）のマルチカロテノイドを作製した。Hos：HR-1（ヘアレスマウス）（5週齢 オス）を各群$n=6$として飼育した。飼料には精製飼料あるいはマルチカロテノイドを0.025％と0.0025％添加した精製飼料を用いた。餌の組成を表1に示す(総カロテノイドとして0.005％，0.0005％(餌中終濃度))。8週間飼育し，飼育終了後，ネンブタール麻酔下背中にUV-B（302nm）を300，500，670，840，1000，1250J/m^{2}の強度で照射し，照射4時間後の最小紅斑量（UV-Bによる紅斑を起こすのに必要な最小の紫外線量）を測定した（図4）。

② 結果（図5）

混餌投与したマルチカロテノイドは総カロテノイドとして0.005％で最小紅斑量を高めた。総カロテノイドとして0.0005％ではこの効果は認められなかった。

③ 考察

マルチカロテノイドの紫外線（UV-B）障害抑制効果がヘアレスマウスで最小紅斑量を高めた

第3章　マルチカロテノイド

表1　マルチカロテノイド摂食試験の餌の組成（%）

原　　料	コントロール群	マルチカロテノイド群 3項マルチカロテノイドの紫外線障害抑制作用	マルチカロテノイド群 4項3「ナチュラルマルチカロテノイド20」の各カロテノイドの吸収性
カゼイン	20	20	20
DL-メチオニン	0.3	0.3	0.3
ミネラルミックス	3.5	3.5	3.5
ビタミンミックス	1	0.5	1
重酒石酸コリン	0.2	0.2	0.2
サフラワー油	5	5	5
マルチカロテノイド	−	0.025/0.0025	0.5
シュークロース	50	20	50
セルロース	5	5	5
スターチ	15	45.5	14.5
合　　計	100	100	100
総カロテノイド含量	0	0.005/0.0005	0.1

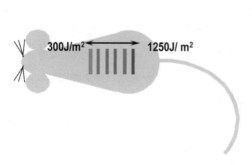

図4　紫外線障害抑制試験
（ヘアレスマウス）

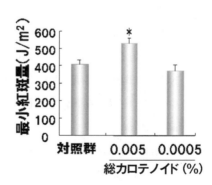

図5　マルチカロテノイドによる紫外線障害抑制

ことで確認された。すでにヒトにおいてβ-カロテン，ルテイン，リコピンの混合物（各8mg，計24mg）を12週間摂取した場合に紫外線障害が抑制され，この効果はβ-カロテン24mgを摂取した場合と同等であることが報告されている[3]。日光を浴びて何時間かすると赤くほてり，ヒリヒリとする紫外線障害が起こるが，これとシミ・ソバカス，真皮内繊維の変性，皮膚老化，皮膚癌発生への関与が示唆されている。マルチカロテノイドの日常的摂取でこれを予防できる可能性があり，障害抑制作用のメカニズム解明やヒトでの検証が待たれる。

4 「ナチュラルマルチカロチノイド」

4.1 製品設計

協和発酵バイオの「ナチュラルマルチカロチノイド」シリーズは，日本人の緑黄色野菜の摂取量に基づいて設計されている。1992年度栄養家計簿モニターにおける，2月（94世帯），5月（84世帯），11月（90世帯）の延べ268世帯の食品購入記録から緑黄色野菜の一日当りの摂取割合を算出したところ，内訳はニンジン21％，ほうれん草20％，トマト17％，かぼちゃ10％，小松菜4.5％，ピーマン4.5％，ブロッコリー4.3％，その他18.7％であった。ここから，平均的な日本の家庭で平均的に摂取される各カロテノイド含量は，緑黄色野菜100g当たりルテイン4mg，リコピン1mg，α-カロテン0.6mg，β-カロテン3mgと算出された。なお，緑黄色野菜100gは第5次改訂日本人の栄養所要量で設定された摂取量である。この各カロテノイドの組成比が「ナチュラルマルチカロチノイド」の製品設計の基本となっている。

4.2 原料，製法，規格

「ナチュラルマルチカロチノイド20」は，食品添加物のマリーゴールド色素，パーム油カロテン，デュナリエラカロテン，トマトリコピンと食用油を，厳密な製造管理の下撹拌混合して製造した食品添加物製剤である。総カロテノイドとして規格20％以上と高濃度にカロテノイドを含有している。各カロテノイドの標準的な組成比は，α-カロテン6.7％，β-カロテン35％，リコピン11.7％，ルテイン46.6％である。本製品の推奨摂取量は総カロテノイドとして17.2mgである。この量で，NCI（米国国立癌研究所）が癌予防で推奨するβ-カロテン量6mgを摂取できる。

マルチカロテノイドは，赤褐色の粘稠な液体で，やや特有の臭いがある。懸濁油脂で加温すれば流動性が高まるため，ソフトカプセル製品に好適である。

錠剤や顆粒製品に好適な安定性に優れたビーズ品「マルチカロチノイド05ビーズ」（総カロテノイド5％以上）は，錠剤にしても安定なビーズを用いているので，にじんだり，含量が低下したりしにくい特徴がある。また弊社では他にも，マルチカロテノイドの各カロテノイド配合比率はそのままに，飲料に使用できる乳化液剤および粉末製品や飲料に使用可能な乳化粉末も開発，上市している。

4.3 「ナチュラルマルチカロチノイド20」の各カロテノイドの吸収性

「ナチュラルマルチカロチノイド20」を経口摂取したとき，各カロテノイドが体内に吸収されるか，混餌投与したマウスの血清を分析して検討したので，以下紹介する。

① 試験方法

BALB/cマウス（8週齢メス）を 各群$n=6$として飼育し，1, 3, 7日目に採血を行い，血清中の各カロテノイドの含量をＨＰＬＣ法にて測定した。試験群の餌の組成を表1に示す。マルチ

第3章 マルチカロテノイド

カロテノイド群は精製飼料に「ナチュラルマルチカロチノイド20」を0.5%添加した。総カロテノイドとしては餌中0.1%含有する。

② 結果（図6）

全てのカロテノイドについて，投与後1日目から血清中の濃度は上昇した。その後3日目，7日目において，血清中濃度は増大する傾向は認められたが，1日目と比較して顕著に増大することはなかった。

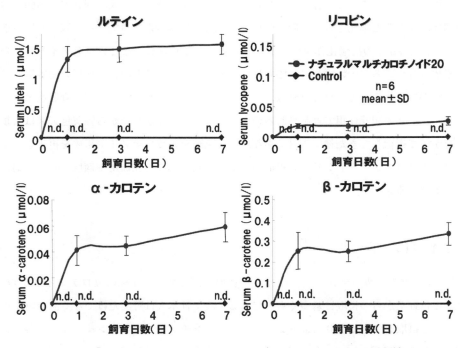

図6 「ナチュラルマルチカロチノイド20」の各カロテノイドの吸収性

③ 考察

本試験では全てのカロテノイドについて混餌投与で血清濃度増大が認められた。「ナチュラルマルチカロチノイド20」の摂取により各カロテノイドが体内に入ることを示唆する重要な知見と考える。血清中濃度はα-カロテンは約0.06μmol，β-カロテンは約0.3μmol，ルテインは約2μmol，リコピンは約0.06μmolであるが，この数値は「ナチュラルマルチカロチノイド20」の組成比を反映しておらず，吸収効率が一様でないことが見てとれる。特にルテインの血清濃度の高さが際立つ。これには，「ナチュラルマルチカロチノイド20」のルテインが食品添加物マリーゴールド色素（ルテインエステル）であることが一因していると考えている。吸収の過程で各カロテノイドが相互作用した可能性があるが[4]，これについては後述したい。

5 カロテノイドの相互作用

吸収の過程でキサントフィル類がβ-カロテンに拮抗的に作用するとする論文が多くみられることから[5]，各カロテノイドの食べ合わせに関して考察してみたい。各カロテノイドはその構造と物性の類似性ゆえに，消化されてから作用するまでに，脂肪への溶け込み，胆汁酸ミセル形成，腸管細胞への取り込み，キロミクロンへの取り込み，各組織への移行，の各々の過程で相互作用する可能性がある[6]。ここで，各過程を左右する因子（胆汁酸量，組成，細胞膜の脂肪酸構成など）は個体差があると推測され，実際，吸収については個体差が大きい[7]。吸収における拮抗作用の一方で，in vitro の抗酸化作用についてはルテインとリコピンなどカロテノイド相互の相乗作用も指摘されている[8]。いずれにしても生体での各カロテノイドの相互作用の全容解明にはさらなる研究が待たれる。ミクロで見れば，もしかしたら，あるカロテノイドの吸収性は，共存するカロテノイドとの相互作用で抑制されるのかもしれない。しかしながら緑黄色野菜は人類が長い年月をかけて選択してきた健康素材であり，緑黄色野菜のカロテノイド組成を再現した「ナチュラルマルチカロチノイド」シリーズ摂取の有効性（相乗的な相互作用や適度な吸収抑制）は揺らがないと考える。

6 おわりに

「ナチュラルマルチカロチノイド」は原料が利用可能であった4種のカロテノイドからなり，組成は緑黄色野菜からの摂取に基づくものである。我々日本人は野菜だけでなく海産物からもカロテノイドを摂取してきており，最近ではアスタキサンチンやフコキサンチンなどの各カロテノイド原料も利用可能となりつつある。一方，ヒト血清中には十数種類のカロテノイドが検出されており，今後分析技術が発達すれば，その種類は増えるかもしれない。日常的な摂取に資する安価な各カロテノイド原料があれば，全食事からの摂取比率や血清中比率に調整された新たな設計のマルチカロテノイド製品も開発可能となろう。

文献

1) 黒島 学ら，北海道立農試集報，82.125-7（2002）
2) 辻村 卓ら，ビタミン79巻9号（9月）（2005）
3) Heinrich U. *et al.,* Supplementation with beta-carotene or a similar amount of mixed carotenoids protects humans from UV-induced erythema. *Journal of Nutrition.,* **133**(1), 98-101 (2003)

第3章 マルチカロテノイド

4) Tyssandier V *et al.*, Vegetable-borne lutein, lycopene, and beta-carotene compete for incorporation into chylomicrons, with no adverse effect on the medium-term (3-wk) plasma status of carotenoids in humans. *Am. J. Clin. Nutr.*, **75**(3), 526-34 (2002 Mar)
5) Henk van den Berg., Carotenoid Interactions. *Nutrition Reviews,* **Vol.57**, No.1, 1-10 (1999)
6) Karin H. Van het Hof *et al.*, Dietary Factors that affect the bioavailability of carotenoids. *J.Nutrition.*, **130**, 503-506 (2000)
7) Dranaga Kostic *et al.*, Intestinal absorption, serum clearance, and interactions between lutein and beta-caroten when administered to human adults in separate or combined oral doses. *Am. J. Clin. Nutr.*, **62**, 604-610 (1995)
8) John Shi *et al.*, Antioxidative properties of lycopene and other carotenoids from tomatoes : Synergistic effects. *BioFactors,* **21**, 203-210 (2004)

第4章 ルテイン

酒井　康[*]

1　はじめに

　ルテインは分子中に2個の水酸基を持つ分子量568のキサントフィルである。強力な抗酸化作用や青色光の吸収作用があることが知られる。天然ではケールやホウレンソウに多く含まれる。ヒト体内では特に網膜周辺部や水晶体に含まれ、目に関与するカロテノイドとしてここ10年で日本でも急速に知名度が高まっている。加齢黄斑変性に対する作用について知見に富むが、以下にごく一部だけ紹介する。最近になって白内障など、我々日本人にも馴染みの深い目の症状に関与することが示されてきた。目のみならず肌への効果も示唆されており、併せて紹介する。また、利用可能なルテイン原料や生体有効性に関する弊社データも紹介し、最後に弊社素材「水溶性ルテイン3.5」も紹介させていただきたい。

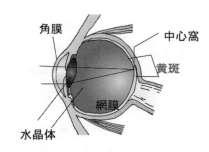

図1　眼の構造

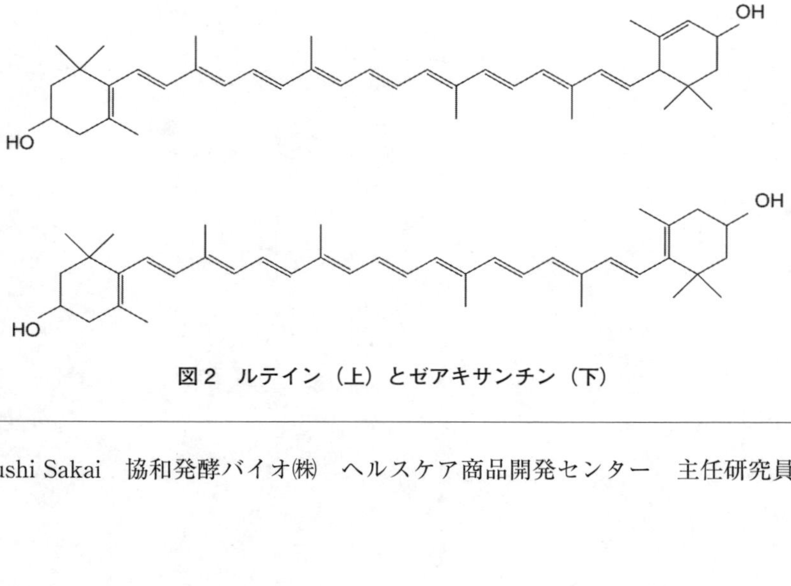

図2　ルテイン（上）とゼアキサンチン（下）

---

[*]　Yasushi Sakai　協和発酵バイオ㈱　ヘルスケア商品開発センター　主任研究員

2 加齢黄斑変性症（Age related macular degeneration；AMD）

　黄斑は網膜の中心部分にあるはっきりとした像を結ぶための組織である（図1）。AMDは黄斑が変性し視力を損失する眼病であり，アメリカでは失明原因の一位である。日本人のAMD患者数は，以前はまれであったが認知も進んで年々増加し，2008年で5万人と推定されている。AMDには効果的な治療法が確立されていないため日常的な食事摂取による予防が期待される。ルテイン（図2）は，構造が非常に類似したゼアキサンチン（図2）とともに，黄斑部に選択的かつ特異的に分布する。他のカロテノイドは存在しない。

　AMD患者356名（対象区520名）を対象とした疫学調査において，ビタミンA,C,Eとカロテノイドの摂取量とAMDリスクの相関を，喫煙などの危険因子で補正して解析したところ，各カロテノイドの中でルテイン摂取量とAMD危険率の間に有意な負の相関が見られた。すなわちルテイン6mg摂取群で危険率が低下した[1]。

　患者や健常者への投与試験も報告されている。初期の加齢黄斑変性症患者をルテインエステル摂取群（7名）と非摂取群（6名）に分け，ルテインエステル摂取群にはルテインエステル20mg/日（ルテインフリー体10mg/日相当）を18〜20週間摂取させたところ，ルテインエステル摂取群でのみ摂取前と比較して平均黄斑色素濃度が有意に上昇した[2]。ルテインエステル（30mgルテインフリー体/日相当）を健常な高齢者2名に1年間摂取させたところ，約5ヶ月（170日）で黄斑色素濃度が21〜39％にまで増加し，その後の摂取期間中も維持された[3]。

3 白内障

　多くの日本人が脅威と感じる白内障についてもルテインの有効性が示されてきた。45〜71歳の総勢77466名の女性を対象とした12年間の追跡調査の結果，1471名が白内障の摘出手術を受けたが，ルテインとゼアキサンチンの摂取量が多いグループは白内障摘出リスクが22％低い結果を得ている[4]。最近の報告では，女性35551名を対象とした10年間の追跡調査で2031例が白内障と診断されたが，多変量解析した結果，食品やサプリメントに由来するルテインとゼアキサンチンの摂取量が白内障リスク低下と有意に相関した[5]。

　加齢による白内障患者を2群に分けルテインエステル（ルテインフリー体15mg/日相当）（5名）またはプラセボ（6名）を週3回2年間摂取させ，視力とグレア（光のぎらつき）に対する感受性を評価したところ，視力はルテインエステル摂取群では開始時と比較して有意に改善され，グレア感受性も改善された。プラセボ摂取群では改善が見られなかった[6]。

4 皮膚に対する作用

マウスを用いた試験において，UV-B 照射で誘導される皮膚炎症反応を混餌投与したルテインが抑制したことから，経口投与したルテインが皮膚に蓄積し，皮膚で光保護作用や抗酸化作用を示すことは示唆されていた[7]。ルテインには，光による発ガンや老化を抑制するのと同時に美容面での肌への効果も期待される。健康な女性40名（25歳〜50歳 平均35.1歳）に対し，ルテイン5mg，ゼアキサンチン0.3mg をカプセルで摂取させると，表皮脂質，皮膚弾力性，皮膚水分量，光保護活性が増大し，皮膚脂質過酸化レベルが低下した[8]。この試験では，ルテイン塗布の併用による効果増大も見られている。

表1 野菜中のルテイン含量

野菜	ルテイン（μg/100g）
ブロッコリー	1900
芽キャベツ	1300
ニンジン	260
ケール	21900
ホウレンソウ	10200
冬カボチャ	38
夏カボチャ	1200
トマト	100

表2 食品添加物 マリーゴールド色素

	マリーゴールド色素
品　名	マリーゴールドの花から得られた，キサントフィルを主成分とするものをいう。
簡略名又は類別名	カロテノイド，カロテノイド色素，マリーゴールド
基原・製法・本質	キク科マリーゴールド（*Tagetes erecta* WILLD.）の花より，室温時ヘキサンで抽出して得られたものである。主色素はルテインの脂肪酸エステルである。黄色を呈する。
備　考	Marigold Color

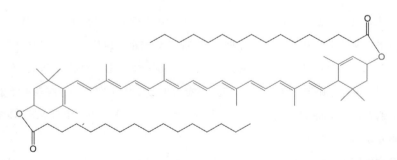

図3 ルテインエステル
（代表例として Lutein dipalmitate (C72H116O4, MW1044)）

5 ルテイン含有食品

各種食品中のルテイン含量を表1に示す。多くの野菜に含まれているが，ケールやホウレンソウなどの緑黄色野菜に豊富である[9]。他にも含量の報告例はあるが，ルテインと構造のよく似た

第4章　ルテイン

ゼアキサンチンを区別して定量しているものは少ない。サプリメントに利用可能なルテイン原料としては食品添加物マリーゴールド色素（表2），およびフリー体のルテインがある。食品添加物のマリーゴールド色素はマリーゴールド（学名 *Tagetes erecta* WILLD）の花弁からの抽出物でルテインをエステル体（図3）として含む。フリー体ルテインはマリーゴールド花弁抽出物をケン化してから精製して得られる。各社から，様々な形態のバルク原料が販売されているが，多く流通しているのはフリー体換算で20％の懸濁液である。錠剤向けのビーズ品や飲料向けの乳化製剤など各社から工夫を凝らした製剤が販売されている。

6　エステル体ルテインの生体利用性

一般的にカロテノイドは小腸上皮細胞で吸収後，リポタンパク（キロミクロン）による輸送で血液中に分泌され，体内各組織に到達すると言われる。ルテインエステルについては，経口摂取後，キロミクロン中，血中，組織中に，フリー体のみが検出されエステル体は検出されないことから，加水分解後フリー体として腸管から吸収されるものと推測される[10]。したがって吸収された後の挙動はエステル体での摂取とフリー体での摂取とに差はない。

6.1　ヒトの知見

ヒトを対象とした試験では男性10人（25.2才，74.0kg），女性8人（27.6才，63.0kg）を被験者とし，各々0.67μmol/kg（平均24.5mg），0.5μmol/kg（平均20.7mg）（all-trans lutein 量として）のルテインエステル（ジパルミテート56％，ジミリステート36％，モノミリステート8％），ルテイン（フリー体）を摂取させ，4，6，8，10，12，16，24，34，72，120，240，408時間後に経時的に採血して血清ヘキサン抽出物をHPLC分析（ルテインとゼアキサンチンの総和）した結果，AUC（nmol/(L・h)）としてルテインエステルは37.0±35.8，ルテインは22.9±19.0とルテインエステルの方が吸収性が良かったという報告がある[11]。一方，低カロテノイド食を2週間続けた被験者（男10名）に対し，6mgのルテイン（フリー体），5.5mgのルテインに相当するルテインエステルを毎日摂取させた結果，ルテイン摂取，ルテインエステル摂取で血清ルテイン濃度に差異がなかったと言う報告もあり[12]，条件設定などヒトを対象とした試験の難しさも示唆されている。

6.2　動物試験

弊社でもマウスを用い，混餌投与したルテインの血清中のルテイン濃度を比較したので，以下紹介したい。

① 試験方法

BALB/cマウス（8週齢メス）を 各群 $n=6$（コントロールのみ $n=2$）として飼育し，1，3，

7日目に採血を行い,血清中のルテイン含量を HPLC 法にて測定した。試験群の餌の組成を表3に示す。試験期間中,餌中のルテイン含量を揃えるため,餌は4℃で保管し,毎日交換した。試験0日と1日,6日目と7日目にはルテイン含量を測定し,試験期間を通して,餌中のルテイン含量は理論値(0.006%)の88%以上であることを確認した。

表3 ルテイン吸収性試験の餌の組成(%)

原　料	試　験　群		
	コントロール群	ルテイン群	ルテインエステル群
カゼイン	20	20	20
DL-メチオニン	0.3	0.3	0.3
ミネラルミックス[*1]	3.5	3.5	3.5
ビタミンミックス[*2]	1	1	1
重酒石酸コリン	0.2	0.2	0.2
サフラワー油	5	5	5
ルテイン(20%)	—	0.0348	—
ルテインエステル(ルテイン換算20%)	—	—	0.0325
シュークロース	50	50	50
セルロース	5	5	5
スターチ	15	14.98	14.98
合計	100	100	100
ルテイン含量	0	0.006%	0.006%(ルテイン換算)

＊1　オリエンタル酵母社　AIN-76
＊2　オリエンタル酵母社　AIN-76 ビタミン

コントロール群:精製飼料,ルテイン群:フリー体のルテインをルテインとして0.006%含有する精製飼料,ルテインエステル群:エステル体のルテインをフリー体ルテイン換算で0.006%含有する精製飼料

② 結果(図4)

混餌投与において,ルテインのエステル体,フリー体のいずれの餌を用いた場合でも,投与後1日目から血清のルテイン濃度は上昇した。投与後1日目,3日目,7日目において,エステル体ルテインを投与した群のほうがフリー体ルテイン群よりも血清ルテイン濃度が有意に高かった。

③ 考察

実際にヒトがルテインサプリメントを摂取する場合,ソフトカプセル形態がもっとも多い。ソフトカプセルでは,カプセル製造時,界面活性剤を使用する場合が多く,共存することでルテイ

第4章　ルテイン

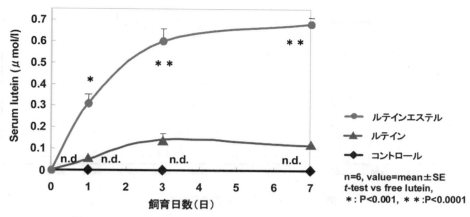

図4　ルテインおよびルテインエステル投与時の血清中ルテイン濃度

ンの吸収性に影響する可能性がある。また、実際の摂取シーンを想定しても、食事と一緒より食後単独での摂取も考えられる。したがって今回得られた知見を持って、そのままエステル体のほうがフリー体よりヒトでも吸収性が良いと一概には言えないであろう。

しかし今回、条件の揃った動物試験系で比較したことに一定の科学的意味があると考えている。本試験において、エステル体ルテインの高い吸収性が示されたことで、餌での摂取後、消化管内での安定性、脂肪への溶け込み、胆汁酸ミセル形成、腸管細胞への取り込み、のいずれかの過程でエステル体が効率的だったと示唆される。個々のステップについて比較検証することが、より良い製剤の開発や効率的なサプリメント摂取方法の提案につながると考えている。

7　「水溶性ルテイン3.5」

弊社では飲料に使用可能な乳化粉末製剤「水溶性ルテイン3.5」を2004年から販売し、好評いただいている。以下に「水溶性ルテイン3.5」について紹介させていただきたい。

7.1　「水溶性ルテイン3.5」のルテイン原料

ルテインのエステル体（図3）を含むルテインエステルの脂肪酸はパルミチン酸とミリスチン酸を含むが多様性があり、HPLCで分析を試みると図5のように多くのピークを認める。エステルを加水分解してからカロテノイドを分離できる条件で分析すると、図6のようにルテインの1ピークとなる。「水溶性ルテイン3.5」はマリーゴールド色素とアラビアガムからなる乳化粉末製剤であるが、ルテインの極大吸収波長442nmの吸光度を用いて定量することでフリー体ルテイン換算で、ルテイン含量を3.5%以上と規格化している。ルテインはその高い抗酸化性ゆえ一般的には反応性が高く不安定とされるが、以下の試験の過程で、「水溶性ルテイン3.5」は高い安定性と食品加工適性を示した。この理由は、一つには乳化製剤であるため、基材によってルテイン

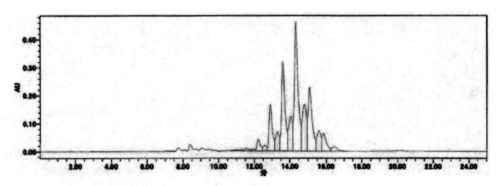

図5　マリーゴールド色素の分析チャート

が保護されていることが挙げられる。また，ルテインのエステル体は光や熱に対し，フリー体と比較して安定であると報告されており，このエステル体としての安定性の寄与も考えられる。

7.2 「水溶性ルテイン3.5」の食品加工適性

① 保存安定性，加熱安定性，光安定性

「水溶性ルテイン3.5」粉末をアルミ包材に分包し，5℃，20℃，及び40℃で保存したところ，40℃，3ヶ月の保存区でも95％以上が残存した。120～160℃に

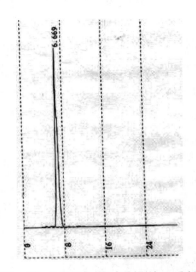

図6　マリーゴールド色素（加水分解後）の分析チャート

て30分間加熱処理を行ったが，160℃の加熱区でも95％以上残存した。ビニール袋に薄く分散し，光照射を行った（2000ルクス／日，室温）。50日間の照射（累計10万ルクス）でもルテインは安定であった。

② 滅菌耐性，飲料での安定性

「水溶性ルテイン3.5」の0.17％溶液を作成し（ルテインとして0.006％），pH3で90℃，15分あるいはpH6で120℃，20分加熱したが，ルテインの低下は認められなかった。

90℃，15分滅菌した溶液を5℃，20℃，40℃で保存したところ40℃ではルテイン含量の低下が認められた（図7）。ルテインはその高い抗酸化活性ゆえに分解したものと予想し，抗酸化剤の添加を試みた。その結果，図8のごとく，ルテインの低下は終濃度0.25％のアスコルビン酸ナトリウムで抑制された。また，pH3の溶液を冷蔵下，光照射（5000ルクス）したところ，褐色容器では60日間ルテインは安定だったが（累計30万ルクス），透明容器ではルテインの低下が

第 4 章 ルテイン

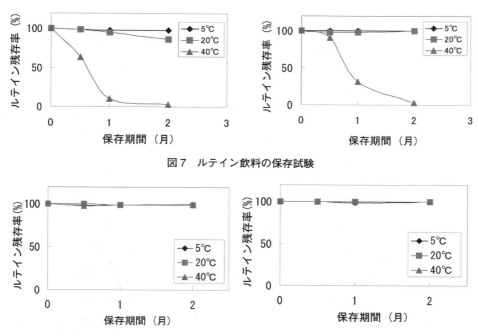

図7 ルテイン飲料の保存試験

図8 ルテイン飲料のアスコルビン酸ナトリウム（終濃度 0.25%）による安定化

認められた。ここでも，アスコルビン酸ナトリウム（終濃度 0.25%）を添加するとこの低下は抑制された。以上を踏まえ，「水溶性ルテイン 3.5」の飲料を作製する場合，アスコルビン酸ナトリウムとの併用を推奨している。

③ ゼリー飲料の試作

表4の処方でルテインとブルーベリーエキスを含有するゼリー飲料を製造した（図9）。40℃で保存してもルテインの低下は認められなかった。製造中，および保存過程で，分離沈殿は認められなかった。

表4

原材料	配合（%）
水溶性ルテイン 3.5	0.123
果糖ブドウ糖液糖	14
ゲル化剤	0.55
香料	0.18
アスコルビン酸ナトリウム	0.25
ブルーベリーエキス	0.007

図9 ルテイン入りゼリー飲料

④ 顆粒・錠剤の試作

一般のルテイン原料は，油脂状や懸濁液状であり，顆粒や粉末製品への配合は困難である。「水溶性ルテイン 3.5」を用い，以下の組成でルテインの顆粒を試作した（「水溶性ルテイン 3.5」2.9％，クエン酸 3.0％，マルトース 93.1％，香料 1.0％）。造粒工程に問題なく，顆粒は試作できた。「水溶性ルテイン 3.5」2.9％，マルトース 92.1％，シュガーエステル 5％を用い顆粒を製造したのち，1g の錠剤を作製した。この場合も打錠工程に問題なく，錠剤は製造できた。この錠剤を 40℃，1ヶ月保存したが，ルテインの低下は認められなかった。

7.3 「水溶性ルテイン 3.5」のルテイン吸収性に関して

「水溶性ルテイン 3.5」はエステル体のルテインをアラビアガム乳化粉末で製剤化したものである。アラビアガムで乳化した製剤については，CoQ-10 について，製剤化することによりヒト吸収性が高まる結果を得ている（論文投稿準備中）。「水溶性ルテイン 3.5」の原料ルテインはフリー体より吸収性が高いと推察されるエステル体であるが，アラビアガム製剤である「水溶性ルテイン 3.5」の吸収性は原料のルテインエステルより更に高まっている可能性がある。今後，検証していく予定である。

8 おわりに

カロテノイドは分子サイズもほぼ同様で，ほとんどの化合物が抗酸化能を持つが，極性や官能基の配置のわずかな差が，体内分子との親和性や体内局在を変える可能性がある。眼に唯一検出されることで示唆される眼における重要性のみならず，ルテインならではの有用性があると考える。多くの人々が自然の恵みであるルテインの恩恵にあずかれるよう，摂取しやすい原料製剤を開発することは重要である。本章が，ルテインを摂取したい人のみならず，ルテイン原料を開発する上でも少しでもお役に立てば幸いである。

文　献

1) Seddon JM *et al.*, Dietary carotenoids, vitamins A, C, and E, and advanced age-related macular degeneration. Eye Disease Case-Control Study Group. *JAMA 272*, 1413-20 (1994)
2) Koh HH. *et al.*, Plasma and macular responses to lutein supplement in subjects with and without age-related maculopathy : a pilot study. *Experimental Eye Research,* **79**(1), 21-7 (2004)
3) Landrum JT *et al.*, A one year study of the macular pigment: the effect of 140 days of a

lutein supplement. *Experimental Eye Research*, **65**(1), 57-62 (1997)
4) Chasan-Taber L. *et al.*, A prospective study of carotenoid and vitamin A intakes and risk of cataract extraction in US women. *American Journal of Clinical Nutrition*, **70**, 509-16 (1999)
5) Christen WG *et al.*, Dietary carotenoids, vitamin C and E, and risk of cataract in women: a prospective study. *Archives Ophthalmology*, **126**(1), 102-9 (2008)
6) Olmedilla B *et al.*, Lutein, but not alpha-tocopherol, supplimentation improves visual function in patients with age-related cataracts : 2-y double-blind, placebo-controll pilot study. *Nutrition*, **19**(1), 21-4 (2003)
7) Lee EH *et al.*, Dietary lutein reduces ultraviolet radiation-induced inflammation and immunosuppression. *J. Invest. Dermatol*, **122**(2), 510-517 (2004)
8) Palombo P *et al.*, Beneficial long-term effects of combined oral/topical antioxidant treatment with the carotenoids lutein and zeaxanthin on human skin: a double-blind, placebo-controlled study. *Skin Pharmacol Physiol.*, **19**, **20**(4), 199-210 (2007 Apr)
9) Mangels AR *et al.*, Carotenoid content of fruits and vegetables: an evaluation of analytic data. *Journal of the American Dietetic Association*, **Vol.93**, 284-296 (1993)
10) Khachik F *et al.*, Separation and identification of carotenoids and their oxidation products in the extracts of human plasma. *Analytical Chemistry*, **64**, 2111-2122 (1992)
11) Bowen PE *et al.*, Esterification does not impair lutein bioavailability in humans. *Journal of Nutrition*, **132**(12), 3668-73 (2002)
12) Chung HY *et al.*, Lutein bioavailability is higher from lutein-enriched eggs than from supplements and spinach in men. *Journal of Nutrition*, **134**, 1887-93 (2004)

第5章　ゼアキサンチン－ヒトの健康と特異的に関連した抗酸化・光保護剤

Donald R. Berdahl [*]

1　緒言および歴史

　ゼアキサンチンはすでに自然界で見出されている600種類を超えるカロテノイドのうちの1種類に過ぎないが，その特別な化学的および物理的特性によって，植物および動物界の双方で極めて重要なカロテノイドとなっており，多くの生物を有害な高エネルギーの短波長光から保護する上でも重要な役割を果たす。ゼアキサンチンは眼組織に選択的に存在し，そこでルテインと共に黄斑色素を形成していることは，それが高齢者の失明の主要原因である加齢黄斑変性（AMD）の予防で重要な機能を担うことを示唆する。ヒトの様々な健康状態に見込まれるその役割は，依然として多大な科学的興味をかき立て，読者はこの10年間で発表された多くの素晴らしいレビューを目にすることができる [1, 2, 22, 31, 51, 52, 56, 64, 67, 75, 76, 80, 89, 90]。

　ゼアキサンチンは $C_{40}H_{56}O_2$ の分子式を持つカロテノイドである。酸素を含有することから，キサントフィル類のカロテノイドに属する。Paul Karrerら（1929）はトウモロコシ（*Zea mays* L.）から初めてゼアキサンチンを単離 [42] し，同研究グループは後にその全体的な化学構造を明らかにした [43]。ゼアキサンチンのジパルミチン酸エステルであるフィサレインは，1929年にRichard Kuhn と Willy Wiegand（1929）がホオズキ（*Physalis alkekengi* L.）から単離した [53]。興味深いことに，Karrer はカロテノイドに関する研究によって1937年のノーベル化学賞を受け，同様に Kuhn も翌年にノーベル賞を受けた。

2　構造および光学的特性

　一連の二重結合および二つのキラル中心を持つゼアキサンチンには，理論的に何千種類もの異性体が存在しうる。重要なのは，これらの異性体のうちの数種類のみである。植物は一つの特定の幾何的な立体異性体，すなわち，(all-E)-(3R, 3'R)-ゼアキサンチン，さらに正確にはおそらく (all-E)-(3R,3'R)-β,β-カロテン-3,3'-ジオールと称される形で，ゼアキサンチンを合成する。トランス-ゼアキサンチンまたはオール-トランス-ゼアキサンチンとも称されるこの化合物の構造を，他の2種類の立体異性体である (all-E)-(3R, 3'S-メソ)-ゼアキサンチンおよび (all-E)-(3S,

---

[*] 　Donald R. Berdahl　Kalsec®, Inc.　Executive Vice President/Laboratory Director

第5章 ゼアキサンチン-ヒトの健康と特異的に関連した抗酸化・光保護剤

3'S)-ゼアキサンチン，および本章で言及される他のいくつかの構造と共に図1に示す。これら後者のゼアキサンチン立体異性体は植物では産生されないと思われるが，これまでに海洋生物（マス，エビ，カメ）から単離され，その場合には他のカロテノイド由来の代謝産物と考えられている[59,84]。(All-E)-(3R,3'R)-ゼアキサンチンは，時に「食事性ゼアキサンチン」と称される[注1)]。

様々なZ-型（またはシス型）のゼアキサンチンも知られている。これまでに11種類のZ-異性体がホフマン・ラ・ロシュの科学者らによって合成，単離され，分光学的に特徴付けられた[26)]。

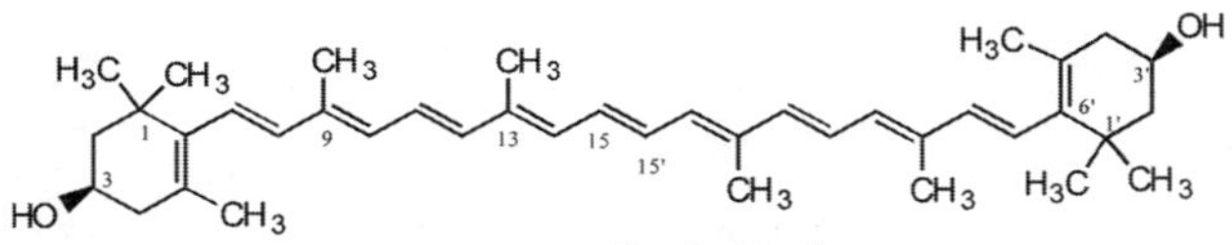

all-E-(3R,3'R)-ゼアキサンチン

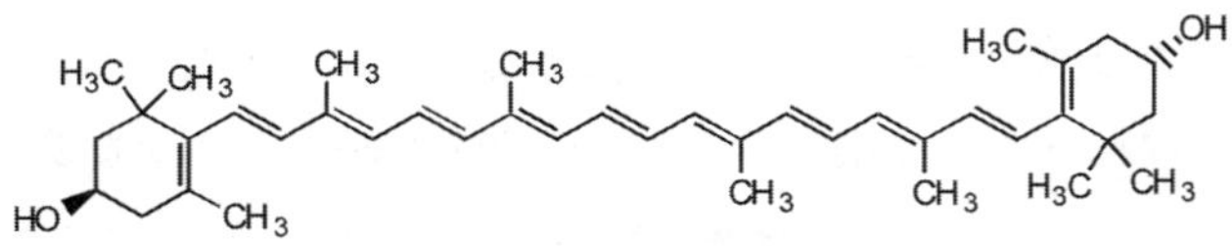

all-E-(3R,3'S-メソ)-ゼアキサンチン

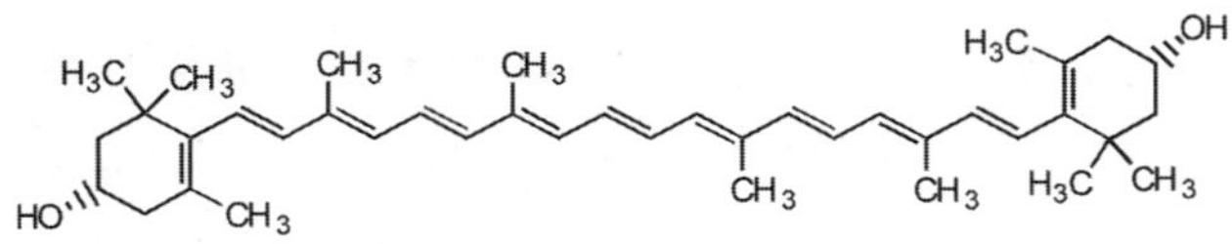

all-E-(3S,3'S)-ゼアキサンチン

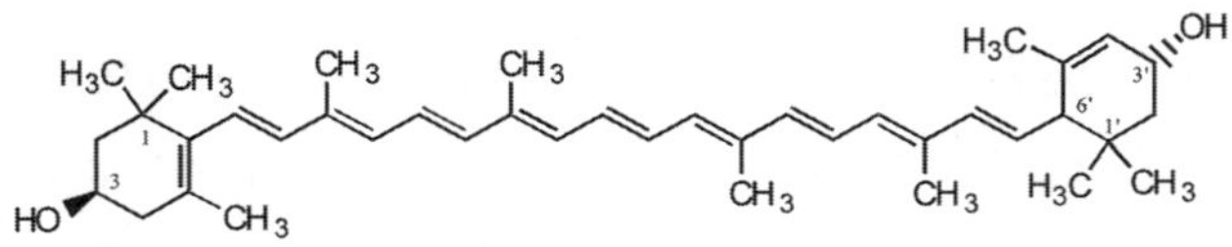

all-E-(3R,3'R,6'R)-ルテイン

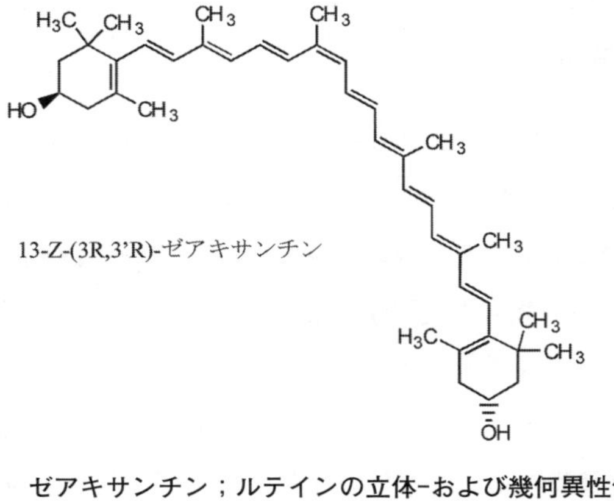

13-Z-(3R,3'R)-ゼアキサンチン

図1 ゼアキサンチン；ルテインの立体-および幾何異性体

注1) (3R,3'S) と (3S,3'R) の形態は全く同じである。

7-Z, 11-Z のような一部の Z-異性体の形成は，このような異性体でメチル基と近隣の水素原子との間に立体的な込み合いが存在するために不利である。9-Z, 13-Z, 15-Z 異性体は，形成されやすい。様々な果物，野菜，パスタ製品からは，ゼアキサンチンの 9-Z 異性体ではなく，13-Z 異性体が検出されている[40]。この研究では，13-Z 異性体が all-E 型よりも高い濃度でブロッコリー，ケール，ロメインレタス，パセリ，ホウレンソウ，ネクタリンに存在することが確認された。しかし，Z-異性体の形成は，抽出および単離中に生じる異性化のアーチファクトである可能性が高い。Z-異性体は，熱および光化学を介した異性化プロセスによって all-E 異性体から形成されることが知られている。Updike と Schwartz (2003) は，野菜の Z-異性体含有量が熱処理によって増加することを報告している[98]。

自然界におけるゼアキサンチンは，脂肪酸でエステル化されていることが多い。枸杞子すなわちウルフベリーのゼアキサンチンは，ほとんどすべてがジパルミチン酸エステルとして存在し[106]，比較的高い濃度のゼアキサンチンを含むことが確認されたあるひとつのパプリカの一品種では，色素がリノレン酸やオレイン酸といった様々な脂肪酸のモノおよびジエステルと遊離ジオールとの混合物として存在する[94]。ヒト網膜組織のゼアキサンチンは遊離ジオールの形態で存在するが，カエルおよびウズラの網膜組織で見出されるものはエステル化形態で存在する[46]。

ゼアキサンチンの光学的特性は，その構造や光吸収特性を生み出す 11 の共役二重結合システムの産物である。カロテノイドの電子構造およびその UV／可視分光法については，優れたレビューが利用できる[17,48]。ゼアキサンチンの可視スペクトルは，β カロテンのそれと極めて類似している。ゼアキサンチンは可視スペクトルの 400〜500nm 領域の光を吸収し，エタノール中の λ_{max} = 425（肩），450，478nm である[17]。植物組織および動物組織の双方におけるゼアキサンチンの光保護効果の一部は，高エネルギー光を吸収し，振動減衰およびポリエン骨格における異性化反応を介してそのエネルギーを非放射的に消散させる能力に起因すると考えられる。

3 植物における機能

ルテインと共に，ゼアキサンチンは植物界で最も広く分布しているキサントフィル色素の一つであるが，植物におけるゼアキサンチンの濃度は概してルテインよりも低い。ルテインとゼアキサンチンは，植物組織で多くの重要な役割を果たす。このような機能のうち最も重要なものは，光合成プロセスのエネルギー制御を支援することである[71]。クロロフィルは光合成の推進に用いるために光を容易に吸収するが，カロテノイドもまた，このエネルギー捕捉活性を助ける。カロテノイドは光子を吸収して基底状態のクロロフィルへのエネルギー移動が可能な励起一重項状態を生じ，それによって植物の集光能力を高めることができる。光合成器官は，このエネルギー移動を促進するため，このような形でカロテノイドを組み入れる。カロテノイドによる光の吸収は，ポリエン系における π 電子の一つが結合から反結合軌道に進む $\pi \rightarrow \pi^*$ 移動をもたらす。π

第5章　ゼアキサンチン-ヒトの健康と特異的に関連した抗酸化・光保護剤

電子は高度に非局在化しているため，移動に必要なエネルギーはかなり小さく，励起状態のエネルギーは比較的低い。カロテノイドにおける光の吸収は現在，基底状態（S_0）と最低励起一重項状態（S_1）間の移動ではなく，S_0 と第二励起一重項状態（S_2）間の移動に起因する[16]。S_2 および S_1 はいずれも内部転換を通じて達成でき，クロロフィルの第一励起一重項状態（S_1）の少し上にあるため，クロロフィルへのエネルギー移動が容易である。

エネルギーを集めることに加え，カロテノイドはまた，光合成プロセスでエネルギーを消散させる。これが必要な理由は，葉に影響を及ぼすエネルギーの一部が非光合成経路に流出し，問題のある結果をもたらしうるためである。励起三重項クロロフィルはそのエネルギーを酸素分子に移動させ，植物組織の多くの構成要素と反応して損傷をもたらすことが可能な，極めて反応性の高い，破壊的な酸化性物質である一重項酸素（$^1O_2$）を形成しうる。カロテノイドは，このエネルギー束を二つの形で管理する上で役立つ。第一に，カロテノイドは三重項状態クロロフィルの極めて効率的な消光分子で，クロロフィルを基底状態に戻し，エネルギー移動によって他の活性種を生成できない程度にエネルギーの低い三重項状態のカロテノイドを生じて，その励起エネルギーを無害な形で熱として消散させる。第二に，カロテノイドは一重項酸素の極めて効率的な消光分子で，このような化合物が形成された場合には，それを不活化する[16]。

カロテノイドによる一重項酸素の消光効率は，溶液中で十分に研究されてきた。一般的には，消光効率は共役系における二重結合の数に関連することが確認されている。しかし，このような単溶媒ベースの系を研究しても，より複雑な多相系における挙動を予測できない可能性がある。実際，モデル脂質膜で検討した場合，ゼアキサンチンの $^1O_2$ 消光挙動は，他の食事性カロテノイド（ルテイン，β-カロテン，リコピン，カンタキサンチン，アスタキサンチン）とは著しく異なる。濃度の増加と共に消光率が直線的に増加する他のカロテノイドとは異なり，ゼアキサンチンは独特な濃度依存性を示す[19]。最大 45 マイクロモル（μM）のゼアキサンチン濃度では，一重項酸素の消光が $2.3\times10^8 M^{-1}s^{-1}$ の消光率定数まで直線的に増加する。これより高い濃度では消光率が低下し，70μM における消光率はゼロまで低下する。突然変異したシロイヌナズナの葉におけるゼアキサンチンの光保護効果を測定した，注目に値するいくつかの研究に照らすと，この挙動は極めて興味深く，いささか不可解である[36]。これらの著者らは，クロロフィルbが欠失し，集光性複合体Ⅱ（LHCⅡ）が極めて不完全であるために，LHCⅡとは無関係な，すなわち上述のエネルギー移動メカニズムを主な理由としない，キサントフィルに固有の抗酸化特性を評価できるシロイヌナズナの変異株を調べた。これらの著者らは，「脂質保護効果は，シロイヌナズナの葉に存在する他のキサントフィルよりもゼアキサンチンで高く，この抗酸化機能の増大はLHCⅡの非存在下でも生じる」と結論付けた。膜モデルの研究に照らすと，おそらくは一重項酸素の消光以外の何かが，シロイヌナズナの葉におけるゼアキサンチンの優れた抗酸化作用の原因となると考えられる。

Trevithick-Sutton ら（2006）は，化学蛍光および ESR 研究を用いて，網膜カロテノイドのゼ

アキサンチンやルテインを含むいくつかのカロテノイドに，スーパーオキシドおよびヒドロキシル・ラジカルを除去する能力があることを示した。リコピンおよびβ-カロテンは，ゼアキサンチンやルテインよりも優れたスーパーオキシド除去物質で，このグループでは，ルテインのスーパーオキシド除去能が最も低かった。論文著者らは，スーパーオキシドの除去がカロテノイドを破壊する化学反応によって生じることを示唆し，共役系の末端へのスーパーオキシド付加を主張している。ゼアキサンチンは最も強力なヒドロキシル・ラジカル除去物質であり，次にβ-カロテン，リコピン，ルテインが続くことが確認されたが，それらの差異は比較的雑音の多い信号の標準偏差内にあった[96]。

　カロテノイドの相対的な抗酸化活性については他の一般的な測定が行われてきたが，ランキングは採用された条件および方法によって異なる。Millerら（1996）は，ゼアキサンチン，ルテイン，α-カロテンがリコピンおよびβ-カロテンほど効率的なABTSラジカル・カチオン除去物質でないことを確認した[63]。FarombiとBritton（1999）は，α-カロテンおよびルテインがホスファチジル・コリンのラジカル連鎖酸化をβ-カロテンおよびゼアキサンチンより効率的に減弱することを確認した[28]。Bohmら（2002）は，α-カロテン，β-カロテン，リコピン，ゼアキサンチンの様々な幾何異性体の抗酸化能を調べた。この研究では，ゼアキサンチンの9Z-異性体が抗酸化物質として，13Z-異性体またはall-E異性体ほど強力ではないことが確認された[8]。

キサントフィルサイクル

　ゼアキサンチンは，いわゆるキサントフィルサイクルを通じて，植物を低および高光環境に適合させる上で重要なもう一つの役割を果たす。図2に示したとおり，このサイクルには，ゼアキサンチン，アンテラキサンチン，ビオラキサンチンを相互転換する，一連の可逆的なエポキシ化反応が関与する[24, 105]。高光束下では，ビオラキサンチンおよびアンテラキサンチンの順次的な脱エポキシ化が起こり，最終的にはゼアキサンチンが生じる。このような脱エポキシ化反応は，高強度の光への短期間の適合を可能にする，吸収された光子エネルギーの非光化学的な熱消散のための手段を提供し，光によって開始される損傷から植物を保護する上で役立つ。弱光条件下では，プロセスが逆行し，ゼアキサンチンがエポキシドに転換される。

4　動物における機能

　植物におけるゼアキサンチンに特有の光保護上の役割を考えると，動物が自らの組織の防護においてこの分子を利用するためのメカニズムを進化させてきたことは驚くに値しない。動物はカロテノイドを合成する能力を持たず，それらを食事供給源から取り入れなければならない。標準的なヒトの食事には約40種類のカロテノイドが含まれるが，これらの化合物のうちの13種類とその異性体のうちの12種類のみ，さらには非食事性の副生成物9種類がヒト血清中で同定され

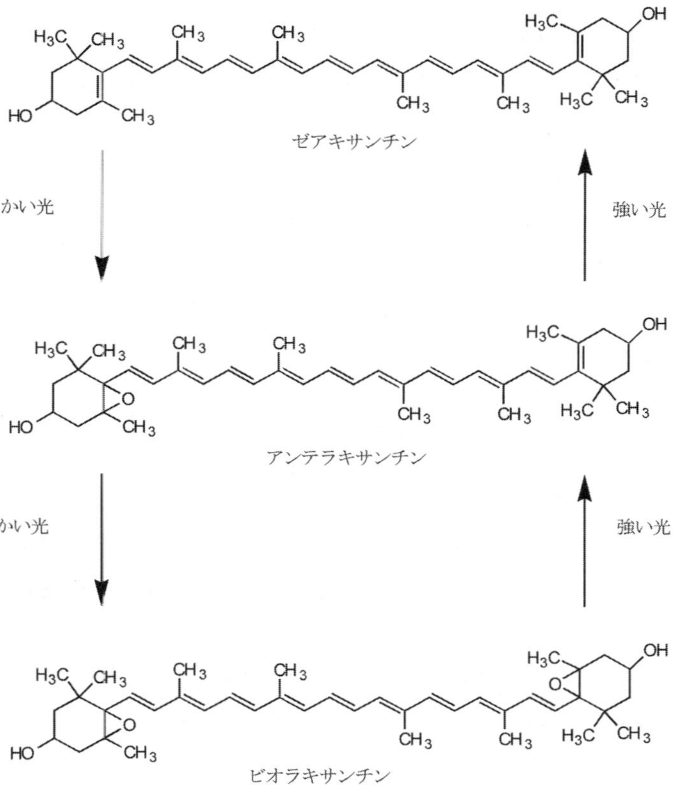

第 5 章　ゼアキサンチン-ヒトの健康と特異的に関連した抗酸化・光保護剤

図2　キサントフィルサイクル

ている[46)]。これらの色素のうちの2種類，ゼアキサンチンおよびルテインの2種類のみが，いわゆる黄斑色素(MP)を構成し，黄斑に選択的に存在，集中し，この重要な黄斑組織を光が誘発する損傷から保護する上で役立っている（以下を参照）。2種類のリコピン異性体（all-E，5Z），およびゼアキサンチンとルテインの酸化副生成物もまた，ヒト眼部組織内で検出されている。

　George Wald（1945）は，ヒト網膜の黄斑に見出された黄色の色素がカロテノイド色素の存在によることを初めて主張した[100)]。その観察は吸収スペクトル分析に基づいていた。しかし，黄斑色素がゼアキサンチンおよびルテインで構成されていることは，40年後に，クロマトグラフィー技術の使用によって初めて判明した[9)]。さらなる研究では，ゼアキサンチンおよびルテインが網膜内に不均一に分布し，ゼアキサンチンが黄斑における色素の大部分を構成する一方，ルテインは網膜の末梢領域における色素の大部分を占めることが示された。黄斑という用語は，円形の小さな領域を表すラテン語に由来する。黄斑は網膜の中心にある黄色の小さな領域で，中心視野，高い視力に関与する。中心窩は黄斑の中心近くに位置するくぼみで，眼の中で最も高密度の錐体細胞を含む。この網膜領域が受ける光強度は，水晶体によって光がここに向かうため，最も高い。この網膜領域には，最高水準の光保護が必要である。

4.1　眼部組織におけるゼアキサンチン

現在,黄斑色素の空間的な分布に関しては,多くのことが知られている。BoneとLandrum(1992)は,カロテノイドの「濃度」が中心窩の中心の13ng/mm^{2}から半径距離8.7～12.2mmでの0.05ng/mm^{2}までと様々であることを確認した。ゼアキサンチンは,中心窩および2.5mmの半径距離までで最も豊富である。その半径距離を超えると,ルテインが優勢な黄斑色素となる[10]。ヘンレ線維,光受容体細胞の軸索突起[86],光受容体外部セグメント[74,88]では,極めて高濃度のゼアキサンチンおよびルテインが見出された。膜におけるルテインとゼアキサンチンとの関連性[56]は,膜環境におけるゼアキサンチンの作用機序および作用様式に対する理解を深めるための取り組みを促した。

4.2　膜

Sujakら(1999)は,卵黄のリポソーム膜での脂質酸化速度の低下におけるルテインおよびゼアキサンチンの有効性を検討し,短時間のUV照射実験中の保護効果が両化合物で類似していることを見出した。ゼアキサンチンについては,長期的なUV暴露中に保護効果の増大が認められた[92]。また,ゼアキサンチンについては,膜の構造自体に対する安定化効果も示されている[33]。ゼアキサンチンおよび一部のZ-異性体の配向は,二成分系単分子層[62]およびジミリストイルホスファチジルコリン二分子膜[103]で検討されている。このことから,all-Eゼアキサンチンが膜を横切って配向され,その極性ヒドロキシル基が二分子層の反対側リーフレットの極性頭部基領域に固定されていることが示唆される。このような配向は流体膜において,次数の増大およびアルキル鎖の運動低下をもたらし,酸素運搬を抑制する。ゼアキサンチンのZ-異性体の配向はあまり研究されておらず,よくわかっていない。1つのモデルからは,Z-異性体がE-異性体とは大きく異なる配向を取っており,そこではZ-異性体の極性頭部基が同じリーフレット二分子層の極性頭部基領域に固定されていることが示唆される。この場合のゼアキサンチン骨格の配向は,all-E異性体のほぼ垂直な配向とは対照的に,ほぼ膜に平行すると考えられる。しかし,WidomskaとSubczynskiが提供した証拠[103]からは,Z-異性体の平行配向を支持するものではなく,9-Zおよび13-ZゼアキサンチンがE-異性体とちょうど同じように,反対側リーフレットの極性頭部基領域にヒドロキシル基が固定された状態で膜をまたいでいることが示唆される。

4.3　組織におけるゼアキサンチン異性体および代謝産物

ゼアキサンチンおよびルテインの異性体および代謝産物は,ヒトおよび動物の組織中に検出されている。Krinskyら(1990)は,初めてヒト血漿中で13-Z-ゼアキサンチンを同定した[50]。Khachikら(1992)は,血漿から単離したゼアキサンチン9-Z,13-Z,15-Z異性体を完全に特徴付けた[44]。(3R,3'S-メソ)-ゼアキサンチンは網膜組織で同定されている[10]が,それが(3R,3'R,6'R)-ルテイン[11],(3R,3'R)-ゼアキサンチンまたは双方の異性化反応から生じるかどうかは

第5章　ゼアキサンチン-ヒトの健康と特異的に関連した抗酸化・光保護剤

不明である。ゼアキサンチンおよびルテインの様々な立体異性体がどのような形で網膜内に分布しているかを明らかにするために，さらなる研究が開始された。メソ-ゼアキサンチンの含有量は，新生児の眼で成人よりも少ないことが認められ，成人の黄斑組織では，微量の（3S,3'S）-ゼアキサンチンが見出されている[11]。ヒトおよびサルの網膜では，ルテインおよびゼアキサンチンの酸化生成物がいくつか検出されている[45]。これらには3-ヒドロキシ-β,ε-カロテン-3'-オン，3'-エピルテイン，ε,ε-カロテン-3,3'-ジオール，ε,ε-カロテン-3,3'-ジオン，3'-ヒドロキシε,ε-カロテン-3-オン，2,6-シクロリコピン-1,5-ジオールがある。研究者らは，網膜におけるルテインおよびゼアキサンチンについて提案された酸化-還元経路に基づいて，このような化合物の存在を説明した。（3R,3'S-メソ）-ゼアキサンチンは，血漿または肝組織中には見出されておらず，その形成が眼部組織特異的に生じることが示唆される[46]。ルテインおよびゼアキサンチン由来の代謝産物の in vivo 生成に対する洞察は，キサントフィル非含有の食餌で飼育したアカゲザルを用いた給餌試験によって生じた[3]。食餌の一部として他のキサントフィルを給餌されていなかったこれらのサルに，ゼアキサンチンのみ，またはルテインのみの給餌を行うことにより，これらの研究者らは，どの代謝産物が，ゼアキサンチンからまたはルテインから生じるかを調べることができた。動物がゼアキサンチンまたはルテインのいずれを給餌されたかにかかわらず，（3R,6'S）-および（3R,6'R）-3'-デヒドロルテインという2種類のジアステレオマーの混合物が等モル量で形成された。これは，6'炭素中心でアキラルな共通中間体を強く示唆する。論文著者らはその共通中間体として3-デヒドロ-ゼアキサンチンを提案している（図3を参照）が，これまでのところ，この化合物が文献に記述されたことはない。

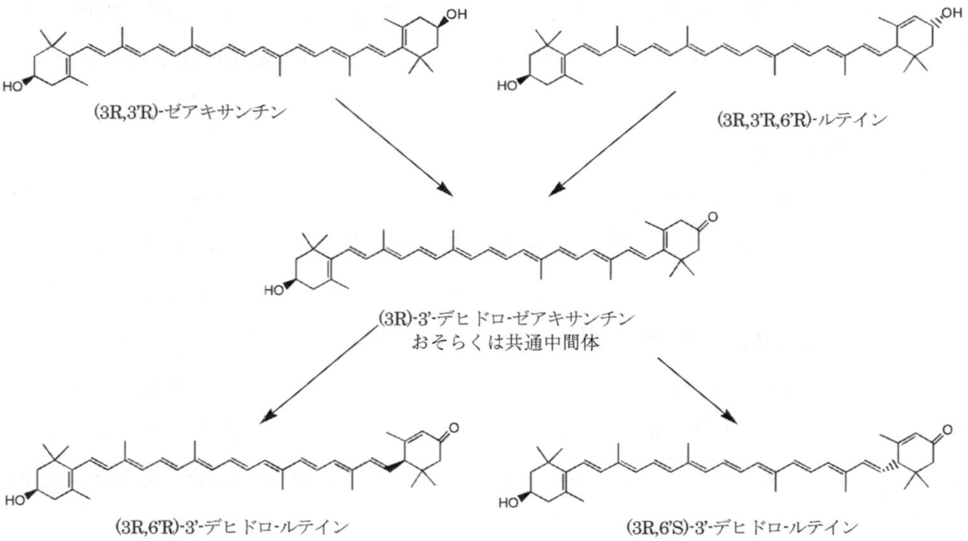

図3　デヒドロ-ルテインの形成に関して提案されたメカニズム

4.4 結合蛋白質

カロテノイド-蛋白質複合体は自然界に広く存在する。Bhosale ら（2004）は，ルテインではなくゼアキサンチンに選択的に結合する網膜内の結合蛋白質として，ヒトグルタチオン S-トランスフェラーゼの Pi 異性体（GSTP1）を同定している。食事性ゼアキサンチンの（3R, 3'R）-ゼアキサンチンが最も高い親和性を示し，$0.33 \mu M$ という見かけ上の解離定数（K_D）で結合した。（3R, 3'S-メソ）-ゼアキサンチンも GSTP1 と結合するが，親和性は低い（$K_D = 0.55$）。眼内における GSTP1 の位置は，免疫細胞化学的手法を用いて調べられた。その濃度プロファイルについては，内網状層および外網状層で高濃度で見出され，網膜内のゼアキサンチンの濃度プロファイルをおおむね模倣することが認められた[7]。GSTP1 の役割およびキサントフィル結合蛋白質 XPB との関連性は，完全には理解されていない。おそらく GSTP1 は，ゼアキサンチンの取り込みおよび輸送に関与すると考えられる。ゼアキサンチンの抗酸化作用はおそらく，GSTP1 との結合時に増強する。論文著者らは，ルテインのメソ-ゼアキサンチンへの酵素的転換という提案に，最終的には必要不可欠な二重結合をシフトする何らかの経路を介して蛋白質が関与すると仮定した[7]。ルテインに対する GSTP1 の特異性および親和性の欠如は，これと相反すると思われる。

5　ゼアキサンチンと眼の健康

ゼアキサンチンが加齢黄斑変性，白内障，色素性網膜炎，他の疾患の予防および見込まれる治療など，眼の健康で重要な役割を果たすことを示す証拠はかなり多いが，ゼアキサンチンの補充による眼の健康の改善という理論は十分に証明されていない。網膜および他の特定の眼部組織におけるゼアキサンチンおよびルテインの選択的な蓄積および配置は，このようなカロテノイドに知られた光保護および抗酸化効果と相まって，保護機能を強く示唆する。重要な役割を示す証拠は，以下でレビューする一連の疫学的，機構的，*in vitro*，*in vivo*，臨床研究から成る。

5.1　*In Vitro* 動物研究

Kim ら（2006）は，ゼアキサンチンが，網膜に経時的に蓄積する黄褐色の「消耗」色素であるリポフスチンのフルオロフォア A2E 要素の直接前駆体であるビス-レチノイド化合物，A2-PE の酸化阻害において，ルテインまたは α-トコフェロールよりも有効であることを立証した。A2-PE はそれ自体，一重項酸素，そしておそらくは他の反応性酸素種の光感作物質である。ゼアキサンチンおよびルテインについては，A2-PE が開始するこのような光化学反応を阻害することが示されている。ゼアキサンチンによる光保護は，濃度依存性であることが確認され，α-トコフェロールの 2 倍であった。ゼアキサンチンとトコフェロールを組み合わせると，成績はさらに向上した[47]。

rd1 マウス色素性網膜炎モデルを用いて，Sanz ら（2007）はゼアキサンチン，ルテイン，α

第5章 ゼアキサンチン−ヒトの健康と特異的に関連した抗酸化・光保護剤

リポ酸,還元型L-グルタチオンの（興味深いことに個々の要素ではなく）経口併用投与が in vivo で光受容体細胞を顕著に保護することを示した。このマウスモデルでは,生後9日頃に桿体の光受容体死が容易に測定でき,マウスが17日齢になる頃には,桿体はもはや網膜中心に存在していない。抗酸化物質の併用による治療では,細胞死の速度が顕著に低下し,酸化的DNA損傷の指標が下がった[82]。

SK-N-SH ヒト神経芽細胞腫細胞に作用する反応性窒素種（一酸化窒素,ペルオキシ亜硝酸,ニトロキシルアニオン）によって生じたDNA損傷は,ゼアキサンチンおよびルテインの存在下で軽減されうるが,保護の程度は反応性窒素種のアイデンティティーによって異なった[81]。ルテインおよびゼアキサンチンはいずれも,ニトロキシルラジカルが引き起こすDNA損傷の阻止に同程度に効果的であった。検討した最低用量でペルオキシ亜硝酸による損傷を効果的に阻止したのは,ルテインのみであった。検討した最低用量でニトロキシルアニオンからDNAを効果的に保護したのは,ゼアキサンチンのみであった。

Chucair ら（2007）は,培養した光受容体ニューロンを過酸化水素またはパラコートを用いた酸化的障害に供し,ドコサヘキサエン酸（DHA）を伴う,または伴わないゼアキサンチン,ルテイン,β-カロテンの付加による保護効果を測定した。培養網膜神経細胞系に過酸化水素を負荷した場合には,対照との比較で光受容体死の2.5倍の増加が誘導された。試験用カロテノイドによる細胞系の処理は,細胞死の阻止に同等かつ完全に有効であることが判明した。カロテノイドは酸化ストレスが誘導する光受容体のアポトーシスを阻止しただけでなく,外部セグメント様プロセスの形成増加および網膜蛋白質オプシンの発現増大の観察から明らかなように,光受容体の分化も促進した。ゼアキサンチンおよびルテインは完全に,そしてβ-カロテンは部分的に,パラコートで処理された培養物中の細胞死を阻止した。ゼアキサンチンはパラコートが誘導するミトコンドリア膜脱分極を阻害し,細胞核の完全性を保護した。各カロテノイドが保護効果を示す濃度範囲は狭く,ゼアキサンチンおよびルテインでそれぞれ170nM,140nMであった。これらの濃度を超えると,悪影響が認められた。これらの濃度に満たない場合には,抗酸化物質の効果が低下することが判明した。DHAもパラコート誘導性アポトーシスに対して,同様の結果を示した。興味深いことに,DHAとキサントフィルを組み合わせても,個々の構成要素ごとに見られる効果を上回る改善は示されなかった。この結果は,これらの化合物が同じ細胞集団に対する作用および／または類似したシグナル伝達経路の活性化を生じる可能性を示唆する。光受容体ニューロンに対立するものとして,アマクリンニューロンを用いた同様の実験が実施された。抗酸化的処理は,ゼアキサンチン,ルテイン,DHAによるパラコート誘導性アポトーシスの軽減が半分に過ぎなかったことが示すように,光受容体細胞の場合ほど効果的にこの細胞系を保護しなかった[21]。

Nakajima ら（2009）は,培養網膜神経節細胞（RGC-5）に対するゼアキサンチンの効果を調べた。研究者らは,付加された過酸化水素,スーパーオキシド・ラジカル・アニオン,ヒドロキ

シル・ラジカルに対するゼアキサンチンの細胞保護効果をスクリーニングするためのツールとして，反応性酸素種の細胞透過性指標，CM-H2DCFDAを用いた。ゼアキサンチンの付加は，これらの細胞の酸化的損傷からの保護に極めて有効で，0.1マイクロモルという少量のゼアキサンチン付加でも効果を測定することができた。論文著者らは，ゼアキサンチンのラジカル除去特性が酸化ストレス誘導性細胞死の阻害に関与したことを示唆している[68]。

5.2 In Vivo 動物研究

孵化したばかりのヒヨコにキサントフィルを含まない食餌を与えたところ，約7日の半減期で血漿および非眼部組織からルテインおよびゼアキサンチンが失われた[101]。しかし，これらのヒヨコの網膜におけるルテインおよびゼアキサンチンの含有量は28日間の研究期間を通じて減少しなかった。油滴に含まれるエステル化形態で網膜内に存在することが確認された，この黄斑色素の選択的な保持は，網膜の生理機能におけるこれらの化合物の重要性を証明している。Toyodaら（2002）は，ヒトに対するゼアキサンチンの補充効果を調べるためのモデルとして，ウズラが役立つ可能性を提示した。そして，ゼアキサンチンの補充が網膜内のゼアキサンチン濃度増加をもたらすことを見出した[95]。ゼアキサンチンの補充は，ウズラの水晶体組織のゼアキサンチン濃度増加をも生じている[25]。しかし，有意な性差が確認され，補充を受けた雌の血清中ゼアキサンチン濃度は，補充を受けた雄の5～10倍高かった。また，雌では，水晶体組織へのゼアキサンチン取り込みも有意に多かった。ウズラにおける高いキサントフィル濃度は，別の研究において，網膜のさらなる保護につながった[93]。網膜内のゼアキサンチンおよびルテイン濃度については，ウズラにおける光誘導性の光受容体細胞死の水準と逆相関することが見出された。しかし，光受容体細胞死の程度は，血清中カロテノイド濃度とは相関しなかった。

Kowluruら（2008）は，ゼアキサンチンの補充を受けた糖尿病ラットで，糖尿病によって一般的な網膜の酸化的損傷の水準の大きな低下が認められた。研究者らは過酸化脂質，酸化的修飾を受けたDNA，血管内皮細胞増殖因子，細胞間接着分子IACM-1，電子伝達複合体Ⅲ，ニトロチロシンなどのパラメータを測定した。ゼアキサンチンの補充を受けた糖尿病ラットは，非糖尿病の対照ラットに類似したパラメータを示し，補充を受けなかった糖尿病ラットとの差異は極めて好ましいものであった[49]。

5.3 ヒトを対象とした疫学および血清中濃度研究

疫学研究の中には，加齢黄斑変性（AMD）および白内障の発症率低下をゼアキサンチンおよびルテインを多く含む食事と関連付けたものもあれば，そうでないものもある。Seddonら（1994）は，カロテノイドの食事性摂取の増加がAMDリスクの低下と関連することを見出した[85]。Beaver Dam試験では，カロテノイド摂取とAMDとの間にこのような関連性は示されなかった[60]が，カロテノイド摂取と核性白内障の発症との間には，確かに弱い関連性が見られた[57]。これらの

第5章　ゼアキサンチン-ヒトの健康と特異的に関連した抗酸化・光保護剤

初期の研究については，優れたレビューを利用することができる[64]。眼部疾患症例-対照グループ（1993）は，高濃度の血清中カロテノイドおよび抗酸化ビタミン類が，AMDリスク低下に関連することを見出した[27]。特に，ゼアキサンチンの血漿中濃度というテーマに関しても，類似した関連性が報告されている[29]。POLA試験は，AMDおよび白内障との関連で，ゼアキサンチンの保護的な役割を強く示唆する結果を示した[23]。CAREDS試験は，ルテインとゼアキサンチンを豊富に含む食事が75歳未満の健康女性の中間期AMDを防ぐ可能性を示唆した[65]。看護師健康調査および医療専門家追跡調査のデータは，自己報告による早期AMDリスクに対するルテインおよびゼアキサンチンの保護的な役割を支持しなかった。実際に1件の研究では，高濃度のルテインおよびゼアキサンチンによってAMDの進行を促進する可能性が示されている[77]。

白内障に関しては，疫学データにもう少し説得力がある。Melbourne視力障害プロジェクト研究では，ルテインおよびゼアキサンチンの食事性摂取と核性白内障の有病率との間に逆の相関が確認された[99]。これらの論文著者らは，ルテインおよびゼアキサンチン摂取と皮質または後嚢下白内障の発症との間には関連性を見出さなかった。CAREDS試験では，ルテインおよびゼアキサンチンの食事性レベルが高い女性の核性白内障の有病率が，食事性摂取量の少ない女性に比べて23%低かった[66]。

5.4　黄斑色素密度

黄斑色素密度とカロテノイドの食事性摂取との関連性は弱いことが知られている[5]が，ゼアキサンチンの補充は黄斑色素増加の明確な傾向を示す（以下を参照）。ヒトにおける黄斑色素濃度は極めて多様で，年齢[70]，性別[41]，喫煙状態[70]，体脂肪指標[69]，遺伝がすべて関与することが知られている。これにもかかわらず，ゼアキサンチン（およびルテイン）の食事による補充は，これらのカロテノイドの血清中濃度を増加させ，黄斑色素密度を高めることが示されている。Boneら（2003）は，様々な用量のルテイン（2.4～30mg/日）および高用量のゼアキサンチン（30mg/日）が血清中濃度および黄斑色素密度に及ぼす影響を調べた。この研究で用いられたゼアキサンチンは，フラボバクテリアから得られたジオールの形態で，使用前に鹸化および精製されていた。投与されたルテインはエステルの形態で，マリーゴールドから単離された。血清中および黄斑色素の濃度はいずれも統計的に有意な形で増加したが，論文著者らはゼアキサンチンの吸収がルテインほど良好でないことを認めた[13]。しかし，観察された差異の原因が，カロテノイド自体に本来備わっているバイオアベイラビリティの差異よりも用いられたカロテノイドの形態が異なること（エステル化vs.非エステル化）に起因する可能性のほうが高いため，この主張は注意深く検討しなければならない。Breithauptら（2004）は，いずれもウルフベリーに由来するエステル化ゼアキサンチンのバイオアベイラビリティを遊離ジオールと比較し，エステル化形態のバイオアベイラビリティが遊離ジオールよりも約2倍高いことを見出した[15]。別の研究では，1mgまたは10mgの合成（3R,3'R）-ゼアキサンチンの補充によって，血漿中ゼアキサンチン濃度が

それぞれ約4倍, 20倍増加した[34]。この研究の興味深い結果は, デヒドロルテイン (3R, 6'R-3-ヒドロキシ-β, ε-カロテン-3'-オン) の血漿中濃度が10mg用量群ではるかに高かったことであり, 各群のルテイン摂取値が名目上同じであったことから, この代謝産物がルテインではなく, ゼアキサンチンに由来しうることがわかった。LUXEA試験では, ルテインおよびゼアキサンチンの補充により, 血漿中で27倍もの増加が見られた[83]。この試験における黄斑色素密度は, ゼアキサンチンのみの補充で14%まで増加した。LUNA試験では, 参加者が12mgのルテイン, 1mgのゼアキサンチン (いずれもエステル形態), 120mgのビタミンC, 17.6mgのビタミンE, 10mgの亜鉛, 40μgのセレニウムから構成されるサプリメントを6カ月間摂取した[97]。未治療の対照との比較で, 黄斑色素密度の統計的に有意な増加が観察された。四分位数に分けたところ, データは治療群集団の反応が極めて多様であることを示した。補充に全く反応しない参加者もいた。最初に黄斑色素密度が低かった被験者の反応は, 黄斑色素密度の変化が最も大きいか, 全く変化がないかのいずれかであった。しかし, すべての被験者で血清中濃度が増加したことは, 非反応者で黄斑色素密度の増加が見られなかったことの原因として, 不完全な腸吸収は除外されると思われる。Boneら (2007) は, 黄斑色素密度がメソ-ゼアキサンチンの補充によって増加しうることを示した[14]。Huangら (2008) は, ルテインおよびゼアキサンチンを含有するサプリメントにオメガ-3長鎖多価不飽和脂肪酸を付加しても, キサントフィルの取り込みには影響しないことを確認した。この試験では, AMDを有する, または有しない人から成る集団に, ルテイン10mgおよびゼアキサンチン2mgが毎日, 6カ月間にわたって投与された。興味深いことに, 6カ月後, AMDの被験者が示した血清中ルテイン濃度は, 疾患のない被験者よりも低かった[39]。

網膜におけるゼアキサンチンおよびルテインの量 (黄斑色素密度) は, AMDリスクと関連する。AMD罹患者のドナーが提供した眼のルテインおよびゼアキサンチン濃度は, 非AMD罹患者の対照群に比べて低かった[12]が, ゼアキサンチンおよび／またはルテイン補充の予防的または治療的な役割を明確に立証する臨床試験は, まだ行われていない。注意深く管理された臨床試験の決定的なデータを入手するための最善の機会は, 現在実施中のAREDS II試験にある。

5.5 他の視覚パラメータへの影響

StringhamとHammond (2008) は, 黄斑色素が生殖年齢のずっと後に生じる疾患 (AMD) から眼を保護するためだけに進化した可能性は低いことを示唆し, 視力に関するより直接的な役割があるに違いないと推測している。両者は, 黄斑色素密度が眩輝状態での視力改善と関連することを見出した。この研究では, 6カ月にわたるゼアキサンチンおよびルテインの補充で被験者の黄斑色素密度が39%増加した。補充を受けた被験者は, 対象物が見えなくなるまでに58%高い眩輝に耐えることができた。補充を受けた被験者はまた, 補充を受けなかった被験者よりも光ストレスからの回復が14% (5秒) 速かった[91]。

他の眼の健康またはパフォーマンス指標の改善を示す試験は, ほかにも発表されている。ルテ

第5章　ゼアキサンチン-ヒトの健康と特異的に関連した抗酸化・光保護剤

イン，ゼアキサンチン，またはルテインとゼアキサンチンの併用による補充を受けた集団では，黄斑色素密度の増加および赤-緑色の識別の僅かな改善が確認された[78]。

視力の改善は，被験者がビタミンA 10,000IU，β-カロテン 18,640IU，ビタミンC 452mg，ビタミンE 200IU，酸化亜鉛 69.6mg，銅 1.6mg，タウリン 400mg，EPA 180mg，DHA 120mg，ルテイン 8mg，ゼアキサンチン 400mgを含有する処方で治療を受けたTOZAL試験で見られた[18]。この論文著者は，高い用量率で投与した場合に問題を生じうる特定の成分（β-カロテン，ビタミンC，亜鉛，ビタミンE）の用量を減らした改善AREDS（Ⅱ）処方として，この特別な処方を開発した。6カ月間の補充後に測定したところ，被験者の76％が最高矯正視力の安定化または改善を示した。コントラスト感度機能などの他の視覚機能の改善は観察されなかったが，これはおそらく試験期間が短かったためであろう。論文著者は，この試験がAREDSⅡ試験の肯定的な結果を予測しうることを示唆している。

Kvansakulら（2006）は，黄斑色素が青色光の散乱を抑制し，錐体の上側を介した視力を薄明視の範囲に拡大できるようにすることによって，暗所（薄明）視の改善に関与しうるという仮説を検証した。試験では黄斑色素密度と青色光の散乱との間に直接的な関連性は判明しなかったが，ゼアキサンチンおよびルテインの補充が暗所における視機能を改善することを示す証拠が確かに生じた[54]。

5.6　AREDSおよびAREDS Ⅱ

大規模なAREDS試験（加齢に伴う眼部疾患試験）では，高用量の抗酸化ビタミン類および亜鉛の補充が進行性AMDの進行で中程度のリスク軽減をもたらすことに関して，統計的に有意なベネフィットが示された。サプリメントは，ビタミンC，ビタミンE，β-カロテン，亜鉛，銅を含有した。5年時点で，進行リスクは25％まで，中程度の視力喪失の総合リスクは19％まで低下した。残念ながら，この試験の開始時にゼアキサンチンおよびルテインの商業的供給源は利用できなかった。AREDSⅡは，ルテイン，ゼアキサンチン，オメガ-3多価不飽和脂肪酸の付加がAREDSの成績を改善するかどうかを調べる目的でデザインされた，大規模な試験である[20]。AMDリスク，中程度の視力喪失，白内障形成，認知症の発症に対する補充の効果が評価される。試験は，2014年まで実施される予定である。

6　キサントフィルと他の健康との関係

いくつかの研究では，ゼアキサンチンが皮膚の健康に関与しうることが示唆されている。日光，酸素，大気汚染物質に曝露される皮膚は確かに酸化ストレスを受けやすいため，これは理にかなっている。ゼアキサンチンおよびルテインは，主にジエステルの形態でヒトの皮膚に見出されている[104]。

Palumboら（2007）は，ルテインとゼアキサンチンを併用した経口および局所適用が表面脂質，水和，光保護活性，皮膚弾力性，皮膚の脂質過酸化反応という5つの皮膚生理機能指標に有益な効果をもたらすことを認めた。試験は経口投与のみ，局所投与のみ，経口および局所投与の併用について実施された。12週間時点で見られた皮膚脂質の増加は，併用治療が63％，経口治療が46％，局所治療が23％，プラセボが10％であった。皮膚の過酸化脂質の統計的に有意な減少は，プラセボを除くすべての治療で見られ，併用治療による効果が最も高かった。光保護効果は併用治療で最も大きかったが，皮膚弾力性の増加は局所治療が最大であった。皮膚水和の増加はすべての治療で観察され，併用治療における影響が最も大きかった[72]。

無毛の雌SKh-1マウスに対するルテインおよびゼアキサンチン経口補充は，急性炎症反応およびUV誘発性表皮過剰増殖の抑制によって，UV-B照射の有害な影響を軽減した[32]。同じ研究グループは後に，この研究を光老化および光発癌の範囲にまで拡大した。皮下脂肪厚および浸潤性のマスト細胞数については，ルテインおよびゼアキサンチンを補充した食餌を与えたマウスで有意に減少することが確認された[4]。補充を受けたマウスは，通常食を与えられたマウスよりも無再発生存期間が長く，腫瘍数および腫瘍量が少なかった。

Nambour皮膚癌予防試験と称されるオーストラリアの成人を対象とした，8年間にわたるコミュニティベースのプロスペクティブな試験では，ゼアキサンチンおよびルテインの食事性摂取が，皮膚癌の既往がある人における50％超の扁平細胞癌（SCC）リスク減少と関連することが見出された[37]。皮膚癌の既往がない集団にSCCリスクの低下は見られなかった。基底細胞癌（BCC）発症に関するリスク低下は，いずれの集団でも特定されなかった。

7　食事性ゼアキサンチンの植物供給源

食品中のカロテノイド含有量を記述した初期の研究は概して，これらの化合物の濃度を合わせて1つの数として報告していたが，これはおそらく，ゼアキサンチンとルテインのクロマトグラフィーによる分離が技術的に困難であるという理由からと思われる[58]。網膜におけるゼアキサンチンおよびルテインの異なった配置，眼の健康に対する潜在的な意義，各カロテノイドの適切な食事性供給源を特定することの重要性を挙げ，Sommerburgら（1998）は，この2つの化合物を独立して測定することを目的として，一般的な野菜や果物の調査に着手した。これらの論文著者らは，存在するカロテノイド全体のモル％に関連した結果を提供したが，野菜および果物におけるこれらのカロテノイド含有量の絶対尺度は示さなかった。著者らは，ルテインがトウモロコシ，卵，キウイで圧倒的に多いカロテノイドであり，ゼアキサンチンがパプリカで圧倒的に多いカロテノイドであることを見出した[87]。一部の野菜および果物のゼアキサンチン濃度は，USDAデータベースの最新版で定量された[38]。トウモロコシはゼアキサンチンの最大供給源（528 μg/100g湿重量）で，他の優れた食事性供給源としては，柿（488μg/100g湿重量），コーンミ

第5章　ゼアキサンチン-ヒトの健康と特異的に関連した抗酸化・光保護剤

ール（457μg/100 湿重量），生のホウレンソウ（331μg/100g湿重量）があった。パプリカで認められたゼアキサンチン量（1,606μg/100g湿質量）の定量的尺度は，Toddら（2006）が報告した形で，ホフマン・ラ・ロシュの技術資料に記載されている[94]。

4種類の天然植物供給源および1種類の遺伝子組み換え供給源については，商業的に有意義な濃度のゼアキサンチンを提供することが示されている。

7.1　モンゴリアン・ウルフベリー

モンゴリアン・ウルフベリーはゴージベリー（*Lycium barbarum*）としても知られ，漢方薬において，様々な健康上の目的で用いられてきた。様々な*Lycium*種で，極めて高く，やや広範囲なゼアキサンチン濃度が報告されている[55, 73, 102]。

7.2　パプリカ

Toddら（2006）は，従来的な品種改良技術を介した，高レベルのゼアキサンチンを発現するパプリカ品種（*Capsicum annuum*）の開発を報告した[94]。このパプリカ品種の抽出物は，ZeaGold®ブランドで販売されている。

7.3　フラボバクテリア

ゼアキサンチンは多数の細菌種によって産生される。Gierhart（1995）は，*Flavobacterium multiforum*の培養細胞からゼアキサンチンを単離するプロセスについて記述した[30]。ゼアキサンチンは，この種が産生する色素の95～99％を占める。

7.4　マリーゴールド

マリーゴールドの花（*Tagetes spp.*）は，ルテインの優れた供給源である。マリーゴールドの花にはいくらかの（3R, 3'R）-ゼアキサンチンも含まれ，ルテインとゼアキサンチンの比率は約20：1である。ジエステル形態の食事性（3R, 3'R）-ゼアキサンチンを高濃度で産生するマリーゴールドの変異株が開発されている[35]。

7.5　遺伝子組み換えジャガイモ

高濃度のゼアキサンチン産生を目的に，遺伝子組み換えジャガイモが設計されている[79]。最大で4,000μg/100g乾燥重量のゼアキサンチン含有量が得られた。

8　合成ゼアキサンチン

（3R, 3'R）-ゼアキサンチンは，多くの様々な方法によって合成されてきた。ゼアキサンチンの

合成については，優れたレビューが存在する[61]。合成（3R, 3'R）-ゼアキサンチンは，DSM が市販している。

（3R, 3'S）-ゼアキサンチンは商業規模で製造されている。マリーゴールドは典型的なメソ形態の「非食事性」ゼアキサンチンの供給源であり，苛性塩基によってマリーゴールド抽出物を処理する化学的プロセスを用いてルテインの（3R, 3'S-メソ）-ゼアキサンチンへの変換を介して産生される[6]。

9　商業的供給源

食事性ゼアキサンチンは，Kalsec®社が ZeaGold®ブランドで売り出している。それは天然パプリカ（*Capsicum annuum*）供給源に由来する10%濃度の懸濁液または5%ビーズとして販売されている。DSM は，Optisharp®のブランド名で，合成（3R, 3'R）-ゼアキサンチンを5～40%濃度の懸濁液および最大20%濃度のビーズとして販売している。その他にもメキシコ，インド，中国の多くの企業が，化学的プロセスを用いてルテインから作られる非食事性のメソ-ゼアキサンチンを販売している。

10　結論

ゼアキサンチンは動植物において，重要な光保護の役割を果たしている。それが作用するメカニズムは完全には理解されてはおらず，ゼアキサンチンのサプリメントに白内障または加齢黄斑変性の治療における保護または治癒効果があるかどうかについてはさらなる研究が必要であるが，この分野における研究の重要性を否定することはできない。これまでに大きな進歩が達成されてきた。これから取り組むべき研究はそれよりもはるかに多い。AREDS II 試験は今後，補充をめぐる論争に決着を付ける上で大いに役立つ。そして有難いことに，科学者らは引き続き自らの知恵とこれまで以上に洗練されたツールを用いて，この重要な分子に関する私たちの理解を深めていくと思われる。

謝辞

本原稿の作成支援に関して，Debbie Orosz 氏に謝意を表する。

第5章 ゼアキサンチン-ヒトの健康と特異的に関連した抗酸化・光保護剤

文　　献

1) Afzal, A. *et al., Cur. Nutr. Food Sci.*, **4**, 127-134(2008)
2) Ahmed, S.S. *et al., Surv. Ophthal.*, **50**(2), 183-193(2005)
3) Albert, G.I. *et al., Comp. Biochem. Physiol. B*, **151**, 70-78(2008)
4) Astner, S. *et al., Skin. Pharmacol. Physiol.*, **20**, 283-291(2007)
5) Beatty, S. *et al., Invest Ophthal Vis. Sci.*, **49**(3), 843-845(2008)
6) Bernhard, K. *et al., US. Patent.* 5,780,693(1998)
7) Bhosale, P. *et al., J. Biol. Chem.*, **279**(47), 49447-49454(2004)
8) Bohm, V. *et al., J. Agric. Food Chem.*, **50**, 221-226 (2002)
9) Bone, R.A. *et al., Vision. Res.*, **25**(11), 1531-1535(1985)
10) Bone, R.A. *et al., Methods in Enzymology*, **213**, 360-366(1992)
11) Bone, R.A. *et al., Exp. Eye. Res.*, **64**, 211-218(1997)
12) Bone, R.A. *et al., Invest Ophthal. Vis. Sci.*, **42**(1), 235-240(2001)
13) Bone, R.A. *et al., J. Nutri.*, **133**, 992-998(2003)
14) Bone, R.A. *et al., Nutrition & Metabolism*, **4**, 12(2007)
15) Breithaupt, D.E. *et al., Brit. J. Nutr.*, **91**, 707-713(2004)
16) Britton, G. *et al., FASEB J.*, **9**, 1551-1558(1995a)
17) Britton, G. "UV/Visible Spectroscopy" in Britton, G. *et al.*, eds. "Carotenoids, Volume 1B : Spectroscopy", p.13-62, Birkhäuser Verlag (1995b)
18) Cangemi, F.E., *BMC. Ophthalmology 2007*, **7**, 3(2007)
19) Cantrell, A. *et al., Arch. Biochem. Biophys.*, **412**, 47-54(2003)
20) Chew, E.Y., "Supplementation and AMD : An Update of AREDS and AREDS2," Medscape Ophthalmology, www.medscape.com(2008)
21) Chucair, A.J. *et al., Invest Ophthal. Vis. Sci.*, **48**(11), 5168-5177(2007)
22) Davies, N.P. *et al., Prog. Retin. Eye Res.*, **23**, 533-559(2004)
23) Delcourt, C. *et al., Invest Ophth. Vis. Sci.*, **47**(6), 2329-2335(2006)
24) Demmig-Adams, B. *et al., FASEB. J.*, **10**, 403-412(1996)
25) Dorey, C.K. *et al., Exp. Eye Res.*, **81**, 464-477(2005)
26) Englert, G. *et al., Helv. Chim. Acta.*, **74**, 969-982(1991)
27) Eye Disease Case-Control Study Group, *Arch. Ophthalmol*, **111**, 104-109(1993)
28) Farombi, E.O. *et al., Food Chem.*, **64**, 315-321(1999)
29) Gale, C.R. *et al., Invest Ophth. Vis. Sci.*, **44**(6), 2461-2465(2003)
30) Gierhart, D.L., 'Zeaxanthin-Containing Compositions Produced By Flavobacterium Multivorum,' US. Patent. 5,427,783(1995)
31) Gierhart, D., 'Zeaxanthin and Lutein-The Macular Pigments and a Review of Their Role In Eye Health,' Douglas Laboratories NutriNews : http://www.douglaslabs.com/listpdfs.cfm?cat=nutrinews (2003)
32) Gonzalez, S. *et al., J. Invest.. Dermatol.*, 399-405(2003)
33) Hara, M. *et al., Mat. Sci. Eng. C*, **28**, 274-279(2008)
34) Hartmann, D. *et al., Am. J. Clin. Nutr.*, **79**, 410-417(2004)
35) Hauptmann, R. *et al.*, 'Mixed Zeaxanthin Ester Concentrate And Uses Thereof,' US. Patent. 7,081,478 B2(2006)
36) Havaux, M. *et al., Plant. Physiol.*, **145**, 1506-1520(2007)
37) Heinen, M.M. *et al., Eur. J. Cancer*, **43**, 2707-2716(2007)

38) Holden, J.M. et al., *J. Food Compos. Anal.*, **12**, 169-196(1999)
39) Huang, L.L. et al., *Invest. Ophth. Vis. Sci.*, **49**, 3864-3869(2008)
40) Humphries, J.M. et al., *J. Agric. Food Chem.*, **51**, 1322-1327(2003)
41) Johnson, E.J. et al., *Am. J. Clin. Nutr.*, **71**, 1555-1562(2000)
42) Karrer, P. et al., *Helv. Chim. Acta*, **12**(1), 790-792(1929)
43) Karrer, P. et al., *Helv. Chim. Acta*, **14**(1), 614-632(1931)
44) Khachik, F. et al., *J. Chromatogr*, **582**, 153-166(1992)
45) Khachik, F. et al., *Invest. Ophthalmol Vis. Sci.*, **38**, 1802-1811(1997)
46) Khachik, F. et al., *Invest. Ophth. Vis. Sci.*, **43**(11), 3383-3392(2002)
47) Kim, S.R. et al., *Exp. Eye. Res.*, **82**, 828-839(2006)
48) Kohler, B.E., "Electronic Structure of Carotenoids", in Britton, G. et al., eds. "Carotenoids, Volume 1B : Spectroscopy", p.1-12, Birkhäuser Verlag (1995)
49) Kowluru, R.A. et al., *Invest. Ophth. Vis. Sci.*, **49**(4), 1645-1651(2008)
50) Krinsky, N.I. et al., *J. Nutr.*, **120**, 1654-1662(1990)
51) Krinsky, N.I. *J. Nutr.*, **132**, 540S-542S(2002)
52) Krinsky, N.I. et al., *Annu. Rev. Nutr.*, **23**, 171-201(2003)
53) Kuhn, R. et al., *Helv. Chim. Acta*, **12**(1), 499-506(1929)
54) Kvansakul, J. et al., *Ophthal. Physiol. Opt.*, **26**, 362-371(2006)
55) Lam, K.-W. et al., *Food Chem.*, **67**, 173-176(1999)
56) Landrum, J.T. et al., *Arch. Biochem. Biophys.*, **385**(1), 28-40(2001)
57) Lyle, B.J. et al., *Am. J. Epidemiol.*, **149**(9), 801-809(1999)
58) Mangles, A.R. et al., *J. Am. Diet. Assoc.*, **93**, 284-296(1993)
59) Maoka, T. et al., *Comp. Biochem. Physiol.*, **83B**(1), 121-124(1986)
60) Mares-Perlman, J.A. et al., *Am. J. Epidemiol.*, **153**(5), 424-432(2001)
61) Mayer, H. et al., 'Characterization of Products', in Britton, G. et al., eds., "Carotenoids, Volume 2 : Synthesis", p.15-26, Birkhäuser Verlag (1996)
62) Milanowska, J. et al., *Photochem. Photobiol. B : Biology.*, **72**, 1-9(2003)
63) Miller, N.J. et al., *FEBS. Letters*, **384**, 240-242(1996)
64) Moeller, S.M. et al., *J. Am. College of Nutri.*, **19**(5), 522S-527S(2000)
65) Moeller, S.M. et al., *Arch. Ophthalmol.*, **124**, 1151-1162(2006)
66) Moeller, S.M. et al., *Arch. Ophthalmol.*, **126**(3), 354-364(2008)
67) Mozaffarieh, M. et al., *Nutrition. J.*, **2**, 20, available http://www.nutritionj.com/content/2/1/20(2003)
68) Nakajima, Y. et al., *Cur. Eye Res.*, **34**, 311-318(2009)
69) Nolan, J. et al., *Invest. Ophth. Vis. Sci.*, **45**(11), 3940-3950(2004)
70) Nolan, J.M. et al., *Exp. Eye Res.*, **84**, 61-74(2007)
71) Olson, J.A. et al., *FASEB. Journal*, **9**, 1547-1550(1995)
72) Palombo, P. et al., *Skin Pharmacol Physiol.*, **20**, 199-210(2007)
73) Peng, Y. et al., *Plant Foods for Human Nutrition*, **60**, 161-164(2005)
74) Rapp, L.M. et al., *Invest. Ophth. Vis. Sci.*, **41**, 1200-1209(2000)
75) Ribaya-Mercado, J.D. et al., *J. Am. Col. Nutr.*, **23**(6), 567S-587S(2004)
76) Roberts, R.L. et al., *Clin. Dermatol*, **27**, 195-201(2009)
77) Robman, L. et al., *Can. J. Ophthalmology*, **42**(5), 720-726(2007)
78) Rodriguez-Carmona, M. et al., *Ophthal. Physiol. Opt.*, **26**, 137-147(2006)
79) Römer, S. et al., *Metabolic Engineering*, **4**, 263-272(2002)
80) Sajilata, M.G. et al., *Comp. Rev. Food Sci. Food Safety.*, **7**, 29-49(2008)

第5章　ゼアキサンチン-ヒトの健康と特異的に関連した抗酸化・光保護剤

81) Santocono, M. *et al.*, *J. Photochem Photobiol B : Biology,* **88**, 1-10(2007)
82) Sanz, M.M. *et al.*, *Neuroscience,* **145**, 1120-1129(2007)
83) Schalch, W. *et al.*, *Arch. Biochem. Biophys.,* **458**, 128-135(2007)
84) Schiedt, K. *et al.*, *Pure. Appl. Chem.,* **57**(5), 685-692(1985)
85) Seddon, J.M. *et al.*, *JAMA,* **272**(18), 1413-1420(1994)
86) Snodderly, D. M. *et al.*, *Invest. Ophth. Vis. Sci.,* **25**, 674-685(1984)
87) Sommerburg, O. *et al.*, *Br. J. Ophthalmol,* **82**, 907-910(1998)
88) Sommerburg, O. *et al.*, *Current Eye Research,* **19**(6), 491-495(1999)
89) Stahl, W., 'Macular Carotenoids: Lutein and Zeaxanthin', in Augustin, A. (ed), "Nutrition and the Eye, Dev Ophthalmol, vol. 38", p70-88, Karger(2005)
90) Stringham, J.M. *et al.*, *Nutrition Rev.,* **63**(2), 59-64(2005)
91) Stringham, J.M. *et al.*, *Optometry Vision. Sci.,* **85**(2), 82-88(2008)
92) Sujak, A. *et al.*, *Arch Biochem. Biophys.,* **371**(2), 301-307(1999)
93) Thomson, L.R. *et al.*, *Invest. Ophth. Vis. Sci.,* **43**(11), 3538-3549(2002)
94) Todd, P.H. *et al.*, 'Capsicum Variety Exhibiting a Hyper-accumulation of Zeaxanthin and Products Derived Therefrom,' US Patent Application 200610185034 A1(2006)
95) Toyoda, Y. *et al.*, *Invest. Ophth. Vis. Sci.,* **43**(4), 1210-1221(2002)
96) Trevithick-Sutton, C.C. *et al.*, *Mol. Vis.,* **12**, 1127-1135(2006)
97) Trieschmann, M. *et al.*, *Exp. Eye Res.,* **84**, 718-728(2007)
98) Updike, A.A. *et al.*, *J. Agric. Food Chem.,* **51**, 6184-6190(2003)
99) Vu, H.T.V. *et al.*, *Invest. Ophth. Vis. Sci.,* **47**(9), 3783-3786(2006)
100) Wald, G., *Science,* **101**(2635), 653-658(1945)
101) Wang, Y. *et al.*, *Exp. Eye Res.,* **84**, 591-598(2007)
102) Weller, P. *et al.*, *J. Agric. Food Chem.,* **51**, 7044-7049(2003)
103) Widomska, J. *et al.*, *Biochim. Biophys. Acta,* **1778**, 10-19(2008)
104) Wingerath, T. *et al.*, *Arch. Biochem. Biophys.,* **355**(2), 271-274(1998)
105) Young, A.J. *et al.*, *J. Photochem. Photobiol B : Biology,* **36**, 3-15(1996)
106) Zhou, L. *et al.*, *J. Ocul. Pharmacol Ther.,* **15**(6), 557-565(1999)

第6章 アスタキサンチン

山下栄次[*]

1 はじめに

アスタキサンチンは,エビ・カニなどの甲殻類やサケ,タイ,コイ,キンギョなどの魚類など海洋に広く分布する食経験豊富な赤橙色の色素である。地球上における存在量はフコキサンチン,ペリジニンに次ぐと言われている。

産業的には,従来より養殖魚の色揚げ剤,すなわち色素として利用され,その世界市場は125億円に及ぶが,近年抗酸化作用をはじめ数々の機能性が明らかにされ,大型健康補助食品素材並びに化粧品素材として非常に注目されている。

本章では,アスタキサンチンが実際に市場でどのように利用されているか,またその応用例についても今後の展望を交えて紹介する。

2 アスタキサンチンの特徴

アスタキサンチンの多彩な機能性については,前編で記述されている通りであるが,その基礎となるのが強力な抗酸化作用である。脂質二重構造からなる生体膜の構成脂肪酸の脂質過酸化を抑制することで膜の変形能を保持し,受容体や輸送体,イオンチャンネル,さらにはシグナル伝達といった重要な生命活動の維持に役立っている。また,主に紫外線によって誘起される活性酸素である一重項酸素を消去して生体を防御している。

また,強力な抗酸化剤にありがちなプロオキシダント(酸化促進剤)になり難いことも大きな特徴である。ドイツのデュッセルドルフ大学マルティン教授(昨年惜しくも他界された)は,他のカロテノイドの中でもアスタキサンチンを「Pure Anti-oxidant(プロオキシダントになり難い純粋な抗酸化物質)」と分類している[1]。抗酸化剤が抗酸化作用を発揮する場合,自らの構造を変化させることなくエネルギー準位の変動で活性酸素を基底状態に戻す「物理的消去」と,酸素を取りこみ酸化物となることで活性酸素を捕捉する「化学反応」の2つの選択がある。プロオキシダントとなってしまうのは,「物理的消去」では励起状態の時間が長い,「化学反応」では酸化成績体の累積が原因となる。アスタキサンチンが「Pure Anti-oxidant」と分類される理由は,生体内において前者のほうが優位に働くこと[2],しかも消去の際,励起状態から基底状態に戻る

---

[*] Eiji Yamashita 富士化学工業㈱ ライフサイエンス事業部 LS技術部長

第6章 アスタキサンチン

速度が速いからである[3]。これらは、β-カロテンの基本構造に、ケト基と水酸基が対称に存在するアスタキサンチンの特徴的な構造による。

3 アスタキサンチンの生産

このような優れた特徴を有するアスタキサンチンを食品や化粧品に利用するには、合成品の使用が飼料にのみ限られているため天然資源を探索する必要がある。有力候補としては、表1に示したように淡水性単細胞緑藻であるヘマトコッカス藻が挙げられる。

表1 アスタキサンチンの天然資源

	アスタキサンチン含量	利点・問題点
アメリカザリガニ	0.1〜0.3mg/100g	大量生産に難あり。
サケ	1〜2mg/100g	食用。抽出原料としては不適。
オキアミ	3〜4mg/100g	動物資源として最適。魚臭が問題。
ファフィア酵母	200〜1000mg/100g	大量生産可。厚い細胞壁が問題。
ヘマトコッカス藻	1500〜6000mg/100g	大量生産可。経済的にも有力。

ヘマトコッカス藻は、日本においても普遍的に見られる生物で、通常 A の vegetative stage で2本の鞭毛を使って活動するが、栄養状態の悪化と強い光にあたることにより C の Aplanospore となって休眠する（図1）。この時、生体内防御物質としてアスタキサンチンを生合成して有害な紫外線から身を守るのである。細胞の大きさはCの状態で40〜60μ程度である。工業的に生産するには、Aの状態で数を増やし、強制的に自然光や人口光を使用してC（以下レッドステージという）に移行させ、Cの状態で収穫することにより行う。

我々は、屋外式クローズドシステムでの培養法"バイオドーム®"システム[4]を開発し、アスタキサンチンを商業的規模での世界最高濃度である6％（乾燥重量当り）有する高品質なヘマト

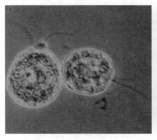
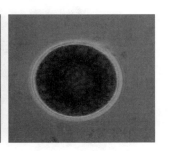

A B C

図1 ヘマトコッカス藻の生活史

コッカス藻の大量生産をハワイ州マウイ島にて可能にした（BioReal, Inc., 図2, 2000年創業)。さらに，スウェーデンにて世界初の屋内タンク方式による大量培養に成功し1994年以来世界最大の生産量を現在も続けているBioReal, AB（当時AstaCarotene, AB, 図3）を2003年に傘下に置いた。現在，アスタキサンチンの認知度の高まりから，新規参入会社も出はじめ，米国，欧州，イスラエルなどをはじめとして，日本，中国，インドなど世界中でヘマトコッカス藻の商業的培養が行われており（表2），純品換算で年間約3トンのアスタキサンチンが生産されていると推定される。乾燥バイオマス重量としては約80トンと計算される。

図2　ハワイ州マウイ島でのバイオドーム®によるヘマトコッカス藻の大量培養

図3　スウェーデンにおけるタンク方式でのヘマトコッカス藻の大量培養

第6章　アスタキサンチン

表2　ヘマトコッカス藻の商業的生産拠点

生産会社名	国・地域	光源	生産様式（創業年）
BioReal, Inc.	ハワイ（マウイ島）	天然光	密閉培養（'00）
BioReal, AB	スウェーデン	人口光	密閉培養（'94）
Cyanotech Corporation	ハワイ（ハワイ島）	天然光	開放培養（'97）
Algatechnologies, Ltd.	イスラエル	天然光	密閉培養（'00）
Parry Nutraceutical Inc.	インド	天然光	開放培養（'02）
Biogenic, Inc.	中国雲南省昆明	天然光	密閉培養（'05）
ヤマハ発動機㈱	日本静岡県袋井市	人口光	密閉培養（'06）

4　アスタキサンチンの食品・化粧品への応用

　このように大量培養されたヘマトコッカス藻から，アスタキサンチンはその他の脂質とともに抽出され，オイル状の素材として，また粉末素材や水溶性素材として，ソフトカプセル，ハードカプセル，錠剤，飲料など幅広い利用が可能となっている。

　用途としては，眼精疲労を中心とするアイケア用サプリメントに最も多く使用されている。これは，アスタキサンチンの幅広い効果効能の中で最も体感するヘルスクレームであること，臨床試験によるエビデンスが豊富であることによる。最近眼科領域の教科書にもアスタキサンチンが記載されており，眼科クリニックでのアスタキサンチン含有サプリメントの販売が拡大している。アイカロテノイドとして知られているルテイン／ゼアキサンチンは，加齢性黄斑変性症予防がヘルスクレームであるが，アスタキサンチンは毛様体に働き眼精疲労を改善するという点で異なる。

　サケの筋肉の色をサーモンピンクというが，これは筋肉にアスタキサンチンが含まれているからである。生まれた場所に回帰して産卵するためにサケは急流を遡上する。その過酷な運動負荷によって産生する過剰な活性酸素をアスタキサンチンが取り除いてくれるので，サケは目的地にたどり着けると言われている。この自然の摂理も，臨床試験をはじめとする近代的研究で確認されており，メカニズムも解明されている。いわゆるスポーツニュートリション分野でのサプリメントの利用がホットである。阪神タイガースの金本選手が愛用しているのは有名な話で，他に，中短距離陸上，クロスカントリー，トライアスロン，競技ダンス，競輪などプロ／アマスポーツ界で口コミ的に広がっている。"疲れが残らない"，"納得のいく練習ができる"などドーピングを気にする必要のない成分として好まれている。また，スポーツには視覚が非常に重要で，前述の「眼にいい（視覚鋭敏化）」こともアスタキサンチンの大きな特徴である。過酷なスポーツだけでなく，日頃のエクササイズなど一般向けの分野に朗報がある。それは，アスタキサンチンが脂肪燃焼を促進することが明らかとなったことである。シェイプアップのためにエクササイズをするが，アスタキサンチン摂取によりよりそのシェイプアップ効果が高まるというのである。過

度のエクササイズで身体に支障をきたしてしまうケースもあるが，アスタキサンチンで楽にエクササイズでき，より脂肪が燃焼するというわけである。

　ここ数年急激に伸びてきているのが美容の分野である。皮膚の老化のほとんどが光老化と言われており，光老化の主な現象は，2節で述べた紫外線によって産生する一重項酸素が真皮のコラーゲン線維を切断して発生するシワである。アスタキサンチンの一重項酸素消去活性は非常に優れているので，美容サプリメントやスキンケア化粧品などに利用されるのは当然であろう。最近では，美容サプリメントとスキンケア化粧品を合わせた内外美容商品も出回っている。某有名女性歌手＆女優がアスタキサンチン含有スキンケアシリーズのコマーシャルに出演しているのをテレビでよく見るし，某中高年女優達がアスタキサンチンサプリメントを愛用していることもよく耳にする。前述のスポーツ界で，特に女性やアウトドアでの競技アスリートにも，筋肉と皮膚でのダブルの効果を体感されている。また，アメリカにおいても，皮膚科医No.1と評されているペリコーン博士が内からの美容の最大手素材としてアスタキサンチンを評価し，自己ブランドのアスタキサンチン含有サプリメントを発売し，好評を博している。

　他，生活習慣病予防，アンチエージングのためのサプリメントにも使用されており，アスタキサンチンの日本末端市場は300億円に達するとも言われている。3節の表2からうかがえるように，大手企業による新規参入があるということは，アスタキサンチン市場のポテンシャルは大きいことを意味し，現在開発中の大手企業もあるとのことで，アスタキサンチン市場はまだまだ発展途上であると言える。

5　おわりに－今後の展望－

　昨今の業界におけるアスタキサンチンの盛り上がりは，困難であったヘマトコッカス藻の大量培養が可能になり，利用しやすくなったことに尽きる。今後，アスタキサンチンの配合商品がさらにあちこちで見られるようになるであろうし，同時に研究成果もドンドン報告されるであろう。商品開発としては，サプリメントのさらなる伸び，ドリンクなど一般食品への応用，特定保健用食品の創出が予想される。追加用途としては，全般的な疲労回復やうつ改善などの「元気を出す」，そして糖尿病やその合併症，高血圧，動脈硬化などの生活習慣病予防を目的とした医科向けオーダーメードサプリメントにも使用されるであろう。また，化粧品分野においては，使用量ははなはだ微量ではあるが，スキンケアを中心に様々な商品に使用されるであろう。特に，皮膚科医向けであるドクターズコスメでの使用が拡大すると思われる。

　研究分野においては，2005年7月京都府立医大吉川教授を会長とする「アスタキサンチン研究会」が発足し，同年11月東京海洋大学（大会委員長矢澤教授）において第1回研究会が開催され，毎年北海道大学（大会委員長大野教授），名古屋大学（大会委員長大澤教授），京都府立医大（大会委員長吉川教授）と積み重ねられ，本年は第1回開催地である東京海洋大学（大会委員

第6章 アスタキサンチン

長矢澤教授）にて第5回研究会の開催が予定されている。研究の質，量とも確実に拡大しており，日本発アスタキサンチン研究が世界に広がっていくことを願ってやまない。

　この研究の盛り上がりや市場の拡大を確固たるものにすべく，昨年7月アスタキサンチン原料メーカーによりアスタキサンチン工業会が設立された。研究会などの開催による研究データのPR，安全性データの公表や製品規格の確認など，アスタキサンチンの認知度拡大のために一丸となって健全な市場育成がなされている。

　「安全性が確保されている」，「エビデンスがしっかりしている」，「作用メカニズムが解明されている」と3拍子そろった素材はそうあるとは言えない。アスタキサンチンに乞うご期待である。

文　　献

1) H. D. Martin *et al.*, *Pure Appl Chem.*, **71**, 2253 (1999)
2) S. Goto *et al.*, *Biochim.Biophys.Acta*, **1515**, 251 (2001)
3) B. R. Nielsen *et al.*, *J.Photochem.Photobio.AChem.*, **112**, 127 (1998)
4) S. Hirabayashi *et al.*, *USPAT*, 6,348,347 (2002)

第7章 フコキサンチン

単 少傑[*]

1 概要

　フコキサンチンは，昆布，ひじき，ワカメなどの褐藻類および一部の微細藻類に含まれるカロテノイドの一種である。カロテノイドのうち，摂取後に生体内でビタミンAに変換されるものはプロビタミンAと呼ばれるが，フコキサンチンは，非プロビタミンAである。また，カロテノイドは炭素と水素原子のみで構成されるカロテン類と，分子内にアルコール，ケトン，エポキシなどの酸素原子を含むキサントフィル類に分類される。フコキサンチンは，後者に属する炭素数40のイソプレノイド骨格を有するテトラテルペン類で，分子内に二重結合の連続したアレン構造や，エポキシドおよびヒドロキシル基を有する（図1）。海藻中では主に補助色素として，光合成に関与しているといわれている。

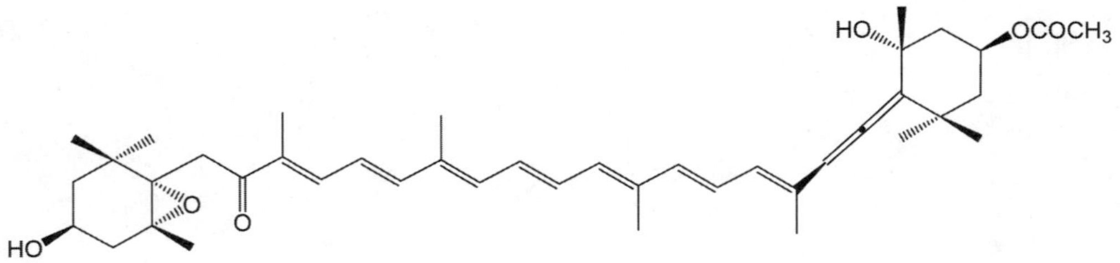

図1 フコキサンチンの構造式

　フコキサンチンは褐藻類に広く存在するが，その含量，種差，季節変動などによってかなり差がある。新鮮藻体の場合，100g重量当たり，おおよそコンブ19mg，ワカメ11mg，アラメ7.5mg，ホンダワラ6.5mg，ヒジキ2.2mgである[1]。日本人は海藻を乾燥させて保存することが多いが，乾燥物のフコキサンチン含量は100g当たりコンブ2.2mg，ワカメ8.4mg，他の海藻では検出限界以下に減少する[1]。コンブのフコキサンチン含量の季節変動については，4月，5月に最も高くなることが報告されている[1]。日本におけるワカメ，コンブ，ヒジキなど褐藻類の消費量は比較的多く，日本人はフコキサンチンを日常的に摂取しているものと考えられる。近年，非プロビタミンAに属するカロテノイドの機能性が，特に抗酸化作用に関連づけられて注目されている。フコキサンチンについても，褐藻類に含まれる特徴的なカロテノイドとして，その機

---

[*] Shaojie Shan　オリザ油化㈱　研究開発部　主任研究員

第7章 フコキサンチン

能性研究が進みつつある。

2 フコキサンチンの抽出・濃縮方法

フコキサンチンは，海藻中の含有量が少なく，光や熱によって分解されやすいため，生産性やコスト面の課題から，商業的なフコキサンチン製剤の開発が遅れていた。オリザ油化㈱では，農林水産省による産官学共同研究（生物系産業創出のための異分野融合研究支援事業）を通して，北海道産コンブから抽出，脱塩，脱クロロフィル，脱ヒ素などの工程を経て，フコキサンチン含量を80％以上に高めることに成功している。

他社の公開特許では，褐藻類を遮光下でエタノール抽出し，さらに活性炭で夾雑物を除去することにより，フコキサンチンを精製する方法が報告されている[2]。

また一方で，乾燥褐藻を熱水中で加熱処理して水分を含ませ，これをエタノール抽出で得られた抽出物を，シリカゲルカラムクロマトグラフィーで精製することで，フコキサンチンを濃縮する方法も報告されている[3]。

3 フコキサンチン製剤の物性および安定性

オリザ油化㈱は，日本で初めて北海道産真昆布を原料とし，フコキサンチン含量を高濃度に規格したフコキサンチン製剤の開発に成功した。2008年の秋に上市し，食品，化粧品メーカー向けに，オイル品（フコキサンチン含量：1％および5％），粉末品（同含量：1％），水溶性粉末品（同含量：0.1％）の販売を開始している。

フコキサンチンの熱安定性について，オイル品（フコキサンチン含量：1％）を，80および100℃で1時間加熱したところ，温度の上昇に依存した含有量の減少がみられた（図2(A)）。一方，粉末品（フコキサンチン含量：1％）では，80℃1時間加熱しても，含有量に変化はみられなかった（図2(B)）。100℃においては，10％程度の減少がみられた。

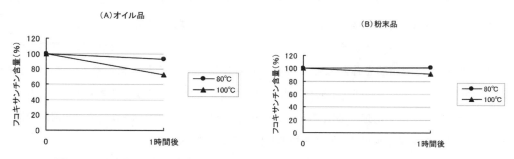

図2 フコキサンチンの（A）オイル品（1%）および（B）粉末品（1%）の熱安定性

また，フコキサンチンの水溶性粉末（フコキサンチン含量：0.1％）を濃度1％になるように水に溶解し，液性を各種 pH に調製した溶液を，遮光下，室温で1日および1週間保存後，フコキサンチン含量を測定した。初期値と比較した結果，溶液中のフコキサンチン含量は，酸性からアルカリ性の pH 域で安定であることが確認された（図3）。

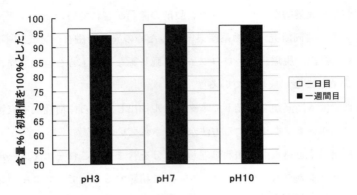

図3　フコキサンチン水溶性粉末（0.1％）の pH 安定性

4　フコキサンチンの生理活性

日本人の海藻摂取量は他国民と比べて多いことから，コンブやワカメに特徴的なカロテノイドであるフコキサンチンの機能性が注目されている。これまでに生体内抗酸化作用[4,5]，抗肥満・抗糖尿病作用[6〜11]，抗ガン作用[12〜20]，血管新生抑制作用[21] および抗炎症作用[22] が報告されている。

フコキサンチンは，他のカロテノイドと同様に抗酸化作用を示すが，β-カロテン，β-クリプトキサンチン，ゼアキサンチン，アスタキサンチン，リコペンおよびルテインが，好気的条件下で抗酸化作用を示すのに対し，フコキサンチンは低酸素分圧下（例えば，生体内）でより強い抗酸化作用を示すのが特徴である[4]。

抗肥満作用については北海道大学大学院水産科学研究院の宮下教授らの研究が興味深い[11]。食餌中のフコキサンチンは，肥満モデル動物の内臓脂肪（白色脂肪）において，ミトコンドリア脱共役タンパク質1（UCP1）の発現を促す。UCP1は，本来はATP産生に用いられるミトコンドリアの電気化学ポテンシャルを，体熱として放出させる働きを担う。したがって，フコキサンチンは，脂肪細胞の脂肪を体熱として発散させる作用を有すると考えられる。また，培養3T3-L1脂肪細胞に対して脂肪蓄積抑制作用を示すキサントフィルには，フコキサンチンのような水酸基を有するアレン構造が必須であることが報告されている[23]。α-カロテンや前述の構造を持たないキサントフィル類は，脂肪蓄積抑制作用を示さない。

著者ら[24] は，フコキサンチンの化粧品としての機能性について，評価を行なっている。これ

第7章 フコキサンチン

までに,フコキサンチン含有コンブ抽出物やフコキサンチンに,肌の新陳代謝に関与する各種酵素(コラゲナーゼ,ヒアルロニダーゼおよびエラスターゼ)に対する阻害活性や線維芽細胞におけるコラーゲン産生促進作用を見出している。その他,フコキサンチンはチロシナーゼ阻害作用,メラノーマ細胞におけるメラニン産生抑制作用,さらにアクネ菌由来リパーゼに対する阻害作用も有する。メラニン生成抑制作用については,$in\ vivo$ における検討も行なっている。当社製品のフコキサンチン-P1(フコキサンチン含量:1%)を飼料に混餌し,褐色モルモットに自由摂取させ,紫外線照射による皮膚の色素沈着に及ぼす影響を検討した[24]。その結果,フコキサンチン-P1摂取群の明度(L^*値:値が低い程黒色に近くなる)は,紫外線照射最終日から12日目にかけて,control群と比較して高値(色が白い)を保ちつつ低下した。15日目においては,L^*値の有意な上昇($p < 0.01$)が認められた(図4)。これらの結果から,フコキサンチンには,色素沈着を抑制するとともに,沈着した色素をより早く消失させる作用があることが明らかになった。図5は紫外線照射開始16日目の照射部位の写真である。

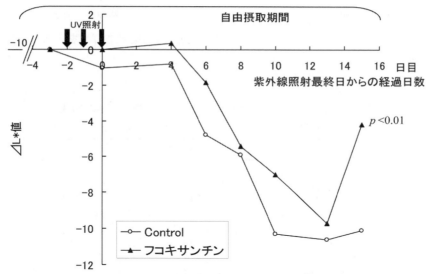

図4 フコキサンチン-P1の紫外線照射モルモットにおける色素沈着に対する改善作用
($n = 4$)

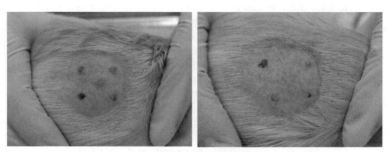

図5 紫外線照射開始16日目の照射部位
左:Control,右:フコキサンチン-P1

また，谷ら[25]は培養ケラチノサイトを用いた実験で，フコキサンチンがサイトケラチン4および19，ケラチノサイト分化マーカーであるヒートショックプロテイン（HSP）27および I 型コラーゲンの合成を促進させることを確認している。フコキサンチンは，線維芽細胞に紫外線照射した時活性化される I 型コラーゲン分解酵素である MMP-1 の発現を抑制する[26]。フコキサンチンはこれらレチノイドに類似した作用を有することから，光老化に対する予防作用を示すものと考えられる。

これらの基礎的知見をもとに，フコキサンチン-P1（50mg/日，フコキサンチン 0.5mg に相当）を継続摂取した際の抗メタボリックシンドロームおよび美容効果を評価した。社内男女健常人を対象とし，男性での各種身体および血中メタボリックシンドロームパラメーター，女性での皮膚水分量（保湿性），pH，皮脂量などの美容パラメーターを指標とした2週間の継続摂取試験を行った。男性の摂取前後のメタボリックシンドローム指標を比較した結果，腹部皮下脂肪厚みの有意な減少（$p<0.05$）と体重，ウェストサイズの軽微な減少が認められた（表1）。また，血液検査において，正常範囲内で中性脂肪の減少（摂取前 178.8±144.8，摂取後 103.6±32.9）および HDL コレステロールの増加（摂取前 63.6±12.2，摂取後 68.6±6.5）が認められた。この結果から，フコキサンチンには，メタボリックシンドロームの病態に対する改善作用を示す可能性が示唆される。

表1 フコキサンチンのメタボリックシンドローム指標に及ぼす作用

平均値±標準偏差，$n=6$

項 目	摂取前	摂取後
身体パラメーター		
体　重（kg）	71.8±8.3	71.4±7.8
体脂肪率（%）	23.6±4.0	23.7±4.4
BMI（kg/m^2）	25.1±2.3	25.1±2.3
インピーダンス（Ω）	460.0±77.7	459.8±61.4
脂肪量（kg）	17.0±3.8	17.1±4.6
肥満度（%）	14.0±10.7	13.9±10.5
ウェスト（cm）	87.2±6.7	85.9±7.1
ヒップ（cm）	95.8±6.8	97.6±3.7
ウェスト／ヒップ比	0.9±0.1	0.88±0.1
腹部皮下脂肪厚み（mm）	23.8±3.5	20.5±2.9 $p<0.05$
血液パラメーター		
HDL-コレステロール	63.6±12.2	68.6±6.5
中性脂肪（TG）	178.8±144.8	103.6±32.9
総コレステロール	203.2±17.5	202.0±27.4
LDL-コレステロール	114.6±20.9	120.2±28.4
遊離脂肪酸	0.4±0.3	0.5±0.3
尿素窒素	17.08±5.3	16.1±2.4
クレアチニン	1.0±0.2	1.0±0.1
尿　酸	8.3±2.2	7.9±2.1
ケトン体定量	26.4±12.7	36.0±36.4
グルコース	101.4±19.3	96.4±8.6

第7章　フコキサンチン

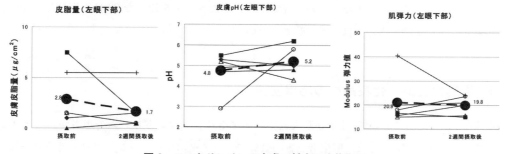

図6　フコキサンチンの皮膚に対する改善作用

女性の摂取前後の美容効果を比較した結果，保湿作用は認められなかったが，皮膚pHと皮脂量の改善効果が認められた（図6）。また，肌の弾力性では，6名の被験者中4名において弾力値の上昇が認められた。これらの結果から，フコキサンチンは美肌作用を有することが示唆された。

5　安全性

賦形剤未添加コンブ抽出物（フコキサンチン含量：3.0％）について，食品衛生法および農薬取締法に準じて507項目の農薬の有無を調べた結果，全項目について基準値（検出限界値）以下であった。ラットにコンブ抽出物（フコキサンチン含量：3.0％）を2000mg/kgの用量で経口投与し，14日間飼育・観察したところ，コントロール群と比較して異常な体重変化はみられず，また試験終了後の剖検においても臓器に異常は認められなかった。したがって，ラットに対するコンブ抽出物（フコキサンチン含量：3.0％）のLD_{50}は2000mg/kg以上であると考えられる。変異原性については，8週齢のICR系雄性マウスにコンブ抽出物（フコキサンチン含量：3.0％）を，500，1000および2000mg/kgの用量で単回経口投与し，小核発生の有無を評価した結果，全ての用量において小核誘発頻度に異常は認められなかった。また，総赤血球に対する多染性赤血球の比率も，いずれの用量においても陰性対照群との間に有意差はみられず，骨髄増殖抑制は認められなかった。

亜急性毒性試験（90日間）では，F344/DuCrj系ラットにコンブ抽出物（フコキサンチン含量：3.0％）を1.0，2.0および4.0％になるように混餌投与した飼料を摂取させた結果，試験期間を通じて雌雄ともに一般状態の変化は認められず，死亡動物も見られなかった。また体重推移では，対照群と比較して有意な変化は認められなかった。尿検査，血液学的検査および血液生化学的検査において，コンブ抽出物摂取に関係する毒性影響は認められなかった。また，病理組織学的検査の結果においても，雌雄ともに全投与群においてコンブ抽出物に関係する毒性影響も見られなかった。

さらに文献[27]でも，フコキサンチンの純品（ワカメ由来，95％以上）が，マウスを用いた単回（1000，2000mg/kg）および30日間の反復投与（500，1000mg/kg）試験で，異常を示さな

いことが確認されている。また，別の研究者が行なったラットを用いた 28 日反復投与（10mg/kg，50mg/kg）試験でも毒性は認められていない[28]。

6　機能性食品・化粧品への応用展望

　世界の主要 6 ヵ国において，8,600 万人近くのメタボリックシンドロームの患者がいると予測されている。日本においては，厚生労働省の試算では，メタボリックシンドロームとその予備群に該当する中高年（40～70 歳）は約 1,900 万人，同年齢層の男性では 2 人に 1 人，女性では 5 人に 1 人に達する。このビッグスケールであるメタボリックシンドローム関連市場は，2006 年 6 月成立の「医療制度改革関連法」に伴う健康保険法の一部改正によって顕在化した。今後のメタボリックシンドロームおよびその予備群に該当する者は，高齢者層で増加，若年層で減少，全体としては微増と試算されるが，市場に関しては，教育（特定保健指導を含む）や啓発活動の効果や新製品投入によって急拡大することが予想される。フコキサンチン素材は，上述のように優れた抗酸化作用，肥満防止，抗糖尿病作用を示し，かつ，その分子機構が特異的であること，肌への美白・アンチエイジング効果を持つこと，さらに，安全であることから，メタボリックシンドローム予防，美容・美白に効果的な素材として，国内外からの関心は非常に大きいと考えられる。フコキサンチン含有素材の付加価値は極めて高く，チャンピオン製品が得られることが期待されている。

文　　　献

1) K. Kanazawa *et al.*, *Food Sci. Technol. Res.*, **14**(6), 573 (2008)
2) 金沢和樹，胡本晃敏，辻　隆彦　公開特許公報，特開 2004-75634（2004.3.11）
3) 宮下和夫，細川雅史　公開特許公報，特開 2008-231198（2008.10.2）
4) N. M. Sachindra *et al.*, *J. Agric. Food Chem.*, **55**(21), 8516 (2007)
5) T. Nomura *et al.*, *Biochem. Mol. Biol. Int.*, **42**(2), 361 (1997)
6) H. Maeda *et al.*, *Asia. Pac. J. Clin. Nutr.*, **17** (Suppl 1), 196 (2008)
7) H. Maeda *et al.*, *J. Oleo. Sci.*, **56**(12), 615 (2007)
8) H. Maeda *et al.*, *J. Agric. Food Chem.*, **55**(19), 7701 (2007)
9) T. Tsukui *et al.*, *J. Agric. Food Chem.*, **55**(13), 5025 (2007)
10) H. Maeda *et al.*, *Int. J. Mol. Med.*, **18**(1), 147 (2006)
11) H. Maeda *et al.*, *Biochem. Biophys. Res. Commun.*, **332**(2), 392 (2005)
12) S. K. Das *et al.*, *Biochim. Biophys. Acta*, **1780**(4), 743 (2008)
13) S. Yoshiko *et al.*, *In Vivo*, **21**(2), 305 (2007)
14) E. Kotake-Nara *et al.*, *Cancer Lett.*, **220**(1), 75 (2005)

15) E. Kotake-Nara *et al., Biosci. Biotechnol. Biochem.,* **69**(1), 224 (2005)
16) M. Hosokawa *et al., Biochim. Biophys. Acta.,* **1675**(1-3), 113 (2004)
17) E. Kotake-Nara *et al., J. Nutr.,* **131**(12), 3303 (2001)
18) H. Nishino, *J. Cell Biochem. Suppl.,* **22**, 231 (1995)
19) J. Okuzumi *et al., Cancer Lett.,* **68**(2-3), 159-68 (1993)
20) J. Okuzumi *et al., Cancer Lett.,* **55**(1), 75 (1990)
21) T. Sugawara *et al., J. Agric. Food Chem.,* **54**(26), 9805 (2006)
22) K. Shiratori *et al., Exp. Eye Res.,* **81**(4), 422 (2005)
23) T. Okada *et al., J. Oleo. Sci.,* **57**(6), 345 (2008)
24) 単　少傑ほか，*FoodStyle21*，**13**(1)，87（2009）
25) 水谷友紀ほか，日本香粧品学会誌，**29**(1)，9（2005）
26) 谷　久典ほか，*Fragrance Journal*，**35**(5)，80（2007）
27) 2007（平成19）年度日本水産学会秋季大会（日本農学大会水産部会），公演要旨集，2007年9月25日〜27日，P12
28) 嘉手苅崇，日本食品科学工学会誌，**55**(6)，304（2008）

第8章 クロセチン

海貝尚史[*1]，仲野隆久[*2]

1 はじめに

クロセチンはクチナシ（*Gardenia augusta* Merrill 又は *Gardenia Jasminoides* Ellis）の果実やサフラン（*Crocus sativus* L.）の雌しべに含まれる色素成分で，キサントフィルに分類されるカロテノイドである。クチナシとサフランは共に古くから天然の着色料として食品の色づけや衣類の染色に用いられ，主にクチナシは東洋において，サフランは西洋において利用されている。また，この2つの植物は生薬としての歴史も長く，民間療法に用いられてきた。

日本国内においては，クチナシ黄色素の主成分としてクロセチンが利用されている。食品添加物公定書では，クチナシ黄色素は，『クチナシの果実から得られた，クロシン及びクロセチンを主成分とするもの』と定義されている。クロシンとはクロセチン配糖体のことである。クロシンは簡単に水に溶解することから，着色料としての使い勝手がよく，一般に流通するクチナシ黄色素ではクロシンを主成分とするものが多い。

クチナシ黄色素の主要な用途として，中華麺の色調調整がある。尚，中華麺はその製造過程において，アルカリ性のかん水を使用することからクロシンが麺中で加水分解され，製品の段階ではクロセチンとして存在することが報告[1]されている。クチナシ黄色素の国内需要量は約300トンと推定されており，中華麺のほか，栗加工品，菓子，飲料，惣菜など幅広く利用されている[2]。

一方，近年では，着色用途だけでなく，生薬の活性成分としてのクロセチンに注目が集まっている。これまでにクロセチンには，多くの薬理作用が報告されており，機能性色素としての研究が進められている。

2 クロセチンの構造（図1）

クロセチンは，カロテノイド骨格の末端が欠落した構造を示すアポカロテノイドである。分子量が328.4と小さく，代表的なカロテノイドであるβ-カロテンの3分の2程度の分子量となる。また，両末端に親水性のカルボキシル基を有している。一般的にカロテノイドは，脂溶性であり極性溶媒には溶けにくいが，クロセチンは，水酸化ナトリウム水溶液等の塩基性水溶液に溶解す

[*1] Naofumi Umigai 理研ビタミン㈱ ヘルスケア部 企画開発グループ
[*2] Takahisa Nakano 理研ビタミン㈱ ヘルスケア部 部長

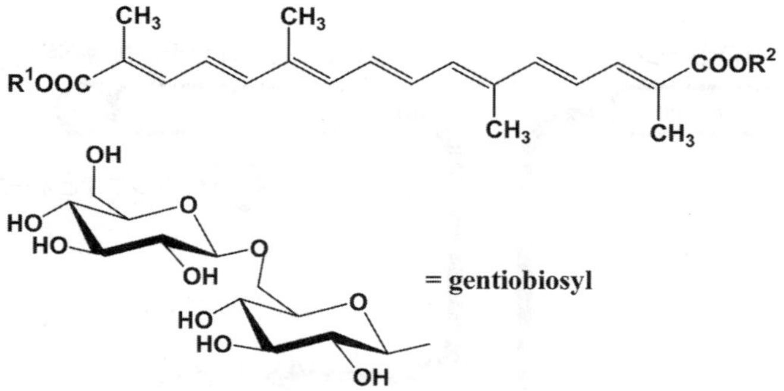

第8章　クロセチン

Crocin : $R^1 = R^2$ = gentiobiosyl
Crocetin : $R^1 = R^2$ = H

図1　クロセチンの構造

る。このような他のカロテノイドとは一線を画した構造が，様々な薬理作用に関与していると考えられる。

　また，クロセチンはクチナシ果実中では，大部分が配糖体であるクロシンの状態で存在している。クロシンは，クロセチンが2分子のゲンチオビオースと結合したジエステルであり，カロテノイドの中では稀有な水溶性のカロテノイドである。

3　吸収・代謝（図2）

　クロセチンと配糖体であるクロシンでは，吸収において違いが認められる。著者らが実施したマウスを用いた経口投与試験では，クロセチンは速やかに吸収され，その一部がグルクロン酸抱合を受けることが明らかとなった[3]。クロセチンの吸収性は高く，同様の実験を行ったβ-カロテン等[4]と比較し最高血中濃度で10倍程度になる。一方，クロシンは消化管内で加水分解後に吸収されることが明らかとなった。そのため，クロシンを経口摂取しても体内ではクロセチンの状態で存在することになる。また，ラットに関しても，腸管ではクロシンの大部分が吸収されずそのまま排出され，一部がクロセチンとなり吸収されることが報告[5]されている。これらの報告から，健康機能を考えた場合は，配糖体であるクロシンよりもクロセチンを摂取することが好ましいと考えられる。

4　生理機能と作用機序

　クロセチンには，抗酸化作用[6~8]，抗発癌作用[9]，抗アテローム性動脈硬化作用[10,11]，インスリン抵抗性改善作用[12,13]，神経保護作用[14]，眼精疲労改善作用[15]，血流改善作用[16]，抗炎症

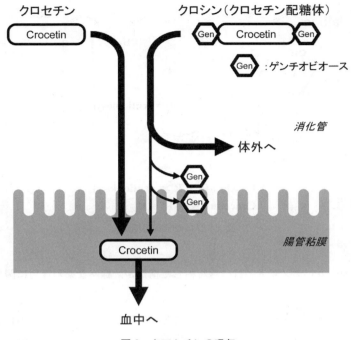

図2 クロセチンの吸収

作用[17],疲労緩和作用[18]など,多様な機能性が報告されている。ここでは,近年明らかとなった眼科領域に関する作用を中心に紹介する。

4.1 眼精疲労改善作用

眼精疲労とは,眼を持続的に使用したとき,健常者では疲れない程度でも疲れて,眼の重圧感,頭重感,視力低下,ときには複視などを訴え,はなはだしいときには,悪心・嘔吐まで来す状態を指す[19]。近年,IT 機器の普及に伴い,職場・学校・家庭を問わず,コンピューターや携帯電話の画面を見つづけるなど,眼を酷使する環境となっている。そのため,眼精疲労を訴える人が増加しており,その対応が求められている。そこで,著者らはクロセチンの眼精疲労改善効果について検証した[15]。

試験は,眼精疲労症状を訴える男女 13 名(26 眼)を対象に行われた。摂取期間を 4 週間,クロセチンの摂取量を 1 日あたり 7.5mg としたプラセボ対照二重盲検クロスオーバー比較試験を実施した。評価は調節微動高周波成分の出現頻度(high frequency component 以下 HFC)を測定することで行った。HFC は毛様体筋の活動状態を反映しており,この指標を用いることで他覚的に眼精疲労を評価することが可能となる[20,21]。

被験者は試験食の摂取前後において,1 時間の VDT(visual display terminal)負荷作業を行い,その負荷前後,及び安静後の HFC 値を測定した。眼の疲れを訴える人では,VDT 負荷作業を

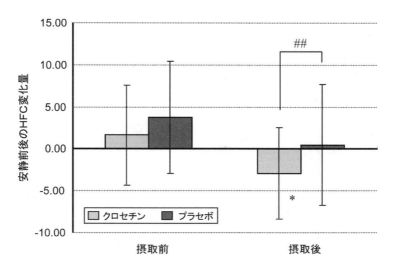

図3　クロセチンの眼精疲労改善効果

行うと，負荷後に休息時間を与えてもHFC値が低下しないどころか，かえって数値が上昇し，眼の疲れが増大することが報告[22]されている。本試験でもその報告と同様に，試験食摂取前においては，クロセチン，プラセボの両群ともに安静後にHFC値の上昇が認められた。しかしながらクロセチン群では，摂取後の安静前後の変化量が摂取前と比較して有意に低下した。また群間比較においても有意に低値を示した（図3）。このことから，クロセチン摂取は，安静後における緊張状態の緩和を促し，疲労回復を促進することが示唆された。作用機序としては，抗酸化作用や後述する血流改善作用や抗炎症作用により，毛様体筋を栄養する微小循環動態を改善することによって，毛様体筋の緊張を緩和したものと考えられる。

4.2　血流改善作用

網膜や脈絡膜における血流低下は，様々な網膜疾患の一因となることから，血流を改善することは眼の健康維持に重要となる。クロセチンには眼の血流を改善する作用があることが報告[16]されている。ウサギを用いて高眼圧モデルを作製しマイクロスフェア法により血流量を測定したところ，クロセチンは網膜，脈絡膜において，血流の低下を有意に抑制した（図4）。また，ラット網膜虚血・再灌流モデルにおいて網膜電図（ERG）を測定したところ，クロセチン投与群では機能回復の促進が観察された。血流量の増加は，網膜構造の酸素化，栄養供給を改善し，健康維持に役立つと考えられる。

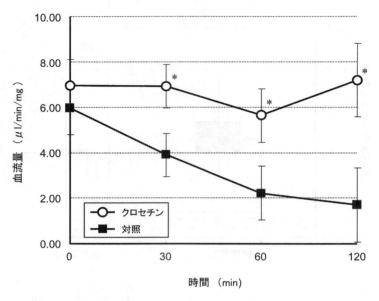

対照との比較 : *p < 0.05

図4 脈絡膜血流量の変化
(Xuan B. *et al.,* (1999) より改変)

4.3 眼内炎症抑制効果

ウサギにリポポリサッカライド (LPS) を投与することで眼内炎症を惹起する実験モデルにおいて，クロセチンが炎症を抑制することが明らかとなっている[23]。炎症の指標として，前房内フレア値を測定し評価を行っている。計測された前房内フレア値をもとに時間反応曲線下面積 (AUC) を算出し，クロセチン群と対照群を比較したところ，クロセチン群が有意に低値を示し，炎症を抑制することが明らかとなった。

4.4 疲労緩和作用

疲労とは，自発的な活動の開始，あるいは維持が困難となる状態[24]のことであり，健常者，病者を問わず経験する一般的な症状である。疲労感は痛みや発熱とともに，生体の恒常性維持のための重要なアラーム信号のひとつであると考えられているが，過度の疲労は，日常生活における作業効率の低下や生活の質の悪化を招くことになる。

疲労の原因として，筋肉や脳が活動したときに発生する活性酸素の関与が考えられており，抗酸化物質であるクロセチンが身体的疲労を緩和することが報告[18]されている。クロセチンを1週間摂取（1日あたり15mgのクロセチンを朝夜の2回に分けて摂取）した後，身体作業負荷をかけることで効果を検証した。身体作業負荷は4時間エルゴメーターを漕ぐことで行っている。負荷0.5時間後，負荷3.5時間後に10秒間全力でエルゴメーターを漕ぐ10秒間ハイパワーテストにより，身体パフォーマンスを評価したところ，クロセチン群はプラセボ群と比較して有意に

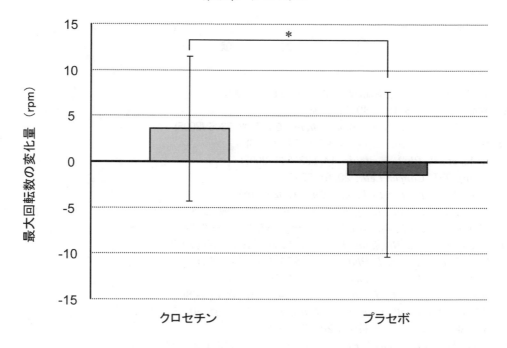

試験食群間の比較 ： ＊p＜0.05

図5　身体パフォーマンスの変化
（Mizuma H. *et al.*,（2009）より改変）

最大回転数の低下を抑制した（図5）。このことからクロセチンが疲労を緩和し，身体パフォーマンスの低下を抑制することが示唆された。運動時には，ラジカルなど活性酸素の生成が促進される。活性酸素は，筋組織を酸化傷害し，疲労との関与が指摘されている[25]。よって，クロセチンの抗酸化作用を介して，疲労が緩和された可能性が考えられる。また，クロセチンには，酸素拡散を促進し，肺の酸素化を高めることが報告[26,27]されている。そのため，酸素供給を改善することで疲労を緩和した可能性も考えられる。

5　おわりに

古来より，人々はクチナシやサフランを生薬として用いることでクロセチンを摂取し，その恩恵を受けてきた。クロセチンは，カロテノイドの中でも特異な構造を有し，体内では他のカロテノイドと異なった機能を示すことが考えられる。これまでにも多様な薬理作用が報告されており，今後も人々の健康維持に貢献することが期待される。しかしながら，作用メカニズムが充分に明らかとなっていないなど課題も残されており，更なる研究の進展が望まれる。

文　　献

1) 久田和夫ほか，名古屋市衛研報, **48**, 11-16(2002)
2) 食品と開発, **43**(11), 49-54(2008)
3) Asai A., et al., *J. Agric. Food. Chem.*, **53**, 7302-7306 (2005)
4) Baskaran V., et al., *Lipids*, **38**, 705-711 (2003)
5) Xi L., et al., *Phytomedicine*, **14**, 633-636 (2007)
6) Tseng TH., *Cancer Lett.*, **20**, 61-67 (1995)
7) Chen Y., et al., *Food Chem.*, **109**, 484-92 (2008)
9) Ordoudi SA., et al., *J. Agric. Food Chem.*, **57**, 3080-3086 (2009)
8) Magesh V., et al., *Mol. Cell Biochem.*, **287**, 127-135 (2006)
10) Zheng S., et al., *Biochem. Pharmacol.*, **70**, 1192-1199 (2005)
11) He SY., et al., *Eur. J. Pharmacol.*, **554**, 191-195 (2007)
12) Xi L., et al., *J. Nutr. Biochem.*, **18**, 64-72 (2007)
13) Sheng L., et al., *Br. J. Pharmacol.*, **154**, 1016-1024 (2008)
14) Ahmad AS., et al., *Pharmacol. Biochem. Behav.*, **81**, 805-813 (2005)
15) 梶田雅義ほか，視覚の科学, **28**, 77-84(2007)
16) Xuan B., et al., *J. Ocul. Pharmacol. Ther.*, **15**, 143-152 (1999)
17) Cai J., et al., *J. Cell Mol. Med.*, **13**, 909-925 (2009)
18) Mizuma H., et al., *Nutr. Res.*, **29**, 140-150 (2009)
19) 所敬ほか，現代の眼科学，p53-54, 金原出版(2006)
20) 鈴木説子ほか，視覚の化学, **22**, 93-97(2001)
21) 岩崎常人，眼科, **51**, 387-395 (2009)
22) 高橋奈々子ほか，視覚の科学, **25**, 78-81(2004)
23) Nagaki Y., et al., *Am. J. Chin. Med.*, **31**, 729-738 (2003)
24) Chaudhuri A., Behan PO., *Lancet*, **363**, 978-988 (2004)
25) Ferreira LF., Reid MB., *J. Appl. Physiol.*, **104**, 853-860 (2008)
26) Laidig KE., et al., *J. Am. Chem. Soc.*, **120**, 9394-9395 (1998)
27) Holloway GM., Gainer GL., *J. Appl. Physiol.*, **65**, 683-686 (1988)

第9章　β-クリプトキサンチンを含有するミカンエキス飲料がメタボリックシンドローム予備群のヒトに及ぼす影響

河合博成[*1], 佐々木貴生[*2]

1　はじめに

温州ミカン（*Citrus unshiu* Marc.）の果汁から得られる沈殿画分には高濃度のβ-クリプトキサンチン（β-CRP）が含まれる。最近の研究でβ-CRPは，PPARγの活性上昇を抑制し，脂質生成に関わる遺伝子の発現量を減少させ，肥満・糖尿病モデルマウスにおいて糖・脂質代謝を改善することが報告されている[1,2]。一方，我々は，この沈殿画分を用いた飲料（β-CRPとして15mgを含む）の8週間連続摂取によって，メタボリックシンドローム予備群7名でnonHDLコレステロールおよび総コレステロールが減少することを見出した[3]。そこで今回はβ-CRP量を低減した3用量の被験食を用い，期間と規模を拡げて検討を行った。

2　方法

2.1　試験食

ミカンエキスは，温州ミカンを搾汁して濃縮果汁を製造する過程で沈殿する画分をさらに濃縮して得られる。このミカンエキスを用いて，用量が異なる3種類の被験食を設定した。それらはいずれも1個87gのミカン風味飲料であり，β-CRPとしてそれぞれ1,3および6mgを含むように調製した。容器は持ち運びが容易で，どこでも直接飲めるようにチアパックを採用した。

2.2　対象

本試験は，ヘルシンキ宣言（1964年採択，2008年修正）の精神に則り，医療機関のヒト試験倫理委員会の承認を経て，ヒト試験責任医師の管理のもとに実施された。被験者は，試験計画の説明を受けて内容を十分に理解し，自主的に試験の参加を希望して同意書を提出した成人60名（男性24名，女性36名）とした。なお，選択基準は以下のとおりとした。

[*1] Hiroshige Kawai　アークレイグループ　からだサポート研究所
[*2] Takao Sasaki　アークレイグループ　からだサポート研究所　所長

＜選択基準＞

① 40歳以上74歳以下の男女

② 以下の肥満項目の少なくとも1つが該当する

・ウエスト周囲径：男性≧85cm，女性≧90cm

・BMI≧25

・20歳の時と比較して体重が10%以上増加

③ 以下の脂質代謝項目の少なくとも1つが該当するかボーダーライン

・高トリグリセリド血症：TG≧150mg/dL

・高LDLコレステロール血症：LDL-C≧140mg/dL

・低HDLコレステロール血症：HDL-C＜40mg/dL

2.3 試験方法

試験スケジュールを図1に示す。

被験者は用量別に3つの群に分けられ，該当する被験食1個を1日1回食後30分以内に12週間摂取した。血液検査，理学的検査および診察は，試験開始前および試験開始後6週間，12週間の計3回行われた。被験者は，検査当日の全ての検査が終了するまで水以外は絶食とし，午前9時30分から12時の間に血液検査以外の全ての検査および採血を完了し，血液検体はただちに検査委託先へ提出した。

血液検査は，肝機能（γ-GTP），脂質代謝（LDLコレステロール，HDLコレステロール，総コレステロール，中性脂肪）および糖代謝（空腹時血糖，HbA1c）について実施し，測定値からnonHDLコレステロールおよびLDL-C/HDL-Cを算出した。これらは全て外部機関へ測定を委託し，測定は標準的検査方法により実施された。

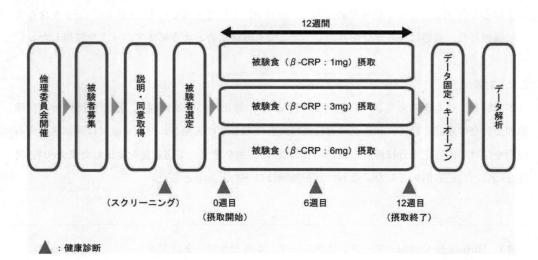

図1 ヒト試験スケジュール

第9章　β-クリプトキサンチンを含有するミカンエキス飲料がメタボリックシンドローム予備群のヒトに及ぼす影響

理学的検査は，身長（初回のみ），体重，腹囲，血圧および脈拍数を実施し，測定値からBMI（Body mass index）を算出した．診察は，医師により実施した．また，被験者は生活日誌へ，有害事象，被験食の摂取状況および生活習慣（食事，運動，アルコール摂取）を記録した．

2.4 統計処理方法

試験成績は平均値±標準偏差，または平均値±標準誤差で示した．有効性試験，安全性試験共に摂取前後の測定値を比較し，Dunnettの多重比較検定を用いた．群間差を検定する場合，変化量に対して3群ではDunnettの多重比較検定，2群ではt-検定を用いた．有意水準は，いずれも両側検定で危険率を5%とした．なお，統計処理は，Excel（マイクロソフト㈱）の関数および分析ツール，またはDr.SPSSⅡ（エス・ピー・エス・エス㈱）を用いて行った．

3　結果

表1に被験者の背景，図2に腹囲の被験食群別の変動を示す．

摂取開始時と12週間後の差の比較では，腹囲は全ての群で有意な減少が認められた．また，群間には有意な差は認められなかった．

他の有効性検討項目も腹囲の変動と同様に用量にかかわりなく減少し，群間で有意な差が認められず，また用量相関も認められなかったことから，例数を多くして評価する目的で用量の異なる3群を1つにまとめて評価を行った．

LDLコレステロールの結果は図3のとおりとなり，12週間後に有意な減少が認められた．そこで，基準範囲の140mg/dLを境として，それ以上の群を異常群，それ未満の群を正常群としてサブグループ解析を行った（図4）．その結果，異常群では有意な減少となったが，正常群では有意な差ではなかった．また，群間で変化量に有意差はなかった．

総コレステロール，nonHDLコレステロールおよびLDL-C/HDL-CもLDLコレステロールの全例の解析と同様に12週間後に有意な減少が認められた（図5）．

次に腹囲を全例で解析したところ図6のようになり，12週間後に有意な減少が認められた．そこで，メタボリックシンドローム診断基準の男性85cm，女性90cmを境として，それ以上の群を異常群，それ未満の群を正常群としてサブグループ解析を行った（図7）．その結果，異常群では有意な減少となったが，正常群では有意な差ではなかった．また，群間で変化量に有意差はなかった．

一方，体重およびBMIは6週間後および12週間後に有意に減少した（図8）．

安全性評価の結果は，1例でミカンを多量に摂取した時に皮膚が黄色くなる現象（柑皮症）の可能性が認められた以外は，臨床上問題となる検査値の変動および被験食と因果関係が疑われる有害事象は一切なかった．

カロテノイドの科学と最新応用技術

表1 被験者背景

例　数　：60名（男性24名，女性36名）
年　齢　：53.7±8.6歳
身　長　：162.0±8.8cm
体　重　：70.6±8.7kg
BMI　　：26.9±2.6kg/m^2
腹　囲　：92.5±7.4cm
TG　　　：126.9±55.0mg/dL
HDL-C　：60.2±16.3mg/dL
LDL-C　：138.2±26.0mg/dL
　　　　　　（平均値±SD）

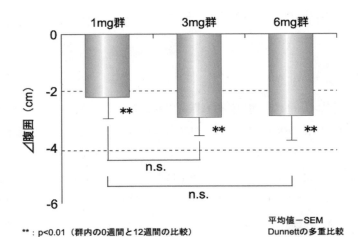

**：p<0.01（群内の0週間と12週間の比較）

図2　被験食群ごとの腹囲変化量
（0週間と12週間の差，1mg群：$n=20$，3mg群：$n=21$，6mg群：$n=19$）

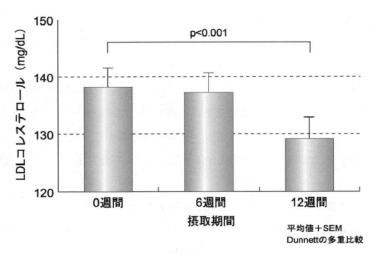

図3　LDLコレステロールの変化
（全例：$n=60$）

第 9 章　β-クリプトキサンチンを含有するミカンエキス飲料がメタボリックシンドローム予備群のヒトに及ぼす影響

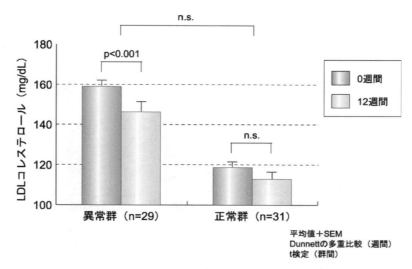

図 4　LDL コレステロールの異常群と正常群による変化の差

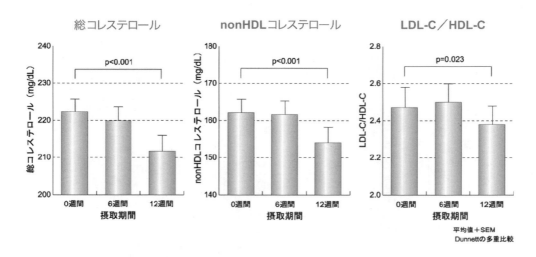

図 5　TC、nonHDL-C および LDL-C/HDL-C の変化
（全例：$n=60$）

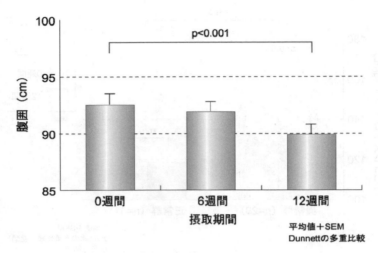

図6 腹囲の変化
（全例：$n=60$）

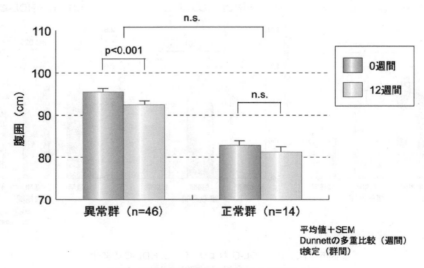

図7 腹囲の異常群と正常群による変化の差

第 9 章　β-クリプトキサンチンを含有するミカンエキス飲料がメタボリックシンドローム予備群のヒトに及ぼす影響

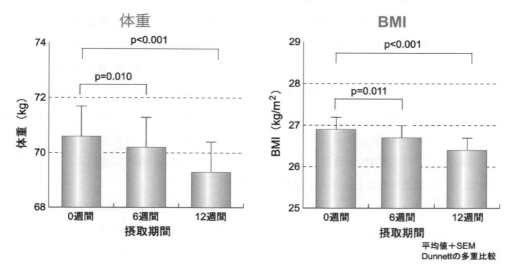

図 8　体重および BMI の変化
（全例：$n=60$）

4　考察

β-CRP が PPARγ の活性上昇を抑制する作用は，レポーターアッセイ，マウス由来前駆脂肪細胞3T3-L1を用いた検討およびDNAマイクロアレイ解析によって明らかにされている[1]。また，動物においても肥満・糖尿病モデルマウス（KK-A^y）によって，脂肪細胞における PPARγ 標的遺伝子の発現量の抑制が認められ，このとき脂肪細胞の肥大化の抑制および糖・脂質代謝関連指標が改善されたことから，PPARγ の抑制がこれらの代謝改善に関わっていることが示唆され

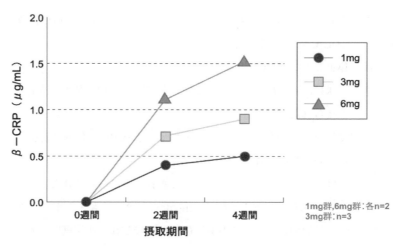

図 9　血清 β-クリプトキサンチンの変化

た[2]。今回のヒト試験においても，脂質代謝並びに肥満に関連する項目が改善されたことは，ミカンエキスのβ-CRPによる，PPARγの活性上昇の抑制が関わっていると推察されるが，変動する指標には種差があるとも考えられ，詳細なメカニズムの解明は今後の課題である。

　我々は本試験に先立ち，β-CRPとして15mg/dayのミカンエキスを含む被験食を用いて，メタボリックシンドローム予備群の7名の被験者で8週間連続摂取試験を実施し，nonHDLコレステロールおよび総コレステロールが有意に減少することを見出した[3]。今回は，β-CRPとして1，3および6mg/dayと用量を前回の1/15～2/5に低減させたが，それら2項目の結果が再現し，さらに5つの関連項目が改善した。これは，被験者を60名に増やしたこと，および摂取期間を12週間に延長したことによるものと考えられた。

　また，β-CRPとして1，3および6mg/dayの摂取群において，群間差および用量相関がなかった原因としては，β-CRPが栄養成分として体内に蓄積されためたに，12週間後に最低用量においても有効性を発揮できたものと考えられた。その理由として，4週間後までではあるが，β-CRPとして1，3および6mg/dayの摂取により血清β-CRP濃度の漸増が認められた（図9）[4]。

　疫学調査では，ミカンのシーズンに温州ミカンを多く摂取することにより血清β-CRPが増加して，HDLコレステロールが年間を通して高いという結果が得られている[5]。これは温州ミカンの摂取によるコレステロール代謝の改善を示唆するものであることから，今回のヒト試験の結果に関連すると考えられる。しかし，温州ミカンおよびそれを原料とするミカンエキスにはβ-CRP以外の成分が含まれることから，今後は他の成分の影響も考慮して検討していきたい。

5　結語

　ミカンエキスを原料としてβ-CRPを1日あたり1，3および6mg含有する飲料の連続摂取が，メタボリックシンドローム予備群のヒトに及ぼす影響を検討した結果，以下の結論を得た。

① 　有効性の評価では，LDLコレステロール，総コレステロール，nonHDLコレステロールおよびLDL-C/HDL-Cが有意に減少した。

② 　また，腹囲，体重およびBMIが有意に減少した。

③ 　上記①，②の結果は，非臨床試験で確認されたβ-CRPのPPARγ活性上昇の抑制作用に関連するものと考えられた。

④ 　今回の3用量で結果に差がなかった理由としては，β-CRPが体内に蓄積され，3用量共に有効量に達したためと推察された。

⑤ 　安全性の評価では，非常に安全性の高い食品であることが確認された。

　以上により，ミカンエキスはβ-CRPとして1mg/dayにおいてもメタボリックシンドロームや動脈硬化の予防および進展阻止に有用である可能性が示唆され，連続摂取においても高い安全性が確認された。

第 9 章　β-クリプトキサンチンを含有するミカンエキス飲料がメタボリックシンドローム予備群のヒトに及ぼす影響

文　　献

1) 大山夏奈ほか，肥満研究．13（Supplement），288（2007）
2) 大山夏奈ほか，肥満研究．14（Supplement），173（2008）
3) 佐々木貴生ほか，第 62 回日本栄養・食糧学会大会講演要旨集，234（2008）
4) 河合博成，アークレイ社内資料，ヒト試験 015（2008）
5) Sugiura M *et al.*, *J. Nutr. Sci. Vitaminol.* **50**, 410-415 (2004)

第10章　カプサンチン

相澤宏一[*]

1　はじめに

　カプサンチン（Capsanthin）は，赤ピーマン（パプリカ：*Capsicum annuum*）などのナス科トウガラシ属に特異的に含まれる赤色のカロテノイドの一つである。鮮やかな赤色を有することから着色料などの食品添加物として利用されているが，摂取量が少ないためか，通常はヒトの体内には存在しないと考えられていた。そのため，同じカロテノイドであるリコピンやβ-カロテンと比較して研究報告は少なかった。その後，他のカロテノイドと同じく優れた抗酸化活性を有しており，赤ピーマンなどのカプサンチンを含む食品を摂取することで体内に蓄積されることが見出されてから，様々な研究が進められるようになった。カプサンチンは，リコピンやβ-カロテンとは異なり分子中に酸素を含む構造であり，それらとは生体での分布が異なっていることから，特有の生体調節作用を有することが示唆されている興味深い化合物である。近年の食生活の変化により，カプサンチンを含む赤ピーマンなどの消費量も増えてきており，カプサンチンが健康維持に果たす役割も大きくなることが予想される。

2　カプサンチンの構造と性質

　カプサンチンは分子式 $C_{40}H_{56}O_3$，分子量 584.9 のカロテノイドの一種である。炭素と水素のみで構成される炭化水素系カロテノイドのリコピンやβ-カロテンと異なり，分子中に酸素分子を含むキサントフィルであり，分子中にポリエン鎖，特に複合ケト基があり，両端に5員環と6員環を有するカロテノイドの中でも珍しい構造である（図1）。分子中に水酸基を有するため，ア

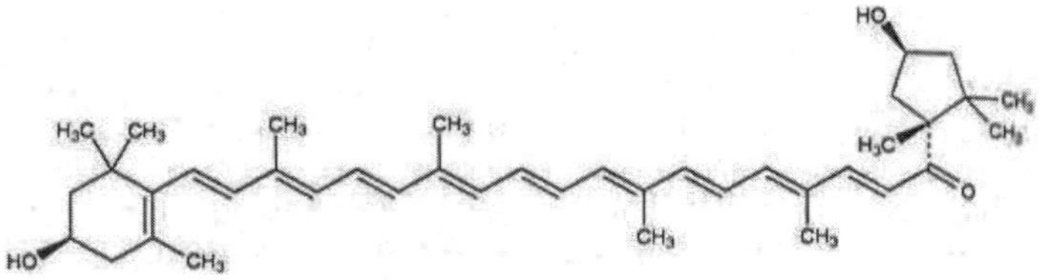

図1　カプサンチンの構造

---

[*]　Koichi Aizawa　カゴメ㈱　総合研究所　自然健康研究部　バイオジェニックス研究グループ　主任

第 10 章　カプサンチン

ルコールなどの極性溶媒に可溶な化合物である。β-カロテンと同じβ-イオノン環（6員環）を有するが，そこに水酸基があるため，β-カロテンのようなプロビタミンA活性は有さない。

3　カプサンチンの摂取源

カプサンチンは，赤ピーマンなどの*Capsicum*属に特異的に含まれており[1]，それ以外の一般的に食される野菜や果実には確認されていない[2]。赤ピーマン中では多くが脂肪酸に結合したエステル体で存在する。Versperらは赤ピーマン中のカロテノイドを分析しており，赤ピーマン中の主なカロテノイドは，非エステル体，モノエステル体，ジエステル体の3種であり，カプサンチンは，ミリスチン酸，ラウリン酸，パルミチン酸などのエステル体で存在することを報告している[3]。またDeliらは，熟度別でのピーマン中のカロテノイド分析を行なっており，カプサンチンは緑の時期にはほとんど含まれず（0.92mg/100g乾燥物），赤に成熟すると30倍以上も含量が増えること（29.25mg/100g乾燥物）を報告している（図2）[4]。

赤ピーマンなどの大果種のピーマンの輸入量は1990年代の前半では3000トンにも満たなかったが、その後急激に増加し，近年では2万トン強で安定している（図3）。このことから、国内

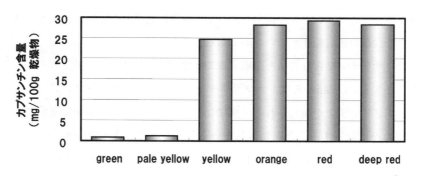

図2　熟度による赤ピーマン（*C. annuum* Fruit）のカプサンチン含量の変化[4]

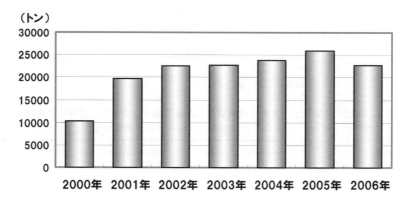

図3　大果種ピーマンの輸入量の推移
（食品流通統計年鑑）

での赤ピーマンの消費量は増加しており，カプサンチンの摂取源として大きく寄与しているものと考えられる。

またカプサンチンは，天然色素の一つであるパプリカ色素にも含まれている。パプリカ色素は赤ピーマンの果実を有機溶媒にて抽出したものであり，カプサンチンの脂肪酸エステルを含む。この色素は，食品添加物として飲料や製菓等の一般食品に用いられている。さらに鶏卵の色調を保持するためにも用いられる場合もある。近年，赤ピーマンの果汁を用いた野菜系飲料が発売されており，これらの食品はカプサンチンの摂取に寄与しているものと思われる。

4 カプサンチンの吸収，蓄積性

天然に存在するカロテノイドは750種類以上といわれているが，ヒトの体内に検出されるカロテノイドは限られている。Stahlらは，ヒトの血中に含まれるカロテノイド濃度について報告しており，血中にはルテインとゼアキサンチン，β-クリプトキサンチン，リコピン，α-カロテン，β-カロテンなどが含まれていることを述べている[5]。それ以外にも，血中や体内の組織中のカロテノイド分布に関する報告はいくつかなされているが[6,7]，酸化体や代謝体を除くと総じて野菜などから摂取量が多いリコピンやβ-カロテン，ルテインなどの濃度が高く，通常では血中もしくは生体組織中にカプサンチンが検出されたとの報告は見当たらない。これは，日常ではカプサンチンを含む食品の摂取頻度が低いためであると考えられる。

しかし，カプサンチンを含む食品を摂取することで，それは体内に蓄積されることを示す報告がいくつか存在する。Oshimaらは，カプサンチン20mgを含む赤ピーマンジュースを単回摂取すると血中にカプサンチンが検出されるようになり，それは摂取8時間後に血中濃度の最大値を示し，その後徐々に低下することを報告している[8]。また同じ論文で，カプサンチン3.2mgを含む赤ピーマンジュースを1日に3回，1週間継続して飲用したところ，血中のカプサンチン濃度は摂取開始2日目まで上昇しそれ以降はほぼ一定となり，摂取終了後に徐々に低下することを明らかにした。さらに，赤ピーマンジュースを1週間飲用した後の血中のリポ蛋白質画分中の各カロテノイドの分布を分析したところ，リコピンやβ-カロテンは低比重リポ蛋白（LDL）中での比率が高かったのに対し，カプサンチンなどのキサントフィルは高比重リポ蛋白（HDL）中の比率がより高かったことを報告している（表1）。

表1 赤ピーマンジュースを1週間飲用した後の血清リポ蛋白質画分に含まれるカロテノイド，α-トコフェロール，コレステロールの分布[8],*1

Lipoproteins	Capsanthin	Zeaxanthin/Lutein	Cryptoxanthin	Lycopene*2	α-Carotene	β-Carotene*2	α-Tocopherol	Cholesterol
	% distribution in lipoprotein fractions							
VLDL	13.0 ± 3.0	10.6 ± 1.7	7.1 ± 1.5	5.8 ± 1.2	4.3 ± 0.5	6.0 ± 0.7	15.7 ± 2.5	5.9 ± 0.5
LDL	43.9 ± 2.6^a	42.8 ± 2.0^a	62.9 ± 4.3^{bc}	73.9 ± 1.9^c	71.1 ± 2.3^c	70.0 ± 2.1^{bc}	52.5 ± 2.0^{ab}	68.5 ± 1.2^{bc}
HDL	43.1 ± 2.6^{bc}	46.6 ± 3.5^c	30.0 ± 4.3^{ab}	20.3 ± 3.0^a	24.6 ± 2.5^a	24.0 ± 2.3^{ab}	31.8 ± 4.0^{abc}	25.6 ± 1.6^a

*1 Values are means ± SEM, $n = 4$. Values in a row with different superscript letters are significantly different ($P<0.01$).
*2 All *trans*-isomers were measured.

第10章　カプサンチン

以上のように，カプサンチンは摂取すれば体内に取り込まれることが分かっており，さらにリコピンやβ-カロテンとは存在部位が異なることなどから，これらの炭化水素系のカロテノイドとは異なった機能を有する可能性が考えられている。

5　カプサンチンの生体調節作用

5.1　抗酸化作用

一重項酸素に対しての影響については，Hirayamaらによって評価されており，赤ピーマンの成分であるカプサンチンやカプソルビンは，アスタキサンチンやリコピンを上回る，または同等の一重項酸素の消去能を有することが報告されている[9]。カロテノイドの抗酸化活性として重要なもののひとつが一重項酸素の消去活性であるため，カプサンチンに強い一重項酸素の消去能が確認されたことは非常に興味深い。

ラジカル捕捉能に関しては，カロテノイドはビタミンEなどと比較して弱いものとされているが，生体内の低酸素分圧下においてはカロテノイド類も有効なラジカル捕捉能を示すことが報告されている[10]。実際にPerez-galvezらは，各カロテノイドの不飽和脂肪酸の酸化速度と構造の関係を検討しており，カプサンチン及びカプソルビンはケト基を持つカロテノイドと同じ挙動を示し，自動酸化過程を顕著に安定化させ，これらの酸化防止作用は健康に有害なラジカル過程の進展を抑制すると考察している[11]。さらに，Matsufujiらによって，カプサンチンとその脂肪酸エステルについてラジカル捕捉能の評価が行なわれており，カプサンチンはβ-カロテン，ルテイン，ゼアキサンチンと同じくハイドロパーオキシドの形成を抑制すること，カプサンチンは他のカロテノイドよりゆっくり分解し，そのラジカル捕捉効果はより長く保持されること，カプサンチンのラジカル捕捉能は，エステル化には影響されず，分子中のポリエン鎖，特に複合ケト基によるものとみられることを明らかにした[12]。これよりエステル化されたカプサンチンも，ラジカル捕捉能があることが初めて明らかになった。またFurutaらは，リノール酸の自動酸化抑制に対し様々な色のピーマンを比較しており，赤＞黄＞橙の順に強くなることを報告している[13]。さらにNakanishiらは，ウシ網膜のホモジェネート物に赤ピーマンあるいはカプサンチンを添加し，鉄イオンにより過酸化脂質を誘導する評価系にて抗酸化性を検討し，赤ピーマンやカプサンチンが有意に過酸化脂質の生成を抑制することを報告している[14]。

5.2　抗腫瘍活性

上記したように，赤ピーマンあるいはカプサンチンは優れた抗酸化作用を有することから，活性酸素に関連した疾病の予防効果が期待できる。その中でも，抗腫瘍活性については，*in vitro*や動物を用いていくつかの評価がなされている。

Maokaらは，EBVウイルス活性化の抑制を指標に，カプサンチンをはじめとするカロテノイ

ドの発がんのプロモーション抑制活性のスクリーニングを実施した。その結果，カプサンチンのジエステル体やカプソルビンのジエステル体に抑制効果を確認している。さらに，カプサンチンやモノエステル体にも抑制効果が確認されたことを報告している[15]。また，動物においても発がんプロモーションの抑制効果が確認されている。すなわち，マウスの皮膚に発がんイニシエーターとして DNBA を塗布しておき，その後カプサンチンおよびそのエステル体，さらにイニシエーターとして TAP を塗布した場合，すべてにおいて顕著な腫瘍発生抑制作用が確認された[15]。

さらに，実際にカプサンチンを含む赤ピーマンを経口摂取することで，がんの発症が抑制されることを動物で立証した報告も存在する。Narisawa らは，N-メチルニトロソ尿素を直腸内投与した結腸発がんモデルラットに，2 または 10ppm のカプサンチン溶液，あるいは 2 または 10ppm のカプサンチンを含む希釈赤ピーマンジュースを飲料として与えた。30 週目に結腸がんの発生率を比較すると，いずれにおいてもがんの発症率が低下することが確認されたが，希釈赤ピーマンジュースを投与した群の方がより顕著に発がんが抑制された[16]。本評価は，赤ピーマンが経口摂取で効果があったこと，またカプサンチン純品よりも同量のカプサンチンを含んだ赤ピーマンジュースの方がより効果があったことが興味深い。後者においては，赤ピーマン中に含まれる抗酸化ビタミンや他の抗酸化因子の影響があったものと思われる。

5.3 老化への影響

Suganuma らは，老化促進モデルマウス（SAM）を用いた評価により，赤ピーマンの老化に対する作用について報告している。正常マウスおよび老化促進マウスに 3 カ月間，カプサンチン 0.1％食と対照食を与え，老化度と学習・記憶能を比較した。その結果，カプサンチン食を摂取した老化促進マウスでは，学習・記憶能が正常マウスと同等に維持された[17]。また，毛艶や行動，背骨の湾曲などを点数化した老化度評点についても有意に低下したことを報告している[18]。

5.4 血中脂質への影響

上記したように，カプサンチンなどのキサントフィル類は HDL に分布する割合が高いため，HDL の保護などに作用している可能性が考えられる。そこで著者らは，ラットを用い，赤ピーマン粉末（赤ピーマン群：カプサンチン含量 28.4mg％），赤ピーマン粉末の有機溶媒抽出物（赤ピーマン抽出物群：同 19.0mg％），その抽出残渣（赤ピーマン残渣群：同 7.1mg％），および精製したカプサンチン（カプサンチン群：同 28.4mg％）を加えた飼料を 2 週間自由摂取させ，その後の血中脂質の分析を行なった。その結果，血中総コレステロール濃度，トリグリセリド濃度に顕著な変化は与えず，HDL-コレステロール濃度を有意に上昇させることを見出した（図 4）[19,20]。

また予備的な評価ではあるが，健常人（9 名）にカプサンチン 22mg を含む赤ピーマンジュースを 2 週間継続して摂取させたところ，血中の総コレステロール濃度に影響を与えず，HDL-コレステロール濃度が飲用前と比較して有意に上昇したことを見出している（図 5）[19]。

第10章 カプサンチン

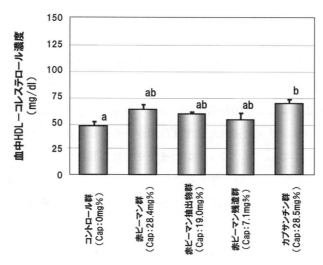

図4 赤ピーマン分画物摂取後の血中HDL-コレステロール濃度の変化[19, 20]
(平均±標準誤差, $n=6$, $P<0.05$ (Turky))

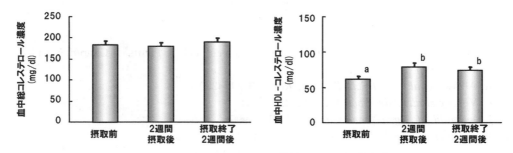

図5 赤ピーマンジュース(カプサンチン22mg)の摂取前後の血中
コレステロール濃度(左)とHDL-コレステロール濃度の変化[19]
(平均±標準誤差, $n=9$, $P<0.05$ (Turky))

　その後動物を用いた詳細な評価により,濃度の異なる精製カプサンチンを投与した場合においても濃度依存的なHDL-コレステロール濃度の上昇が確認された。また肝臓の遺伝子発現をRT-PCRにて解析し,カプサンチンのこれらの影響は,アポリポ蛋白やHDLの代謝に影響する酵素の発現に関与している可能性を確認している[20]。

　以上のように,カプサンチンは優れた抗酸化作用を示し,抗腫瘍活性,老化を遅延する作用,血中脂質改善作用などを有することが示唆されている。カロテノイドが抗酸化作用を有し,様々ながんに対し予防的に働く可能性については,多くの動物実験や疫学調査などで報告されていることであるが,老化を遅延させる作用,血中脂質を改善させる作用については,他のカロテノイドでの報告例は少なく,カプサンチン特有の興味深い機能であるかもしれない。

6 おわりに

　近年増え続ける生活習慣病に対し，その発症自体を抑制すること，すなわち一次予防の重要性が叫ばれている。我々が日常的に摂取する食の中にも，それらを予防する成分が含まれており，正しい食生活を送ることはこれらの疾病予防に有効であると考える。最近の研究により，野菜や果実中に含まれるカロテノイドに優れた抗酸化作用があり，様々な疾病予防に有用であることが見出されている。その中でも，カプサンチンはまだまだ研究報告例は少ないものの，善玉といわれているHDLコレステロールを増加させるなど，メタボリックシンドロームの予防にも有効であることが示唆されており，生活習慣病の一次予防に有用な興味深い成分である。今後の研究の進展に期待する。

文　献

1) T. W. Goodwin. "The Biochemistry of Carotenoids. Vol. 1, Plants", Chapman and Hall, London, (1980)
2) K. Aizawa *et al.*, *Food Sci. Technol. Res.*, **13**, 247 (2007)
3) H. Vesper *et al.*, *Adv. Food Sci.*, **16**, 124 (1997)
4) J. Deli *et al.*, *J. Agric. Food Chem.*, **44**, 711 (1996)
5) W. Stahl *et al.*, *Arch. Biochem. Biophys.*, **336**, 1 (1996)
6) W. Stahl *et al.*, *Arch. Biochem. Biophys.*, **294**, 173 (1992)
7) L. A. Kaplan *et al.*, *Clin. Physiol. Biochem.*, **8**, 1 (1990)
8) S. Oshima *et al.*, *J. Nutr.*, **127**, 1475 (1997)
9) O. Hirayama *et al.*, *Lipids*, **29**, 149 (1994)
10) G. W. Burton *et al.*, *Science*, **224**, 569 (1984)
11) A. Pérez-Gálvez *et al.*, *J. Agric. Food Chem.*, **49**, 4864 (2001)
12) H. Matsufuji *et al.*, *J. Agric. Food Chem.*, **46**, 3468 (1998)
13) Y. Furuta *et al.*, *J. Food Sci.*, **62**, 526 (1997)
14) T. Nakanishi-Ueda *et al.*, *Showa Univ. J. Med. Sci.*, **14**, 153 (2002)
15) T. Maoka *et al.*, *Cancer Lett.* **172**, 103 (2001)
16) T. Narisawa *et al.*, *Proc. Soc. Exp. Biol. Med.*, **224**, 116 (2000)
17) 菅沼大行ら，日本栄養・食糧学会総会講演要旨集，**54**，142（2000）
18) H. Suganuma *et al.*, *J. Nutr. Sci. Vitaminol.*, **45**, 143 (1999)
19) 相澤宏一，食品の機能性向上技術の開発，p.51，ニューフードクリエーション技術研究組合（2004）
20) K. Aizawa, *et al.*, *Br. J. Nutr.*, **2009** (in press)

カロテノイドの科学と最新応用技術
《普及版》(B1150)

2009年9月30日　初　版　第1刷発行
2015年12月8日　普及版　第1刷発行

監　修　宮下和夫　　　　　　　　Printed in Japan
発行者　辻　賢司
発行所　株式会社シーエムシー出版
　　　　東京都千代田区神田錦町1-17-1
　　　　電話 03(3293)7066
　　　　大阪市中央区内平野町1-3-12
　　　　電話 06(4794)8234
　　　　http://www.cmcbooks.co.jp/

〔印刷　倉敷印刷株式会社〕　　　© K. Miyashita, 2015

落丁・乱丁本はお取替えいたします。

本書の内容の一部あるいは全部を無断で複写（コピー）することは，法律で認められた場合を除き，著作者および出版社の権利の侵害になります。

ISBN978-4-7813-1043-5　C3045　¥4800E